创建电力优质工程策划与控制5系列丛书

（2015版）

电力建设标准负面清单

第8册 水电水工

中国电力建设专家委员会 编

中国电力出版社
CHINA ELECTRIC POWER PRESS

内 容 提 要

《电力建设标准负面清单（2015版）第8册 水电水工》以“创建电力优质工程策划与控制5系列丛书”（以下简称《创优5》）的形式编辑出版。

《创优5》是执行电力工程法规和标准限制性条款的集成。丛书包括工程管理、安健环、土建工程、锅炉机组、汽轮发电机组、电气与热控、调整与试验、水电水工、水电机电与金结、输变电工程、风光储工程和全集电子书等12册，本书为第8册。

本书以水电工程水工专业相关标准的条款为编写依据，从标准中选取涉及“重要部位、关键工序、主要试验检验项目”的规定，以负面清单条款的形式表达。

本书共4章。第一章通用部分，包括施工组织、临建及交通工程、导截流工程、土石方工程、支护工程、混凝土工程、灌浆及基础处理、安全监测和环保水保；第二章水工建筑物，包括挡水建筑物、泄洪建筑物、引水发电建筑物和通航建筑物；第三章试验检测勘察，包括试验检测和勘察；第四章验收评定，包括工程验收评定和其他项目验收。

本书可供从事水电工程的建设、监理、设计、施工、调试和运营等单位相关技术、管理人员使用。

图书在版编目（CIP）数据

电力建设标准负面清单：2015 版．第 8 册，水电水工 / 中国电力建设专家委员会编．—北京：中国电力出版社，2015.7

（创建电力优质工程策划与控制 5 系列丛书）

ISBN 978-7-5123-7660-1

Ⅰ．①电… Ⅱ．①中… Ⅲ．①电力工程－工程质量－质量管理－中国②水利水电工程－工程质量－质量管理－中国 Ⅳ．①TM7②TV

中国版本图书馆 CIP 数据核字（2015）第 088580 号

中国电力出版社出版、发行

（北京市东城区北京站西街 19 号 100005 http：//www.cepp.sgcc.com.cn）

北京市同江印刷厂印刷

各地新华书店经售

*

2015 年 7 月第一版 2015 年 7 月北京第一次印刷

787 毫米×1092 毫米 16 开本 23.75 印张 552 千字

印数 0001—2000 册 定价 **70.00** 元

中国电力建设企业协会文件

中电建协〔2015〕4号

关于印发《电力建设标准负面清单(2015版)》的通知

各理事单位、会员单位及有关单位:

为了适应电力建设新常态，促进电力建设工程质量的提升，中国电力建设企业协会组织中国电力建设专家委员会编制了《电力建设标准负面清单(2015版)》。现印发给你们，请遵照执行。

中国电力建设企业协会(印)

2015年3月1日

本书编审委员会

审定委员会

主　任　尤　京

副主任　陈景山

委　员　（以姓氏笔画为序）

丁瑞明　方　杰　王　立　司广全　刘　博　刘永红
孙花玲　闫子政　吴元东　张天文　张金德　张基标
李　牧　李必正　李连有　杨顺虎　汪国武　沈维春
肖红兵　陈　渤　陈大宇　周慎学　居　斌　武春生
侯作新　倪勇龙　徐　文　徐　杨　梅锦煜　董景霖
虞国平

编写委员会

主　任　范幼林

副主任　郑桂斌　聂建平　刘芳明

委　员　（以姓氏笔画为序）

刘学山　孙浩淼　朱安平　朱育宏　吴娟娥　张子松
张照举　李　婧　李　辉　李国瑞　李前昊　李嘉鹏
杨　涛　和孙文　和丽钢　姬脉兴　高德荣　傅兴安
温灵芳　程　宇　楚跃先　蔡　斌

序

为了适应电力建设新常态，促进电力建设工程质量的提升，继《创建电力优质工程策划与控制 1、2、3、4》出版之后，中国电力建设企业协会组织中国电力建设专家委员会编制《电力建设标准负面清单（2015 版）》，以“创建电力优质工程策划与控制 5 系列丛书”（以下简称《创优 5》）的形式出版。

李克强总理在中国第一届质量大会上提出“质量时代”新概念，并指出“标准是质量的基础，要加快相关法规建设，完善国家标准体系，推进强制性标准改革，提升标准和检测的有效性、先进性和适用性”。电力建设标准的编制、理解和执行是电力建设工程质量提升的重要切入点，对标准理解越深刻、执行越严格，工程质量结果就越优，这个结论已得到质量实践者的广泛共识。提升标准践行和质量管控水平，已成为“质量时代”的新常态。

《创优 5》采用标准负面清单管理模式，是“提升标准和检测的有效性、先进性和适用性”的创新尝试。负面清单由“数字+关键词”构成，清单的定义已经编入牛津词典中。清单管理模式是逻辑最清晰、最全面、最简练、最可操作的模式，是国际上公认的优秀管理方法。

《创优 5》全面覆盖直接涉及电力建设的各类相关法律、法规、标准和规范。以现行有效版本的法规、标准条款为编写依据，从 180 余部法规、2300 余项标准中选取电力建设工程“重要部位、关键工序、主要试验检验项目”的 30000 余个条款，并收编了国家明令禁止限制使用技术（材料）名录 100 余项，用“负面清单”的形式表达。力求体现标准条款的内涵和关键词，是标准条款的凝练和概括，是电力建设法规、标准执行限制性条款的“大数据”集成。

《创优 5》以质量理论为指导，以质量实践为对象，针对规范质量行为、执行质量规定、落实质量要求、严控质量流程、完善质量手段、遵守质量纪律、提升质量程度、确保质量结果、降低质量成本、消灭质量事故、承担质量责任、实现质量目标等12个方面进行编制。

《创优5》覆盖火电工程、水电水利工程、输变电工程及风光储工程的各个专业，分为工程管理、安健环、土建工程、锅炉机组、汽轮发电机组、电气与热控、调整与试验、水电水工、水电机电与金结、输变电工程、风光储工程和全集电子书12个分册，供工程技术人员查询及选择使用。

习近平主席2014年5月在河南考察时提出"中国速度向中国质量转变"的目标，国家质检总局在落实习近平主席讲话精神时提出"加强标准、计量、认证认可、检验检测等国家质量基础建设"。推行电力建设标准负面清单的管理模式，必将推动标准体系的完善，提升标准在国家质量建设中的地位，促进电力工程建设者们以主动创新驱动的新思维、优质高效的新速度，创造电力建设质量的新亮点和新成果。

中国电力企业联合会党组书记、常务副理事长 张玉才

2015年3月1日

前 言

一、电力建设新常态

2014年5月，习近平主席在河南考察时首次提及“新常态”，设定了“推动中国制造向中国创造转变、中国速度向中国质量转变、中国产品向中国品牌转变”的目标。李克强总理在中国第一届质量大会上提出“质量时代”新概念，并指出“标准是质量的基础，要加快相关法规建设，完善国家标准体系，推进强制性标准改革，提升标准和检测的有效性、先进性和适用性”。国家质检总局在落实习主席讲话精神时提出“加强标准、计量、认证认可、检验检测等国家质量基础建设”。

覆盖全国的特高压纵横电网的建设和高参数燃煤机组节能减排的创新及升级改造，推动了新技术、新装备、新流程、低能耗、低排放的电力工程建设进入“新常态”。电力建设的“新常态”包括:

新速度——保证质量和效率下的速度，是质量和效率优先的速度;

新思维——主动创新驱动，改变原有要素驱动的惯性思维;

新亮点——新思维、新速度形成的新成果。

二、标准是质量的基础

电力建设标准的编制、理解和执行是电力建设工程质量提升的重要切入点，对标准理解越深刻、执行越严格，工程质量结果就越优，这个结论已得到质量实践者的广泛共识。提升标准践行和质量管控水平，已成为“质量时代”的新常态。

为提高电力建设工程质量，适应电力建设新常态，中国电力建设企业协会组织中国电力建设专家委员会编制《电力建设标准负面清单（2015版）》，以“创建电力优质工程策划与控制5系列丛书”（以下简称《创优5》）的形式出版。

三、负面清单管理模式

清单由“数字+关键词”构成，清单的定义已经编入牛津词典中。清单管理模式是逻辑最清晰、最全面、最简练、最可操作的模式，是效率最高的管理模式之一，是国际上公认的优秀管理方法。

负面清单管理模式是质量管控创新和有效的手段，已在欧美等发达国家的质量管理和控制领域得到推广应用。电力建设标准负面清单归纳了电力工程建设全过程应遵循的法规、标准中技术、质量、管理等方面的限制性规定。工程建设者可通过与负面清单对标，进行纠偏，从而提升工程管理的总体水平。负面清单管理模式，是电力建设主动创新驱动的新尝试。

丛书以质量理论为指导，以质量实践为对象，针对规范质量行为、执行质量规定、落实质量要求、严控质量流程、完善质量手段、遵守质量纪律、提升质量程度、确保质量结果、降低质量成本、消灭质量事故、承担质量责任、实现质量目标 12 个方面进行编制。

丛书全面覆盖直接涉及电力建设的各类相关法律、法规、标准和规范，还列入了国家明令禁止限制使用技术（材料）清单，以现行有效版本的法规、标准条款为编写依据，用“负面清单”的形式表达。负面清单条款全面涵盖标准的重要部位、关键工序、主要试验检验项目，不是强制性条文的汇编，不是标准（法规）大全的重点摘录和汇总，是标准条款的凝练和概括，力求体现标准条款的内涵和灵魂，是电力建设法规、标准执行限制性条款的“大数据”集成。

标准的编制、理解、掌握和执行是质量管理的基础，电力建设工程质量是适应电力建设新常态的根本保证。推行电力建设标准负面清单的管理模式，可以提高电力工程建设者对标准的理解、掌握和执行水平，促进标准体系的完善，提升标准在国家质量建设中的地位，有效推动电力优质工程的建设。

四、2014 年电力建设情况

1. 电力需求

根据中电联快报统计，截至 2014 年底，全国发电装机容量达 13.6 亿 kW 左右，在 2014 年新增的 1 亿 350 万 kW 中，非化石能源装机容量达 5600 万 kW 左右，在装机向清洁化发展的同时，煤电利用小时数大幅下降了 314h。2014 年全社会用电量为 5.52 万亿 kWh，同比增长 3.8%左右，相比 2013 年 7.6%的增长水平回落幅度较大。

2. 节能减排

全国平均供电煤耗 318g/kWh，同比下降 3g。烟尘、二氧化硫、氮氧化物排放量都有进一步的下降。电力行业节能减排取得了很大成绩，不论是污染物的绝对减排量，还是以电代煤等的间接减排都做出了很大贡献，但由于各种原因仍然是社会关注的焦点。新修订的《环境保护法》和正在征求意见的《大气污染防治法》对环境保护、防治大气污染的要求更严，标准要求更高，付出的成本更高，承担的责任尤其是法律的责任更大。

3. 电力发展

《能源发展战略行动计划（2014—2020 年）》中提出，到 2020 年，非化石能源占一次能源消费比重达 15%，煤炭消费比重控制在 62%以内。核电装机容量达 5800 万 kW，常规水电装机达 3.5 亿 kW 左右，风电装机达 2 亿 kW，光伏装机达

1 亿 kW 左右。尤其是我国提出的到 2030 年前后碳排放要达到峰值的要求，电力行业任务还非常艰巨。

4. 体制改革

2014 年 6 月，习近平主席在中央财经领导小组第六次会议上提出“推动能源生产和消费革命的长期战略”，明确“推动能源消费革命、能源供给革命、能源技术革命、能源体制革命、全方位加强国际合作”五点要求，彰显出中央在推进能源领域变革的决心。《能源发展战略行动计划（2014—2020 年）》确定了 2020 年我国能源发展的总体目标、战略方针和重点任务，部署推动能源创新发展、安全发展、科学发展，也为下一步制定“十三五”能源规划确定了基本框架。电力体制改革方案经过多轮研讨征求意见，深圳输配电价改革已经破冰，新一轮电改已蓄势待发，2015 年将成为新的电改元年。

五、丛书内容介绍

丛书遵照“全面、简练、准确、约束力强”的编写原则，在不改变标准原意的前提下对标准条款进行提炼，着重体现标准条款的内涵和关键词，对编写的负面清单按照工程类型、专业、部位进行了分类归集。为了便于追溯标准原文，负面清单条款还注明了依据的标准（法规）名称、编号及条款号。对于选入的标准强制性条款，在负面清单条款号后进行了标注，标示为“(强条)”。

丛书从 180 余部法规、2300 余项标准中选取电力建设工程“重要部位、关键工序、主要试验检验项目”的 30000 余个条款，并收编了国家明令禁止限制使用技术（材料）名录 100 余项。

丛书覆盖火电工程、水电水利工程、输变电工程及风光储工程，共包括 12 册，分别为：

第 1 册　工程管理

第 2 册　安健环

第 3 册　土建工程

第 4 册　锅炉机组

第 5 册　汽轮发电机组

第 6 册　电气与热控

第 7 册　调整与试验

第 8 册　水电水工

第 9 册　水电机电与金结

第 10 册　输变电工程

第 11 册　风光储工程

第 12 册　全集电子书

《第 1 册　工程管理》、《第 2 册　安健环》和《第 3 册　土建工程》三册为火电、水电水利、输变电、风光储工程通用。

《第 4 册　锅炉机组》包含：起重运输、加工配置和金属焊接专业内容。

《第 5 册　汽轮发电机组》包含：水处理及制氢系统、管道及系统和汽轮机本体保温专业内容。

《第 9 册　水电机电与金结》包含：水电调试与试运专业内容。

全集电子书包含前 11 册全部内容，可实现计算机检索功能。

六、丛书编写原则

（1）2000 年以前发布的法律、法规和标准，原则上不选入。

（2）2001～2005 年发布的施工技术标准、检验标准、验收标准，仍在执行中且无替代标准的，已编入；其他标准原则上不选入。

（3）2005 年后发布的现行标准，全部选入。

（4）设计标准按照直接涉及施工的技术要求、验收的质量要求的原则，选择性收入。

（5）产品标准按照直接涉及设备、装置选型、材料选择、工序、进厂检验、产品使用特殊技术要求的原则，选择性收入。

（6）为保持本丛书收录标准的全面性和时效性，截至 2014 年 12 月进入报批稿阶段且 2015 年实施的标准选入本书，如有差异以正式发布的标准为准。

丛书在编写过程中得到各电网、发电、电建集团公司的大力支持和帮助，在此一并表示感谢。鉴于水平和时间所限，书中难免有疏漏、不妥或错误之处，恳请广大读者批评指正。

丛书编委会

2015 年 3 月 1 日

目　　录

第一章　通　用　部　分

第一节　施　工　组　织

一、电力行业标准

1. 监理单位不得与所监理项目承建单位有经营性隶属关系或合作关系，不得修改建设工程勘察、设计文件。

依据标准名称:《水电水利工程施工监理规范》

依据标准号: DL/T 5111—2012，条款号　1.0.4

2. 监理单位不得违反以下规定：依照法律、法规及有关技术标准、设计文件和工程承建合同，对承建单位在施工质量、施工安全、合同工期和合同费用使用等方面，代表业主实施监督管理，并承担相应的监理责任。

依据标准名称:《水电水利工程施工监理规范》

依据标准号: DL/T 5111—2012，条款号　1.0.7

3. 设计技术交底，不得违反下列规定:

（1）监理机构应在工程项目开工前，组织进行设计技术交底。

（2）设计技术交底开始前，监理机构应要求承建单位对相关部分的设计图纸和设计技术要求进行仔细、认真的审阅，并提出需澄清问题。

依据标准名称:《水电水利工程施工监理规范》

依据标准号: DL/T 5111—2012，条款号　4.3.3

4. 进场材料质量检查，不得违反下列规定:

（1）监理机构应要求承建单位提交进场建筑材料质量证明文件、生产许可证、出厂合格证、材料样品和检验（检测）报告。

（2）监理机构应督促承建单位按规定的检验项目、检验方法和检验频率进行进场材料质量检验，并向监理机构报送进场材料质量检验报告。

（3）监理机构应要求承建单位提供商品材料生产厂家资质文件、商品材料质量性能证书和产品质量合格证，进行材料质量合格认证和必需的抽样检验。

（4）对由业主另行委托材料生产厂家或材料供应商提供的，或由承建单位自行生产的产品材料，监理机构应督促承建单位进行质量检验，并在有必要时独立地进行抽样检验。

（5）材料、构配件未经质量检验合格不得使用。

依据标准名称:《水电水利工程施工监理规范》

依据标准号: DL/T 5111—2012，条款号 4.4.1

5. 施工过程质量检查，不得违反下列规定:

（1）监理机构应做好对承建单位质量保证体系落实、施工技术措施计划、施工资源保障，以及施工准备充分性的检查与监督。

（2）监理机构应督促承建单位遵守合同技术条款、施工规程规范和工程质量标准，按申报并经批准的施工工艺、措施和施工程序作业、文明施工。

（3）对重要工程项目、关键施工工序，监理机构应以单元工程为基础、以工序控制为重点，进行全过程跟踪监督。

（4）监理机构有权对工程所有部位及其任何一项工艺、材料和设备进行检查，并要求承建单位提供试验和检测成果。

依据标准名称:《水电水利工程施工监理规范》

依据标准号: DL/T 5111—2012，条款号 4.4.3

6. 施工质量问题处理，不得违反下列规定:

（1）一般性施工质量缺陷，监理机构应督促承建单位按设计技术要求及时修复。较大的或重要部位质量缺陷，监理机构应指示承建单位及时查明缺陷范围和数量，分析产生的原因，提出缺陷修复和处理措施计划报经批准后方可进行修复和处理。

（2）对于呈规律性、普遍发生的工程质量问题，监理机构应对是否存在设计质量缺陷、材料与设备供应质量缺陷、施工工艺缺陷等进行分析、完善施工质量控制措施。

（3）对重要工程项目，监理机构应在关键施工工序完成后及时进行施工质量检查，针对发现的质量问题指示承建单位做好处理，并提出预控与质量缺陷防范措施。

（4）监理机构应加强工程质量检查，建立工程施工质量问题档案。在工程质量问题处理完成后，及时组织质量检查或联合检查，并在质量问题处理合格后销案闭合。

依据标准名称:《水电水利工程施工监理规范》

依据标准号: DL/T 5111—2012，条款号 4.4.6

7. 质量不合格的原材料、半成品不得用于工程项目。

依据标准名称:《水电水利工程施工监理规范》

依据标准号: DL/T 5111—2012，条款号 4.5.1

8. 上道工序未经质量检查合格，不得进行下道工序施工作业。

依据标准名称:《水电水利工程施工监理规范》

依据标准号: DL/T 5111—2012，条款号 4.5.2

9. 分部（分项）工程质量检查验收时，不得违反下列规定:

（1）分项工程质量检查在所有单元工程完工，并经单元工程质量检查合格后进行。

（2）分部工程质量检查在所有分项工程完工，并经分项工程质量检查合格后进行。

依据标准名称：《水电水利工程施工监理规范》

依据标准号：DL/T 5111—2012，条款号 4.5.3

10．监理机构的独立检验与测量，不得违反下列规定：

（1）监理机构应按工程监理合同约定，对监理项目施工生产性试验、施工过程质量检查和施工测量进行监督性或复核性检测。

（2）监理机构应随施工进展定期对承建单位检测设备、计量器（具）的检定（校准）情况、质量检测机构资质、人员资格进行检查。

（3）监理机构应对施工过程中使用的材料、构配件、成品、半成品、混凝土配合比，以及相关施工参数等进行检查、取样和性能检验。

（4）监理机构应对施工控制网、建筑物轴线，以及建筑物体型尺寸、重要控制点高程等施工放样进行校测，并及时完成对工程验收和质量检查过程中的工程测量成果审查。

依据标准名称：《水电水利工程施工监理规范》

依据标准号：DL/T 5111—2012，条款号 4.5.4

11．监理机构开展施工资源检查，不得违反下列规定：

（1）监理机构应督促承建单位按施工进度计划落实施工资源投入，随施工进展逐周、逐月对承建单位人力、材料资源配置到位，施工设备到位，以及主要施工作业设备完好率、台时利用率、台时生产率进行检查。

（2）当承建单位施工资源配置不能满足施工进展要求时，监理机构应及时指示、督促承建单位进行补充和调整。

依据标准名称：《水电水利工程施工监理规范》

依据标准号：DL/T 5111—2012，条款号 5.3.4

12．未经安全生产教育培训的人员，不得上岗作业。

依据标准名称：《水电水利工程施工监理规范》

依据标准号：DL/T 5111—2012，条款号 6.1.2

13．对属于高空、高压、高边坡、高排架搭设与作业、深井提升、架空运输、地下洞室、施工用电作业，以及涉及森林防火、高危险区或爆破等特种作业环境的施工项目或工作，承建单位未在施工作业前，编制专项的安全生产技术措施报送监理机构批准，不得施工。

依据标准名称：《水电水利工程施工监理规范》

依据标准号：DL/T 5111—2012，条款号 6.2.2

14．监理机构开展施工过程安全作业检查时，不得缺少以下主要内容：

（1）对承建单位的安全生产机构与资源配置、安全生产措施的执行情况进行经常性的检查。

（2）督促承建单位做好安全作业措施和安全作业规程、安全作业防护手册的学习与培训。

（3）督促承建单位定期对施工安全防护设备、设施，以及警示、指示等信号和标志进行检查，及时补充、修复或更换。

（4）高空、高排架、架空运输等施工作业期间，监理机构应督促承建单位定期对施工作业及劳动保护设备、设施、用品进行检查。

（5）对需要在施工现场安装的大型施工机械设备，使用前，监理机构应督促承建单位按照国家有关规定进行安全检查和测试。

（6）监理机构应加强重要安全监控点的巡查。

（7）承建单位的易燃、易爆、有毒物品必须按规定进行采购、运输、储存、使用和处理，防止流失。

（8）督促承建单位建立火工材料领用和退库制度，未使用完的火工材料应及时退库，不得在施工现场临时存放。

依据标准名称:《水电水利工程施工监理规范》

依据标准号: DL/T 5111—2012，条款号　6.2.3

15. 监理机构开展施工期工程安全监测管理工作，不得缺少以下内容:

（1）监理机构应督促承建单位按照工程承建合同约定和设计要求，及时建立施工期工程安全监测设施及运行管理制度，并保持其完整、有效。

（2）监理机构应督促安全监测承建单位按照安全监测合同约定和设计要求，及时报告监测成果，定期会同工程设计、安全监测、承建单位对监测成果进行分析和评估，及时协调参建各方解决监测成果所揭示的问题。

（3）监理机构应做好施工期工程安全监测成果分析并及时向业主报告，对存在的施工安全隐患及时提出处理意见或建议。

依据标准名称:《水电水利工程施工监理规范》

依据标准号: DL/T 5111—2012，条款号　6.2.6

16. 监理机构对承建单位施工环境保护管理体系检查，不得缺少以下主要内容:

（1）施工环境保护管理机构及其资源配置。

（2）施工环境保护工作制度。

（3）施工环境保护规划、措施计划及其应急预案，施工环境保护作业规程等内容。

依据标准名称:《水电水利工程施工监理规范》

依据标准号: DL/T 5111—2012，条款号　6.4.4

17. 监理机构对施工区自然环境和景观保护检查，不得缺少以下内容:

（1）督促承建单位最大限度地保护施工区以外的自然环境和景观，避免对周围环境造成破坏。

（2）对施工区范围所能保存的林木保护。

（3）督促承建单位采取措施控制施工粉尘、废气、废水、固体废物，以及噪声、振动对环境的污染和危害，防止在施工活动中产生环境污染和危害。

（4）督促承建单位采取措施避免发生水污染、视觉污染、水土流失、河道淤塞、水生物和动植物的生态破坏。

依据标准名称：《水电水利工程施工监理规范》

依据标准号：DL/T 5111—2012，条款号 6.4.6

18. 监理机构对施工环境卫生管理检查，不得缺少以下内容：

（1）施工人员饮水卫生。

（2）生产、生活污水排放，生产、生活垃圾和施工中所产生的废物处理。

（3）做好洞室施工期通风，降低洞室废气、毒气危害。

依据标准名称：《水电水利工程施工监理规范》

依据标准号：DL/T 5111—2012，条款号 6.4.7

19. 监理机构对施工弃渣、弃水管理，不得违反以下规定：

（1）督促承建单位按工程承建合同做好土石方平衡规划，充分利用开挖料，做好渣料堆存和回采规划。

（2）加强施工用料的开采、储存及弃渣、废料的堆放管理，严禁超界开采、储存、堆放。种植土应尽可能返还造地。

（3）施工用水应循环利用，防止地表水土流失而引起下游河床淤积。必须排放的施工弃水、生产废水、生活污水、施工粉尘、废气、废油等，应按规定进行处理，达到排放标准后方可排放。

依据标准名称：《水电水利工程施工监理规范》

依据标准号：DL/T 5111—2012，条款号 6.4.8

20. 施工用压缩空气站的备用容量配置不得违反下列原则：

（1）当最大机组检修时，其余机组的供气量应能满足用户需要。

（2）当机组发生事故停机时，仍应保证主要用户的供气。

（3）压缩空气站工作容量所需机组在5台（含5台）以下时，应另加一台作为备用。

依据标准名称：《水电水利工程施工压缩空气、供水、供电系统设计导则》

依据标准号：DL/T 5124—2001，条款号 4.2.5

21. 在一个施工用压缩空气站内，机型不得超过两种。

依据标准名称：《水电水利工程施工压缩空气、供水、供电系统设计导则》

依据标准号：DL/T 5124—2001，条款号 4.3.1

22. 施工用压缩空气站的布置不得违反下列原则：

（1）尽量靠近用户负荷中心，站址至用户的距离宜在 0.5km 以内，最远不得超过2.0km。供气管网的压力降低值最大不应超过压缩空气站供给压力的10%～15%。

（2）接近供电供水管网，并有利于排水。

（3）站址应设在爆破警戒线外，如必须设在危险区内时，对人员和设备应采取可靠的防护措施。

（4）站址宜选在空气洁净、通风良好、交通方便，利于设备搬运之处。

（5）站址应选择在地基或边坡稳定的位置。

依据标准名称：《水电水利工程施工压缩空气、供水、供电系统设计导则》

依据标准号：DL/T 5124—2001，条款号 4.4.3

23．水利水电工程施工用压缩空气应保证风动机具高效率工作压力，其值应在0.7MPa～0.8MPa范围内。未采取专门的油水分离措施严格控制油、水含量的压缩空气不得用于气力运输水泥、灌浆洗缝及混凝土面冲毛等。

依据标准名称：《水电水利工程施工压缩空气、供水、供电系统设计导则》

依据标准号：DL/T 5124—2001，条款号 4.3.3

24．施工用压缩空气管道敷设方式的选择，应根据当地地形、地质、水文及气象等条件确定。应在管道最低点设置排放管道内积存油水的装置，寒冷地区室外压缩空气管道宜采取防冻措施，管道坡度不得小于0.002。

依据标准名称：《水电水利工程施工压缩空气、供水、供电系统设计导则》

依据标准号：DL/T 5124—2001，条款号 4.5.2

25．施工用压缩空气管道穿越铁路或道路时，应设套管，其两端伸出路边不得小于1m，路边有排水沟时，则应伸出沟边1m。

依据标准名称：《水电水利工程施工压缩空气、供水、供电系统设计导则》

依据标准号：DL/T 5124—2001，条款号 4.5.6

26．露天压缩空气管道长度200m内无较大折角弯管时，需设膨胀器或填料式伸缩节作为热补偿器。主管道应在低洼处设油水分离器，其间隔不得大于600m。

依据标准名称：《水电水利工程施工压缩空气、供水、供电系统设计导则》

依据标准号：DL/T 5124—2001，条款号 4.5.7

27．生产消防用水应以河水为主要水源，生活饮用水应优先取用水质较好的地下水。

依据标准名称：《水电水利工程施工压缩空气、供水、供电系统设计导则》

依据标准号：DL/T 5124—2001，条款号 5.1.3

28．施工供水系统的设计供水压力，应满足大多数用户要求。对于个别要求高水压的用户，可另建独立的加压供水系统。地形高差变化较大的供水区应采用局部加压的分区供水系统。

依据标准名称：《水电水利工程施工压缩空气、供水、供电系统设计导则》

依据标准号：DL/T 5124—2001，条款号 5.1.8

29. 未掌握水资源的勘测试验资料，不得进行施工供水系统设计。

依据标准名称：《水电水利工程施工压缩空气、供水、供电系统设计导则》

依据标准号：DL/T 5124—2001，条款号 5.3.1

30. 不得间断供水的泵房应设置两个独立的外部电源，否则，应设置备用动力设施，其能力应满足发生事故时的用水要求。

依据标准名称：《水电水利工程施工压缩空气、供水、供电系统设计导则》

依据标准号：DL/T 5124—2001，条款号 5.4.5

31. 净水厂址选择不得违反下列要求：

（1）厂址不受洪水威胁，有较好的废水排放条件和良好的卫生环境，便于设置防护地带，施工运行维护方便，靠近主要用户，经济上合理。

（2）对于临时性或可移动的供水系统，或因其他原因，可以采用船上水厂。

（3）水厂生产建筑物布置高程应充分利用原有地形坡度，建筑物间布置合理紧凑。

（4）并联运行的净水建筑物间应配水均匀。

（5）水厂附属建筑物的组成及用地面积应根据水厂规模、工艺流程决定。

依据标准名称：《水电水利工程施工压缩空气、供水、供电系统设计导则》

依据标准号：DL/T 5124—2001，条款号 5.5.1

32. 进行输配水管的布置与计算时，应根据实际情况，在满足供水要求的前提下，尽量节省工程投资，并采取相应的保温防冻以及方便移设的措施。

依据标准名称：《水电水利工程施工压缩空气、供水、供电系统设计导则》

依据标准号：DL/T 5124—2001，条款号 5.6.1

33. 输水管线路选择与布置不得违反以下原则：

（1）输水管线路的布置应尽量做到线路短、起伏小、土石方工程量少。

（2）输水干管一般不应少于两条，在有安全贮水池或其他安全供水措施保证时，也可只建一条水管。输水管和连通管的管径及数量应按任一段输水干管发生故障时仍能通过事故用水量来进行计算。

（3）输水干管宜避免穿过河谷、山脊、沼泽、铁路线和泄洪地区，并应避开滑坡、塌方以及易发生泥石流和高侵蚀土壤地区。

（4）输水管线应充分利用水位高差。当条件许可时优先考虑重力流输水，如为地形所限必须加压输水时，应根据设备和器材选用情况，通过技术经济比较后确定，或增加增压级数或增设增压泵站。

（5）重力输水管应设检查井和通气孔。

（6）管道的经济流速随管径、设备和动力价格等因素确定，一般取 0.60m/s～2.25m/s。

依据标准名称：《水电水利工程施工压缩空气、供水、供电系统设计导则》

依据标准号：DL/T 5124—2001，条款号 5.6.2

34. 施工变电站变压器选择不得违反下列原则：

（1）变电站内变压器的总额定容量应大于该变电站承担的全部用电设备的计算负荷。

（2）变电站与电力系统相连接的主变压器一般应装设两台。当只有一个电源或变电站可由系统中二次电压网络取得备用电源时，方可装设一台变压器。

（3）变电站宜采用三相变压器，在电压质量无法保证的情况下，可采用带负荷调压的变压器。

（4）具有三种电压的变电站，如通过主变压器各侧绕组功率均达到该变压器容量的15%以上，主变压器一般应采用三绕组变压器。

依据标准名称：《水电水利工程施工压缩空气、供水、供电系统设计导则》

依据标准号：DL/T 5124—2001，条款号　6.3.2

35. 施工供电系统配电网络规划设计不得违反下列原则：

（1）配电网络应简单可靠，便于操作和管理，适应各阶段负荷需要。电压级数应尽量减少，一般不多于两级。

（2）6kV～10kV配电网络尽可能伸入负荷中心，经技术经济比较认为合理时，35kV及以上线路可直接向重负荷区配电。

（3）平行生产的流水线及互为备用的用电设备机组，根据生产要求，宜由不同的母线或线路供电；同一生产流水线的用电设备，宜由同一母线或线路供电。

（4）对于工地医院、地下工程排水和基坑开挖排水等重要负荷，原则上应由双回线路或环形线路供电。对于混凝土工厂、压缩空气站、挖掘机等次要负荷，一般可采用环形网络或单回架空线路供电。对于一般负荷，可按容量大小，采用单回架空线路供电。

（5）在规划配电网络接线方式时，除保安负荷外，不应考虑一回电源线路检修或事故时，另一回路电源线路又发生事故。

（6）出线走廊和环境条件许可时，配电线路应尽量采用架空线路，少用电缆线路。配电网络设施应避开施工开挖区和永久建筑物。

（7）工区高压电动机台数较多时，应比较6kV与10kV两级配电电压。

（8）临时发电厂应采用与高压电动机相同的电压，并靠近用户设置。

依据标准名称：《水电水利工程施工压缩空气、供水、供电系统设计导则》

依据标准号：DL/T 5124—2001，条款号　6.4.1

36. 施工供水系统配水管网布置不得违反下列原则：

（1）配水管网应按高峰时段的日平均用水量进行计算，同时应按发生消防时的流量和水压要求、最大输水时的流量和水压要求、最不利管段发生故障时的水量和水压要求进行校核。

（2）配水管网应根据用水要求合理布置于全供水区，在满足各用户对水量水压的要求以及考虑施工维修方便的前提下，应尽可能缩短配水管线的长度。

（3）配水干管的位置，应尽可能布置在两侧均有用户，且有大用户的道路上，配水干管之间应在适当间距处设置连接管以形成环网。

（4）对于供水范围较大的配水管网或水厂远离供水区的管网，应通过技术经济比较，

确定管网中是否设置调节水量的建筑物（水塔、高位水池等）。

（5）生活饮用水的管网严禁与非生活饮用水管网连通。

（6）配水管网的阀门、消火栓、给水栓、连通管的设置均应符合有关规定。

依据标准名称：《水电水利工程施工压缩空气、供水、供电系统设计导则》

依据标准号：DL/T 5124—2001，条款号 5.6.3

37. 施工供水系统输配水管道的敷设不得违反下列原则：

（1）在冰冻地区应采取可靠的防冻措施。

（2）压力输配水管道一般应采用钢管或铸铁管并应涂以防腐层，若采用非金属管材时应注意材料选用及其施工工艺，防止漏失，对于临时修建的管道还应便于搬迁。

（3）施工供水管道与建筑物、道路交叉时，应采取保护措施。

（4）管道穿过河流时，应尽量利用已有或新建桥梁进行架设。

依据标准名称：《水电水利工程施工压缩空气、供水、供电系统设计导则》

依据标准号：DL/T 5124—2001，条款号 5.6.4

38. 当采用由电力系统供电作为施工电源时，在工区内选择施工变电站站址，不得缺少下列条件和因素：

（1）接近施工用电负荷中心或配电网络中心。

（2）便于各级电压线路引进和引出；进出线走廊与所址应同时选定。

（3）高程应相对较高，地势平缓，运输方便，避免建立在低洼地方，并应节约用地。

（4）所址离施工区应有一定距离，并应注意防止泥石流和山洪影响。

（5）若与永久变电站相结合时，应考虑以后扩建的可能性和便于管理。

依据标准名称：《水电水利工程施工压缩空气、供水、供电系统设计导则》

依据标准号：DL/T 5124—2001，条款号 6.3.1

39. 未按规定佩戴安全帽和使用其他相应的个体防护用品的人员，严禁进入施工现场。

依据标准名称：《水电水利工程施工安全防护设施技术规范》

依据标准号：DL 5162—2013，条款号 3.1.2（强条）

40. 在悬崖、陡坡、杆塔、坝块、脚手架以及其他高处危险边沿进行悬空高处作业时，严禁缺少防护栏杆等临边设施。

依据标准名称：《水电水利工程施工安全防护设施技术规范》

依据标准号：DL 5162—2013，条款号 3.2.1（强条）

41. 脚手架作业面高度超过 3.00m 时，临边未挂设水平安全网，脚手架外侧未挂立网封闭，严禁作业。

依据标准名称：《水电水利工程施工安全防护设施技术规范》

依据标准号：DL 5162—2013，条款号 3.2.4（强条）

42．脚手架拆除时，在拆除物坠落范围的外侧未设有安全围栏与醒目的安全警示标志，严禁脚手架拆除作业。

依据标准名称：《水电水利工程施工安全防护设施技术规范》

依据标准号：DL 5162—2013，条款号 3.2.6（强条）

43．未经设计计算校核的各类操作平台，不得搭设和使用。

依据标准名称：《水电水利工程施工安全防护设施技术规范》

依据标准号：DL 5162—2013，条款号 3.2.7（强条）

44．未设有效的隔离防护设施，严禁在同一垂直方向上同时进行多层交叉作业。

依据标准名称：《水电水利工程施工安全防护设施技术规范》

依据标准号：DL 5162—2013，条款号 3.2.11（强条）

45．作业面处于不稳定岩体下部，孤石、悬崖陡坡下部，高边坡下部，基坑，深槽、深沟下部等情况时，作业面上部不得缺少防止滚动物的挡墙或积石槽设施。

边坡存在滑移重大安全隐患时，未在施工前采取专门防护措施，严禁施工。

依据标准名称：《水电水利工程施工安全防护设施技术规范》

依据标准号：DL 5162—2013，条款号 3.2.12（强条）

46．高处施工通道的临边必须设置高度不得低于1.2m的安全防护栏杆。当临空边沿下方有人作业或通行时，还应封闭底板，并在安全防护栏杆下部设置高度不低于 0.20m的挡脚板。

依据标准名称：《水电水利工程施工安全防护设施技术规范》

依据标准号：DL 5162—2013，条款号 3.3.2（强条）

47．油库、加油站严禁违反以下规定：

（1）加油站四周应设有不低于2.00m高的实体围墙，或金属网等非燃烧体栅栏。

（2）设有消防安全通道，油库内道路应布置成环行道，车道宽应不小于3.50m。

（3）露天的金属油罐、管道上部应设有阻燃物的防护棚。

（4）库内照明、动力设备应采用防爆型，装有阻火器等防火安全装置。

（5）装有保护油罐储油安全的呼吸阀。

（6）油罐区安装有避雷针等避雷装置，其接地电阻不得大于30Ω。

（7）金属油罐及管道应设有防静电接地装置，接地电阻应不大于30Ω。

（8）配备有泡沫、干粉灭火器及沙土等灭火器材。

（9）设有醒目的安全防火、禁止吸烟等警告标志。

（10）设有与安全保卫消防部门联系的通信设施。

依据标准名称：《水电水利工程施工安全防护设施技术规范》

依据标准号：DL 5162—2013，条款号 3.4.4（强条）

48. 机械设备传动与转动的露出部分，未设置安全防护装置，严禁运行。

依据标准名称:《水电水利工程施工安全防护设施技术规范》

依据标准号: DL 5162—2013，条款号 3.5.2（强条）

49. 严禁使用监测仪表和安全装置不齐全、不配套、不灵敏、不可靠，并未定期校验合格的机电设备。

依据标准名称:《水电水利工程施工安全防护设施技术规范》

依据标准号: DL 5162—2013，条款号 3.5.3（强条）

50. 空气压缩机安装运行不得违反以下规定:

（1）压缩机进气口必须装有吸声消音器。

（2）压力表、安全阀、调压装置等齐全灵敏，并按国家有关规定定期检验和标定。

依据标准名称:《水电水利工程施工安全防护设施技术规范》

依据标准号: DL 5162—2013，条款号 3.6.2（强条）

51. 储气罐安装运行不得违反以下规定:

（1）储气罐必须设置压力表、安全阀等安全装置，并按国家有关规定定期检验和标定。

（2）应安装在机房外，且距离机房不小于 3.00m。

（3）安全阀全开时的通气量应大于空压机排气量。

（4）储气罐与供气总管之间应装设切断阀门。

（5）储气罐应定期检验和进行压力试验。

依据标准名称:《水电水利工程施工安全防护设施技术规范》

依据标准号: DL 5162—2013，条款号 3.6.3（强条）

52. 浮船式泵站，必须采取围船锚固措施，船上不得缺少航标灯或信号灯。汛期应监视水情，调正缆绳和输水管。

依据标准名称:《水电水利工程施工安全防护设施技术规范》

依据标准号: DL 5162—2013，条款号 3.7.3（强条）

53. 施工变压器的安装使用严禁违反以下规定:

（1）施工用的 10kV 及以下变压器装于地面时，应设有高度不低于 0.50m 的平台，平台的周围应装设高度不低于 1.70m 的栅栏和带锁的门，栅栏与变压器外廓的距离不得小于 1.00m，杆件结构平台上变压器安装的高度应不低于 2.50m，并挂警示标志。变压器的引线应采用绝缘导线。

（2）采用柱式安装时，底部距地面不应小于 2.50m。

（3）外壳接地电阻应不大于 4Ω。

（4）变压器运行中应定期进行检查。

依据标准名称:《水电水利工程施工安全防护设施技术规范》

依据标准号：DL 5162—2013，条款号 3.8.2（强条）

54. 施工现场或车间内的变配电装置均应设置遮栏或栅栏屏护，并不得违反以下规定：

（1）高压设备屏护高度不应低于1.70m，下部边缘离地高度不应大于0.10m。

（2）低压设备室外屏护高度不应低于1.50m，室内屏护高度不应低于1.20m，屏护下部边缘离地高度不应大于0.20m。

（3）遮栏网孔不应大于40mm×40mm，栅栏条间距不应大于0.20m。

依据标准名称：《水电水利工程施工安全防护设施技术规范》

依据标准号：DL 5162—2013，条款号 3.8.5（强条）

55. 噪声严重的施工设施，不应布置在靠近居民区、工厂、学校、施工生活区。

依据标准名称：《水电水利工程施工安全防护设施技术规范》

依据标准号：DL 5162—2013，条款号 3.9.3

56. 起重机械安全防护设施未经国家专业检验部门检验合格，不得使用。

依据标准名称：《水电水利工程施工安全防护设施技术规范》

依据标准号：DL 5162—2013，条款号 4.2.1

57. 起重机械安装运行不得违反以下规定：

（1）起重机械应配备荷载、变幅等指示装置和荷载、力矩、高度、行程等限位、限制及连锁装置。

（2）操作司机室应防风、防雨、防晒、视线良好，地板铺有绝缘垫层。

（3）设有专用起吊作业照明和运行操作警告灯光音响信号。

（4）露天工作起重机械的电气设备应装有防雨罩。

（5）吊钩、行走部分及设备四周应有警告标志和涂有警示色标。

依据标准名称：《水电水利工程施工安全防护设施技术规范》

依据标准号：DL 5162—2013，条款号 4.2.4（强条）

58. 固定扒杆的缆风绳不得少于4根。

依据标准名称：《水电水利工程施工安全防护设施技术规范》

依据标准号：DL 5162—2013，条款号 4.2.7

59. 施工现场载人机械传动设备不得违反以下要求：

（1）采用慢速可逆式卷扬机，其升降速度不应大于0.15m/s。

（2）卷扬机制动器为常闭式，供电时制动器松开。

（3）卷扬机缠绕应有排绳装置。

（4）电气设备金属外壳均应接地，接地电阻应不大于4Ω。

依据标准名称：《水电水利工程施工安全防护设施技术规范》

依据标准号：DL 5162—2013，条款号 4.2.10（强条）

60．载人机械提升钢丝绳不得违反以下规定：

（1）钢丝绳的安全系数不得小于12。

（2）钢丝绳上10倍直径长度范围内断丝根数不得大于总根数的5%。

（3）钢丝绳绳头应采用巴氏合金充填绳套，套管铰接绳环，套筒箍头紧固绳环固定。

（4）钢丝绳卷绕在卷筒上的安全圈数不得小于3圈，绳头在卷筒上固定可靠。

依据标准名称：《水电水利工程施工安全防护设施技术规范》

依据标准号：DL 5162—2013，条款号 4.2.11（强条）

61．采用绳卡固定钢丝绳应符合相关规定，其绳卡间距不得小于钢丝绳直径的6倍，绳头距安全绳卡的距离不得小于140mm，绳卡安放在钢丝绳受力一侧，不得正反交错设置绳卡。

依据标准名称：《水电水利工程施工安全防护设施技术规范》

依据标准号：DL 5162—2013，条款号 4.2.12（强条）

62．载人机械使用滑轮不得违反以下规定：

（1）滑轮的名义直径与钢丝绳名义直径之比不得小于30。

（2）滑轮绳槽圆弧半径应比钢丝绳名义半径大5%～7.5%，槽深不得小于钢丝绳直径的1.5倍。

（3）钢丝绳进出滑轮的允许偏角不得大于2.5°。

（4）吊顶滑轮和导向滑轮固定可靠。

依据标准名称：《水电水利工程施工安全防护设施技术规范》

依据标准号：DL 5162—2013，条款号 4.2.13（强条）

63．载人吊笼不得违反以下规定：

（1）根据施工需要，吊笼的承载能力按每人100kg进行吊笼结构强度设计。

（2）吊笼顶部设计强度在任意0.10m^2的面积上应能承受1500N载荷的作用。

（3）吊笼内空净高不得小于2.00m，吊笼每人占据的底面积不得小于0.20m^2，设置水平拉门，门框高度应不低于2.00m，宽度应不少于0.60m，并设有可靠的锁紧装置。

（4）吊笼内应有足够的照明，吊笼外安装滚轮或滑动导向靴。

依据标准名称：《水电水利工程施工安全防护设施技术规范》

依据标准号：DL 5162—2013，条款号 4.2.14（强条）

64．严禁使用未在导轨上运行或导轨不能承受额定重量偏载制动及安全装置动作时产生的冲击力、附着不牢固的升降吊笼。

依据标准名称：《水电水利工程施工安全防护设施技术规范》

依据标准号：DL 5162—2013，条款号 4.2.16（强条）

65. 载人提升机械未设置以下灵敏可靠安全装置不得使用：

（1）上限位装置（上限位开关）。

（2）上极限限位装置（越程开关）。

（3）下限位装置（下限位开关）。

（4）断绳保护装置。

（5）限速保护装置。

（6）超载保护装置。

依据标准名称：《水电水利工程施工安全防护设施技术规范》

依据标准号：DL 5162—2013，条款号　4.2.17（强条）

66. 载人提升机械运行出入口处，未明示安全操作规程和限载规定，未设置信号和通信设施，不得使用。

依据标准名称：《水电水利工程施工安全防护设施技术规范》

依据标准号：DL 5162—2013，条款号　4.2.18（强条）

67. 塔式、门式、桥式和缆索起重机等大型起重机械，在拆除前未制定拆除施工技术方案和安全措施，严禁施工。

依据标准名称：《水电水利工程施工安全防护设施技术规范》

依据标准号：DL 5162—2013，条款号　4.3.1（强条）

68. 大型起重机械的拆除不得违反以下规定：

（1）拆除现场周围应符合相关规定。

（2）拆除空间与输电线路的最小距离应符合相关规定。

（3）拆除工作范围内的设备及通道上方应设置防护棚。

（4）设有防止在拆除过程中行走机构滑移的锁定装置。

（5）不稳定构件应设有缆风钢丝绳，缆风绳安全系数不应小于3.50，与地面夹角应在30°～40°之间。

（6）在高处空中拆除结构件时，应符合相关的规定。

依据标准名称：《水电水利工程施工安全防护设施技术规范》

依据标准号：DL 5162—2013，条款号　4.3.2（强条）

69. 破碎机械进料口除机动车辆进料平台以外的边缘，未设置钢防护栏杆，且栏杆外侧的通道宽度小于0.80m，严禁使用。

依据标准名称：《水电水利工程施工安全防护设施技术规范》

依据标准号：DL 5162—2013，条款号　5.1.2（强条）

70. 凿岩钻孔采用干式作业时，无除尘装置，不得施工。

依据标准名称：《水电水利工程施工安全防护设施技术规范》

依据标准号：DL 5162—2013，条款号　6.1.1

71．爆破施工不得违反以下规定：

（1）工程施工爆破作业周围 300m 区域为危险区域，危险区域内不得有非施工生产设施。对危险区域内的生产设施设备应采取有效的防护措施。

（2）爆破危险区域边界的所有通道应设有明显的提示标志或标牌，标明规定的爆破时间和危险区域的范围。

（3）区域内应设置有效的音响和视觉警示装置。

依据标准名称：《水电水利工程施工安全防护设施技术规范》

依据标准号：DL 5162—2013，条款号 6.1.5（强条）

72．洞室开挖进洞深度大于洞径 5 倍时，送风能力不满足施工人员正常呼吸需要［$3m^3$/（人·min）］要求的，不得施工。

依据标准名称：《水电水利工程施工安全防护设施技术规范》

依据标准号：DL 5162—2013，条款号 6.2.2

73．洞内瓦斯地层段施工不得违反以下规定：

（1）洞内通风应达到 24h 不间断，最小风速不小于 1.00m/s。应采用防爆型风机和专用的抗静电、阻燃型风筒布，风管口到开挖工作面的距离应不小于 5.00m，风管百米漏风率不应大于 2%。

（2）施工用电设施应采用防爆电缆、防爆灯具、防爆开关，动力电机应进行同型号、等功率的防爆改造。接地网上任一保护接地点的接地电阻值不得大于 2Ω，高压电网的单项接地电容电流不得大于 20A。开挖工作面附近的固定照明灯具必须采用矿用防爆照明灯，移动照明必须使用矿灯。

（3）采用无轨运输，必须对作业机械进行防爆改装，改装中使用的零部件必须具有瓦斯防爆合格证。

依据标准名称：《水电水利工程施工安全防护设施技术规范》

依据标准号：DL 5162—2013，条款号 6.2.6

74．冲击钻机安装运行不得违反以下要求：

（1）桅杆绷绳应用直径不小于 16mm 的钢丝绳，并辅以不小于 $\phi75$ 的无缝钢管作前撑。

（2）绷绳地锚埋深不小于 1.2m，绷绳与水平面夹角不应大于 45°。

依据标准名称：《水电水利工程施工安全防护设施技术规范》

依据标准号：DL 5162—2013，条款号 7.2.1

75．混凝土电动振捣器，绝缘不达标，未装有漏电保护器，严禁使用。

依据标准名称：《水电水利工程施工安全防护设施技术规范》

依据标准号：DL 5162—2013，条款号 8.3.3（强条）

76．水轮发电机组整个运行区域与施工区域之间严禁违反下列规定：

（1）设置安全隔离围栏，在运行区围栏入口处应设专人看守，并挂“非运行人员免进”的标志牌。

（2）在高压带电设备上均应挂警示标志。

依据标准名称:《水电水利工程施工安全防护设施技术规范》

依据标准号: DL 5162—2013，条款号　10.3.1（强条）

77. 下列地区不应设置施工临建设施:

（1）地质条件较差区域，如有滑坡体危害的地区。

（2）可能受泥石流、山洪、沙暴或雪崩危害的地区。

（3）重点文物保护、古迹、名胜区或自然保护区。

（4）与重要资源开发有干扰的地区。

（5）受爆破或其他因素影响严重的地区。

依据标准名称:《水电水利工程施工总布置设计导则》

依据标准号: DL/T 5192—2004，条款号　5.1.5

78. 利用开挖弃渣填筑场内部分冲沟、洼地等施工场地，不得缺少完善排水和防护措施。

依据标准名称:《水电水利工程施工总布置设计导则》

依据标准号: DL/T 5192—2004，条款号　5.2.5

79. 河道沿岸的主要施工场地应按选定的防洪标准采取防护措施，并不得违反以下规定:

（1）大型工程应结合永久工程水力学模型试验，论证场地防护范围。

（2）在严寒地区应考虑冰冻影响。

依据标准名称:《水电水利工程施工总布置设计导则》

依据标准号: DL/T 5192—2004，条款号　5.2.6

80. 利用场内溪沟截弯取直增加施工场地时，不得缺少开展技术经济比较。

依据标准名称:《水电水利工程施工总布置设计导则》

依据标准号: DL/T 5192—2004，条款号　5.2.10

81. 施工场地地面地表排水坡度不应小于 3%。湿陷黄土地区不应小于 5%，建筑物周围场地坡度不应小于 2%。

依据标准名称:《水电水利工程施工总布置设计导则》

依据标准号: DL/T 5192—2004，条款号　5.3.3

82. 相邻场地应尽量利用弃渣平整，减少相对高差，不得形成洼地积水，应创造自然排水条件。

依据标准名称:《水电水利工程施工总布置设计导则》

依据标准号：DL/T 5192—2004，条款号 5.3.4

83. 未对场内主要冲沟、溪流调查分析，不得确定防洪标准和泄水、挡水设施。
依据标准名称：《水电水利工程施工总布置设计导则》
依据标准号：DL/T 5192—2004，条款号 5.3.5

84. 降水量大、历时长等多雨地区，场地规划时不得缺少完善的排水设计，避免冲沟、溪流水进入施工基坑和主要施工场地。
依据标准名称：《水电水利工程施工总布置设计导则》
依据标准号：DL/T 5192—2004，条款号 5.3.6

85. 以混凝土坝为主的枢纽工程，施工分区布置不得违反以砂、石开采及加工，混凝土拌和、浇筑系统为主的原则。
依据标准名称：《水电水利工程施工总布置设计导则》
依据标准号：DL/T 5192—2004，条款号 6.2.2

86. 以当地材料坝为主的枢纽工程，施工分区布置不得违反以土石料采挖、加工、堆料场和上坝线路为主的原则。
依据标准名称：《水电水利工程施工总布置设计导则》
依据标准号：DL/T 5192—2004，条款号 6.2.3

87. 选择上游水库淹没区弃渣时不得违反下列要求：
（1）不影响泄水建筑物正常泄洪。
（2）不影响水库调节库容。
（3）不影响施工期导流和安全度汛。
依据标准名称：《水电水利工程施工总布置设计导则》
依据标准号：DL/T 5192—2004，条款号 7.6.5

88. 下游沿河不应布置存、弃渣场，无场地条件必须布置时不得违反以下要求：
（1）不束窄河道行洪断面，不妨碍行洪畅通。
（2）不影响工程安全度汛。
（3）不影响河势稳定，不妨碍堤防安全。
（4）不影响原河道通航条件。
（5）不抬高下游尾水位。
（6）符合环境保护和水土保持要求。
依据标准名称：《水电水利工程施工总布置设计导则》
依据标准号：DL/T 5192—2004，条款号 7.6.6

89. 禁止利用渗井、渗坑、裂隙和溶洞排放、倾倒含有毒污染物的废水和含病原体的污水。

依据标准名称:《水电水利工程施工环境保护技术规程》

依据标准号: DL/T 5260—2010，条款号 5.1.4

90. 废水（污水）处理率应不低于工程所在地政府规定的要求，当地政府无规定时，不应低于 80%。

依据标准名称:《水电水利工程施工环境保护技术规程》

依据标准号: DL/T 5260—2010，条款号 5.1.5

91. 工程中使用的可溶或遇水改变性质的如水泥、外加剂、降阻剂、电石等物品不应露天储存。

依据标准名称:《水电水利工程施工环境保护技术规程》

依据标准号: DL/T 5260—2010，条款号 5.4.2

92. 存放含有汞、铬、镉、砷、铅、氰化物、黄磷等的可溶性物品及废弃物品，必须防止其直接或被溶解后排入水体。禁止将含有这些元素的可溶性废弃物直接埋入地下。

依据标准名称:《水电水利工程施工环境保护技术规程》

依据标准号: DL/T 5260—2010，条款号 5.4.4

93. 禁止露天焚烧生活垃圾、建筑垃圾。

依据标准名称:《水电水利工程施工环境保护技术规程》

依据标准号: DL/T 5260—2010，条款号 6.3.4

94. 在施工场界处，夜间突发噪声的最大声级超过场界噪声限值的幅度不得大于 15dB（A）。

依据标准名称:《水电水利工程施工环境保护技术规程》

依据标准号: DL/T 5260—2010，条款号 7.2.3

95. 禁止使用裸露药包进行解炮作业。非抢险作业不得在夜间实施爆破。

依据标准名称:《水电水利工程施工环境保护技术规程》

依据标准号: DL/T 5260—2010，条款号 7.3.5

96. 废旧的工器具不得随意弃置。

依据标准名称:《水电水利工程施工环境保护技术规程》

依据标准号: DL/T 5260—2010，条款号 8.3.3

97. 民用爆破器材的储存、使用、处置必须执行当地主管部门的规定。

依据标准名称:《水电水利工程施工环境保护技术规程》

依据标准号: DL/T 5260—2010，条款号 9.4.1

98. 应遵守用地规划管理，禁止越线施工，破坏施工场界外生态环境。
依据标准名称:《水电水利工程施工环境保护技术规程》
依据标准号: DL/T 5260—2010，条款号 10.1.4

99. 禁止非法捕杀、驯养、繁殖、出售珍稀、濒危野生动物和破坏重点保护野生动物主要生息、繁衍场所。
依据标准名称:《水电水利工程施工环境保护技术规程》
依据标准号: DL/T 5260—2010，条款号 10.1.5

100. 禁止采用禁用渔具、禁捕方法捕鱼和在禁渔区、禁渔期捕鱼，禁止在候鸟迁徙路径设网捕鸟和在湿地抓捕幼鸟、捡拾鸟蛋。
依据标准名称:《水电水利工程施工环境保护技术规程》
依据标准号: DL/T 5260—2010，条款号 10.1.6

101. 禁止在江河、湖泊、运河、渠道、水库最高水位线以下的滩地和岸坡堆放、存储固体废弃物和其他污染物，避免影响河道行洪和岸坡防护。
依据标准名称:《水电水利工程施工环境保护技术规程》
依据标准号: DL/T 5260—2010，条款号 11.1.2

102. 在河道内进行采石、挖沙等作业不得违反以下规定:
（1）作业应在工程项目规划的范围内进行，不得破坏原有河堤和其他水工程设施，不得淤积河道或改变河势、影响行洪。
（2）取料应结合整治河道、改善水生态环境，采取宽挖浅取、沉沙净化的方式，避免泥沙流入下游河道。
（3）在通航河道内堆存材料，不得恶化通航条件。工程结束后，应及时清除遗留物，恢复航道。
依据标准名称:《水电水利工程施工环境保护技术规程》
依据标准号: DL/T 5260—2010，条款号 11.2.4

103. 动力源功率与负载功率应匹配。设备不应长时间空载运行。
依据标准名称:《水电水利工程施工环境保护技术规程》
依据标准号: DL/T 5260—2010，条款号 12.3.4

104. 水电水利工程施工重大危险源辨识及评价，不得违反下列规定:
（1）水电水利工程施工应对重大危险源进行分级管理。
（2）水电水利工程施工应对辨识出的重大危险源进行评价、控制，并制定安全对策措施。
（3）水电水利工程施工应对辨识及评价出的重大危险源进行评审、发布、备案、监控。

（4）应定期进行重大危险源辨识与评价，条件发生较大改变时须重新进行。

依据标准名称:《水电水利工程施工重大危险源辨识及评价导则》

依据标准号: DL/T 5274—2012，条款号　3.0.1

105. 首次采用的新技术、新设备、新材料应列入重大危险源重点评价对象进行辨识，未通过论证不得使用。

依据标准名称:《水电水利工程施工重大危险源辨识及评价导则》

依据标准号: DL/T 5274—2012，条款号　4.2.4

106. 生活、办公区存在可能导致人员重大伤亡或死亡的危险因素均应列为重大危险源的重点辨识对象。

依据标准名称:《水电水利工程施工重大危险源辨识及评价导则》

依据标准号: DL/T 5274—2012，条款号　4.4.3

107. 重大危险源预评价不得遗漏以下内容:

（1）规划的施工道路、办公及生活场所、施工作业场所可能遭遇的地质、洪水等自然灾害。

（2）可能存在的有毒、有害气体的地下开挖作业环境。

（3）规划的危险化学物品仓库。

（4）施工地段的不良地质情况。

（5）待开工的单位工程或标段。

依据标准名称:《水电水利工程施工重大危险源辨识及评价导则》

依据标准号: DL/T 5274—2012，条款号　5.2.4

108. 施工期评价不得遗漏以下内容:

（1）按施工作业活动、大型设备、设施场所等类型进行分部评价。

（2）应对大型设备吊装、爆破作业、大型模板施工、大型脚手架、深基坑等高风险作业进行专项评价。

依据标准名称:《水电水利工程施工重大危险源辨识及评价导则》

依据标准号: DL/T 5274—2012，条款号　5.2.6

109. 应急预案体系内容不得违反下列要求:

（1）建立应急预案体系，应急预案体系主要由综合应急预案、专项应急预案、现场处置方案构成。各预案之间应相互衔接。

（2）应急预案应覆盖可能发生的事故类型，并与有关部门的应急预案相衔接。

依据标准名称:《水电水利工程施工安全生产应急能力评估导则》

依据标准号: DL/T 5314—2014，条款号　3.4.2

110. 应急预案管理不得违反下列要求:

（1）应根据实际情况及时编制应急预案。

（2）按照相关要求对应急预案进行评审。

（3）应急预案的管理应符合相关规定要求。

（4）应急预案应及时进行修订。

（5）应急预案应报有关部门备案，并通报应急协作单位。

依据标准名称：《水电水利工程施工安全生产应急能力评估导则》

依据标准号：DL/T 5314—2014，条款号 3.4.4

111．危险作业监护人员应具备基本救护技能和应急处理能力，作业过程中不得离开监护岗位。

依据标准名称：《水电水利工程施工安全生产应急能力评估导则》

依据标准号：DL/T 5314—2014，条款号 3.5.3

112．交通频繁的施工道路、交叉路口应按规定设置警示标志或信号指示灯；开挖、弃渣场地应设专人指挥。

依据标准名称：《水电水利工程施工通用安全技术规程》

依据标准号：DL/T 5370—2007，条款号 5.1.11

113．爆破后未经爆破人员检查，并确认安全后，其他人员不得进入现场。洞挖、通风不良的狭窄场所，未经通风排烟、恢复照明及安全处理，不得进行其他作业。

依据标准名称：《水电水利工程施工通用安全技术规程》

依据标准号：DL/T 5370—2007，条款号 5.1.12

114．存放易燃、易爆物品场所或有瓦斯的巷道内，照明设备不得违反防爆要求。

依据标准名称：《水电水利工程施工通用安全技术规程》

依据标准号：DL/T 5370—2007，条款号 5.1.18

115．爆破、高边坡、隧洞、水上（下）、高处、多层交叉施工、大件运输、大型施工设备安装及拆除等危险作业无专项安全技术措施，并未设专人进行安全监护，严禁施工。

依据标准名称：《水电水利工程施工通用安全技术规程》

依据标准号：DL/T 5370—2007，条款号 5.1.4

116．施工现场的井、洞、坑、沟、口等危险处不得缺少明显的警示标志设置，并应采取加盖板或设置围栏等防护措施。

依据标准名称：《水电水利工程施工通用安全技术规程》

依据标准号：DL/T 5370—2007，条款号 5.1.8

117．施工生产作业区与建筑物之间的防火安全距离，不得违反下列规定：

（1）用火作业区距所建的建筑物和其他区域不得小于25m。
（2）仓库区、易燃、可燃材料堆集场距所建的建筑物和其他区域不小于20m。
（3）易燃品集中站距所建的建筑物和其他区域不小于30m。
依据标准名称：《水电水利工程施工通用安全技术规程》
依据标准号：DL/T 5370—2007，条款号 5.5.11

118. 宿舍、办公室、休息室内严禁存放易燃易爆物品。
依据标准名称：《水电水利工程施工通用安全技术规程》
依据标准号：DL/T 5370—2007，条款号 5.5.5

119. 油料、炸药、木材等常用的易燃易爆危险品存放使用场所、仓库，应有严格的防火措施和相应的消防设施，禁止使用明火和吸烟。
依据标准名称：《水电水利工程施工通用安全技术规程》
依据标准号：DL/T 5370—2007，条款号 5.5.9

120. 在建工程（含脚手架）的外侧边缘与供电架空线路的边线之间应保持安全操作距离。最小安全操作距离不应小于规范要求。
依据标准名称：《水电水利工程施工通用安全技术规程》
依据标准号：DL/T 5370—2007，条款号 6.1.5

121. 施工现场的机动车道与供电架空线路交叉时，架空线路的最低点与路面的垂直距离不应小于规范要求。
依据标准名称：《水电水利工程施工通用安全技术规程》
依据标准号：DL/T 5370—2007，条款号 6.1.6

122. 危险作业场所、机动车道交叉路口、易燃易爆有毒危险物品存放场所、库房、变配电场所以及禁止烟火场所等应设置相应的禁止、指示、警示标志。
依据标准名称：《水电水利工程施工通用安全技术规程》
依据标准号：DL/T 5370—2007，条款号 7.1.12

123. 高处临边、临空作业应设置安全网，安全网距工作面的最大高度不应超过3.0m，水平投影宽度应不小于2.0m。安全网应挂设牢固，随工作面升高而升高。
依据标准名称：《水电水利工程施工通用安全技术规程》
依据标准号：DL/T 5370—2007，条款号 7.1.3

124. 高处作业时，未对下方易燃、易爆物品进行清理和采取相应措施，未配备消防器材和专人监护，不得进行电焊、气焊等动火作业。
依据标准名称：《水电水利工程施工通用安全技术规程》
依据标准号：DL/T 5370—2007，条款号 7.2.10

125. 高处作业下面或附近有煤气、烟尘及其他有害气体，没采取排除或隔离等措施时不得施工。

依据标准名称:《水电水利工程施工通用安全技术规程》

依据标准号: DL/T 5370—2007，条款号 7.2.2

126. 进行三级、特级、悬空高处作业时，应事先制定专项安全技术措施。施工前，不得缺少对所有施工人员进行技术交底等环节。

依据标准名称:《水电水利工程施工通用安全技术规程》

依据标准号: DL/T 5370—2007，条款号 7.2.21

127. 高处作业使用的脚手架平台，应铺设固定脚手板，临空边缘设高度不低于 1.2m 的防护栏杆。

依据标准名称:《水电水利工程施工通用安全技术规程》

依据标准号: DL/T 5370—2007，条款号 7.2.3

128. 在带电体附近进行高处作业时，距带电体的最小安全距离，应满足规范要求。

依据标准名称:《水电水利工程施工通用安全技术规程》

依据标准号: DL/T 5370—2007，条款号 7.2.6

129. 设备转动、传动的裸露部分，应安设防护装置。

依据标准名称:《水电水利工程施工通用安全技术规程》

依据标准号: DL/T 5370—2007，条款号 8.1.4

130. 发生人员伤亡事故时，运行中皮带机械应紧急停机。

依据标准名称:《水电水利工程施工通用安全技术规程》

依据标准号: DL/T 5370—2007，条款号 9.5.19

131. 爆破器材库安全距离，不得违反下列规定:

（1）设置爆破器材库或露天堆放爆破材料时，仓库爆破器材库或药堆至外部各种保护对象的安全距离，应按规范规定条件确定。

（2）仓库或药堆与住宅区或村庄边缘的安全距离，应符合下列规定:

1）地面库房或药堆与住宅区或村庄边缘的最小外部距离应满足规范规定。

2）隧道式洞库至住宅区或村庄边缘的最小外部距离不得小于规范规定;

3）爆破器材库或露天堆放爆破材料至外部各种保护对象的安全距离，应满足规程规范要求。

依据标准名称:《水电水利工程施工通用安全技术规程》

依据标准号: DL/T 5370—2007，条款号 10.2.1

132. 地下爆破器材库的照明，不得违反下列规定:

（1）应采用防爆型或矿用密闭型电气器材，电源线路应采用铠装电缆。

（2）地下库区存在可燃性气体和粉尘爆炸危险时，应使用防爆型移动电灯和防爆手电筒；其他地下库区，应使用蓄电池灯、防爆手电筒作为移动式照明。

依据标准名称:《水电水利工程施工通用安全技术规程》

依据标准号：DL/T 5370—2007，条款号 10.2.2

133. 爆破器材装卸，不得违反下列规定：

（1）从事爆破器材装卸的人员，应经作业培训，熟悉安全技术知识，装卸爆破器材时，不得吸烟和携带引火物。

（2）搬运装卸作业应在白天进行，炎热的季节应避开中午时段，须在夜间装卸爆破器材时，装卸场所应有充足的照明，并只允许使用防爆安全灯照明，不得使用明火照明。

（3）装卸爆破器材时，装卸现场应设置警戒岗哨，有专人在场监督。

（4）搬运时，不得冲击、撞碰、拉拖、翻滚和投掷，不得在装有爆破材料的容器上踩踏。

（5）人力装卸和搬运爆破器材，每人一次以25kg为限，搬运者相距不得少于3m。

（6）同一车辆不得装运两类性质相抵触的爆破器材，不得与其他货物混装，雷管等起爆器材与炸药不得同时在同一车厢或同一地点装卸。

（7）装卸过程中司机不得离开驾驶室，遇雷电天气，禁止装卸和运输爆破器材。

（8）装车后应加盖帆布，并用绳子绑牢，检查无误后方可开车。

依据标准名称:《水电水利工程施工通用安全技术规程》

依据标准号：DL/T 5370—2007，条款号 10.3.2

134. 爆破器材运输不得违反下列规定：

（1）禁止用翻斗车、自卸汽车、拖车、机动三轮车、人力三轮车、摩托车和自行车等运输爆破器材。

（2）运输炸药雷管时，装车高度应低于车箱板10cm，车箱、船底应加软垫，雷管箱不得倒放或立放，层间应垫软垫。

（3）运输人员严禁吸烟和携带发火物品。

（4）禁止使用筏类船只运输工具。

（5）用机动船运输时，应先切断装爆破器材船仓的电源；地板和垫物应无缝隙，仓口应关闭；与机仓相邻的船仓应设有隔墙。

（6）汽车运输爆破器材车厢底板、侧板和尾板均不应有空隙，所有空隙应予以严密堵塞。

依据标准名称:《水电水利工程施工通用安全技术规程》

依据标准号：DL/T 5370—2007，条款号 10.3.3

135. 库房内储存的爆破器材数量不得超过设计容量，爆破器材应单一品种专库存放，库房内不得存放其他物品。

依据标准名称:《水电水利工程施工通用安全技术规程》

依据标准号：DL/T 5370—2007，条款号 10.3.4

136．地下相向开挖的两端在相距 30m 以内时，放炮前应通知另一端暂停工作，退到安全地点。当相向开挖的两端相距 15m 时，一端应停止掘进，单头贯通。斜井相向开挖，除遵守上述规定外，还应对距贯通尚有 5m 长地段自上向下开挖。

依据标准名称：《水电水利工程施工通用安全技术规程》

依据标准号：DL/T 5370—2007，条款号 10.4.17

137．地下施工时，空气含沼气或二氧化碳浓度超过 1%，不得进行爆破作业。

依据标准名称：《水电水利工程施工通用安全技术规程》

依据标准号：DL/T 5370—2007，条款号 10.4.24

138．爆破前，应明确规定安全警戒线，制定统一的爆破时间和信号，并在指定地点设安全哨，执勤人员应有红色袖章、红旗和口笛。

依据标准名称：《水电水利工程施工通用安全技术规程》

依据标准号：DL/T 5370—2007，条款号 10.4.3

139．在上下班或人员集中的时间内，不得往井下吊运爆破器材；人员与爆破器材不得同罐吊运。

依据标准名称：《水电水利工程施工通用安全技术规程》

依据标准号：DL/T 5370—2007，条款号 10.4.7

140．电雷管网路爆破区边缘同高压线最近点之间的距离不得小于规范要求。

依据标准名称：《水电水利工程施工通用安全技术规程》

依据标准号：DL/T 5370—2007，条款号 10.5.4

141．爆破时的飞石对被保护对象的安全距离，不得小于规范要求。

依据标准名称：《水电水利工程施工通用安全技术规程》

依据标准号：DL/T 5370—2007，条款号 10.5.5

142．对储存过易燃易爆及有毒的密封的容器、管道不得焊割。

依据标准名称：《水电水利工程施工通用安全技术规程》

依据标准号：DL/T 5370—2007，条款号 11.1.6

143．不得在油漆未干的结构和其他物体上进行焊接和切割。不得在混凝土地面上直接进行切割。

依据标准名称：《水电水利工程施工通用安全技术规程》

依据标准号：DL/T 5370—2007，条款号 11.1.7

144. 不得在储存易燃易爆的液体、气体、车辆、容器等库区内从事焊接作业。

依据标准名称:《水电水利工程施工通用安全技术规程》

依据标准号: DL/T 5370—2007，条款号 11.1.8

145. 在坑井或深沟内焊接时，未检查有无集聚的可燃气体或一氧化碳气体，未保持良好通风，严禁作业。

依据标准名称:《水电水利工程施工通用安全技术规程》

依据标准号: DL/T 5370—2007，条款号 11.3.7

146. 不按规定穿戴防护用品的人员不得上岗。

依据标准名称:《水电水利工程土建施工安全技术规程》

依据标准号: DL/T 5371—2007，条款号 4.0.10

147. 人工挖掘土方，不得违反下列规定:

（1）开挖土方的操作人员之间的安全距离，横向间距不得小于2m，纵向间距不得小于3m。

（2）开挖遵循自上而下的原则，不得掏根挖土和反坡挖土。

（3）边坡开挖影响交通安全时，严禁通行。滑坡地段的开挖不得全面拉槽开挖，弃土不得堆在滑动区域内。已开挖的地段，不得顺土方坡面流水。在不良气象条件下，不得进行边坡开挖作业。

依据标准名称:《水电水利工程土建施工安全技术规程》

依据标准号: DL/T 5371—2007，条款号 5.2.1

148. 有支撑的挖土，不得违反下列规定:

（1）在土壤正常含水量下所挖掘的基坑（槽），最大挖深：在松软土质中不得超过1.2m，在密实土质中不得超过1.5m，否则应设固壁支撑。

（2）操作人员上下基坑（槽）时，不得攀登固壁支撑。

依据标准名称:《水电水利工程土建施工安全技术规程》

依据标准号: DL/T 5371—2007，条款号 5.2.2

149. 土方挖运，不得违反下列规定:

（1）人工开挖土方作业人员之间的安全距离，不得小于2m。

（2）在基坑（槽）内向上部运土时，应在边坡上挖台阶，其宽度不得小于0.7m。

（3）不得利用挡土支撑存放土、石、工具或站在支撑上传运。

（4）在对铲斗内积存料物进行清除时，机械操作人员不得离开操作岗位。

依据标准名称:《水电水利工程土建施工安全技术规程》

依据标准号: DL/T 5371—2007，条款号 5.2.3

150. 土方水力开挖，不得违反下列规定:

（1）利用冲、采方法进行的土方水力开挖最终形成的掌子面高度不得超过 5m。

（2）水枪布置的安全距离（指水枪喷嘴到开始冲采点的距离）不得小于 3m，同层之间距离保持 20m～30m，上、下层之间枪距保持 10m～15m。

（3）冲土应充分利用水柱的有效射程（一般不超过 6m）。冲采过程中水枪设备定置要平稳牢固，不得倾斜；转动部分应灵活，喷嘴、稳流器不得堵塞。枪体不得靠近输泥槽，水枪不得在无人操作的情况下启动。

（4）水枪射程范围内，不得有人通行、停留或作业。

（5）冲采时，水柱不得与各种带电体接触。

（6）每台水枪应由两人轮换操作，一人离岗情况下，另一人不得作业。

依据标准名称：《水电水利工程土建施工安全技术规程》

依据标准号：DL/T 5371—2007，条款号 5.2.5

151．土方暗挖的洞口施工，不得违反下列规定：

（1）有良好的排水设施。

（2）洞口以上边坡和两侧应进行锚喷支护或混凝土永久支护。

依据标准名称：《水电水利工程土建施工安全技术规程》

依据标准号：DL/T 5371—2007，条款号 5.3.2

152．土方暗挖不得违反“管超前、严注浆、短开挖、强支护、快封闭、勤量测、速反馈”的施工原则。

依据标准名称：《水电水利工程土建施工安全技术规程》

依据标准号：DL/T 5371—2007，条款号 5.3.3

153．开挖过程中，对出现整体裂缝或滑动迹象，不得继续施工，将人员、设备尽快撤离工作面，并及时采取应急措施。

依据标准名称：《水电水利工程土建施工安全技术规程》

依据标准号：DL/T 5371—2007，条款号 5.3.4

154．洞内不得使用燃油发动机施工设备。

依据标准名称：《水电水利工程土建施工安全技术规程》

依据标准号：DL/T 5371—2007，条款号 5.3.8

155．机械凿岩未采用湿式凿岩，捕尘设备效果未能够达到国家工业卫生标准要求，不得开钻。

依据标准名称：《水电水利工程土建施工安全技术规程》

依据标准号：DL/T 5371—2007，条款号 5.4.1

156．未进行钻爆工作面附近岩石否稳定、有无瞎炮等问题的检查处理，不得进行钻爆作业。不得在残眼中继续钻孔。

依据标准名称:《水电水利工程土建施工安全技术规程》
依据标准号: DL/T 5371—2007，条款号 5.4.2

157. 开钻部位的脚手板厚不得小于5cm。
依据标准名称:《水电水利工程土建施工安全技术规程》
依据标准号: DL/T 5371—2007，条款号 5.4.3

158. 撬挖作业不得违反下列规定:
（1）严禁站在石块滑落的方向撬挖或上下层同时作业。
（2）在撬挖作业的下方严禁人员通行。
依据标准名称:《水电水利工程土建施工安全技术规程》
依据标准号: DL/T 5371—2007，条款号 5.4.7

159. 在悬崖、35°以上陡坡上作业，严禁多人共享一根安全绳。不得在夜间撬挖作业。
依据标准名称:《水电水利工程土建施工安全技术规程》
依据标准号: DL/T 5371—2007，条款号 5.4.8

160. 石方挖运，不得违反下列规定:
（1）挖装设备的运行回转半径范围以内严禁人员进入。
（2）开挖机械设备未退出危险区避炮保护，不得进行爆破。
依据标准名称:《水电水利工程土建施工安全技术规程》
依据标准号: DL/T 5371—2007，条款号 5.4.11

161. 洞室开挖，不得违反下列规定:
（1）洞室开挖的洞口边坡上不得存在浮石、危石及倒悬石。
（2）洞口削坡，不得上下同时作业。
（3）洞口设置防护棚。其顺洞轴方向的长度一般不得小于5m。
（4）开挖与衬砌平行作业，其作业面的距离不得小于30m。
依据标准名称:《水电水利工程土建施工安全技术规程》
依据标准号: DL/T 5371—2007，条款号 5.5.1

162. 斜、竖井开挖，不得违反下列规定:
（1）斜、竖井井口平台高出地面不得少于0.5m。在井口边设置不低于1.4m高度的防护栏和不小于35cm高的挡脚板。
（2）竖井采用先打导洞再自上而下进行扩挖，导井被堵塞时，严禁到导井口位置或井内进行处理。
依据标准名称:《水电水利工程土建施工安全技术规程》
依据标准号: DL/T 5371—2007，条款号 5.5.2

163. 竖井内提升作业，不得违反下列规定：

（1）施工期间采用吊桶升降人员与物料时，吊桶不得碰撞岩壁。在施工初期尚未设罐道时，吊桶升降距离不得超过40m。

（2）运送人员的速度不得超过5m/s，无稳绳地段不得超过1m/s；运送石渣及其他材料时不得超过8m/s，无稳绳地段不得超过2m/s；运送爆破器材时不得超过1m/s。

（3）不得在吊桶边缘上坐立，乘坐人员身体的任何部位不得超出桶沿。

（4）严禁用底开式吊桶升降人员。

（5）装有物料的吊桶不得乘人，不得超载。

（6）升降人员和物料的罐笼，罐底应满铺钢板并不得有孔。

（7）两侧用钢板挡严，内装扶手，靠近罐道部分不得装带孔钢板。

（8）进出口两端应装设罐门或罐门帘，高度不得小于1.5m，罐门或罐帘下部距罐底距离不得超过0.25m，罐帘横杆的间距不得大于0.2m，罐门不得向外开。

（9）载人的罐笼净空高度不得小于2m。罐笼的一次容纳人数和最大载重量应明确规定，并在井口公示。

（10）提渣、升降人员和下放物料的速度不得超过3m/s，加速度不得超过$0.25m/s^2$。

（11）罐笼升降作业时，下面不得停留人员。

（12）检修井筒或处理事故的人员，提升容器的速度一般为0.3m/s～0.5m/s，最大不得超过2m/s。

依据标准名称：《水电水利工程土建施工安全技术规程》

依据标准号：DL/T 5371—2007，条款号 5.5.3

164. 斜井运输，不得违反下列规定：

（1）斜井的牵引运输速度不得超过3.5m/s；接近洞口与井底时，不得超过2m/s；升降加速度不得超过$0.5m/s^2$。

（2）卷扬机司机未得到井口信号员发出的信号，不得开动。

（3）斜坡段应设置人行道和扶手栏杆，人行道边缘与车辆外缘的距离不得小于30cm。

依据标准名称：《水电水利工程土建施工安全技术规程》

依据标准号：DL/T 5371—2007，条款号 5.5.4

165. 卷扬钢丝绳和提升装置，不得违反下列规定：

（1）用作升降人员的钢丝绳不得有变黑、锈皮、点蚀麻坑等损伤。

（2）提升速度不得超过最大速度15%。当最大提升速度超过3m/s，应安装速度限制器，保证提升容器到达终端停止位置前的速度不超过2m/s。

（3）提升卷扬机常用闸和保险闸共同使用一套闸瓦时，司机不得离开工作岗位，不得擅自调节制动闸。

依据标准名称：《水电水利工程土建施工安全技术规程》

依据标准号：DL/T 5371—2007，条款号 5.5.5

166. 不良地质地段开挖，不得违反下列规定：

（1）施工时采取浅钻孔、弱爆破、多循环，尽量减少对围岩的扰动。采取分部开挖，及时进行支护。每一循环掘进不得大于1.0m。

（2）在完成一开挖作业循环时，应全面清除危石，及时支护，防止落石。

（3）在不良地质地段施工，应做好工程地质、地下水类型和涌水量的预报工作，并设置排水沟、积水坑和充分的抽排水设备。

（4）在软弱、松散破碎带施工，应待支护稳定后方可进行下一段施工作业。

（5）在不良地质地段施工应按所制定的临时安全用电方案实施，设置漏电保护器，并有断、停电应急措施。

依据标准名称:《水电水利工程土建施工安全技术规程》

依据标准号: DL/T 5371—2007，条款号　5.5.6

167. 石方机械挖运，不得违反下列规定：

（1）洞内严禁使用汽油机为动力的石方挖运设备。

（2）机械设备操作人员须经培训考试取证上岗，操作人员在工作中不得擅离岗位，不得操作与操作证不符合的机械，不得将机械设备交给其他人员操作。

（3）采用装载机挖装时，装载机应低速铲切，不得采用加大油门高速猛冲的方式。

（4）采用不同的铲掘方法，严禁铲斗载荷不均或单边受力，铲掘时铲斗切入不应过深。

（5）装载机装车时严禁装偏，卸渣应缓慢。

（6）装载机工作地点四周严禁人员停留，装载机在后退时应连续鸣号。

（7）人工装运时严禁把手伸入车内或放在斗车帮上。重量超过50kg的石块不得用人力装斗。

依据标准名称:《水电水利工程土建施工安全技术规程》

依据标准号: DL/T 5371—2007，条款号　5.5.8

168. 机车牵引石方运输，不得违反下列规定：

（1）机车牵引石方出渣线路应随开挖面的进展而延伸，尽头距工作面不应超过3m。

（2）出渣车速小于1.5m/s时，线路曲线半径不应小于斗车最大轴距的7倍；当车速大于1.5m/s时或偏转角度大于90°时，不应小于轴距的15倍，洞外部分曲线半径不应小于30m。

（3）轨距的允许误差宽不得大于4mm，窄不得超过2mm。

（4）弯道或岔道处应加护轨，以防掉道。洞内轨道的坡度，使用机车牵引不应超过2%。

（5）机车在洞内行驶的时速不得超过10km，在调车或人员稠密地段行驶应减至5km；通过弯道、道岔视线不良地区，时速不得超过3 km。

（6）机车运行时指挥人员未给信号或信号不明，机车不得开动，严禁擅自行车。行车信号应设专人管理，其他人员不得乱动。机车车辆正在开动或将要停住时，不得挂钩或摘车。机车行驶时，严禁任何人上下。

依据标准名称:《水电水利工程土建施工安全技术规程》

依据标准号：DL/T 5371—2007，条款号 5.5.9

169．卷扬机牵引，不得违反下列规定：

（1）卷扬机牵引，遇到紧急刹车或其他原因使钢丝绳骤然被拉紧时，司机应立即停止运转，检查钢丝绳有无损伤。

（2）卷扬机牵引斗车运行速度最大不应超过 5km/h（相当于 1.39m/s），牵引荷载不准超过卷扬机额定牵引力，不准降低钢丝绳及连接设备的安全系数。

（3）卷扬机筒外沿，距最外一层钢丝绳外边不小于钢丝绳直径的 2.5 倍。

（4）每天应对钢丝绳进行详细检查和鉴定，检查钢丝绳时卷扬机运行速度不得超过 0.3m/s。

依据标准名称：《水电水利工程土建施工安全技术规程》

依据标准号：DL/T 5371—2007，条款号 5.5.10

170．通风及排水不得违反下列规定：

（1）洞深长度大于洞径 3 倍～5 倍时，应采取强制通风措施，否则不得继续施工。

（2）采用自然通风，需尽快打通导洞。导洞未打通前应有临时通风措施；工作面风速不得小于 0.15m/s，最大风速：洞井斜井为 4m/s，运输洞通风处为 6m/s，升降人员与器材的井筒为 8m/s。

（3）采用压风通风时，风管端头距开挖工作面应为 10m～15m；若采取吸风时，风管端距开挖工作面应为 20m。

（4）管路应靠岩壁吊起，不得阻碍人行车辆通道，架空安装时，支点或吊挂应牢固可靠。

（5）严禁在通风管上放置或悬挂任何物体。

依据标准名称：《水电水利工程土建施工安全技术规程》

依据标准号：DL/T 5371—2007，条款号 5.5.11

171．施工安全监测，不得违反下列规定：

（1）监测仪器钻孔注浆后 20h 内不允许近区爆破作业。

（2）监测中发现下述任一情况时，应以险情对待，须跟踪监测，并及时预警预报。

1）开挖面在逐渐远离或停止不变，但测值变化速率无减缓趋势，或有加速增长趋势。

2）围岩出现间歇性落石的现象。

3）支护结构变形过大、过快，有受力裂缝在不断发展等。

（3）当测值总量或增长速率达到或超过警戒值时，则认为不安全，需要报警。

依据标准名称：《水电水利工程土建施工安全技术规程》

依据标准号：DL/T 5371—2007，条款号 5.5.12

172．现场运送运输爆破器材，不得违反下列规定：

（1）在上下班或人员集中的时间内，不得运输爆破器材。

（2）非爆破人员不得与爆破器材同罐乘坐。

（3）用罐笼运输炸药，装载高度不得超过车厢厢高；运输雷管，不得超过两层，层间铺设软垫。

（4）用罐笼运输炸药或雷管时，升降速度不得超过 2m/s；用吊桶或斜坡卷扬运输爆破器材时，速度不得超过 1m/s；运输电雷管时应采取绝缘措施。

（5）爆破器材不得在井口房或井底车场停留。

（6）用矿用机车运输爆破器材时，采用封闭型的专用车厢，车内铺设软垫，运行速度不超过 2m/s。

（7）在斜坡道上用汽车运输爆破器材时，行驶速度不超过 10km/h。

（8）用人工搬运爆破器材时，不得一人同时携带雷管和炸药；雷管和炸药不得放在衣袋里；不得乱丢乱放；不得提前班次领取爆破器材，不得携带爆破器材在人群聚集的地方停留。一人一次运送的爆破器材数量不得超过：雷管，5000 发；拆箱（袋）搬运炸药，20kg；背运原包装炸药，1 箱（袋）；挑运原包装炸药，2 箱（袋）。

（9）用手推车运输爆破器材时，载重量不得超过 300kg。

依据标准名称：《水电水利工程土建施工安全技术规程》

依据标准号：DL/T 5371—2007，条款号　5.6.1

173. 露天爆破、裸露药包爆破，不得违反下列规定：

（1）在人口密集区、重要设施附近及存在有气体、粉尘爆炸危险的地点，不得采用裸露药包爆破。

（2）裸露药包爆破，覆盖材料中不得含有碎石、砖瓦等容易产生远距离飞散的物质。

（3）不得将药包直接塞入石缝中进行爆破。

（4）爆破员不得自行增减药量或改变填塞长度。

（5）在装药和填塞过程中，发生装药阻塞，不得强力捣捅药包。

依据标准名称：《水电水利工程土建施工安全技术规程》

依据标准号：DL/T 5371—2007，条款号　5.6.2

174. 洞室爆破不得违反以下基本要求：

（1）在洞室内和施工现场不得加工或改装起爆体和起爆器材。

（2）洞室爆破平洞设计开挖断面不得小于 1.5m×0.8m，小井设计断面不得小于 1m^2。

（3）采用电爆网路起爆，洞内杂散电流不得大于 30mA。

（4）各药室之间的施工道路应清除浮石，斜坡的通道宽度不得小于 1.2m。

依据标准名称：《水电水利工程土建施工安全技术规程》

依据标准号：DL/T 5371—2007，条款号　5.6.3

175. 洞室在掘进施工中，不得违反下列规定：

（1）在破碎岩层处开洞口，洞口支护的顶板伸出洞口不得小于 0.5m。

（2）每次爆破后再进入工作面的等待时间不得少于 15min。

（3）爆破后井底有毒气体的浓度超过地下爆破作业点有害气体允许浓度规定值，工作人员不得下井作业。

（4）小井深度大于5m时，工作人员不准许使用绳梯上下。

依据标准名称：《水电水利工程土建施工安全技术规程》

依据标准号：DL/T 5371—2007，条款号 5.6.4

176．洞室爆破现场混制炸药，不得违反下列规定：

（1）现场混制炸药的场地周围200m范围内不得有居民区及铁路、公路、高压线路、重要公共设施及特殊建（构）筑物、文物等需要保护的场所。

（2）混制场地内原料库区、混制区和成品库区，其间距不得小于20m。

（3）混制场地50m范围内，设置24h警戒，非操作人员不得随意进入。

（4）采用人工搅拌混制炸药时，不得使用能产生火花的金属工具。

（5）非工作人员不得进入起爆体专门的场所。

（6）起爆体外壳用木箱或硬纸箱制成，其内装满经选择的优质炸药，每个起爆体炸药量不得超过20kg。

依据标准名称：《水电水利工程土建施工安全技术规程》

依据标准号：DL/T 5371—2007，条款号 5.6.5

177．洞室爆破作业不得违反下列规定：

（1）洞室装药，不得使用36V以上的电源照明，灯泡与炸药堆之间的水平距离不得小于2m。

（2）装药和填塞过程中不得使用明火照明。

（3）潮湿的洞室，不应散装非防水炸药。

（4）未经批准，一切人员不得进入爆破现场。

（5）未下达起爆命令前，电爆网路的主线不得与起爆器、电源开关和电源线连接。

依据标准名称：《水电水利工程土建施工安全技术规程》

依据标准号：DL/T 5371—2007，条款号 5.6.6

178．水下岩塞爆破，不得违反下列规定：

（1）水下岩塞爆破，每次循环进尺不应超过0.5m，每孔装药量不得大于150g，每段起爆药量不得超过1.5kg。

（2）导洞的掘进方向朝向水体时，超前孔的深度不得小于炮孔深度的3倍。

（3）离水最近的药室不准超挖，其余部位应严格控制超挖、欠挖。

依据标准名称：《水电水利工程土建施工安全技术规程》

依据标准号：DL/T 5371—2007，条款号 5.6.8

179．锚喷支护，不得违反下列规定：

（1）锚杆孔的直径大于设计规定的数值时，不得安装锚杆。

（2）输料管应连接紧密、直放或大弧度拐弯，不得有回折。

（3）作业区内不得在喷头和注浆管前方站人。

（4）喷射作业的堵管处理，采用高压风疏通时，风压不得大于0.4MPa（$4kg/cm^2$），并将输料管放直，握紧喷头，喷头不得正对有人的方向。

（5）预应力锚索和锚杆的张拉，正对锚索或锚杆孔的方向不得站人。

依据标准名称:《水电水利工程土建施工安全技术规程》

依据标准号: DL/T 5371—2007，条款号 5.7.7

180. 土石方填筑，不得危及周围建筑物的结构或施工安全，不得危及相邻设备、设施的安全运行。

依据标准名称:《水电水利工程土建施工安全技术规程》

依据标准号: DL/T 5371—2007，条款号 5.8.1

181. 陆上填筑，不得违反下列规定:

（1）装载机、自卸车等机械作业范围内不得进行其他作业。

（2）基坑（槽）土方回填时，用小车卸土不得撒把；卸土时，坑槽内不得有人。

（3）回填高度不满足设计要求，不得提前拆除基坑（槽）内的支撑。

依据标准名称:《水电水利工程土建施工安全技术规程》

依据标准号: DL/T 5371—2007，条款号 5.8.4

182. 水下填筑，不得违反下列规定:

（1）人工抛填时，严禁站在石堆下方掏取石块。

（2）补抛块石时，严禁不通过串筒直接将块石抛入水中。

（3）基床重锤夯实作业过程中，周围100m范围之内不得进行潜水作业。

（4）打夯操作手作业时，严禁重锤在自由落下的过程中紧急刹车。

依据标准名称:《水电水利工程土建施工安全技术规程》

依据标准号: DL/T 5371—2007，条款号 5.8.5

183. 地基于基础工程施工时，钻场、机房不得单人开机操作。

依据标准名称:《水电水利工程土建施工安全技术规程》

依据标准号: DL/T 5371—2007，条款号 6.1.2

184. 吊装钻机不得违反下列规定:

（1）吊装钻机严禁超载。

（2）吊装用的钢丝绳应完好，直径不得小于16mm。

依据标准名称:《水电水利工程土建施工安全技术规程》

依据标准号: DL/T 5371—2007，条款号 6.2.2

185. 钻机桅杆升降时，严禁有人在桅杆下面停留、走动。

依据标准名称:《水电水利工程土建施工安全技术规程》

依据标准号: DL/T 5371—2007，条款号 6.2.4

186. 冲击钻进作业时，不得违反下列规定：

（1）所有离合器未拉开，不得开机，严禁带负荷启动。

（2）钻头距离钻机中心线 2m 以上、钻头埋紧在相邻的槽孔内或深孔内提起有障碍、钻机未挂好和收紧绑绳、孔口有塌陷痕迹时严禁开车。

（3）遇到暴风、暴雨和雷电严禁开车。

（4）电动机运转时，不得加注黄油，严禁在桅杆上工作。

（5）除钻头部位槽板盖因工作打开外，其余槽板盖不得敞开。

（6）孔内发生卡钻、掉钻、埋钻等事故，不得盲目行事。

依据标准名称：《水电水利工程土建施工安全技术规程》

依据标准号：DL/T 5371—2007，条款号 6.2.6

187. 制浆及输送，不得违反下列规定：

（1）搅拌机进料口及皮带、暴露的齿轮传动部位未设置安全防护装置不得开机运行。

（2）未切断电源，人不得进入搅拌槽内。

依据标准名称：《水电水利工程土建施工安全技术规程》

依据标准号：DL/T 5371—2007，条款号 6.2.7

188. 浇注导管安装及拆卸，不得违反下列规定：

（1）浇筑导管安装应垂直于槽孔中心线上，不得与槽壁相接触。

（2）起吊导管时，天轮不能出槽，由专人拉绳；身体不能与导管靠得太近。

依据标准名称：《水电水利工程土建施工安全技术规程》

依据标准号：DL/T 5371—2007，条款号 6.2.8

189. 安装、拆卸钻架，不得违反下列规定：

（1）先立钻架后装机、先拆机后拆钻架、立架自下而上、拆架自上而下的原则。

（2）指挥人员应确认各部位人员就位、责任明确和设施完善牢固后，方可发出信号。

依据标准名称：《水电水利工程土建施工安全技术规程》

依据标准号：DL/T 5371—2007，条款号 6.3.2

190. 机电设备拆装，不得违反下列规定：

（1）拆装各部件时，不得用铁锤直接猛力敲击，铁锤活动方向不得有人。

（2）使用定位销等专用工具找正孔位，不得用手伸入孔内试探。

（3）拆装传动皮带时，不得将手指伸进皮带里面。

依据标准名称：《水电水利工程土建施工安全技术规程》

依据标准号：DL/T 5371—2007，条款号 6.3.7

191. 扫孔遇阻力过大时，不得强行开钻。

依据标准名称：《水电水利工程土建施工安全技术规程》

依据标准号：DL/T 5371—2007，条款号 6.3.8

192. 升降钻具过程中，不得违反下列规定：

（1）升降钻具提升的最大高度，提引器距天车不得小于1m。

（2）操作卷扬，不得猛刹猛放，任何情况下都不得用手或脚直接触动钢丝绳或其他钻具。

（3）使用普通提引器倒放或拉起钻具时，钻具下面不得站人。

（4）起放粗径钻具，手指不得伸入下管口提拉，不得用手去试探岩心，应用麻绳将钻具拉开。

（5）在跑钻时，严禁抢插垫叉。

（6）升降钻具时，若中途发生钻具脱落，不得用手去抓。

依据标准名称:《水电水利工程土建施工安全技术规程》

依据标准号：DL/T 5371—2007，条款号 6.3.9

193. 水泥灌浆，不得违反下列规定：

（1）水泥灌浆压力表超出误差允许范围不得使用。

（2）灌浆栓塞下孔途中遇有阻滞时，不得强下。

（3）安全阀经校正后不得随意调节。

（4）对曲轴箱和缸体进行检修时，不得一手伸进试探、另一手同时转动工作轴，更不得两人同时进行此动作。

依据标准名称:《水电水利工程土建施工安全技术规程》

依据标准号：DL/T 5371—2007，条款号 6.3.10

194. 灌浆孔内事故处理，不得违反下列规定：

（1）发现钻具（塞）被卡时，严禁无故停泵，不得使用卷扬机和立轴同时起拔事故钻具。

（2）使用管钳或链钳扳动事故钻具时，严禁在钳把回转范围内站人。

依据标准名称:《水电水利工程土建施工安全技术规程》

依据标准号：DL/T 5371—2007，条款号 6.3.11

195. 灌浆时严禁浆管对准工作人员，严禁废液流入水源，污染水质。

依据标准名称:《水电水利工程土建施工安全技术规程》

依据标准号：DL/T 5371—2007，条款号 6.4.2（强条）

196. 化学灌浆施工现场不得违反下列规定：

（1）不得在施工现场大量存放易燃品。

（2）严禁吸烟和使用明火，严禁非工作人员进入现场。

（3）施工中的废浆、废料及清洗设备、管路的废液不得随意排放。

依据标准名称:《水电水利工程土建施工安全技术规程》

依据标准号：DL/T 5371—2007，条款号 6.4.3

197．化学灌浆作业人员劳动保护不得违反下列规定：

（1）清洗皮肤上的化学药品时，不得使用丙酮等渗透性较强的溶剂洗涤。

（2）严禁在施工现场进食。

依据标准名称：《水电水利工程土建施工安全技术规程》

依据标准号：DL/T 5371—2007，条款号 6.4.4

198．施工中振冲器使用不得违反以下规定：

（1）振冲器严禁倒放启动。

（2）振冲器在无冷却水情况下，运转时间不得超过 1min～2min。

（3）在造孔或加密过程中，突然停电应尽快恢复或使用备用电源，不得强行提拔振冲器。

依据标准名称：《水电水利工程土建施工安全技术规程》

依据标准号：DL/T 5371—2007，条款号 6.6.4

199．高喷台车桅杆升降作业时，严禁有人在桅杆下面停留和走动。

依据标准名称：《水电水利工程土建施工安全技术规程》

依据标准号：DL/T 5371—2007，条款号 6.7.5

200．锚束吊放的作业区，严禁其他工种立体交叉作业。

依据标准名称：《水电水利工程土建施工安全技术规程》

依据标准号：DL/T 5371—2007，条款号 6.8.7

201．锚束张拉、索定时，严禁超规定张拉值张拉；千斤顶出力方向的作业区，严禁人员进入。

依据标准名称：《水电水利工程土建施工安全技术规程》

依据标准号：DL/T 5371—2007，条款号 6.8.8

202．对装运石渣的容器及其吊具应经常检查其安全性，渣斗升降时严禁井下人员在其下方。

依据标准名称：《水电水利工程土建施工安全技术规程》

依据标准号：DL/T 5371—2007，条款号 6.9.11

203．生产、生活设施严禁布置在受洪水、山洪、滑坡体及泥石流威胁的区域。

依据标准名称：《水电水利工程土建施工安全技术规程》

依据标准号：DL/T 5371—2007，条款号 7.1.2

204．当砂石料料堆起拱堵塞时，严禁人员直接站在料堆上进行处理。

依据标准名称：《水电水利工程土建施工安全技术规程》

依据标准号：DL/T 5371—2007，条款号 7.1.4

205. 严禁在离料场开采边线400m范围内布置办公、生活、炸药库等设施。

依据标准名称：《水电水利工程土建施工安全技术规程》

依据标准号：DL/T 5371—2007，条款号　7.3.1

206. 严禁破碎机带负荷启动。

依据标准名称：《水电水利工程土建施工安全技术规程》

依据标准号：DL/T 5371—2007，条款号　7.4.2

207. 严禁在破碎机运行时修理设备；严禁打开机器上的观察孔，入孔门观察下料情况。

依据标准名称：《水电水利工程土建施工安全技术规程》

依据标准号：DL/T 5371—2007，条款号　7.4.6

208. 无人在机外监护，且设备的安全锁机构未处于锁定位置，严禁进入破碎机腔内检查。

依据标准名称：《水电水利工程土建施工安全技术规程》

依据标准号：DL/T 5371—2007，条款号　7.4.8

209. 破碎机运行区内，严禁非生产人员入内。

依据标准名称：《水电水利工程土建施工安全技术规程》

依据标准号：DL/T 5371—2007，条款号　7.4.13

210. 回旋式破碎机的使用，不得违反以下安全技术要求：

（1）回旋式破碎机运行时，严禁人员在卸料口四周逗留。

（2）破碎机运行时，润滑站回油温度不得超过60℃。

（3）严禁将破碎机放在机座的密封套上拆卸或安装，偏心套、动锥、横梁等大构件拆卸或安装时，机器内部严禁站人。

（4）动锥吊装时，严禁使用吊动锥的环首螺栓起吊，冬季使用各环首螺栓时，事先应预热至10℃～15℃方可使用。

（5）安全阀的设定值不得超过设备推荐值。

依据标准名称：《水电水利工程土建施工安全技术规程》

依据标准号：DL/T 5371—2007，条款号　7.4.14

211. 圆锥式破碎机严禁主机运转时断开操作电源，运行电流、功率严禁超过额定值的85%，进料量不得高出轧臼壁的水平面。

依据标准名称：《水电水利工程土建施工安全技术规程》

依据标准号：DL/T 5371—2007，条款号　7.4.15

212. 锤式破碎机严禁站在转子惯性力作用线方向操作开关，严禁在运行中往轴承内

注油。

依据标准名称:《水电水利工程土建施工安全技术规程》

依据标准号: DL/T 5371—2007, 条款号 7.4.16

213. 颚式破碎机严禁用手、工具从颚板中取出石块或排除故障,严禁在拉杆弹簧未松开时调整排料口。

依据标准名称:《水电水利工程土建施工安全技术规程》

依据标准号: DL/T 5371—2007, 条款号 7.4.17

214. 棒磨机运行时,人员距机体外壳的安全距离不得小于 1.5m;严禁用手或其他工具接触正在转动的机体。

依据标准名称:《水电水利工程土建施工安全技术规程》

依据标准号: DL/T 5371—2007, 条款号 7.4.19

215. 严禁在筛分设备运行时人工清理筛孔。

依据标准名称:《水电水利工程土建施工安全技术规程》

依据标准号: DL/T 5371—2007, 条款号 7.5.10

216. 电磁振动给料机使用,不得违反以下安全技术要求:

(1)电磁振动给料机四周安全检修距离不得小于 1m,不得接触料仓,漏斗和受料溜槽不得相接触。

(2)给料机电动机与受料部位之间的距离不得小于 0.5m。

(3)处理堵、卡料时,严禁站在卸料口的正前方。

依据标准名称:《水电水利工程土建施工安全技术规程》

依据标准号: DL/T 5371—2007, 条款号 7.6.5

217. 皮带机作业,不得违反以下安全技术要求:

(1)皮带机处理皮带打滑,严禁往转轮和皮带间塞充填物。

(2)严禁跨越或从底部穿越皮带机。

(3)严禁在运行时进行修理或清扫作业。

(4)严禁运输其他物体。

(5)运转中不得进行转动齿轮、联轴器等传动部位清理和检修。

(6)运行中不得重车停车(紧急事故除外)。

依据标准名称:《水电水利工程土建施工安全技术规程》

依据标准号: DL/T 5371—2007, 条款号 7.6.7

218. 施工现场电气设备和线路应绝缘良好,并配备防漏电保护装置。

依据标准名称:《水电水利工程土建施工安全技术规程》

依据标准号: DL/T 5371—2007, 条款号 8.1.3

219. 钢筋加工，冷拉时，沿线两侧各2m范围内，人员和车辆不得进入。
依据标准名称:《水电水利工程土建施工安全技术规程》
依据标准号: DL/T 5371—2007，条款号 8.3.1

220. 木模板拆装，不得违反以下安全技术要求:
（1）无专项措施，支、拆木模板时，不得在同一垂直面内立体作业。
（2）上下传送模板，不得随意抛掷。
（3）模板不得支撑在脚手架上。
（4）模板拉条不应弯曲，拉条直径不小于14mm。
（5）割除模板外露螺杆、钢筋头时，不得任其自由下落。
（6）拆除模板时，严禁操作人员站在正拆除的模板上。
依据标准名称:《水电水利工程土建施工安全技术规程》
依据标准号: DL/T 5371—2007，条款号 8.2.1

221. 钢模板拆装，不得违反以下安全技术要求:
（1）对拉螺栓穿插螺栓时，不得斜拉硬顶。
（2）钢模板找正时不得用铁锤猛敲或撬棍硬撬。
（3）高处作业时，连接件严禁散放。
（4）组合钢模板装拆时，严禁从高处扔下。
（5）散放的钢模板，不得任意堆捆起吊。
依据标准名称:《水电水利工程土建施工安全技术规程》
依据标准号: DL/T 5371—2007，条款号 8.2.2

222. 大模板拆装，不得违反以下安全技术要求:
（1）未加支撑或自稳角不足的大模板，不得倚靠在其他模板或构件上，应卧倒平放。
（2）安装和拆除大模板时，严禁操作人员随大模板起落。
（3）大模板安装就位固定前不得摘钩，摘钩后不得再行撬动。
（4）在大模板吊运过程中，起重设备操作人员不得离岗。模板吊运过程不得将模板长时间悬置空中。
（5）拆除大模板时，不得在大模板或平台上存放其他对象。
依据标准名称:《水电水利工程土建施工安全技术规程》
依据标准号: DL/T 5371—2007，条款号 8.2.3

223. 滑动模板作业，不得违反以下安全技术要求:
（1）滑模平台上的施工荷载应均匀对称受力，严禁超载。
（2）冬季施工暖棚内严禁明火取暖。
依据标准名称:《水电水利工程土建施工安全技术规程》
依据标准号: DL/T 5371—2007，条款号 8.2.4

224. 钢筋连接，不得违反下列规定：

（1）气压焊油泵、油压表、油管和顶压油缸等整个液压系统各连接处不得漏油，防止油管爆裂喷出油雾，引起燃烧或爆炸。

（2）机械连接操作时严禁戴长巾、留长发。

（3）使用热镦头机压头、压模不得松动，压丝扣不得调解过量。操作时，与压模之间的安全距离不得少于 10cm。

（4）使用冷镦头机水温不得超过 40℃。

依据标准名称：《水电水利工程土建施工安全技术规程》

依据标准号：DL/T 5371—2007，条款号　8.3.2

225. 钢筋绑扎，不得违反下列规定：

（1）绑扎钢筋不得擅自拆除、割断模板支撑、拉杆及预埋件等障碍物。

（2）起吊钢筋，下方严禁站人。

（3）严禁在未焊牢的钢筋上行走。

依据标准名称：《水电水利工程土建施工安全技术规程》

依据标准号：DL/T 5371—2007，条款号　8.3.4

226. 未切断电源，并悬挂警示标志，不得进行螺旋输送机故障处理或维修。

依据标准名称：《水电水利工程土建施工安全技术规程》

依据标准号：DL/T 5371—2007，条款号　8.5.1

227. 制冷机运行，不得违反以下安全技术要求：

（1）氨车间严禁吸烟、空气含氨量不得大于 30mg/m³。

（2）氨瓶冻结，严禁用火烘烤。

（3）氨瓶与明火安全距离不得小于 10m。

（4）制冷系统严禁在带压情况下焊补。

依据标准名称：《水电水利工程土建施工安全技术规程》

依据标准号：DL/T 5371—2007，条款号　8.5.3

228. 片冰机运行，不得违反以下安全技术要求：

（1）片冰机运转过程中，各孔盖、调刀门不得随意打开。严禁观察人员将手、头伸进孔及门内。

（2）参加片冰机调整、检修工作的人员，不得少于 3 人。

（3）未切断电源，未悬挂“严禁合闸”的警示标志，工作人员不得进入片冰机进人孔进行调整、检修工作。

（4）非工作人员严禁进入片冰机工作车间。

依据标准名称：《水电水利工程土建施工安全技术规程》

依据标准号：DL/T 5371—2007，条款号　8.5.4

229．混凝土拌和机运行，不得违反以下安全技术要求：

（1）拌和机不得以轮胎代替支撑。

（2）搅拌筒冲洗时不得有异物。

（3）拌和机操作手在作业期间，不得私自离开工作岗位，不得随意让其他人员操作。

（4）拌和机的加料斗升起时，严禁任何人在料斗下通过或停留。

（5）运转时，严禁将工具伸入搅拌筒内；不得向旋转部位加油；不得进行清扫、检修等工作。

依据标准名称：《水电水利工程土建施工安全技术规程》

依据标准号：DL/T 5371—2007，条款号　8.5.5

230．混凝土拌和楼（站）运行，不得违反以下安全技术要求：

（1）压力容器，不得有漏风、漏水、漏气等现象。

（2）楼梯和挑出的平台，不得出现腐烂、缺损；必须采取防滑措施。

（3）楼内不得存放易燃易爆物品，不得明火取暖。

（4）机械、电气设备不得带病和超负荷运行。

（5）无警示标志、无专人监护、未切断电源和气路，不得进入封闭料仓（斗）进行检修。

（6）非检修人员不得乱动气、电控制组件。

（7）设备运转时，不得擦洗和清理。严禁头、手伸入机械行程范围以内。

依据标准名称：《水电水利工程土建施工安全技术规程》

依据标准号：DL/T 5371—2007，条款号　8.5.6

231．混凝土水平运输，不得违反下列规定：

（1）搅拌车在斜坡路面不得失衡卸料。

（2）无受料斗，自卸车不得下料。

（3）混凝土泵的作业范围内，不得有障碍物、高压电线。

（4）溜槽、溜管给泵卸料时，不得采用混凝土蓄能罐直接给料。

（5）严禁在设备运转过程中，对各转动部位进行检修或清理工作。

依据标准名称：《水电水利工程土建施工安全技术规程》

依据标准号：DL/T 5371—2007，条款号　8.5.7

232．垂直运输，不得违反下列规定：

（1）起重机上配备的变幅指示器、重量限制器和各种行程限位开关等安全保护装置不得随意拆封，不得以安全装置代替操作机构进行停车。

（2）作业中，司机不得从事与操作无关的事情或闲谈。

（3）轮胎式起重机作业过程中不得调整支腿。

（4）作业过程中，不得猛起臂杆，不得吊运人员和易燃、易爆等危险物品。

（5）起吊对象的重量不得超载，严禁起吊受约束物件。

（6）司机不得酒后登机操作。

（7）严禁从高处向下丢抛工具或其他物品，不得将油料泼洒在塔架、平台及机房地面上。

（8）机上的各种安全保护装置，如有缺损，不得投入运行。

（9）起吊重物时，应垂直提升，严禁倾斜拖拉。

（10）不得在被吊重物的下部或侧面另外吊挂对象。

（11）不得在吊物正下方停留或工作。

（12）吊物不得碰撞模板、拉条、钢筋和预埋件。

（13）湿手不得接触振捣器电源开关，振捣器的电缆不得破皮漏电。

（14）浇筑高仓位时，不得将大石块抛向仓外。

（15）溜筒被混凝土堵塞处理时，不得直接在溜筒上攀登。

依据标准名称:《水电水利工程土建施工安全技术规程》

依据标准号: DL/T 5371—2007，条款号　8.5.8

233. 混凝土浇筑，不得违反下列规定:

（1）仓内脚手架、支撑、钢筋、拉条、埋设件等不得随意拆除、撬动。

（2）仓内人员上下应设爬梯。

（3）吊罐卸料时，仓内人员不得在吊罐正下方停留或工作。

（4）使用大型振捣器和平仓机时，不得碰撞模板、拉条、钢筋和预埋件。

（5）不得将运转中的振捣器，放在模板或脚手架上。

（6）湿手不得接触振捣器电源开关，振捣器的电缆不得破皮漏电。

（7）下料溜筒被混凝土堵塞时，应立即处理。

依据标准名称:《水电水利工程土建施工安全技术规程》

依据标准号: DL/T 5371—2007，条款号　8.5.9

234. 采用核子水分/密度仪进行无损检测时，严禁违反仪器操作规程规定。

依据标准名称:《水电水利工程土建施工安全技术规程》

依据标准号: DL/T 5371—2007，条款号　8.7.5

235. 沥青的运输，不得违反下列规定:

（1）吊装桶装沥青时，吊起的沥青桶不得从运输车辆的驾驶室上空越过，沥青桶未稳妥落地前，不得卸、取吊绳。

（2）人工运送液态沥青，盛装量不得超过容器的2/3，不得采用锡焊桶装运沥青，并不得两人抬运热沥青。

依据标准名称:《水电水利工程土建施工安全技术规程》

依据标准号: DL/T 5371—2007，条款号　9.1.1

236. 沥青的储存，不得违反下列规定:

（1）储存处应远离火源，应与其他易燃物、可燃物、强氧化剂隔离保管，储存处严禁吸烟。

（2）储存沥青的仓库或者料棚以及露天存放处，应有防火设施。防火设备应采用性能相宜的灭火器或砂土等。

依据标准名称：《水电水利工程土建施工安全技术规程》

依据标准号：DL/T 5371—2007，条款号　9.1.2

237. 加热后的沥青混凝土骨料进行二次筛分时，作业人员应采取防高温、防烫伤的安全措施；卸料口处应加装挡板，以免骨料溅出。

依据标准名称：《水电水利工程土建施工安全技术规程》

依据标准号：DL/T 5371—2007，条款号　9.1.6

238. 沥青混凝土搅拌机运行中，不得使用工具伸入滚筒内掏挖或清理；人员进入搅拌鼓内工作时，鼓外应有人监护。

依据标准名称：《水电水利工程土建施工安全技术规程》

依据标准号：DL/T 5371—2007，条款号　9.1.10

239. 沥青洒布机作业，不得违反下列规定：

（1）装载热沥青的油涌装油量应低于桶口 10cm。

（2）喷洒沥青时喷头严禁向上，附近不得站人，不得逆风操作。

依据标准名称：《水电水利工程土建施工安全技术规程》

依据标准号：DL/T 5371—2007，条款号　9.2.2

240. 人工拌和沥青应使用铁壶或长柄勺倒油，防止热油溅起伤人。

依据标准名称：《水电水利工程土建施工安全技术规程》

依据标准号：DL/T 5371—2007，条款号　9.2.3

241. 自卸汽车大箱卸料口未加挡板，顶部未盖防雨布时，不得运输沥青混凝土。

依据标准名称：《水电水利工程土建施工安全技术规程》

依据标准号：DL/T 5371—2007，条款号　9.2.4

242. 沥青混凝土振动碾碾压时，应上行时振动，下行时不得振动。

依据标准名称：《水电水利工程土建施工安全技术规程》

依据标准号：DL/T 5371—2007，条款号　9.2.6

243. 作业人员无防高温、防烫伤、防毒气的安全防护装置时，不得进行人工拆除沥青混凝土心墙钢模。

依据标准名称：《水电水利工程土建施工安全技术规程》

依据标准号：DL/T 5371—2007，条款号　9.2.7

244. 沥青洒布车作业时，喷洒方向10m以内不得有人停留。

依据标准名称：《水电水利工程土建施工安全技术规程》

依据标准号：DL/T 5371—2007，条款号 9.3.2

245. 房屋建筑沥青施工，不得违反下列规定：

（1）吊运时油桶下方10m半径范围内严禁站人。

（2）配置、储存和涂刷冷底子油的地点严禁烟火，周围30m以内严禁进行电焊、气焊等明火作业。

依据标准名称：《水电水利工程土建施工安全技术规程》

依据标准号：DL/T 5371—2007，条款号 9.3.3

246. 脚手架未经检查验收合格不得使用。验收后不得随意拆改。必须拆改时，应制定技术措施，经审批后实施。

依据标准名称：《水电水利工程土建施工安全技术规程》

依据标准号：DL/T 5371—2007，条款号 10.1.5

247. 土料开采应保证坑壁稳定，立面开挖时严禁掏底施工。

依据标准名称：《水电水利工程土建施工安全技术规程》

依据标准号：DL/T 5371—2007，条款号 11.1.5

248. 水上抛石筑堤施工采用驳船平抛时，抛石区域高程未按规定检查，驳船不得作业，以防驳船移位时出现危险。

依据标准名称：《水电水利工程土建施工安全技术规程》

依据标准号：DL/T 5371—2007，条款号 11.2.3

249. 陆地排泥场围堰与退水口修筑必须稳固、不透水，并在整个施工期间设专人进行巡视、维护。

依据标准名称：《水电水利工程土建施工安全技术规程》

依据标准号：DL/T 5371—2007，条款号 12.1.7

250. 施工船舶工作期间，不得违反下列规定：

（1）机舱内严禁带入火种。在无安全防护条件下，不得在船上进行任何形式的明火作业。

（2）备用发电机组、应急空气压缩机、应急水泵、应急出口、应急电瓶等应处于完好状态，每周至少检查一次。

（3）台风季节应提前落实避风港或避风锚地，保持机动船舶及锚具处于完好状态；所有水上管线必须用直径不小于22mm的钢丝绳串联固定。

依据标准名称：《水电水利工程土建施工安全技术规程》

依据标准号：DL/T 5371—2007，条款号 12.1.15

251．施工船舶拖航调遣时，拖航期间，内河被拖船只上除必须的值班人员外不得有其他船员；海上被拖船只上不得留有任何船员。

依据标准名称：《水电水利工程土建施工安全技术规程》

依据标准号：DL/T 5371—2007，条款号　12.3.3

252．抓斗（铲斗）式挖泥船常规作业，不得违反下列规定：

（1）必须在泥驳停稳、缆绳泊系完成后才能进行抓（铲）斗作业。

（2）暂停作业时，抓（铲）斗不应悬在半空。

依据标准名称：《水电水利工程土建施工安全技术规程》

依据标准号：DL/T 5371—2007，条款号　12.4.5

253．疏浚施工机动作业船作业，起吊或拖带用的钢丝绳必须完好，不得使用按规定应报废的钢丝绳。

依据标准名称：《水电水利工程土建施工安全技术规程》

依据标准号：DL/T 5371—2007，条款号　12.4.7

254．疏浚施工长距离接力输泥施工时，不得违反下列规定：

（1）长距离接力输泥管线安装必须牢固、密封，穿行线路不影响水陆交通。

（2）接力输泥施工应建立可靠的通信联络系统，前后泵之间应设专人随时监控泵前、泵后的真空度和压力值。

（3）接力泵进、出口排泥管位置高于接力泵时，应在泵前、泵后适当位置安装止回阀。

依据标准名称：《水电水利工程土建施工安全技术规程》

依据标准号：DL/T 5371—2007，条款号　12.4.11

255．水闸基坑开挖，不得违反下列规定：

（1）基坑降水期间必须对基坑边坡及周围建筑物进行安全监测，发现异常情况及时采取处理措施，保证基坑边坡和周围建筑物的安全。

（2）施工中必须做好基坑的排水工作。

依据标准名称：《水电水利工程土建施工安全技术规程》

依据标准号：DL/T 5371—2007，条款号　13.2.1

256．软土地基土方填筑前，未将基底水位降至基底面0.5m以下，不得施工。

依据标准名称：《水电水利工程土建施工安全技术规程》

依据标准号：DL/T 5371—2007，条款号　13.2.2

257．未经过承重荷载验算，严禁在闸室进出水混凝土防渗铺盖上行驶重型机械或堆放重物。

依据标准名称：《水电水利工程土建施工安全技术规程》

依据标准号：DL/T 5371—2007，条款号 13.2.7

258. 高处作业的安全防护，不得违反下列规定：

（1）建筑施工过程中，应采用密目式安全立网对建筑物进行封闭或采取临边防护措施。

（2）水、冰、霜、雪应及时清除，遇有六级及以上强风和大雨、大雪、大雾等恶劣气候，严禁吊装和高处作业；风、雪、雨后应对高处作业设施和脚手架等进行检查，发现下沉、松动、变形、损坏等，应及时修复，合格后方可使用。

（3）严禁从高处向下投掷物料。

（4）高度在4m以上的建筑物不使用落地式脚手架时，应严格按照规定加设安全防护网。

（5）在孔与洞口边的高处作业必须设置防护设施。

（6）结构施工中电梯井和管道竖井不得作为垂直运输通道和垃圾道。

（7）钢筋绑扎、安装骨架作业应搭设脚手架。不得站在钢筋骨架上作业或沿骨架上下、行走。

（8）浇注离地2m以上混凝土时，应设置操作平台。

（9）悬空进行门窗安装作业时，严禁站在栏板上作业，且必须挂牢安全带。

（10）吊装构件、大模板安装应站在操作平台上操作。

依据标准名称：《水电水利工程土建施工安全技术规程》

依据标准号：DL/T 5371—2007，条款号 14.2.10

259. 脚手架的安全防护，不得违反下列规定：

（1）各种脚手架应进行设计计算，制定搭设、拆除作业的程序和安全措施。

（2）扣件式钢管脚手架的主节点处必须设置横向水平杆。单排脚手架横向水平杆插入墙内长度不应小于24cm。

（3）吊篮式脚手架的吊篮升降应采用钢丝绳传动、装设安全锁等防护装置并经检验确认。

（4）附着升降脚手架应按规定设置防倾装置、防坠落装置和整体（或多跨）同时升降作业的同步控制装置。

（5）附着升降脚手架应按要求用密目式安全立网封闭严密。单跨或多跨提升的脚手架，其两端断开处必须加设栏杆并用密目网封严。

（6）附着升降脚手架组装完毕后应经检查、验收确认合格后方可进行升降作业。且每次升降到位，架体固定后，必须进行交接验收，确认符合要求方可继续作业。

依据标准名称：《水电水利工程土建施工安全技术规程》

依据标准号：DL/T 5371—2007，条款号 14.2.12

260. 基坑工程的设计和施工必须遵守相关规范，深基工程或地质条件和周边环境及地下管线极其复杂的工程，未编制专项施工安全技术方案并经主管部门审批，严禁施工。

依据标准名称：《水电水利工程土建施工安全技术规程》

依据标准号：DL/T 5371—2007，条款号 14.3.6

261．基坑支护不得违反下列规定：

（1）支撑安装应按设计位置进行，施工过程严禁随意变更，并应切实使围檩与挡土桩墙结合紧密。挡土板或板桩与坑壁间的回填土应分层回填夯实。

（2）支撑的安装和拆除顺序必须与设计工况相符合，并与土方开挖和主体工程的施工顺序相配合。分层开挖时，应先支撑后开挖；同层开挖时，应边开挖边支撑；支撑拆除前，应采取换撑措施，防止边坡卸载过快。

（3）钢筋混凝土支撑其强度必须达设计要求（或达 75%）后，方可开挖支撑面以下土方；钢结构支撑必须严格进行材料检验和保证节点的施工质量，严禁在负荷状态下进行焊接。

（4）采用逆做法施工时，要求其外围结构必须有自防水功能。基坑上部机械挖土的深度，应按地下墙悬臂结构的应力值确定；基坑下部封闭施工，应采取通风措施；当采用电梯间作为垂直运输的井道时，对洞口楼板的加固方法应由工程设计确定。

（5）逆做法施工时，应合理地解决支撑上部结构的单柱单桩与工程结构的梁柱交叉及节点构造，并在方案中预先设计。当采用坑内排水时必须保证封井质量。

依据标准名称：《水电水利工程土建施工安全技术规程》

依据标准号：DL/T 5371—2007，条款号　14.3.9

262．桩基施工，不得违反下列规定：

（1）预制桩施工桩机作业时，严禁吊装、吊锤、回转、行走动作同时进行。

（2）桩机移动时，必须将桩锤落至最低位置。

（3）施打过程中，操作人员必须距桩锤 5m 以外监视。

依据标准名称：《水电水利工程土建施工安全技术规程》

依据标准号：DL/T 5371—2007，条款号　14.3.10

263．人工挖孔桩施工，不得违反下列规定：

（1）各种大直径桩的成孔，应首先采用机械成孔。当采用人工挖孔或人工扩孔时，必须制定防坠人、落物、坍塌、人员窒息等安全措施。

（2）距孔口顶周边 1m 搭设围栏。孔口应设安全盖板，当盛土吊桶自孔内提出地面时，必须将盖板关闭孔口后，再进行卸土。孔口周边 1m 范围内不得有堆土和其他堆积物。

（3）提升吊桶的机构其传动部分及地面扒杆应牢靠，制作、安装应符合施工设计要求。人员不得乘盛土吊桶上下，必须另配钢丝绳及滑轮并有断绳保护装置，或使用安全爬梯上下。

（4）下井作业前应检查井壁和抽样检测井内空气，确认安全后方可下井作业，作业区域通风应良好。严禁用纯氧进行通风换气。

（5）井内照明应采用安全矿灯或 12V 防爆灯具。桩孔较深时，上下联系可通过对讲机等方式，地面不得少于 2 名监护人员。井下作业人员，连续工作时间不应超过 2h。

依据标准名称：《水电水利工程土建施工安全技术规程》

依据标准号：DL/T 5371—2007，条款号　14.3.10

264．截水结构的设计，截水结构必须满足隔渗质量，且支护结构必须满足变形要求。

依据标准名称:《水电水利工程土建施工安全技术规程》

依据标准号: DL/T 5371—2007，条款号 14.3.14

265. 降水井点的井口，不得缺少牢固防护盖板和警示标志等设施。完工后，必须将井回填。

依据标准名称:《水电水利工程土建施工安全技术规程》

依据标准号: DL/T 5371—2007，条款号 14.3.16

266. 砖墙砌筑，不得违反下列规定:

（1）砌筑砖墙的脚手架，以离开墙面 12cm～15cm 为宜。外脚手架的横杆不得搭在墙体上和门窗过梁上，脚手板应铺满、铺稳、钉牢，不得有探头。

（2）在脚手架上堆砖，每平方米不得超过 300kg；堆料高度应根据脚手架宽度和堆料稳定性加以控制。

（3）砌墙高度超过 4m 时，必须在墙外搭设能承受 160kg 荷重的安全网或防护挡板。多层建筑应在二层和每隔四层设一道固定的安全网，同时再设一道随施工高度提升的安全网。

（4）砖应在进工作面前预先浇水、湿透，不得在基槽边、架子上大量浇水。

（5）用于垂直提升的吊笼、滑车、绳索、卷扬机等，必须满足负荷要求，完好无损；吊运时不得超载，并经常检查，发现问题及时修理。

依据标准名称:《水电水利工程土建施工安全技术规程》

依据标准号: DL/T 5371—2007，条款号 14.4.1

267. 其他砌体砌筑，不得违反下列规定:

（1）块石砌体:

1）用料石砌筑门、窗过梁等石拱时，必须先行支模，并认真检查拱模各部支撑是否牢固，然后由拱脚两端向中间对称砌筑，以防拱模压塌伤人。

2）在墙顶或支架上不得修凿石料，以免震动墙体或片石掉下伤人。

3）上墙的料石不得徒手移动，以防压破或擦伤手指。

4）墙体高度超过胸部后，不得勉强进行砌筑。

5）石块不得往下抛掷，上下运石时，脚手板要钉绑牢固，并钉防滑条及扶手栏杆。

（2）砌块砌体:

1）起吊时，如发现有破裂且有脱落危险的砌块，严禁起吊。

2）安装砌块时，不得站在墙身上进行操作。

3）在楼板上卸砌块时，应尽量避免冲击。在楼板上放置砌块的重量，不得超过楼板的允许承载力。

4）在房屋的外墙四周，应设置牢靠的安全网。屋檐下最高层安全网，在屋面工程未完工前不得拆除。

5）在砌块吊装的垂直下方不得进行其他操作。

6）冬季施工时，应在班前清除附着在机械、脚手板和作业区内的积雪、冰霜。严禁起吊和其他材料冻结在一起的砌体和构件。

7）台风季节对墙上已就位的砌块必须立即进行灌缝。及时盖上楼板，对未加盖楼板的，应用支撑加固。

依据标准名称:《水电水利工程土建施工安全技术规程》

依据标准号: DL/T 5371—2007，条款号　14.4.2

268. 装配式墙板吊装，不得违反下列规定:

（1）凡有门窗洞口的墙板，在脱模起吊前，应将洞口内的积水和漏进的砂浆、混凝土等清除干净，否则不得起吊。

（2）第二层在结构吊装完成以后，必须搭设安全网，并随楼层逐层提升，不得隔层提升。安全网挑出宽度不得小于2.5m。在有吊装机械的一侧，最小宽度不得小于1.5m。

（3）塔式起重机轨道尽端1m处，应设止挡装置，防止出轨。距端部止挡2m～3m处，应设行程限位开关。轨道必须有完善的接地装置。塔机应安装夹轨器，停机或大风时应将行走轮夹牢。并加防动卡具。

（4）吊装机械在工作中，严禁重载调幅（性能允许的除外）。墙板构件就位时，不得触、碰带电线路，以防触电。

依据标准名称:《水电水利工程土建施工安全技术规程》

依据标准号: DL/T 5371—2007，条款号　14.4.3

269. 安装空心楼板，必须保证其在墙上的搁置长度，两端必须垫实。

依据标准名称:《水电水利工程土建施工安全技术规程》

依据标准号: DL/T 5371—2007，条款号　14.5.1

270. 框架结构安装，不得违反下列规定:

（1）用两台起重机抬吊构件时，必须统一指挥，并应尽量选用同一类型的起重机；各起重机的载荷不宜超过其安全起重量的80%。严禁起重机几个动作同时进行。

（2）使用轴销卡环吊构件时，卡环主体和销子必须系牢在绳扣上，并应将绳扣收紧，严禁在卡环下方拉销子。

（3）无缆风校正柱子应随吊随校，但偏心较大、细长、杯口深度不足柱子长度的1/20或不足60cm时，严禁无缆风校正。

（4）严禁将物体放在板形构件上起吊。

依据标准名称:《水电水利工程土建施工安全技术规程》

依据标准号: DL/T 5371—2007，条款号　14.5.2

271. 现浇混凝土楼板，不得违反下列规定:

（1）支拆模板、绑扎钢筋和浇筑混凝土，必须遵守支模工、钢筋工和混凝土工的安全技术操作规程。

（2）支拆模板，应搭设工作台与脚手架。如局部架子高度不够时，不得在架子上搭梯凳，必须再搭架子。

（3）凡腐朽、扭弯或劈裂较大的木材，不得做承重的模板支柱。模板支柱应用支撑连接稳固。

（4）支模的立柱接头每根不得超过两个，接头可用双面夹板钉接。采用双层支柱时，必须先将下层固定后再支上层。上下要垂直对正，并加钉斜撑，以防倒塌。

（5）在绑扎好钢筋的梁、板仓面上，不得走人，需要走时应铺踏脚板。

（6）用草帘或草袋覆盖混凝土养护时，对所有的孔井应设标志或加盖板，养护时围栏不得随意挪动。

（7）绑扎柱子钢筋时，应站在高凳上或架子上操作，不得站在箍筋上作业。

（8）浇筑框架结构梁柱混凝土时，应搭设临时脚手架并设防护栏，不得站在模板或支撑上操作。

依据标准名称：《水电水利工程土建施工安全技术规程》

依据标准号：DL/T 5371—2007，条款号 14.5.3

272．屋架安装，不得违反下列规定：

（1）木屋架应在地面拼装，必须在上面拼装的应连续进行，中断时应设临时支撑。

（2）吊运材料所用索具必须良好，绑扎要牢固。

（3）屋架起吊后，应连续安装，中途不得休息或停工。

（4）钢屋架吊装就位、校正完毕后，应立即与支承屋架的结构焊接或锚固。在未焊接或锚固前，不得脱钩。

（5）没有安全防护设施，禁止在屋架的上弦、支撑、桁条、挑架的挑梁和未固定的构件上行走或作业。

依据标准名称：《水电水利工程土建施工安全技术规程》

依据标准号：DL/T 5371—2007，条款号 14.6.1

273．屋面铺设，不得违反下列规定：

（1）在屋面坡度大于25°时，挂瓦必须使用移动板梯，板梯必须有牢固的挂钩。没有外架子时，檐口应搭防护栏杆和防护立网。

（2）屋面上瓦应两坡同时进行，保持屋面受力均衡，瓦要放稳。不得在行条、瓦条上行走。

（3）在没有望板的屋面上安装石棉瓦，应在屋架下弦设安全网或其他安全设施，并使用有防滑条的脚手板。不得在石棉瓦上行走。

（4）装运沥青，不得采用锡焊的桶、壶等容器。盛装量不得超过容器的2/3。肩挑或用手推车时，道路要平坦，绳具要牢固，吊运时垂直下方不得有人。

（5）冬季施工应有防滑措施，屋面的积雪、霜冻，在工作前必须清除干净。

依据标准名称：《水电水利工程土建施工安全技术规程》

依据标准号：DL/T 5371—2007，条款号 14.6.2

274．抹灰、粉刷，不得违反下列规定：

（1）在有高大窗户的室内抹灰前，须将窗扇关闭并插好插销。

（2）不准在门窗、暖气片、洗脸池等器物上搭设脚手板。阳台部位粉刷，外侧必须挂设安全网，严禁踩踏脚手架的护身栏杆和在阳台栏板上进行操作。

（3）为外檐装修抹灰所搭的架子必须设有防护栏杆和挡脚板。

（4）室内抹灰使用的木凳、金属支架应搭设平稳牢固，脚手板跨度不得大于2m。架上堆放材料不应过于集中，存放砂浆的灰槽要放稳。在同一跨度内不应超过两人。

（5）输浆应严格按照规定压力进行。管路堵塞时，应卸压检修。

（6）使用磨石机，应戴绝缘手套，穿胶靴。电源线不得破皮漏电；金刚砂块安装必须牢固，经试运转正常方可操作。

依据标准名称：《水电水利工程土建施工安全技术规程》

依据标准号：DL/T 5371—2007，条款号　14.7.1

275. 油漆、玻璃存放与使用，不得违反下列规定：

（1）各类油漆和其他易燃、有毒材料，应存放在专用库房内，不得与其他材料混放。施工楼内作配料间，不得储存大量油漆。库房应配备消防器材。

（2）用过的沾染油漆的棉纱、破布、油纸等不得随意乱丢，应收集存放在有盖的金属容器内，并及时处理。

（3）调制、操作有毒性的或挥发性强的材料，必须根据材料性质配戴相应的防护用品。室内要保持通风或经常换气，严禁吸烟、饮食。

（4）使用喷灯，加油不得过满，打气不应过足，使用的时间不宜过长，点火时火嘴不准对人和其他易燃、易爆物品。

（5）使用喷浆机，应经常检查胶皮管有无裂缝，接头是否松动。手上沾有浆水时，不得开关电闸，以防触电。喷嘴堵塞，疏通时不得对人。

（6）在坡度大的屋面上刷油，应设置活动板梯、防护栏杆和安全网，刷外开窗扇，必须戴安全带并挂在牢固的地方。

（7）玻璃钻孔、磨砂、刻花使用喷灯或酸类化学药剂时，必须按规定配戴防护用品。

（8）安装玻璃时，不得踩在窗框上操作；不得将梯子支靠在装好的玻璃上。

依据标准名称：《水电水利工程土建施工安全技术规程》

依据标准号：DL/T 5371—2007，条款号　14.7.2

276. 附属设备安装，不得违反下列规定：

（1）金属管需过火调直或煨弯时，应先检查管膛，如有爆炸物或其他危险品，必须清除。装砂煨弯时，砂子应炒干，以防爆炸。

（2）上水管采用托吊安装前，必须先将吊卡、托架安装牢固，并必须将管道装入托架或吊卡内紧固后，再行捻口连接，严禁用绳索或其他材料临时捆扎进行捻口连接。

（3）铺设地下管道前，必须检查管沟，不得有塌方现象。向沟内下放管道时，沟内不得有人。在管沟两边沿1m以内，不得堆放零件或其他材料。必要时，应有排水设施。

（4）安装黑白铁管道，高度超过2.5m时，必须搭设架子、天棚。干管在吊顶后安装时，必须先铺好通道，不准在木棱、龙骨或板条上行走。

（5）立管应由下往上安装，装后应随即固定。支管安装后，不得施加任何外来压力，以防移动或折断。

依据标准名称：《水电水利工程土建施工安全技术规程》

依据标准号：DL/T 5371—2007，条款号 14.7.3

277. 严禁使用未经检查验收确认符合要求、未在明显部位悬挂安全操作规程及设备负责人标牌的施工机具。

依据标准名称：《水电水利工程土建施工安全技术规程》

依据标准号：DL/T 5371—2007，条款号 14.8.1

278. 严禁使用金属外壳、基座未与 PE 线连接，在设备负荷线的首端处未装设漏电保护器的用电设备。对产生振动的设备，其金属基座、外壳与 PE 线的连接点不得少于两处。

依据标准名称：《水电水利工程土建施工安全技术规程》

依据标准号：DL/T 5371—2007，条款号 14.8.2

279. 严禁使用未设置独立专用的开关箱，未实行“一机一闸”并按设备的计算负荷设置相匹配的控制电器的用电设备。

依据标准名称：《水电水利工程土建施工安全技术规程》

依据标准号：DL/T 5371—2007，条款号 14.8.3

280. 禁止使用未搭设防砸、防雨的操作棚，开关箱与机械的水平距离超过 3m，其电源线路未穿管固定，操作及分、合闸时不能看到机械各部位工作情况的施工现场的木工、钢筋、混凝土、卷扬机、空气压缩机等机械设备。

依据标准名称：《水电水利工程土建施工安全技术规程》

依据标准号：DL/T 5371—2007，条款号 14.8.4

281. 机械设备严禁带病作业。操作人员离机或作业中遇停电，必须切断设备电源。

依据标准名称：《水电水利工程土建施工安全技术规程》

依据标准号：DL/T 5371—2007，条款号 14.8.5

282. 作业人员应按机械保养规定做好各级保养工作。机械运转中不得进行维护保养。

依据标准名称：《水电水利工程土建施工安全技术规程》

依据标准号：DL/T 5371—2007，条款号 14.8.8

283. 移动式电动机具、机械的扶手无绝缘防护，负荷线未采用橡皮护套铜芯软电缆，操作人员未按规定穿戴绝缘用品时禁止作业。

依据标准名称：《水电水利工程土建施工安全技术规程》

依据标准号：DL/T 5371—2007，条款号 14.8.9

284. 潜水泵放入水中或提出水面时，必须先切断电源，严禁拉拽电缆或出水管。

依据标准名称:《水电水利工程土建施工安全技术规程》

依据标准号: DL/T 5371—2007，条款号　14.8.10

285. 机动翻斗车司机应持有特种作业人员资格证。行车时必须将料斗锁牢，严禁料斗内载人。

依据标准名称:《水电水利工程土建施工安全技术规程》

依据标准号: DL/T 5371—2007，条款号　14.8.11

286. 焊接设备的安全防护，不得违反下列规定:

（1）电焊机必须设置单独电源开关、自动断电装置。一次侧电源线长度不应超过 5m，二次焊把线长度不大于 30m，两侧接线柱连接牢固，必须装有可靠防护罩。交流电焊机应装配防二次侧触电保护器。

（2）焊接电缆应使用防水橡皮护套多股铜芯软电缆，且无接头。电缆经过通道和易受损伤场所时，必须采取保护措施。严禁使用脚手架、金属栏杆、钢筋等金属物搭接代替导线使用。

（3）焊接场所应通风良好，不得有易燃、易爆物。

（4）氧气瓶距明火应大于 10m，与乙炔瓶距离不得小于 5m，瓶内气体不得全部用尽，应留有 0.1MPa 以上的余压。

（5）气焊、气割应使用专用胶管，不得通入其他气体和液体，两根胶管不得混用。

（6）氧气瓶和乙炔瓶应装有减压器，使用前应进行检查，不得有松动、漏气、油污等。

依据标准名称:《水电水利工程土建施工安全技术规程》

依据标准号: DL/T 5371—2007，条款号　14.8.12

287. 垂直运输机械的安全防护，不得违反下列规定:

（1）垂直运输机械的安装及拆卸，应由具备相应资质的单位承担，作业人员应持有相应岗位资格证书，并根据现场环境条件制定安全作业方案。

（2）起重机的基础必须能承受工作状态的和非工作状态下的最大载荷，并应满足起重机稳定性的要求。

（3）除按规定允许载人的施工升降机外，其他起重机严禁载人。

（4）起重机司机开机前，必须鸣铃示警。

（5）必须按照垂直运输机械出厂说明书规定的技术性能、使用条件正确操作，严禁超载作业或扩大使用范围。

（6）起重机处于工作状态时，严禁进行保养、维修及人工润滑作业。当需进行维修作业时，必须在醒目位置挂警示牌。

（7）作业中起重机司机不得擅自离开岗位或交给非本机的司机操作。工作结束后应将所有控制手柄扳至零位，断开主电源，锁好电箱。

（8）维修更换零部件应与原垂直运输机械零部件的材料、性能相同；外购件应有材

质、性能说明；材料代用不得降低原设计规定的要求；维修后，应按相关标准要求试验合格；机械维修资料应纳入该机设备档案。

依据标准名称：《水电水利工程土建施工安全技术规程》

依据标准号：DL/T 5371—2007，条款号 14.8.13

288．塔式起重机的操作和使用，不得违反下列规定：

（1）严禁超载、斜拉和起吊埋在地下等不明重量的物件。

（2）吊运多根钢管、钢筋等细长材料时，必须确认吊索绑扎牢靠，防止吊运中吊索滑移物料散落。

（3）两台及两台以上塔式起重机之间的任何部位（包括吊物）的距离不应小于 2m；当不能满足要求时，应采取调整相邻塔式起重机的工作高度，加设行程限位、回转限位装置等措施，并制定交叉作业的操作规程。

（4）塔式起重机在弯道上不得进行吊装作业或吊物行走。

（5）轨道式塔式起重机的供电电缆不得拖地行走；沿塔身垂直悬挂的电缆，应使用不被电缆自重拉伤和磨损的可靠装置悬挂。

依据标准名称：《水电水利工程土建施工安全技术规程》

依据标准号：DL/T 5371—2007，条款号 14.8.14

289．施工升降机的操作和使用，不得违反下列规定：

（1）施工升降机额定荷载试验在每班首次载重运行时，应从最低层开始上升，不得自上而下运行，当吊笼升高离地面 1m～2m 时，停机试验制动器的可靠性。

（2）施工升降机吊笼进门明显处必须标明限载重量和允许乘人数量，司机必须经核定后，方可运行。严禁超载运行。

（3）施工升降机司机应按指挥信号操作，作业运行前应鸣铃示警；司机离机前，必须将吊笼降到底层，并切断电源锁好电箱。

（4）施工升降机的防坠安全器，不得任意拆检调整，应按规定的期限，由生产厂或指定的认可单位进行鉴定或检修。

依据标准名称：《水电水利工程土建施工安全技术规程》

依据标准号：DL/T 5371—2007，条款号 14.8.15

290．物料提升机的操作和使用，不得违反下列规定：

（1）物料提升机运行时，物料在吊篮内应均匀分配，不得超载运行和物料超出吊篮外运行。

（2）物料提升机作业时，应设置统一信号指挥，当无可靠联系措施时，司机不得开机；高架提升机应使用通信装置联系，或设置摄像显示装置。

（3）不得随意拆除物料提升机安全装置，发现安全装置失灵时，应立即停机修复。

（4）严禁人员攀登物料提升机或乘其吊篮上下。

（5）物料提升机司机下班或司机离机，必须将吊篮降至地面，并切断电源，锁好电箱。

依据标准名称：《水电水利工程土建施工安全技术规程》

依据标准号：DL/T 5371—2007，条款号　14.8.16

291. 拆除工程施工，应根据现场情况设置围栏和安全警示标志，并设专人监护，非施工人员不得进入拆除现场。

依据标准名称：《水电水利工程土建施工安全技术规程》

依据标准号：DL/T 5371—2007，条款号　15.1.3

292. 拆除时，不得违反自上至下的作业程序，高处作业不得违反登高作业的安全技术规程。

依据标准名称：《水电水利工程土建施工安全技术规程》

依据标准号：DL/T 5371—2007，条款号　15.1.6

293. 在高处进行拆除作业，拆下较大的或者过重的材料，严禁向下抛掷。

依据标准名称：《水电水利工程土建施工安全技术规程》

依据标准号：DL/T 5371—2007，条款号　15.1.7

294. 采用机械或人工方法拆除建筑物时，应严格遵守自上而下的作业程序，严禁数层同时拆除。当拆除某一部分的时候，应防止其他部分发生坍塌。

依据标准名称：《水电水利工程土建施工安全技术规程》

依据标准号：DL/T 5371—2007，条款号　15.2.1

295. 拆除建筑物应采用机械或人工方法，遇有特殊情况必须采用推倒方法拆除的时候，不得违反下列规定：

（1）砍切墙根的深度不能超过墙厚的1/3，墙的厚度小于两块半砖的时候，不许进行掏掘。

（2）为防止墙壁向掏掘方向倾倒，在掏掘前应有可靠支撑。

（3）建筑物推倒前，应发出信号，待全体工作人员避至安全地带后，方可进行。

依据标准名称：《水电水利工程土建施工安全技术规程》

依据标准号：DL/T 5371—2007，条款号　15.2.2

296. 拆除建筑物的时候，楼板上不得有多人聚集和堆放材料。

依据标准名称：《水电水利工程土建施工安全技术规程》

依据标准号：DL/T 5371—2007，条款号　15.2.5

297. 建筑基础或局部块体的拆除应采用静力破碎方法。当采用爆破法、机械和人工方法拆除时，应参照本章有关的规定执行。静力破碎方法拆除时，不得违反以下规定：

（1）采用静力破碎作业时，操作人员应戴防护手套和防护眼镜。孔内注入破碎剂后，严禁人员在注孔区行走，并应保持一定的安全距离。

（2）严禁静力破碎剂与其他材料混放。

（3）在相邻的两孔之间，严禁钻孔与注入破碎剂施工同步进行。

（4）建筑基础破碎拆除时，挖出的土方应及时运出现场或清理出工作面，在基坑边沿 1m 内严禁堆放物料。

依据标准名称：《水电水利工程土建施工安全技术规程》

依据标准号：DL/T 5371—2007，条款号　15.2.7

298. 钢结构桥梁拆除应按照施工组织设计选定的机械设备及吊装方案进行施工，不得超负荷作业。

依据标准名称：《水电水利工程土建施工安全技术规程》

依据标准号：DL/T 5371—2007，条款号　15.2.9

299. 施工支护拆除，不得违反下列规定：

（1）用镐凿除喷护混凝土时，应并排作业，左右间距应不少于 2m，不得面对面使镐。

（2）用大锤砸碎喷护混凝土时，周围不得有人站立或通行。锤击钢钎，抡锤人应站在扶钎人的侧面，使锤者不得戴手套，锤柄端头应有防滑措施。

（3）风动工具凿除喷护混凝土，应遵守下列规定：

1）各部管道接头应紧固，不得漏气；胶皮管不得缠绕打结，并不得用折弯风管的办法作断气之用，也不得将风管置于胯下。

2）风管通过过道，须挖沟将风管下埋。

3）风管连接风包后要试送气，检查风管内有无杂物堵塞；送气时，要缓慢旋开阀门，不得猛开。

4）钎子插入风动工具后不得空打。

（4）利用机械破碎喷护混凝土时，应有专人统一指挥，操作范围内不得有人。

依据标准名称：《水电水利工程土建施工安全技术规程》

依据标准号：DL/T 5371—2007，条款号　15.2.10

300. 机械拆除围堰工程时，严禁超载作业或任意扩大使用范围作业。

依据标准名称：《水电水利工程土建施工安全技术规程》

依据标准号：DL/T 5371—2007，条款号　15.4.8

301. 围堰爆破拆除工程起爆，严禁采用火花起爆方法。

依据标准名称：《水电水利工程土建施工安全技术规程》

依据标准号：DL/T 5371—2007，条款号　15.4.9

302. 易燃、易爆等危险场所不得吸烟和明火作业。

依据标准名称：《水电水利工程施工作业人员安全技术操作规程》

依据标准号：DL/T 5373—2007，条款号　4.0.10

303. 洞内作业前，应检测有害气体的浓度，当有害气体的浓度超过规定标准时，应及时排除。
依据标准名称:《水电水利工程施工作业人员安全技术操作规程》
依据标准号: DL/T 5373—2007，条款号　4.0.12

304. 检查、修理机械电气设备时，应停电并挂标志牌，标志牌应谁挂谁取。检查确认无人操作后方可合闸。不得在机械运转时加油、擦拭或修理作业。
依据标准名称:《水电水利工程施工作业人员安全技术操作规程》
依据标准号: DL/T 5373—2007，条款号　4.0.16

305. 非电气人员不得安装、检修电气设备。不得在电线上挂晒衣服及其他物品。
依据标准名称:《水电水利工程施工作业人员安全技术操作规程》
依据标准号: DL/T 5373—2007，条款号　4.0.20

306. 非特种设备操作人员和维修人员，不得安装、维修和操作特种设备。
依据标准名称:《水电水利工程施工作业人员安全技术操作规程》
依据标准号: DL/T 5373—2007，条款号　4.0.26

307. 特种作业人员未经专门的安全作业培训，未取得资格证书，不得上岗。
依据标准名称:《水电水利工程施工作业人员安全技术操作规程》
依据标准号: DL/T 5373—2007，条款号　4.0.9

308. 未拉开刀闸开关，取走熔断器，挂上“有人作业，严禁合闸”的警示标志，且无人监护时，禁止进行停电作业。
依据标准名称:《水电水利工程施工作业人员安全技术操作规程》
依据标准号: DL/T 5373—2007，条款号　5.7.13

309. 塔式起重机司机严禁无证上岗操作。
依据标准名称:《水电水利工程施工作业人员安全技术操作规程》
依据标准号: DL/T 5373—2007，条款号　6.2.1

310. 库底清理时，灭鼠应使用抗凝血剂灭鼠毒饵，禁止使用强毒急性鼠药。
依据标准名称:《水电工程水库库底清理设计规范》
依据标准号: DL/T 5381—2007，条款号　6.4.3

311. 库底清理时，危险废物应采用专用容器装运、收集、放置、装载，覆盖危险废物的容器和包装物应具有良好的兼容性和稳定性，不得有严重锈蚀、损坏和泄漏。危险废物不得与一般工业废物混装。危险废物装运车辆和容器、包装物及处置设施必须设置危险废物识别标识。

依据标准名称:《水电工程水库库底清理设计规范》
依据标准号: DL/T 5381—2007，条款号 6.4.5

312．库底清理时，有埋炭疽尸体的地方，表土不得检出具有毒力的炭疽芽孢杆菌。
依据标准名称:《水电工程水库库底清理设计规范》
依据标准号: DL/T 5381—2007，条款号 6.5.2

313．库底清理时，鼠密度检查不得超过1%。
依据标准名称:《水电工程水库库底清理设计规范》
依据标准号: DL/T 5381—2007，条款号 6.5.3

314．建筑物、构筑物清理后的易漂浮材料，不得堆放在库区移民迁移线以下。
依据标准名称:《水电工程水库库底清理设计规范》
依据标准号: DL/T 5381—2007，条款号 7.3.2

315．库底清理时，林木经清理后，残留树桩高度不得超过地面 0.3m，枝丫不得残留库区。
依据标准名称:《水电工程水库库底清理设计规范》
依据标准号: DL/T 5381—2007，条款号 8.3.1

316．大型工程和水力条件复杂或在运行中有通航、冲沙、排冰等综合要求的中型工程，其导流工程设计不得缺少水工模型试验论证。
依据标准名称:《水电工程施工组织设计规范》
依据标准号: DL/T 5397—2007，条款号 4.1.3

317．施工导流方式选择不得违反以下原则:
(1) 适应河流水文特性和地形、地质条件。
(2) 施工安全、方便、灵活，工期短，投资省，发挥工程效益快。
(3) 合理利用永久建筑物，减少导流工程量和投资。
(4) 适应施工期通航、排水、供水等要求。
(5) 截流、度汛、封堵、蓄水和发电等关键施工环节衔接合理。
依据标准名称:《水电工程施工组织设计规范》
依据标准号: DL/T 5397—2007，条款号 4.2.2

318．对于高坝工程，不得缺少综合分析度汛、封堵、蓄水、发电、下游供水与通航等因素，论证初期导流后的导流泄水建筑物布置型式，并提出坝身和岸边永久泄水建筑物的设置要求。
依据标准名称:《水电工程施工组织设计规范》
依据标准号: DL/T 5397—2007，条款号 4.2.8

319. 对导流建筑物失事后果严重的工程，不得缺少发生超标准洪水时的工程应急措施。

依据标准名称:《水电工程施工组织设计规范》

依据标准号: DL/T 5397—2007，条款号 4.4.1

320. 未确定坝体施工期临时度汛洪水设计标准时，坝体筑高不得超过围堰顶部高程时。

依据标准名称:《水电工程施工组织设计规范》

依据标准号: DL/T 5397—2007，条款号 4.4.7

321. 围堰型式选择不得违反下列原则：

（1）安全可靠，能满足稳定、防渗、抗冲要求。

（2）堰型结构简单，施工方便，易于拆除，并能利用当地材料及开挖渣料。

（3）堰基易于处理，堰体便于和岸坡或已有建筑物连接。

（4）能在预定的施工期内修筑到需要的断面及高程，满足进度要求。

（5）具有良好的技术经济指标。

依据标准名称:《水电工程施工组织设计规范》

依据标准号: DL/T 5397—2007，条款号 4.5.1

322. 位于厂房下游尾水的围堰应予彻底拆除；位于挡水建筑物上游的围堰应拆除至不影响永久泄水建筑物、发电引水进水口等正常运行。

依据标准名称:《水电工程施工组织设计规范》

依据标准号: DL/T 5397—2007，条款号 4.5.15

323. 导流明渠布置不得违反以下原则：

（1）泄量大，工程量小，力求与永久建筑物结合布置。

（2）弯道少，避开滑坡、崩塌体及高边坡开挖区。

（3）便于布置进入基坑交通道路。

（4）进出口与围堰接头满足堰基防冲要求。

（5）弯道半径不应小于3倍明渠底宽，进出口轴线与河道主流方向的夹角不应大于30°，泄洪时避免对沿岸及施工设施产生冲刷。

依据标准名称:《水电工程施工组织设计规范》

依据标准号: DL/T 5397—2007，条款号 4.6.1

324. 导流明渠底宽、底坡、弯道和进出口高程应使上下游水流衔接条件良好，满足导流、截流和施工期通航、排冰等要求。

依据标准名称:《水电工程施工组织设计规范》

依据标准号: DL/T 5397—2007，条款号 4.6.2

325. 导流明渠（隧洞）的进出口护岸、渠底前后缘、下游出口等部位不得缺少防冲、消能设计等工作。设在软基上的明渠应通过动床水工模型试验，采取有效消能抗冲设施。

依据标准名称:《水电工程施工组织设计规范》

依据标准号: DL/T 5397—2007，条款号 4.6.3

326. 确定截流龙口宽度及位置时，不得违反下列原则:

（1）龙口工程量小，保证预进占段裹头不发生冲刷破坏。

（2）龙口位置应置于河床水深较浅、河床覆盖层薄或基岩出露处。

依据标准名称:《水电工程施工组织设计规范》

依据标准号: DL/T 5397—2007，条款号 4.7.6

327. 截流流量大、水力条件复杂的重要工程，未通过水工模型试验验证并提出截流期间相应的安全监测要求，不得实施。

依据标准名称:《水电工程施工组织设计规范》

依据标准号: DL/T 5397—2007，条款号 4.7.9

328. 基坑排水设备应有备用和可靠电源。

依据标准名称:《水电工程施工组织设计规范》

依据标准号: DL/T 5397—2007，条款号 4.8.4

329. 下闸蓄水前，未进行导流泄水建筑物门槽、门槛等水下检查，制定修补处理和应急措施的，不得下闸。

依据标准名称:《水电工程施工组织设计规范》

依据标准号: DL/T 5397—2007，条款号 4.9.4

330. 利用建筑物开挖料时，其开挖方法应满足建筑物开挖和利用料开采的要求。

依据标准名称:《水电工程施工组织设计规范》

依据标准号: DL/T 5397—2007，条款号 5.3.8

331. 无保证边坡稳定的安全措施，不得进行料场开挖。

依据标准名称:《水电工程施工组织设计规范》

依据标准号: DL/T 5397—2007，条款号 5.3.9

332. 主体工程施工方案选择，不得违反以下原则:

（1）保证施工安全、工程质量，施工工期短，施工成本低，辅助工程量及施工附加量小。

（2）先后作业之间、各道工序之间协调均衡，干扰较小。

（3）技术先进、可靠。

（4）施工强度力求均衡。

（5）对施工区附近环境污染和破坏较小。

（6）有利于保护劳动者的安全和健康。

依据标准名称:《水电工程施工组织设计规范》

依据标准号: DL/T 5397—2007，条款号 6.1.3

333. 土石方开挖应自上而下分层进行。两岸水上部分的坝基开挖应在截流前基本完成。

依据标准名称:《水电工程施工组织设计规范》

依据标准号: DL/T 5397—2007，条款号 6.2.1

334. 对设计边坡轮廓面开挖，应采用预裂爆破或光面爆破方法。高度较大的永久和半永久边坡应分台阶开挖，边开挖边支护，确保边坡稳定。

依据标准名称:《水电工程施工组织设计规范》

依据标准号: DL/T 5397—2007，条款号 6.2.2

335. 开挖分层厚度应根据地质条件、出渣道路、施工部位、开挖规模、开挖断面特征、爆破方式、开挖运输设备性能等综合研究确定。

依据标准名称:《水电工程施工组织设计规范》

依据标准号: DL/T 5397—2007，条款号 6.2.3

336. 在新浇筑大体积混凝土、新灌浆区、新预应力锚固区、新喷锚（或喷浆）支护区等特殊部位附近进行爆破，应采取控制爆破，爆破质点振动速度不应大于安全允许标准。

依据标准名称:《水电工程施工组织设计规范》

依据标准号: DL/T 5397—2007，条款号 6.2.4

337. 高边坡开挖不得违反以下原则:

（1）避免二次削坡。

（2）采用预裂爆破或光面爆破。

（3）在设有锚索、锚杆或喷浪凝土支护的高边坡，每层开挖后应立即锚喷，锚索支护可滞后1层~2层，以保证边坡的稳定和安全。

（4）坡顶应进行挖前支护，应设置截排水沟。

依据标准名称:《水电工程施工组织设计规范》

依据标准号: DL/T 5397—2007，条款号 6.2.5

338. 同一地段的基岩灌浆不应违背先固结灌浆、后帷幕灌浆的顺序原则。

依据标准名称:《水电工程施工组织设计规范》

依据标准号: DL/T 5397—2007，条款号 6.3.2

339. 防渗墙施工平台的高程不应低于施工时段设计最高水位 2.0m，并设置导向槽。平台的平面尺寸应满足造孔、清渣、混凝土浇筑和交通要求。

依据标准名称:《水电工程施工组织设计规范》

依据标准号: DL/T 5397—2007，条款号 6.3.8

340. 缆索式起重机布置不得缺少以下考虑因素:

（1）适用于河谷较窄的坝址。

（2）缆索式起重机机型及布置型式，应根据两岸地形地质、坝型及工程布置、浇筑强度、设备布置等进行技术经济比较后选定。

（3）混凝土供料线应平直，设置高程尽量接近坝顶，不应低于初期发电水位，不占压或少占压坝块。

（4）尽可能缩短缆索式起重机跨度和塔架高度。

（5）承重缆垂度应取跨度的 5%～6%，缆索端头高差应控制 在跨度的 5%左右，供料点与塔顶水平距离不应小于跨度的 10%，并力求重罐下坡运输。

依据标准名称:《水电工程施工组织设计规范》

依据标准号: DL/T 5397—2007，条款号 6.4.9

341. 塔带式起重机布置不得缺少以下考虑因素:

（1）适用于连续、高强度混凝土浇筑。

（2）在混凝土浇筑过程中尽量避免拆迁。

（3）混凝土生产、运输能力、振捣设备等应与塔带机的性能相适应。

（4）应通过技术经济要求等因素比较确定。

依据标准名称:《水电工程施工组织设计规范》

依据标准号: DL/T 5397—2007，条款号 6.4.10

342. 坝体接缝灌浆不得缺少以下考虑因素:

（1）接缝灌浆应待灌浆区两侧及以上混凝土温度达到坝体稳定温度或设计规定值后进行，在采取有效措施情况下，混凝土龄期不应短于 4 个月或由试验确定。

（2）同一坝缝内灌浆分区高度应为 9m～12m。

（3）应根据拱坝施工期应力确定封拱灌浆高程和浇筑层顶面间的允许高差。

依据标准名称:《水电工程施工组织设计规范》

依据标准号: DL/T 5397—2007，条款号 6.4.13

343. 大体积混凝土施工应进行温度控制设计。应结合坝体施工条件，研究确定坝体混凝土的分缝分块、相邻坝块坝段的高差、混凝土浇筑层厚和间歇期、混凝土浇筑温度及坝内初、中、后期通水冷却、表面保护标准等温度控制措施。

依据标准名称:《水电工程施工组织设计规范》

依据标准号: DL/T 5397—2007，条款号 6.4.15

344. 特大型洞室开挖不得违反以下原则：

（1）根据地质条件、洞室布置、施工通道、施工设备和工期要求，确定开挖分层和分区。

（2）施工通道的设置应满足开挖分层和施工进度的要求。

（3）应进行平行流水作业。

（4）顶拱层开挖应根据围岩条件和断面大小确定开挖方式。

（5）岩壁（台）梁层开挖，应采用预留保护层法开挖。

（6）交叉洞室和相邻洞室的开挖，应合理安排各交叉和相邻洞室的锁口和加固支护次序。小断面洞室和大断面洞室交叉时应先开挖小洞室，并加强交叉部位的围岩支护。

依据标准名称:《水电工程施工组织设计规范》

依据标准号：DL/T 5397—2007，条款号 6.6.6

345. 洞室出渣运输方式应根据地下洞室的断面尺寸、长度、工期要求和施工设备性能等因素，经技术经济综合分析研究确定，并不得违反以下规定：

（1）隧洞断面较小且运距较长时，应采用有轨运输方式；机车在洞内行驶的平均速度不应超过6km/h。

（2）隧洞断面满足汽车运输时，应采用无轨运输方式；汽车在洞内、外的平均速度应分别控制在10km/h和25km/h以内。

（3）斜井牵引设备应采用卷扬机，卷扬机运行速度不应大于2m/s；斜坡段应设置人行道，人行道边缘与车辆外缘的距离不得小于30cm。

（4）长隧洞掘进机开挖时，应选用带式输送机出渣运输方式。

依据标准名称:《水电工程施工组织设计规范》

依据标准号：DL/T 5397—2007，条款号 6.6.12

346. 跨度较大的洞室顶拱和高边墙等部位的不稳定岩体应及时采用锚杆、挂网、喷钢纤维混凝土、喷纤维混凝土、预应力锚杆、预应力锚索等加固措施。

依据标准名称:《水电工程施工组织设计规范》

依据标准号：DL/T 5397—2007，条款号 6.6.14

347. 防尘、防有害气体的综合（处理）不得缺少以下措施：

（1）地下工程开挖应采用湿式凿岩机。

（2）加强洞内通风排尘，实行喷雾洒水，同时做好个人防护。

（3）洞内喷混凝土应采用湿喷工艺。

（4）洞内施工机械应选用电动、风动和有废气净化的柴油内燃机驱动的设备，汽油机械不得进洞。

依据标准名称:《水电工程施工组织设计规范》

依据标准号：DL/T 5397—2007，条款号 6.6.16

348. 地下厂房的岩锚梁混凝土、强约束区混凝土及蜗壳层混凝土，应根据其结构

特点和气温、洞温、施工设备、制冷能力、工期等条件，采取有效的温控措施。岩锚梁混凝土的分段长度不得大于 15.0m；强约束区混凝土及蜗壳层混凝土的分层厚度不得超出 1.0m～1.5m 范围。

依据标准名称：《水电工程施工组织设计规范》

依据标准号：DL/T 5397—2007，条款号 6.6.21

349. 粉尘、噪声、废水、废渣处理与控制措施不得违反环境保护要求。

依据标准名称：《水电工程施工组织设计规范》

依据标准号：DL/T 5397—2007，条款号 8.3.12

350. 安全生产与环境保护设施应与预冷、预热系统同时设计、同时施工、同时投产；预冷、预热系统产生的粉尘、噪声、废水、废渣处理与控制措施不得违反相关规定要求。

依据标准名称：《水电工程施工组织设计规范》

依据标准号：DL/T 5397—2007，条款号 8.4.16

351. 对大型工程，应研究采用有利于施工区封闭管理的施工总布置方案。

依据标准名称：《水电工程施工组织设计规范》

依据标准号：DL/T 5397—2007，条款号 9.1.2

352. 大型工程主要施工工厂和重要临时设施的场地布置不得缺少对地基、边坡稳定等工程地质条件的评价环节及评价意见。

依据标准名称：《水电工程施工组织设计规范》

依据标准号：DL/T 5397—2007，条款号 9.1.4

353. 做好土石方挖填平衡，统筹规划堆弃渣场地，充分利用开挖渣料；堆弃渣场设置应方便施工，并满足环境保护与水土保持要求，河边弃渣不得影响河道行洪和抬高下游水位。

依据标准名称：《水电工程施工组织设计规范》

依据标准号：DL/T 5397—2007，条款号 9.2.5

354. 下列地区不得设置施工临时设施：

（1）严重不良地质区域或滑坡体危害的地区。

（2）泥石流、山洪、沙暴或雪崩可能危害的地区。

（3）重点保护文物所在地、历史文化保护地、饮用水水源保护区、自然保护区等需要特殊保护的地区。

（4）与重要资源开发有干扰的地区。

（5）受爆破或其他因素影响严重的地区。

依据标准名称：《水电工程施工组织设计规范》

依据标准号：DL/T 5397—2007，条款号 9.2.6

355. 生活用水与生产用水宜分开布置，生活用水应选择污染少、水质好的水源。

依据标准名称:《水电工程施工组织设计规范》

依据标准号: DL/T 5397—2007，条款号　9.2.7

356. 编制施工总进度不得违反以下原则:

（1）应严格执行基本建设程序，遵循国家法律、法规和有关标准。

（2）按照当前施工水平合理安排工期。并考虑地质、水文气象等因素。

（3）应重点研究受洪水威胁的和关键项目的施工进度计划、有效技术和安全措施。

（4）单项工程施工进度与施工总进度相互协调，各项目施工程序前后兼顾、衔接合理、干扰少、施工均衡。

（5）做到资源配置均衡。

（6）在保证工程质量的前提下，研究提前发电和使投资效益最大化的施工措施。

依据标准名称:《水电工程施工组织设计规范》

依据标准号: DL/T 5397—2007，条款号　10.1.4

357. 水土流失防治措施总体设计不得违反以下原则:

（1）按照“同时设计、同时施工、同时投产使用”制度的要求，结合主体工程施工组织设计和主体工程布置，分区、分期合理安排防治措施的实施。

（2）按照保护生态和保护土地资源的设计理念，尽量减少对原地貌的扰动和植被的损坏，具备植被恢复或复耕条件的区域应全面恢复。

（3）保护与开发耕地资源，防治措施应减少对各类土地资源的消耗。

（4）结合施工组织设计，合理布设弃渣场，弃渣应集中堆放，提高弃渣的综合利用率。

（5）减少当地建筑材料料场开采数量和范围，并采取排水、拦挡和植被恢复措施对料场开采过程中及开采后迹地的水土流失进行防治。

（6）合理安排项目施工过程中临时性水土保持措施。

（7）充分利用自然修复能力，注重与周边生态景观的协调。

依据标准名称:《水电建设项目水土保持方案技术规范》

依据标准号: DL/T 5419—2009，条款号　9.2.3

358. 水土流失防治措施总体布局不得违反以下要求:

（1）根据各防治分区的水土流失特点，确保所拟定的防治措施可行和有效。

（2）在分区措施布设时，既要注重各分区的水土流失特点以及相应的防治重点和要求，又要注重各分区的关联性、连续性、整体性和系统性。

（3）植物措施设计应根据各分区的立地条件，进行适应性和景观协调性分析。

依据标准名称:《水电建设项目水土保持方案技术规范》

依据标准号: DL/T 5419—2009，条款号　9.2.4

359. 未设置专门的堆放场地，未修建完善的防护工程，禁止随意弃置项目建设造成

的弃土石渣。

依据标准名称：《水电建设项目水土保持方案技术规范》

依据标准号：DL/T 5419—2009，条款号 10.2.1

360. 弃渣场选址不得违反以下原则：

（1）不得设置在集中居民点、厂矿企业、基本农田保护区等设施上游或周边，避免设置在高等级公路两侧可视范围、自然保护区、一级或二级水源保护区、风景名胜区等敏感区域内。

（2）不得在不良地质区域布设弃渣场。

（3）不得在已建水库管理范围内设置弃渣场。

（4）未进行必要的分析论证，不得在河道管理范围内设置弃渣场。

依据标准名称：《水电建设项目水土保持方案技术规范》

依据标准号：DL/T 5419—2009，条款号 10.2.2

361. 水电水利工程项目建设管理不得违反项目法人责任制、招标投标制、工程监理制、合同管理制等建设管理体制。

依据标准名称：《水电水利工程项目建设管理规范》

依据标准号：2014 报批稿，条款号 4.0.2

362. 项目经理不得同时承担两个及以上项目的项目经理工作。

依据标准名称：《水电水利工程项目建设管理规范》

依据标准号：2014 报批稿，条款号 5.3.3

363. 经批准的移民安置规划是组织实施移民安置工作的基本依据，不得随意调整或者修改，确需调整或者修改的，应重新报批。

依据标准名称：《水电水利工程项目建设管理规范》

依据标准号：2014 报批稿，条款号 13.3.5

364. 项目竣工时，不得缺少环境保护行政主管部门对项目竣工环境保护验收的内容。

依据标准名称：《水电水利工程项目建设管理规范》

依据标准号：2014 报批稿，条款号 14.4.5

二、其他相关行业标准

1. 进行施工机械设备选择设计时，所选施工机械设备应符合工程需要、满足水土保持和环境保护的要求，不应选用“三无”产品，高能耗、重污染产品，严禁选用国家明令禁止和报废淘汰的施工机械设备。

依据标准名称：《水利水电工程施工机械设备选择设计导则》

依据标准号：SL 484—2010，条款号 1.0.3

2．施工机械设备选择不得违反下列原则：

（1）应满足工程的工程规模、施工条件和施工强度要求，保证工程的施工质量。

（2）应选用安全可靠、生产率高、技术性能先进、节能环保和易于检修保养的施工机械设备。

（3）应选用适应性比较广泛、类型比较单一和通用的施工机械设备，各部位之间的施工机械设备宜相互协调、互为利用。

（4）进行施工机械设备配套组合时，宜采用配套机械设备种类少的组合方案。

（5）大型工程或有特殊要求的工程施工机械设备选型应通过专题论证。

依据标准名称：《水利水电工程施工机械设备选择设计导则》

依据标准号：SL 484—2010，条款号　2.0.3

第二节　临建及交通工程

一、电力行业标准

1．水下开采砂砾石料时，不得因细砂流失导致砂料细度模数大于规范要求，应采取措施回收细砂并混合均匀。

依据标准名称：《水电水利工程砂石加工系统设计规范》

依据标准号：DL/T 5098—2010，条款号　6.1.10

2．料场开采规划应保证施工安全，不得违反环保、水保要求。

依据标准名称：《水电水利工程砂石加工系统设计规范》

依据标准号：DL/T 5098—2010，条款号　6.1.12

3．料场的规划开采量不得超出设计需用量的 1.25 倍～1.5 倍范围。

依据标准名称：《水电水利工程砂石加工系统设计规范》

依据标准号：DL/T 5098—2010，条款号　6.2.1

4．料场的可采储量不应小于规划开采量。

依据标准名称：《水电水利工程砂石加工系统设计规范》

依据标准号：DL/T 5098—2010，条款号　6.2.3

5．料场最终边坡角取值严禁危及料场最终边坡长期安全稳定。

依据标准名称：《水电水利工程砂石加工系统设计规范》

依据标准号：DL/T 5098—2010，条款号　6.2.5

6．料场钻孔、装载、运输设备应配套，设备配置应满足石料开采运输强度要求。

依据标准名称：《水电水利工程砂石加工系统设计规范》

依据标准号：DL/T 5098—2010，条款号　6.2.10

7．砂石加工场址应避开爆破危险区，安全距离严禁违反爆破安全规程相关规定。

依据标准名称：《水电水利工程砂石加工系统设计规范》

依据标准号：DL/T 5098—2010，条款号　8.0.4

8．砂石加工场址不得选在泥石流、滑坡、流砂、溶洞等直接危害的地段。

依据标准名称：《水电水利工程砂石加工系统设计规范》

依据标准号：DL/T 5098—2010，条款号　8.0.5

9．砂石加工场址应与城镇和居民生活区保持一定的距离；未采取必要的防护措施，以减少噪声和粉尘的影响，不得在城镇和居民生活区附近设厂。

依据标准名称：《水电水利工程砂石加工系统设计规范》

依据标准号：DL/T 5098—2010，条款号　8.0.8

10．大型、特大型砂石加工系统粗骨料应采用湿法加工工艺。未采取除尘措施和去除骨料表面裹粉措施，禁止采用干法加工工艺。

依据标准名称：《水电水利工程砂石加工系统设计规范》

依据标准号：DL/T 5098—2010，条款号　9.1.5

11．中、细碎设备的进料带式输送机上应设置去除物料中金属物的装置。

依据标准名称：《水电水利工程砂石加工系统设计规范》

依据标准号：DL/T 5098—2010，条款号　10.2.4

12．带式输送机输送砂石时，其允许倾角：向上不应大于16°，向下不应大于12°。

依据标准名称：《水电水利工程砂石加工系统设计规范》

依据标准号：DL/T 5098—2010，条款号　10.5.2

13．未设置人员紧急撤离通道，未设置处理堵井与通风除尘设施，地下粗碎车间不得生产。

依据标准名称：《水电水利工程砂石加工系统设计规范》

依据标准号：DL/T 5098—2010，条款号　11.2.2

14．棒磨机制砂车间原料调节料仓的活容积，不应小于车间一个班的处理量。

依据标准名称：《水电水利工程砂石加工系统设计规范》

依据标准号：DL/T 5098—2010，条款号　11.4.2

15．洗石车间排放的废水不得进入石粉回收设施。

依据标准名称：《水电水利工程砂石加工系统设计规范》

依据标准号：DL/T 5098—2010，条款号　11.4.3

16．带式输送机的动输线路布置应减少转运环节，缩短输送距离，并尽量避免立面交叉。

依据标准名称：《水电水利工程砂石加工系统设计规范》

依据标准号：DL/T 5098—2010，条款号 11.5.1

17．带式输送机跨越道路时，栈桥下的净空尺寸应满足重大件运输要求，且不应小于4.5m。

依据标准名称：《水电水利工程砂石加工系统设计规范》

依据标准号：DL/T 5098—2010，条款号 11.5.3

18．带式输送机栈桥和廊道应设安全出口，并设置警示标志，操作点至安全出口的距离不应大于75m。

依据标准名称：《水电水利工程砂石加工系统设计规范》

依据标准号：DL/T 5098—2010，条款号 11.5.4

19．成品砂石堆场应有良好的排水设施，料堆之间应设置隔墙；砂料堆场应设置防雨棚；寒冷地区应设置保温防冻结措施。

依据标准名称：《水电水利工程砂石加工系统设计规范》

依据标准号：DL/T 5098—2010，条款号 12.1.4

20．砂石采用廊道取料时，卸料装置在事故停电时应能自行关闭。

依据标准名称：《水电水利工程砂石加工系统设计规范》

依据标准号：DL/T 5098—2010，条款号 12.2.1

21．砂石加工系统设备基础混凝土强度等级应不低于C20。钢筋应采用HPB235、HRB335级钢筋，不应采用冷轧钢筋。

依据标准名称：《水电水利工程砂石加工系统设计规范》

依据标准号：DL/T 5098—2010，条款号 13.2.4

22．砂石加工系统开挖边坡顶部及布置场地周边应设置截水沟渠。

依据标准名称：《水电水利工程砂石加工系统设计规范》

依据标准号：DL/T 5098—2010，条款号 14.2.3

23．成品砂堆场布置场地内应设置盲沟排水。

依据标准名称：《水电水利工程砂石加工系统设计规范》

依据标准号：DL/T 5098—2010，条款号 14.2.4

24．砂石加工监控系统应设置接地网接地，接地电阻不应大于4Ω。

依据标准名称：《水电水利工程砂石加工系统设计规范》

依据标准号：DL/T 5098—2010，条款号 15.2.9

25. 砂石加工系统应采取有效降低噪声的措施，筛分车间等主要噪声点应设置专门隔音室。

依据标准名称：《水电水利工程砂石加工系统设计规范》

依据标准号：DL/T 5098—2010，条款号 16.0.3

26. 特大型、大型砂石加工系统粗骨料不应采用干法加工工艺，人工制砂应采用干法和湿法相结合的加工工艺，并配置石粉回收设备。干法加工工艺，不得缺少粉尘污染、雨季生产、粗骨料裹粉、石粉控制等技术措施。

依据标准名称：《水电水利工程砂石加工系统设计规范》

依据标准号：DL/T 5098—2010，条款号 3.1.4

27. 砂石加工原料的含泥量过高影响成品骨料质量时，应设置冲洗工艺；含有黏性泥团时，应设置专用的洗石设备。

依据标准名称：《水电水利工程砂石加工系统设计规范》

依据标准号：DL/T 5098—2010，条款号 3.1.5

28. 碾压混凝土与常态混凝土用细骨料应分开堆存。成品细骨料仓容积宜满足混凝土浇筑高峰期 5d～7d 的细骨料需用量。采用湿法生产时，成品细骨料仓不应少于 3 个。

依据标准名称：《水电水利工程砂石加工系统设计规范》

依据标准号：DL/T 5098—2010，条款号 3.4.7

29. 砂石加工系统控制应采用分层分布式结构。

依据标准名称：《水电水利工程砂石加工系统设计规范》

依据标准号：DL/T 5098—2010，条款号 3.6.3

30. 道路施工各个工序均应进行检验，未经检验合格，不得进行下一工序施工。

依据标准名称：《水利水电工程场内施工道路技术规范》

依据标准号：DL/T 5243—2010，条款号 7.1.5

31. 道路挖方边坡的坡度不应陡于设计值；挖方路基应满足设计承载力要求。

依据标准名称：《水利水电工程场内施工道路技术规范》

依据标准号：DL/T 5243—2010，条款号 7.2.1

32. 道路路基的级配碎（砾）石、填隙碎石配料应满足设计要求，应采用 12t 以上的设备分层碾压，施工参数应由现场碾压试验确定。

依据标准名称：《水利水电工程场内施工道路技术规范》

依据标准号：DL/T 5243—2010，条款号 7.3.3

33．对于连续配筋的混凝土路面和钢筋混凝土路面，不得产生干缩、温度裂缝。
依据标准名称：《水利水电工程场内施工道路技术规范》
依据标准号：DL/T 5243—2010，条款号 7.4.1

34．桥涵基础施工中，不应使基底浸水和长期暴露，基础的基底不得受冻。
依据标准名称：《水利水电工程场内施工道路技术规范》
依据标准号：DL/T 5243—2010，条款号 7.5.1

35．涵顶部、涵台背填料宜选用内摩擦角较大的砾类土、砂类土分层对称建筑，填土压实应采用轻型机具，控制摊铺厚度并保证压实度满足设计要求。
依据标准名称：《水利水电工程场内施工道路技术规范》
依据标准号：DL/T 5243—2010，条款号 7.5.5

36．未经处理的工业污水和生活污水不得作为砂石加工用水。
依据标准名称：《水电水利工程砂石加工系统施工技术规程》
依据标准号：DL/T 5271—2012，条款号 3.7.1

37．砂石加工系统的用水点压力不应小于 0.2MPa。高位水池储水量应满足 1.0h～2.0h的用水需求。
依据标准名称：《水电水利工程砂石加工系统施工技术规程》
依据标准号：DL/T 5271—2012，条款号 3.7.2

38．砂石加工废水与地表水的排放，应设置相互独立的排水系统。砂石加工废水排放沟渠的坡度不应小于 2%，地表水排放沟渠的坡度不应小于 0.5%。
依据标准名称：《水电水利工程砂石加工系统施工技术规程》
依据标准号：DL/T 5271—2012，条款号 3.7.5

39．砂石系统开挖边坡顶部及布置场地周边不得缺少截、排水沟设置。
依据标准名称：《水电水利工程砂石加工系统施工技术规程》
依据标准号：DL/T 5271—2012，条款号 3.7.6

40．砂石加工系统带式输送机带宽不应小于输送物料中最大粒径的 3 倍。
依据标准名称：《水电水利工程砂石加工系统施工技术规程》
依据标准号：DL/T 5271—2012，条款号 4.5.2

41．砂石加工系统带式输送机带速不应超出 1.6m/s～4.0m/s。
依据标准名称：《水电水利工程砂石加工系统施工技术规程》

依据标准号：DL/T 5271—2012，条款号 4.5.3

42. 砂石加工系统带式输送机输送砂石，其向上允许倾角不应大于 16°，向下允许倾角不应大于 12°。

依据标准名称：《水电水利工程砂石加工系统施工技术规程》

依据标准号：DL/T 5271—2012，条款号 4.5.5

43. 砂石运输采用长距离带式输送机时，应进行专项设计。

依据标准名称：《水电水利工程砂石加工系统施工技术规程》

依据标准号：DL/T 5271—2012，条款号 4.5.6

44. 砂石输送系统布置不得在不良地质地段，否则，应采取可靠的处理措施。

依据标准名称：《水电水利工程砂石加工系统施工技术规程》

依据标准号：DL/T 5271—2012，条款号 5.0.2

45. 砂石加工粗碎车间应靠近主料场设置，安全距离不得小于爆破安全技术要求。

依据标准名称：《水电水利工程砂石加工系统施工技术规程》

依据标准号：DL/T 5271—2012，条款号 5.0.6

46. 废水处理后，对符合质量要求的细骨料回收时，不得违背以下原则：

（1）废水中含泥较多时，应采用低转速的螺旋分级机回收粗颗粒。

（2）废水中含泥较少时，应采用机械或沉淀干化回收。

依据标准名称：《水电水利工程砂石加工系统施工技术规程》

依据标准号：DL/T 5271—2012，条款号 6.0.3

47. 砂石加工系统设备基础未通过合格验收，不得进行安装。

依据标准名称：《水电水利工程砂石加工系统施工技术规程》

依据标准号：DL/T 5271—2012，条款号 8.1.3

48. 砂石加工系统的润滑油泵基座应独立安装在地面基础上，不得与有振动的设备相连接。

依据标准名称：《水电水利工程砂石加工系统施工技术规程》

依据标准号：DL/T 5271—2012，条款号 8.1.4

49. 砂石加工系统现场不得缺少安全警示标志设置，并根据现场情况制作安装工作平台、人行道、扶梯和防护装置。

依据标准名称：《水电水利工程砂石加工系统施工技术规程》

依据标准号：DL/T 5271—2012，条款号 8.1.6

50. 旋回破碎机安装不得违反下列要求：

（1）按底座、中架体、架体衬板、传动部、偏心套、液压缸、动锥、横梁、顶帽、润滑系统及冷却系统安装的程序进行。

（2）中架体吊装过程中应保持水平，缓慢就位。

（3）动锥安装前应将动锥衬套压紧，灌注填充材料，动锥就位后，应临时固定。

（4）顶帽安装前应在横梁中心孔内填满润滑油，顶帽固定后，方能拆除动锥部的临时固定装置。

（5）破碎机架体衬板安装完后应浇筑固定衬板的填充材料。

依据标准名称：《水电水利工程砂石加工系统施工技术规程》

依据标准号：DL/T 5271—2012，条款号　8.2.1

51. 反击式破碎机安装时应确保主轴和电动机主轴平行，电动机轮槽与飞轮带槽应直线对齐。

依据标准名称：《水电水利工程砂石加工系统施工技术规程》

依据标准号：DL/T 5271—2012，条款号　8.2.2

52. 颚式破碎机安装不得违反机座、动颚总成、张紧杆、摆杆座、摆杆、定动颚板、斜板和楔块、飞轮的安装程序。

依据标准名称：《水电水利工程砂石加工系统施工技术规程》

依据标准号：DL/T 5271—2012，条款号　8.2.3

53. 圆锥破碎机安装不得违反下列要求：

（1）按主机架总成、传动轴总成、球面瓦总成、偏心套总成、动锥总成、定锥、定锥衬板及给料斗、排料装置、给料装置安装程序进行。

（2）球面瓦安装，应采用收缩球面瓦或膨胀球面瓦架方式。

（3）排料装置采用漏斗时，其水平倾斜度不应小于 45°，如物料黏性较大，应加大倾角。

依据标准名称：《水电水利工程砂石加工系统施工技术规程》

依据标准号：DL/T 5271—2012，条款号　8.2.4

54. 立轴式破碎机安装不得违反下列要求：

（1）按机架、机座、衬板、轴承箱、转子、控制盘、传动皮带、振动开关、连锁开关安装程序进行。

（2）安装锥形座套时，锥形套结合接触面不小于圆周面积的 80%及锥形座套长度的 80%。

（3）检查振动开关的灵敏度。

依据标准名称：《水电水利工程砂石加工系统施工技术规程》

依据标准号：DL/T 5271—2012，条款号　8.3.1

55. 棒磨机安装不得违反下列要求：

（1）按基础螺栓、主轴承、回转部分、传动部分、电动机、给料部分、齿轮罩、安全罩、扶手栏杆安装程序进行。

（2）进料器安装时，应注意螺旋方向，避免与筒体干涉。

（3）衬板安装应先安装端衬板，在端衬板与筒体之间应填充混凝土或其他材料。

依据标准名称：《水电水利工程砂石加工系统施工技术规程》

依据标准号：DL/T 5271—2012，条款号 8.3.2

56. 砂石筛分机吊装时，应避免筛体变形。

依据标准名称：《水电水利工程砂石加工系统施工技术规程》

依据标准号：DL/T 5271—2012，条款号 8.4.1

57. 砂石筛分机振动部分周围留有空间不得小于 20mm。

依据标准名称：《水电水利工程砂石加工系统施工技术规程》

依据标准号：DL/T 5271—2012，条款号 8.4.3

58. 带式输送机安装，不得违反下列要求：

（1）带式输送机纵向中心线允许偏差不应大于 20mm。

（2）机架中心线与输送机纵向中心线偏差不应大于 3mm。

（3）输送机中心线的直线度偏差在任意 25m 长度内不应大于 5mm。

（4）在垂直于机架纵向中心线的平面内，机架横截面两对角线长度之差，不应大于两对角线长度平均值的 0.3%。

（5）机架支腿对建筑物地面的垂直度偏差不应大于 0.2%。

（6）中间架的间距，其允许偏差为±1.5mm，高低差不应大于间距的 2/1000。

依据标准名称：《水电水利工程砂石加工系统施工技术规程》

依据标准号：DL/T 5271—2012，条款号 8.5.2～8.5.7

59. 砂石加工系统输送带的帆布芯带和尼龙芯带连接应采用冷胶法，钢丝绳芯带连接应采用硫化胶结方法。

依据标准名称：《水电水利工程人工砂石加工系统施工技术规程》

依据标准号：DL/T 5271－2012，条款号 8.5.11

60. 砂石加工系统调试程序不得违反先单机调试、再联动调试顺序。

依据标准名称：《水电水利工程砂石加工系统施工技术规程》

依据标准号：DL/T 5271—2012，条款号 9.1.2

61. 砂石加工系统系统调试不得违反以下要求：

（1）设备给排料正常。

（2）设备无异常振动和噪声。

（3）电动机电流运行平稳、正常。

（4）产品质量、产量满足要求。

（5）所有安全保护装置应工作状态良好。

依据标准名称：《水电水利工程砂石加工系统施工技术规程》

依据标准号：DL/T 5271—2012，条款号　9.1.3

62. 砂石加工系统的重载联动调试不合格，不得开始生产性试验。

依据标准名称：《水电水利工程人工砂石加工系统施工技术规程》

依据标准号：DL/T 5271—2012，条款号　10.0.1

63. 砂石加工系统试验大纲测试不得缺少以下项目：

（1）带式输送机的实际带速。

（2）所有设备的实际处理能力。

（3）破碎设备不同排料口的处理能力、破碎产品的粒度级配组成和针片状含量。

（4）棒磨机在不同工况下条件下的生产能力、产品质量。

（5）立轴冲击式破碎机在不同工况条件下的生产能力、产品质量。

（6）每项试验的测试组数应不少于 3 组，带式输送机上的取样长度不少于 3m。

（7）成品骨料的质量和产量。

依据标准名称：《水电水利工程砂石加工系统施工技术规程》

依据标准号：DL/T 5271—2012，条款号　10.0.2

64. 砂石开采前，应进行覆盖层、无用料的判定。开采使用料不得违反品质要求。

依据标准名称：《水电水利工程砂石开采及加工系统运行技术规范》

依据标准号：DL/T 5311—2013，条款号　2.2.1

65. 有复垦要求的覆盖层剥离料应单独堆放，并方便取料。

依据标准名称：《水电水利工程砂石开采及加工系统运行技术规范》

依据标准号：DL/T 5311—2013，条款号　2.2.3

66. 人工砂石料场应采用自上而下的分层开采方式，梯段高度应按开采工艺确定，但最高不应超过 20m。

依据标准名称：《水电水利工程砂石开采及加工系统运行技术规范》

依据标准号：DL/T 5311—2013，条款号　2.4.1

67. 人工砂石料场采用多层立体作业时应有可靠的安全技术措施。不良地质条件部位开采应采取控制爆破。

依据标准名称：《水电水利工程砂石开采及加工系统运行技术规范》

依据标准号：DL/T 5311—2013，条款号　2.4.3

68．爆破开采应确保边坡稳定和周围环境安全，爆破参数由试验确定。单响最大段起爆药量主爆区不应大于500kg，临近边坡部位不应大于300kg，预裂、光面爆破不应大于50kg。

依据标准名称：《水电水利工程砂石开采及加工系统运行技术规范》

依据标准号：DL/T 5311—2013，条款号 2.4.5

69．料场边坡施工应根据围岩状况及时跟进支护，不良地质条件部位应采取边开挖、边支护或超前支护方式。

依据标准名称：《水电水利工程砂石开采及加工系统运行技术规范》

依据标准号：DL/T 5311—2013，条款号 2.4.10

70．料场不得缺少安全防护设施和安全防护标识设置，进行边坡稳定及变形监测，雨季施工期间应加强巡视检查，发现异常应立即停止施工。

依据标准名称：《水电水利工程砂石开采及加工系统运行技术规范》

依据标准号：DL/T 5311—2013，条款号 2.4.11

71．砂石系统运行的生产联络信号，不得随意调整。

依据标准名称：《水电水利工程砂石开采及加工系统运行技术规范》

依据标准号：DL/T 5311—2013，条款号 3.1.4

72．砂石系统运行时，不得随意改变运行控制程序。

依据标准名称：《水电水利工程砂石开采及加工系统运行技术规范》

依据标准号：DL/T 5311—2013，条款号 3.1.5

73．砂石系统安全运行应制定重大危险源、应急救援预案。

依据标准名称：《水电水利工程砂石开采及加工系统运行技术规范》

依据标准号：DL/T 5311—2013，条款号 3.1.11

74．砂石加工系统遭遇六级及以上强风、大雨、大雪、大雾等天气情况下不得运行。

依据标准名称：《水电水利工程砂石开采及加工系统运行技术规范》

依据标准号：DL/T 5311—2013，条款号 3.1.12

75．粗碎破碎机运行过程中发生石料堵塞不得采用人工撬、楔等方法进行处理。

依据标准名称：《水电水利工程砂石开采及加工系统运行技术规范》

依据标准号：DL/T 5311—2013，条款号 3.2.3

76．破碎机排料口的尺寸应每班检测，按设定的参数调整。

依据标准名称：《水电水利工程砂石开采及加工系统运行技术规范》

依据标准号：DL/T 5311—2013，条款号 3.2.5

77. 带式输送机应空载运行正常后受料，物料卸空后停机。长距离带式输送机启动后不得带载停机。

依据标准名称：《水电水利工程砂石开采及加工系统运行技术规范》

依据标准号：DL/T 5311—2013，条款号　3.2.14

78. 砂石加工系统投入运行后，成品骨料、垫层料和反滤料堆场不应空仓堆料。

依据标准名称：《水电水利工程砂石开采及加工系统运行技术规范》

依据标准号：DL/T 5311—2013，条款号　3.3.2

79. 成品粗骨料出厂，放料取料不得违反给料设备供料应多点组合放料，挖装设备供料应多点取料原则。

依据标准名称：《水电水利工程砂石开采及加工系统运行技术规范》

依据标准号：DL/T 5311—2013，条款号　3.3.4

80. 湿法生产的成品细骨料应按生产、脱水、使用工况分区堆存，应保持排水通畅。10m 及以下堆高的砂仓，脱水时间不得少于 5d；10m 以上堆高的砂仓，脱水时间不得少于 7d。

依据标准名称：《水电水利工程砂石开采及加工系统运行技术规范》

依据标准号：DL/T 5311—2013，条款号　3.3.5

81. 砂石成品供料料堆（仓）集水不得进入成品料。采用给料设备供应成品料，给料口应加设接水槽。

依据标准名称：《水电水利工程砂石开采及加工系统运行技术规范》

依据标准号：DL/T 5311—2013，条款号　3.3.7

82. 砂石加工的给排水系统和废水处理系统运行中应随时监控设备、设施运行状况，保证系统安全运行。

依据标准名称：《水电水利工程砂石开采及加工系统运行技术规范》

依据标准号：DL/T 5311—2013，条款号　4.0.3

83. 在砂石加工的废水未处理完成时，废水处理系统不得停机。

依据标准名称：《水电水利工程砂石开采及加工系统运行技术规范》

依据标准号：DL/T 5311—2013，条款号　4.0.5

84. 砂石加工的废水应经处理合格后循环利用。

依据标准名称：《水电水利工程砂石开采及加工系统运行技术规范》

依据标准号：DL/T 5311—2013，条款号　4.0.7

85. 砂石原料开采运输过程中，不合格料、杂物不得进入加工环节。

依据标准名称:《水电水利工程砂石开采及加工系统运行技术规范》

依据标准号: DL/T 5311—2013，条款号　6.0.6

86．制冷装置所有储存制冷剂且在压力下工作的制冷设备和容器应设安全阀。安全阀应设置泄压管，泄压管出口应高于周围50m内最高建筑物的屋脊5m。

依据标准名称:《水电水利工程混凝土预冷系统设计导则》

依据标准号: DL/T 5386—2007，条款号　6.6.6

87．制冷系统的紧急泄氨器泄出管下部不得装设漏斗或与地漏连接，应直接通入有水的下水道内。

依据标准名称:《水电水利工程混凝土预冷系统设计导则》

依据标准号: DL/T 5386—2007，条款号　6.6.7

88．制冷机房布置不得违反以下规定:

（1）制冷机与其他设备之间的净间距和主要操作通道宽度不应小于1.5m，制冷机之间的净间距不应小于1m，制冷机房非主要通道宽度不应小于0.8m。

（2）氨制冷机房应设置氨气浓度自动监测报警系统，并应设置自然通风和事故通风设施。

依据标准名称:《水电水利工程混凝土预冷系统设计导则》

依据标准号: DL/T 5386—2007，条款号　8.3.9

89．砂石加工系统废水处理工程应与砂石加工系统统筹规划，同时投入使用。

依据标准名称:《水电工程砂石系统废水处理技术规范》

依据标准号: 2014报批稿，条款号　1.0.3

90．砂石加工废水排放处理悬浮物含量不得超过100mg/L 。

依据标准名称:《水电工程砂石系统废水处理技术规范》

依据标准号: 2014报批稿，条款号　1.0.6

91．砂石加工系统的废水处理所设平流沉砂池，不得违反下列要求:

（1）池内最大流速为0.05m/s，最小流速为0.025m/s。

（2）最大流量时的停留时间不应小于400s。

（3）应使进水水流均匀扩散，平稳进入池内。进水段渐变角不应超过20°。

（4）分格数不应少于两个，有效水深不应大于1.2m，每格宽度不应小于1.2m。

（5）池底坡度应为 1%～2%，当设置除砂设备时可根据除砂设备的要求确定池底的形状。

（6）沉砂斗容积不应小于0.5h的沉砂量，采用重力排砂时，沉砂斗斗壁与水平面的倾角不应小于55°。池深应在有效高度的基础上加0.3m超高。

（7）沉砂池除砂应采用机械方法或水力排砂，并经砂水分离后储存或外运。当采用水力排砂时，排砂管直径不应小于 250mm。排砂管应有防堵塞措施。必要时可设高压水反冲洗系统。

依据标准名称:《水电工程砂石系统废水处理技术规范》

依据标准号: 2014 报批稿，条款号　5.0.4

92．砂石系统废水处理的混凝沉淀构筑物个数不得少于 2 个，并按并联设计。

依据标准名称:《水电工程砂石系统废水处理技术规范》

依据标准号: 2014 报批稿，条款号　6.1.8

93．砂石加工废水处理系统压力输泥管设置的弯头宜易于拆卸和更换，转弯半径不得小于管径的 6 倍。

依据标准名称:《水电工程砂石系统废水处理技术规范》

依据标准号: 2014 报批稿，条款号　7.3.5

94．砂石加工废水处理系统滤液水如悬浮含量较高时，未经处理不得直接回用及排放。泥渣脱水后产生的滤液水均应处理，不得直接回用及排放。

依据标准名称:《水电工程砂石系统废水处理技术规范》

依据标准号: 2014 报批稿，条款号　7.4.2

95．砂石加工废水处理系统试运行不得违反先空载试验、再满负荷联动调试顺序。

依据标准名称:《水电工程砂石系统废水处理技术规范》

依据标准号: 2014 报批稿，条款号　8.1.2

96．基坑排水各泵站的排水强度应分区、分月计算，取最大值作为泵站设计流量。

依据标准名称:《水电水利工程施工基坑排水技术规范》

依据标准号: 2014 报批稿，条款号　4.2.2

97．基坑排水转输泵站及起始泵站不得少于 2 台水泵。

依据标准名称:《水电水利工程施工基坑排水技术规范》

依据标准号: 2014 报批稿，条款号　4.4.7

98．基坑排水每台泵不得对应多条进水管。

依据标准名称:《水电水利工程施工基坑排水技术规范》

依据标准号: 2014 报批稿，条款号　5.2.3

99．基坑排水泵的水管安装高程不得违反下列要求：

（1）在基坑或集水井最低运行水位时，应满足不同工况下水泵的允许吸上真空高度或必需汽蚀余量的要求。

（2）吸水管喇叭口最小淹没深度不应小于 0.5m。

（3）集水坑内不应产生有害的漩涡。
依据标准名称:《水电水利工程施工基坑排水技术规范》
依据标准号: 2014 报批稿，条款号　5.2.4

100. 集水坑的容积不应小于单台水泵 1h 的出水量。
依据标准名称:《水电水利工程施工基坑排水技术规范》
依据标准号: 2014 报批稿，条款号　5.5.1

101. 较长的基坑排水管道管内最小流速不应低于 0.6m/s。
依据标准名称:《水电水利工程施工基坑排水技术规范》
依据标准号: 2014 报批稿，条款号　5.7.2

102. 基坑周边截水沟设置应满足排水要求，不得渗漏。
依据标准名称:《水电水利工程施工基坑排水技术规范》
依据标准号: 2014 报批稿，条款号　6.1.1

103. 排水泵站内管道与泵连接后，不得在其上再进行焊接和气割。
依据标准名称:《水电水利工程施工基坑排水技术规范》
依据标准号: 2014 报批稿，条款号　6.2.7

104. 排水泵与管道连接后投入使用前，应检查水泵安装精度且不得超出偏差要求。
依据标准名称:《水电水利工程施工基坑排水技术规范》
依据标准号: 2014 报批稿，条款号　6.2.8

105. 水泵启动后有异常情况，应停泵查明原因，排除故障。
依据标准名称:《水电水利工程施工基坑排水技术规范》
依据标准号: 2014 报批稿，条款号　6.2.11

106. 动力电缆不应直接敷设在金属物体上。
依据标准名称:《水电水利工程施工基坑排水技术规范》
依据标准号: 2014 报批稿，条款号　6.2.12

107. 排水管管节和管件装卸、运输时，不应相互撞击。
依据标准名称:《水电水利工程施工基坑排水技术规范》
依据标准号: 2014 报批稿，条款号　6.3.3

108. 排水管管材堆放、转运及吊装过程不应损伤管材及防腐层。
依据标准名称:《水电水利工程施工基坑排水技术规范》
依据标准号: 2014 报批稿，条款号　6.3.5

109．排水泵运行时，进水水位不应低于规定的最低水位。
依据标准名称：《水电水利工程施工基坑排水技术规范》
依据标准号：2014报批稿，条款号　7.2.4

110．浮式泵站预留的动力电缆，运行期间不应绕盘放置。
依据标准名称：《水电水利工程施工基坑排水技术规范》
依据标准号：2014报批稿，条款号　7.2.8

111．排水泵站维护不得违反以下安全规定：
（1）未切断电源及设置警示标志不得检查水泵电机。
（2）机械设备运行时，不应触摸运动部件，不得对设备进行调整和保养。
依据标准名称：《水电水利工程施工基坑排水技术规范》
依据标准号：2014报批稿，条款号　7.3.2

第三节　导截流工程

一、能源、电力行业标准

1．贫胶渣砾料碾压混凝土的水泥、掺合料的材料用量误差不应超过2%，拌和用水的材料用量误差不应超过2%，渣砾料的材料用量误差不应超过4%。每1000m^3～2000m^{3}检测一次，且每两层必须检测一次，并根据检查结果调整配合比。
依据标准名称：《贫胶渣砾料碾压混凝土施工导则》
依据标准号：DL/T 5264—2011，条款号　6.1.3

2．贫胶渣砾料碾压混凝土翻拌场的拌和物基准*VC*值按动态控制，实测值和基准值的偏差不应超过±3S。
依据标准名称：《贫胶渣砾料碾压混凝土施工导则》
依据标准号：DL/T 5264—2011，条款号　6.2.3

3．贫胶渣砾料碾压混凝土的相对压实度不得小于设计值。
依据标准名称：《贫胶渣砾料碾压混凝土施工导则》
依据标准号：DL/T 5264—2011，条款号　6.3.3

4．度汛风险评估不得迟于当年汛期2个月前完成。
依据标准名称：《水电水利工程施工度汛风险评估规程》
依据标准号：DL/T 5307—2013，条款号　1.0.3

5．度汛风险评估不得由没有专业能力的单位承担。
依据标准名称：《水电水利工程施工度汛风险评估规程》

依据标准号：DL/T 5307—2013，条款号　4.0.4

6．度汛风险等级确定应考虑政治、军事、社会影响、国民经济运行中的重要设施等不可接受的风险因素。

依据标准名称：《水电水利工程施工度汛风险评估规程》

依据标准号：DL/T 5307—2013，条款号　8.0.3

7．施工导流模型试验水流流态应为紊流过渡区到阻力平方区，模型最小水深不应小于30mm。

依据标准名称：《水电水利工程施工导截流模型试验规程》

依据标准号：DL/T 5361—2006，条款号　4.2.4

8．施工导流模型试验所用的仪器仪表，应符合试验精度、使用环境要求，没有质量技术监督部门颁发的合格证或应未经相应的质量技术监督部门鉴定合格，不得使用。

依据标准名称：《水电水利工程施工导截流模型试验规程》

依据标准号：DL/T 5361—2006，条款号　4.3.2

9．施工导流模型试验所用的仪器仪表，应符合试验精度、使用环境要求，没有质量技术监督部门颁发的合格证或应未经相应的质量技术监督部门鉴定合格，不得使用。

依据标准名称：《水电水利工程施工导截流模型试验规程》

依据标准号：DL/T 5361—2006，条款号　4.3.2

10．土工合成材料进场应逐批抽样检验，同厂家同一批号的土工合成材料进场时，抽样率不小于1%或者每10000m^2（或m）不少于抽样1次。

依据标准名称：《水电水利工程土工织物施工规范》

依据标准号：2014报批稿，条款号　3.1.5

11．土工合成材料试验取样时，卷装材料的头两层不应取作样品。

依据标准名称：《水电水利工程土工织物施工规范》

依据标准号：2014报批稿，条款号　3.1.7

12．土工合成材料应按铺设规划方案裁剪、拼接，且不得被污染、损伤。

依据标准名称：《水电水利工程土工织物施工规范》

依据标准号：2014报批稿，条款号　4.1.1

13．土工合成材料铺设与岸坡、结构物连接不得留空隙。

依据标准名称：《水电水利工程土工织物施工规范》

依据标准号：2014报批稿，条款号　4.2.1

14. 土工合成材料上部回填料填筑时，不得破坏土工合成材料，施工机械不得直接接触土工合成材料，不得使用重型机械或振动碾压实。

依据标准名称：《水电水利工程土工织物施工规范》

依据标准号：2014报批稿，条款号　4.2.2

15. 土工膜的热熔焊接，单道焊缝宽度不应小于1cm，搭接宽度不小于10cm。

依据标准名称：《水电水利工程土工织物施工规范》

依据标准号：2014报批稿，条款号　4.3.7

16. 土工膜焊缝搭接面不得有污垢、砂土、积水等影响焊接质量的杂质存在；相邻幅（复合）土工膜接头间距不得小于150cm。

依据标准名称：《水电水利工程土工织物施工规范》

依据标准号：2014报批稿，条款号　4.3.7

17. 软土地基加筋用土工合成材料施工应采用进占法填土，卸土高度不应大于1m；机械车辙深不应大于7cm。回填覆盖时可用平碾或气胎碾，且不得过压。

依据标准名称：《水电水利工程土工织物施工规范》

依据标准号：2014报批稿，条款号　4.4.1

18. 软体排施工不得违反下列要求：

（1）清理、整平软体排铺设面至设计要求。

（2）排体制作时，应将织物按规定尺寸裁剪好，拼成大片。接缝不宜垂直于最大荷载方向，接缝强度不小于母材的80%，排体在受荷时不应绽开或破裂。

（3）排体定位准确，沉放范围符合设计要求。

依据标准名称：《水电水利工程土工织物施工规范》

依据标准号：2014报批稿，条款号　4.5.2

19. 旱地沉排不得违反下列要求：

（1）进行现场试验，确定压载石块不致击伤排片的最大自由落高。任何情况下不允许大于20cm的石块从坡面下滚。

（2）相邻两排片搭接约50cm，上游片铺在下游片上。

（3）排片铺设后应及时压载、覆盖。未经抗老化处理的排片原则上应随铺随压；经抗老化处理的排片，铺排后至压载的时间不应超过72h。

（4）块石压载和平整可用自卸卡车或人工。机械施工应避免机具直接在排体上运行。

（5）岸坡上的排体应在坡顶锚固稳定。

依据标准名称：《水电水利工程土工织物施工规范》

依据标准号：2014报批稿，条款号　4.5.3

20. 水情自动测报中继站站房净面积不应大于5m^2，高度不低于3.5m。

依据标准名称:《水电工程水情自动测报系统技术规范》
依据标准号: NB/T 35003—2013，条款号 4.9.5

21. 水情自动测报系统总体改造应由专业技术单位完成，改造后的系统功能和运行指标不得低于原系统。
依据标准名称:《水电工程水情自动测报系统技术规范》
依据标准号: NB/T 35003—2013，条款号 10.3

22. 木笼、竹笼、草土等围堰高度不应超过 15m。
依据标准名称:《水电工程围堰设计导则》
依据标准号: NB/T 35006—2013，条款号 4.4.1

23. 过水围堰顶部高程不应低于设计洪水的静水位与波浪高度及堰顶安全超高值之和。
依据标准名称:《水电工程围堰设计导则》
依据标准号: NB/T 35006—2013，条款号 6.5.1

24. 不符合 DL/T 5144《水工混凝土施工规范》规定要求的水泥、骨料、水、掺合料、外加剂等原材料，不得用于混凝土围堰。
依据标准名称:《水电工程围堰设计导则》
依据标准号: NB/T 35006—2013，条款号 6.7.2

25. 土石坝过水度汛时，坝体不得缺少保护措施。坝体过水断面型式和防护设计应通过水工模型试验验证。
依据标准名称:《水电工程施工导流设计规范》
依据标准号: NB/T 35041—2014，条款号 3.0.9

26. 混凝土面板堆石坝未浇筑面板之前，未对上游坝坡采取防护措施时，不得临时挡水度汛。
依据标准名称:《水电工程施工导流设计规范》
依据标准号: NB/T 35041—2014，条款号 3.0.10

27. 混凝土拱坝未经专门论证不得采用坝面过水度汛方式；拱坝挡水度汛时，应论证封拱灌浆高程及拱坝悬臂梁挡水条件。
依据标准名称:《水电工程施工导流设计规范》
依据标准号: NB/T 35041—2014，条款号 3.0.12

28. 当导流建筑物与永久建筑物结合时，结合部分的结构设计标准不得低于永久建筑物级别标准。

依据标准名称：《水电工程施工导流设计规范》

依据标准号：NB/T 35041—2014，条款号 4.0.6

29. 地质条件复杂或水力学条件复杂、规模较大的导流建筑物，不得缺少安全监测设置。

依据标准名称：《水电工程施工导流设计规范》

依据标准号：NB/T 35041—2014，条款号 6.1.4

30. 未经专门的挡水安全性论证，高混凝土重力坝、拱坝施工期不得随意通过坝体缺口或梳齿泄流。

依据标准名称：《水电工程施工导流设计规范》

依据标准号：NB/T 35041—2014，条款号 6.6.1

31. 厂房施工期不应泄流。如厂房需要泄流的，应通过水工模型试验确定泄流方式、泄流能力及相应防护措施。

依据标准名称：《水电工程施工导流设计规范》

依据标准号：NB/T 35041—2014，条款号 6.6.5

32. 未经专题研究论证，船闸不应参与导流；确需参与导流的，应提出船闸临时保护措施。

依据标准名称：《水电工程施工导流设计规范》

依据标准号：NB/T 35041—2014，条款号 6.6.6

33. 土石围堰基坑水位下降速度不宜大于1.0m/d。

依据标准名称：《水电工程施工导流设计规范》

依据标准号：NB/T 35041—2014，条款号 9.2.2

34. 未进行导流泄水建筑物门槽、门槛等水下检查；未制定应急预案和工程应急措施的，不得进行导流泄水建筑物下闸。

依据标准名称：《水电工程施工导流设计规范》

依据标准号：NB/T 35041—2014，条款号 10.1.8

第四节 土 石 方 工 程

一、电力行业标准

1. 对于上下两端相向开挖的竖井，其极限贯通误差不应大于±200mm。

依据标准名称：《水工建筑物地下工程开挖施工技术规范》

依据标准号：DL/T 5099—2011，条款号 5.0.2

2. 洞室开挖爆破后，未及时处理危石或适时支护以确保围岩稳定，不得进行后续施工作业。

依据标准名称：《水工建筑物地下工程开挖施工技术规范》

依据标准号：DL/T 5099—2011，条款号 6.1.5

3. 地下洞室群与交岔洞室开挖前，未预先编绘开挖程序图，不得施工作业；开挖后支护未跟进，不得向前开挖。

依据标准名称：《水工建筑物地下工程开挖施工技术规范》

依据标准号：DL/T 5099—2011，条款号 6.1.6

4. 寒冷及缺氧地区洞室开挖的施工方法和施工机械选择不得缺少防冻和恰当的通风措施，必要时应有补氧措施。

依据标准名称：《水工建筑物地下工程开挖施工技术规范》

依据标准号：DL/T 5099—2011，条款号 6.1.7

5. 洞口削坡不得自下而上分层进行。未对开挖范围外影响安全的危石进行处理，未设置排水设施，不得实施洞脸开挖。

依据标准名称：《水工建筑物地下工程开挖施工技术规范》

依据标准号：DL/T 5099—2011，条款号 6.2.2

6. 洞口上方为高陡边坡区时，洞口外不得缺少一定范围的防护明洞。在交通要道开洞口时，不得缺少安全防护专项设计措施。

依据标准名称：《水工建筑物地下工程开挖施工技术规范》

依据标准号：DL/T 5099—2011，条款号 6.2.5

7. 分层分区开挖的洞室，支护施工时间不得较设计要求延滞。

依据标准名称：《水工建筑物地下工程开挖施工技术规范》

依据标准号：DL/T 5099—2011，条款号 6.3.2

8. 在Ⅳ、Ⅴ类围岩中，宜采用正井法全断面一次开挖到位，并必须紧跟支护成型。

依据标准名称：《水工建筑物地下工程开挖施工技术规范》

依据标准号：DL/T 5099—2011，条款号 6.4.7

9. 特殊工程部位的洞室开挖，不得缺少专项钻爆设计。

依据标准名称：《水工建筑物地下工程开挖施工技术规范》

依据标准号：DL/T 5099—2011，条款号 7.1.3

10. 特大断面洞室的中、下部开挖，应采用台阶开挖爆破，不得违反下列要求：

（1）应采用非电毫秒雷管分段起爆。

（2）台阶高度应由围岩稳定特性及最佳爆破效率参数确定。

（3）爆破石渣的块度和爆堆，应便于装渣机械作业。

依据标准名称:《水工建筑物地下工程开挖施工技术规范》

依据标准号: DL/T 5099—2011，条款号　7.1.4

11. 光面爆破和预裂爆破的炮孔痕迹应在开挖轮廓面上均匀分布；相邻两孔间岩面平整；孔壁不应有明显的爆震裂隙；相邻两茬炮之间的台阶或钻孔的最大偏斜值应小于20cm；预裂爆破后应形成贯穿性连续裂缝。

依据标准名称:《水工建筑物地下工程开挖施工技术规范》

依据标准号: DL/T 5099—2011，条款号　7.2.5

12. 洞室群多个工作面同时进行爆破作业时，没有建立统一协调、指挥、准爆机制，不得实施爆破作业。

依据标准名称:《水工建筑物地下工程开挖施工技术规范》

依据标准号: DL/T 5099—2011，条款号　7.3.4

13. 相向开挖的两个工作面相距30m，或小断面洞室为5倍洞径距离放炮时，双方人员均应撤离工作面，相距15m时，应停止一方工作，单向贯通。

竖井或斜井单向自下而上开挖，与贯通面距离为1.5倍洞径时，应自上而下钻爆贯通可采用一次钻孔，分段起爆法。

依据标准名称:《水工建筑物地下工程开挖施工技术规范》

依据标准号: DL/T 5099—2011，条款号　7.3.5

14. 爆破前应将施工机具撤离至距爆破工作面不小于100m的安全地点；对难以撤离的施工机具、设备，应有防护措施。

依据标准名称:《水工建筑物地下工程开挖施工技术规范》

依据标准号: DL/T 5099—2011，条款号　7.3.6

15. 对于大型地下厂房及洞室群或地质条件比较复杂的地下工程，未经爆破试验和未落实爆破检测，不得进行开挖爆破。

依据标准名称:《水工建筑物地下工程开挖施工技术规范》

依据标准号: DL/T 5099—2011，条款号　7.4.1

16. 弃渣场弃渣完成后，不得缺少永久排水设施和其他防护性工程，以保证地表径流不会冲蚀弃渣表面或危及弃渣的稳定性。

依据标准名称:《水工建筑物地下工程开挖施工技术规范》

依据标准号: DL/T 5099—2011，条款号　8.1.2

17. 在交叉道口处，不得缺少明显的安全标志和防护设施。

依据标准名称:《水工建筑物地下工程开挖施工技术规范》
依据标准号: DL/T 5099—2011，条款号 8.1.3

18. 没有可靠的通信和声光兼备的信号联络，不得开展斜井和竖井运输。
依据标准名称:《水工建筑物地下工程开挖施工技术规范》
依据标准号: DL/T 5099—2011，条款号 8.4.4

19. 没有防止过卷、过速、过电流和失电压等保险装置及可靠的制动系统，斜井和竖井运输提升设备不得运行。
依据标准名称:《水工建筑物地下工程开挖施工技术规范》
依据标准号: DL/T 5099—2011，条款号 8.4.5

20. 没有断绳保险装置和防溜车装置，物料运输车不得运行。
依据标准名称:《水工建筑物地下工程开挖施工技术规范》
依据标准号: DL/T 5099—2011，条款号 8.4.6

21. 斜井、竖井井口不得缺少阻车器，安全防护栏和安全门等设施。
依据标准名称:《水工建筑物地下工程开挖施工技术规范》
依据标准号: DL/T 5099—2011，条款号 8.4.8

22. 采用起重机提升吊罐出渣时，不得违反起重机安全操作规程。
依据标准名称:《水工建筑物地下工程开挖施工技术规范》
依据标准号: DL/T 5099—2011，条款号 8.4.9

23. 斜井、竖井各项提升设施，未经安全部门鉴定验收合格，不得使用。
依据标准名称:《水工建筑物地下工程开挖施工技术规范》
依据标准号: DL/T 5099—2011，条款号 8.4.10

24. 斜井、竖井不得自下而上扩大开挖，应制定防止导井堵塞和人员坠落措施。井内人员上下、器材吊运的运输工具应进行专项设计。
依据标准名称:《水工建筑物地下工程开挖施工技术规范》
依据标准号: DL/T 5099—2011，条款号 8.4.11

25. 为了确保施工期岩体稳定和安全施工，开挖过程中应进行初期支护，并作为永久支护组成部分，支护后不再拆除。
依据标准名称:《水工建筑物地下工程开挖施工技术规范》
依据标准号: DL/T 5099—2011，条款号 9.1.2

26. 洞室开挖后，锚喷支护时间不得较设计要求延迟；对易风化、易崩解和具膨胀性的软岩，不得缺少防水、排水措施。

依据标准名称：《水工建筑物地下工程开挖施工技术规范》

依据标准号：DL/T 5099—2011，条款号　9.2.1

27．对不良地质洞段采用构架支撑时，不能不预留变形量。

依据标准名称：《水工建筑物地下工程开挖施工技术规范》

依据标准号：DL/T 5099—2011，条款号　9.3.3

28．不良地质地段洞室开挖时，不得缺少地质预报；不得缺少监测，检查和巡视机制及监测信息反馈、处理机制。

依据标准名称：《水工建筑物地下工程开挖施工技术规范》

依据标准号：DL/T 5099—2011，条款号　10.0.1

29．开挖过程中，除按设计要求进行系统支护外，还应根据围岩特性对局部不稳定块体和部位加强随机支护；对控制稳定的软弱结构面，宜采用预应力锚固。

依据标准名称：《水工建筑物地下工程开挖施工技术规范》

依据标准号：DL/T 5099—2011，条款号　10.0.2

30．地下工程开挖，不得采用干式凿岩或缺少符合国家工业卫生标准的除尘装置；不得采用干喷混凝土支护工艺。

依据标准名称：《水工建筑物地下工程开挖施工技术规范》

依据标准号：DL/T 5099—2011，条款号　12.3.1

31．地下工程开挖，不得缺少防尘、防噪声和防有害气体定期（至少 3 个月一次）检测和公示、处理记录。

依据标准名称：《水工建筑物地下工程开挖施工技术规范》

依据标准号：DL/T 5099—2011，条款号　12.3.4

32．洞内、洞口和井口，不得存放易燃物品并严禁明火燃烧。

依据标准名称：《水工建筑物地下工程开挖施工技术规范》

依据标准号：DL/T 5099—2011，条款号　13.3.4

33．洞内供电线路应架设固定在洞室 2.5m 以上的侧壁上，严禁使用裸导线。

依据标准名称：《水工建筑物地下工程开挖施工技术规范》

依据标准号：DL/T 5099—2011，条款号　13.3.6

34．严禁使用块状的和可燃的材料堵塞炮孔。

依据标准名称：《水利水电工程爆破施工技术规范》

依据标准号：DL/T 5135—2013，条款号　3.1.9

35. 爆破后检查等待时间，应按下列规定执行：

（1）明挖爆破，爆后应超过 5min，方准许检查人员进入爆破作业地点；如不能确认有无盲炮，应经 15min 后才能进入爆区检查。

（2）地下洞室爆破后，应等待时间超过 15min 后，经检查确认洞室内空气合格，方准许人员进入爆破作业地点。

（3）拆除爆破，应等待倒塌建（构）筑物和保留建筑物稳定之后，方准许人员进入现场检查。

依据标准名称：《水利水电工程爆破施工技术规范》

依据标准号：DL/T 5135—2013，条款号　3.1.13（强条）

36. 保护层及临近保护层的爆破孔不得使用散装流态炸药。

依据标准名称：《水利水电工程爆破施工技术规范》

依据标准号：DL/T 5135—2013，条款号　3.1.15（强条）

37. 装药完成后，剩余爆破器材不得存留在现场，应及时退回爆破器材库。

依据标准名称：《水利水电工程爆破施工技术规范》

依据标准号：DL/T 5135—2013，条款号　3.2.3（强条）

38. 露天爆破严禁采用裸露药包。

依据标准名称：《水利水电工程爆破施工技术规范》

依据标准号：DL/T 5135—2013，条款号　4.1.3

39. 使用混装炸药车装药的爆破；炮孔内严禁电雷管入孔起爆。

依据标准名称：《水利水电工程爆破施工技术规范》

依据标准号：DL/T 5135—2013，条款号　4.5.5

40. 破碎岩层处的洞口支护的顶板伸出洞口应不小于 0.5m；不良地质地段宜及时完成永久性支护，其支护长度不得小于洞径的 2 倍。

依据标准名称：《水利水电工程爆破施工技术规范》

依据标准号：DL/T 5135—2013，条款号　5.2.3

41. 相向掘进的两个工作面，相距 5 倍洞径或 30m 爆破时，双方人员均须撤离工作面；相距 15m 时，严禁采用两个工作面钻孔爆破贯通。

依据标准名称：《水利水电工程爆破施工技术规范》

依据标准号：DL/T 5135—2013，条款号　5.2.5

42. 间距小于 20m 的两个以上平行平洞、洞室中的一个工作面需进行爆破时，相邻平洞、洞室工作面的作业人员未撤到安全地点，不得实施爆破。

依据标准名称：《水利水电工程爆破施工技术规范》

依据标准号：DL/T 5135—2013，条款号　5.2.6

43. 水下爆破使用的爆破器材，必须具有良好的抗水、防水、耐水压力及抗杂散电流的性能，药包综合密度不得小于1.1g/cm^3。

依据标准名称：《水利水电工程爆破施工技术规范》

依据标准号：DL/T 5135—2013，条款号　6.2.5

44. 水下钻孔爆破起爆导线、导爆管和导爆索的长度应根据水深、流速情况确定，且不应小于孔深与水深之和的1.5倍。

依据标准名称：《水利水电工程爆破施工技术规范》

依据标准号：DL/T 5135—2013，条款号　6.2.6

45. 采用洞室爆破时，药室及导洞钻爆应采用浅孔、小药量、多循环的钻爆方法。

依据标准名称：《水利水电工程爆破施工技术规范》

依据标准号：DL/T 5135—2013，条款号　6.3.4

46. 岩塞采用钻孔爆破时，不得缺少超前孔探测渗漏水。

依据标准名称：《水利水电工程爆破施工技术规范》

依据标准号：DL/T 5135—2013，条款号　6.3.5

47. 水工隧洞洞线与岩层层面、主要构造断裂面及软弱带的走向夹角不应小于30°；层间结合疏松的高倾角薄岩层，其夹角不应小于45°。

依据标准名称：《水工隧洞设计规范》

依据标准号：DL/T 5195—2004，条款号　6.2.1

48. 相邻水工隧洞之间的岩体厚度，不应小于1倍开挖洞径（或洞宽）。

依据标准名称：《水工隧洞设计规范》

依据标准号：DL/T 5195—2004，条款号　6.2.5

49. 高流速无压隧洞洞线在平面上应布置为直线，低流速无压隧洞若采用曲线布置时，弯曲半径不应小于5倍的洞径（洞宽），转角不应大于60°。在弯道的首尾设置直线段。其长度不应小于5倍的洞径（洞宽）。

依据标准名称：《水工隧洞设计规范》

依据标准号：DL/T 5195—2004，条款号　6.2.8

50. 当水工隧洞设置竖曲线时，对低流速无压隧洞的竖曲线半径，不应小于5倍的洞径（洞宽）。

依据标准名称：《水工隧洞设计规范》

依据标准号：DL/T 5195—2004，条款号　6.2.9

51. 水工隧洞的纵坡沿程不应变化过多，不应设置反坡。

依据标准名称:《水工隧洞设计规范》

依据标准号：DL/T 5195—2004，条款号 6.2.10

52. 有压隧洞全线洞顶处的最小压力，在最不利的运行条件下，不应小于 0.02MPa。设计在明满流过渡条件下运行的隧洞不受此限制。

依据标准名称:《水工隧洞设计规范》

依据标准号：DL/T 5195—2004，条款号 6.2.11

53. 水工隧洞进流方式采用开敞式时，直立墙的弧线曲率半径不应过小，扭曲墙的顺水向长度不应小于闸前最大水深的 2 倍。

依据标准名称:《水工隧洞设计规范》

依据标准号：DL/T 5195—2004，条款号 6.3.6

54. 深式短管进口的水工隧洞，工作闸门前压力段的长度不应小于 3 倍的孔口高，检修闸门入口段的长度不应大于 1.0 倍工作闸门孔口高。

依据标准名称:《水工隧洞设计规范》

依据标准号：DL/T 5195—2004，条款号 6.3.6

55. 高流速的泄洪隧洞，严禁出现明满流交替的流态。

依据标准名称:《水工隧洞设计规范》

依据标准号：DL/T 5195—2004，条款号 7.1.3

56. 高流速隧洞，应根据模型试验选择各部位的体形。所选体形的最低压力点的“初生空化系数”不应大于该处的“水流空化系数”。

依据标准名称:《水工隧洞设计规范》

依据标准号：DL/T 5195—2004，条款号 8.2.1

57. 有压隧洞渐变段的圆锥角应采用 6°～10°，长度不应小于 1.5 倍的洞径（洞宽）。

依据标准名称:《水工隧洞设计规范》

依据标准号：DL/T 5195—2004，条款号 7.2.3

58. 水工隧洞圆形断面的直径不应小于 2.0m；非圆形断面的高度不应小于 2.0m，宽度不应小于 1.8m。

依据标准名称:《水工隧洞设计规范》

依据标准号：DL/T 5195—2004，条款号 7.3.5

59. 在低流速的无压隧洞中，洞内水面线以上的空间不应小于隧洞断面积的 15%，其高度不应小于 0.4m。

依据标准名称:《水工隧洞设计规范》
依据标准号: DL/T 5195—2004，条款号　7.3.6

60．水工隧洞遇有长期大面积涌水洞段、有喷层腐蚀及膨胀性地层的洞段、有特殊要求的洞段，不应采用锚喷支护作为永久性支护。
依据标准名称:《水工隧洞设计规范》
依据标准号: DL/T 5195—2004，条款号　10.1.12

61．水工隧洞喷混凝土的强度等级不应低于 C20。喷层与围岩的黏结强度Ⅰ、Ⅱ类围岩不应低于 1.0MPa，Ⅲ类围岩不应低于 0.8MPa。
依据标准名称:《水工隧洞设计规范》
依据标准号: DL/T 5195—2004，条款号　10.2.1

62．水工隧洞喷混凝土的最小厚度不应小于 0.05m，最大厚度不宜大于 0.20m。
依据标准名称:《水工隧洞设计规范》
依据标准号: DL/T 5195—2004，条款号　10.2.2

63．水工隧洞喷混凝土支护隧洞的过水流速不应大于 8m/s。
依据标准名称:《水工隧洞设计规范》
依据标准号: DL/T 5195—2004，条款号　10.2.3

64．水工隧洞喷护用普通碳素钢纤维材料的抗拉强度设计值不应低于 380MPa。
依据标准名称:《水工隧洞设计规范》
依据标准号: DL/T 5195—2004，条款号　10.3.2

65．水工隧洞喷钢纤维混凝土 28d 龄期力学性能不得违反下列规定：
（1）密度大于 $23kN/m^3$。
（2）抗压强度设计值大于 32MPa。
（3）抗折强度设计值大于 3MPa。
（4）抗拉强度设计值大于 2MPa。
依据标准名称:《水工隧洞设计规范》
依据标准号: DL/T 5195—2004，条款号　10.3.3

66．水工隧洞的单层钢筋混凝土衬砌厚度不应小于 0.30m，双层网筋混凝土衬砌最小厚度不应小于 0.4m；当隧洞采用不承载混凝土衬砌或采用配有Ⅰ级钢筋的钢筋混凝土衬砌时，混凝土强度不等级不应低于 C15；采用配有Ⅱ、Ⅲ级钢筋的钢筋混凝土衬砌时，混凝土强度等级不应低于 C20。
依据标准名称:《水工隧洞设计规范》
依据标准号: DL/T 5195—2004，条款号　11.1.4

67. 预应力混凝土衬砌水工隧洞时，混凝土的强度等级不应低于 C30。施加预应力时衬砌混凝土的强度不应小于设计强度的 75%。

依据标准名称:《水工隧洞设计规范》

依据标准号: DL/T 5195—2004，条款号 12.1.3

68. 预应力钢筋布设在水工隧洞衬砌外缘，其间距由计算决定，但不应大于 0.5m。

依据标准名称:《水工隧洞设计规范》

依据标准号: DL/T 5195—2004，条款号 12.3.4

69. 高压钢筋混凝土衬砌岔洞在内水压力作用下围岩不应产生水力劈裂。

依据标准名称:《水工隧洞设计规范》

依据标准号: DL/T 5195—2004，条款号 13.0.11

70. 水工隧洞封堵体与其围岩之间应采用锚杆锚固，锚杆的间排距不应小于 3m，锚杆深入围岩的长度可取 2m～4m，深入封堵体的长度不应小于 0.5m。

依据标准名称:《水工隧洞设计规范》

依据标准号: DL/T 5195—2004，条款号 14.3.2

71. 水工隧洞封堵段的围岩固结灌浆的间排距，一般为 2m～3m，深入围岩不应小于 3m。

依据标准名称:《水工隧洞设计规范》

依据标准号: DL/T 5195—2004，条款号 14.3.3

72. 水工隧洞固结灌浆时，一般排距为 2m～4m，每排不应少于 6 孔，作对称布置。深入围岩的深度不低于 1 倍隧洞半径。灌浆压力一般为 1～2 倍的内水压力。

依据标准名称:《水工隧洞设计规范》

依据标准号: DL/T 5195—2004，条款号 15.1.4

73. 有压隧洞的洞口段应采取必要的防渗措施，防止围岩及山坡的失稳。

依据标准名称:《水工隧洞设计规范》

依据标准号: DL/T 5195—2004，条款号 15.2.4

74. 有压隧洞设置排水孔时应注意内水外渗，在不良地质洞段不应采用排水孔排水。

依据标准名称:《水工隧洞设计规范》

依据标准号: DL/T 5195—2004，条款号 15.2.3

75. 岩壁梁部位保护层开挖钻孔直径不应大于 52mm。

依据标准名称:《水电水利工程岩壁梁施工规程》

依据标准号: DL/T 5198—2013，条款号 2.0.8

76. 岩壁梁锚杆孔位误差：上、下偏差不应大于50mm，左、右偏差不应大于100mm，仰角锚杆孔深误差不应大于50mm，俯角锚杆孔深不应小于设计孔深，超深100mm为宜，仰角锚杆与水平面形成的夹角同设计值偏差不应超过3°。

依据标准名称：《水电水利工程岩壁梁施工规程》

依据标准号：DL/T 5198—2013，条款号　3.0.3

77. 岩壁梁锚杆检查不合格的必须重新造孔安装锚杆。

依据标准名称：《水电水利工程岩壁梁施工规程》

依据标准号：DL/T 5198—2013，条款号　3.0.4

78. 岩壁梁锚杆在锚固长度内不应有接头。除端部外，梁体内的任何钢筋均不得与锚杆焊接。

依据标准名称：《水电水利工程岩壁梁施工规程》

依据标准号：DL/T 5198—2013，条款号　3.0.5

79. 岩壁梁锚杆孔注浆砂浆水灰比应根据试验确定，不应大于0.50。

依据标准名称：《水电水利工程岩壁梁施工规程》

依据标准号：DL/T 5198—2013，条款号　3.0.6

80. 岩壁梁锚杆未达到以下要求，不得验收，并应采取补救措施：

（1）应在砂浆龄期大于7d后做注浆密实度检查和拉拔试验检查。

（2）注浆密实度应作100%检查，砂浆饱满度不应低于90%。

（3）拉拔试验检查可按300根为一批（不足300根按一批计），每批抽查1组～2组、每组3根。

（4）锚杆的拉拔力应满足设计要求。

依据标准名称：《水电水利工程岩壁梁施工规程》

依据标准号：DL/T 5198—2013，条款号　3.0.9

81. 岩壁梁荷载试验期间，所在洞室和相邻洞室不得进行爆破作业。

依据标准名称：《水电水利工程岩壁梁施工规程》

依据标准号：DL/T 5198—2013，条款号　6.0.7

82. 与引水隧洞、导流洞、尾水洞等通水隧洞联通的施工支洞，在其投入运行前必须封堵，封堵标准不得低于主体建筑物标准。

依据标准名称：《水电水利工程地下工程施工组织设计导则》

依据标准号：DL/T 5201—2004，条款号　6.0.13

83. 露出地面的竖井，未先行完成井口的地面明挖、锁固好井口和防止地表水、物体进入井内的设施，不得进行井口开挖。

依据标准名称:《水电水利工程地下工程施工组织设计导则》
依据标准号: DL/T 5201—2004，条款号 7.3.3

84. 没有专门的爆破设计，不得进行岩塞爆破，且必须一次爆通成型。
依据标准名称:《水电水利工程地下工程施工组织设计导则》
依据标准号: DL/T 5201—2004，条款号 7.6.7

85. 未复核对邻近建筑物的影响，不得进行岩塞爆破；必要时应进行爆破试验。
依据标准名称:《水电水利工程地下工程施工组织设计导则》
依据标准号: DL/T 5201—2004，条款号 7.6.9

86. 地下工程没有采取通风和有效的除尘措施，不得进行施工作业。
依据标准名称:《水电水利工程地下工程施工组织设计导则》
依据标准号: DL/T 5201—2004，条款号 8.0.1

87. 清坡作业不得自下而上进行。
依据标准名称:《水电水利工程边坡施工技术规范》
依据标准号: DL/T 5255—2010，条款号 5.2.1

88. 清理边坡开口线外一定范围坡面的危石时，不得缺少安全防护措施。
依据标准名称:《水电水利工程边坡施工技术规范》
依据标准号: DL/T 5255—2010，条款号 5.2.2

89. 土质边坡开挖时，不得进行交叉立体作业；人工开挖的梯段高度不应超过 2m，机械开挖的梯段高度不应超过 5m；机械开挖不应对永久坡面造成扰动；采用机械削坡，开挖保护层时，不应直接挖装，应先削后装。
依据标准名称:《水电水利工程边坡施工技术规范》
依据标准号: DL/T 5255—2010，条款号 5.3.2

90. 岩石边坡开挖梯段高度应根据地质条件、马道设置、施工设备等因素确定，不应大于 15m；相邻区段的高差不应大于一个梯段高度；预裂和光面爆破孔孔径不应大于 110mm，梯段爆破孔孔径不应大于 150mm。保护层开挖，其爆破孔孔径不应大于 50mm。
依据标准名称:《水电水利工程边坡施工技术规范》
依据标准号: DL/T 5255—2010，条款号 5.4.2

91. 岩石边坡开挖轮廓面上残留爆破孔痕迹应均匀分布，残留爆破孔痕迹保存率：对完整的岩体，应大于 85%；对较完整的岩体，应大于 60%；对于破碎的岩体，应达到 20%以上；相邻两残留爆破孔间的不平整度不应大于 15cm；残留爆破孔壁面不应有明显爆破裂隙；除明显地质缺陷处外，不应产生裂隙张开、错动及层面抬动现象。

依据标准名称：《水电水利工程边坡施工技术规范》
依据标准号：DL/T 5255—2010，条款号 5.4.5

92．特殊部位的开挖，不得违反下列规定：

（1）边坡马道开挖：马道上方应预留1.5m～2.5m厚保护层，采用水平控制爆破开挖；水平预裂孔直径不应大于50mm，孔间距不应大于600mm；马道的锁口锚杆（束）应在未完成，不得进行保护层开挖爆破前完成。

（2）边坡洞挖：对建基面、地质条件复杂或大断面洞（室）等部位应采用先边坡开挖，后进行洞挖的方式开挖。

进洞前先进行洞口锁口支护未完成，不得进洞开挖；洞口段应采用短进尺、弱爆破等控制爆破措施。

（3）坝肩建基面（坝肩槽）开挖：坝肩建基面开挖应采用预裂爆破，爆破梯段高度不应大于10m；预裂孔最大单响药量一般不应大于20kg；梯段爆破最大一段起爆药量应通过试验确定。

（4）坝基缺陷置换开挖：沟槽（坑）爆破应采用小直径炮孔进行分层爆破开挖，并遵循先中间后两边的“V”型起爆方式，周边爆破应采用光面或预裂爆破。

依据标准名称：《水电水利工程边坡施工技术规范》
依据标准号：DL/T 5255—2010，条款号 5.4.8

93．边坡开挖应采取避免渣料挂坡的措施，不得形成渣料挂坡现象。
依据标准名称：《水电水利工程边坡施工技术规范》
依据标准号：DL/T 5255—2010，条款号 5.5.2

94．渣场坡面不得缺少排水、防护设施。
依据标准名称：《水电水利工程边坡施工技术规范》
依据标准号：DL/T 5255—2010，条款号 5.5.5

95．上层边坡的支护应保证下一层开挖的安全，下层的开挖不应影响上层已完成的支护。
依据标准名称：《水电水利工程边坡施工技术规范》
依据标准号：DL/T 5255—2010，条款号 6.1.1

96．干砌石护坡砌体严禁架空；浆砌石护坡石块安置必须自身稳定，严禁石块直接接触，不得存在顺流向通缝。
依据标准名称：《水电水利工程边坡施工技术规范》
依据标准号：DL/T 5255—2010，条款号 6.2.4

97．土钉锚杆安装后，不得随意敲击，待凝24h后方可进行下道工序施工。有预应力施加要求时，注浆体应达到设计强度。
依据标准名称：《水电水利工程边坡施工技术规范》

依据标准号：DL/T 5255—2010，条款号 6.3.1

98．未进行灌浆试验确定灌浆参数，不得开始施灌。
依据标准名称：《水电水利工程边坡施工技术规范》
依据标准号：DL/T 5255—2010，条款号 6.5.1

99．重要的边坡工程应进行雨水的汇流监测，并与变形监测成果进行综合分析。
依据标准名称：《水电水利工程边坡施工技术规范》
依据标准号：DL/T 5255—2010，条款号 8.0.5

100．边坡监测装置应有防护措施。安全监测点位不得缺少安全、便利的通道设施。
依据标准名称：《水电水利工程边坡施工技术规范》
依据标准号：DL/T 5255—2010，条款号 8.0.6

101．建基面开挖不得出现倒坡、松动岩块、小块悬挂体、陡坎尖角、爆破裂隙；光面、平直，结构面凿毛处理，结构面上的泥土、锈斑、钙膜等必须清除或处理。超欠挖符合 DL/T 5389 的要求。按设计要求进行爆前、爆后声波测试，声波降低率小于10%，或达到设计要求声波值以上。
依据标准名称：《水电水利工程边坡施工技术规范》
依据标准号：DL/T 5255—2010，条款号 9.2.2

102．严禁在残眼中继续钻孔。
依据标准名称：《水电水利工程边坡施工技术规范》
依据标准号：DL/T 5255—2010，条款号 10.2.3

103．滑坡地段的开挖，不得违反从滑坡体两侧向中部自上而下边开挖边支护的原则。开挖时应有专职人员监测、监护，随时监控滑动体的变化情况。
依据标准名称：《水电水利工程边坡施工技术规范》
依据标准号：DL/T 5255—2010，条款号 10.2.5

104．应根据爆破规模确定危险区域，在危险区域内的生产设施和设备不得缺少相应的防护措施。
依据标准名称：《水电水利工程边坡施工技术规范》
依据标准号：DL/T 5255—2010，条款号 10.3.3

105．通往爆破危险区的所有通道不得缺少明显的警示牌，警示牌应标明爆破时间、危险区域的范围和避炮安全距离。
依据标准名称：《水电水利工程边坡施工技术规范》
依据标准号：DL/T 5255—2010，条款号 10.3.4

106. 未采取措施减少或降低飞石、冲击波、地震波、粉尘、噪声和有害气体等对人员、设施、周边建筑及环境的不利影响，不得开展边坡爆破作业。

依据标准名称:《水电水利工程边坡施工技术规范》

依据标准号: DL/T 5255—2010，条款号 10.3.5

107. 爆破器材试验、运输和储存不得违反国家公安部门相关规定。

依据标准名称:《水电水利工程边坡施工技术规范》

依据标准号: DL/T 5255—2010，条款号 10.3.1

108. 对于特别重要的、地质条件复杂的高边坡工程，应进行专门的应力变形分析或仿真分析，研究其失稳破坏机理、破坏类型和有效的加固处理措施，或根据需要开展地质力学模型试验等工作。否则不得开始施工。

依据标准名称:《水电水利工程边坡设计规范》

依据标准号: DL/T 5353—2006，条款号 4.0.9

109. 对于特别重要或有变形极限要求的边坡，应经过边坡应力变形分析论证确定设计安全系数，不满足要求不得开始施工。

依据标准名称:《水电水利工程边坡设计规范》

依据标准号: DL/T 5353—2006，条款号 5.0.6

110. 边坡治理设计不得违背环境保护相关的国家和地方政府法令要求。

依据标准名称:《水电水利工程边坡设计规范》

依据标准号: DL/T 5353—2006，条款号 8.1.3

111. 在潜在不稳定边坡上部进行高压灌浆或高压压水试验等工作时，未采取可靠的监测和预防边坡失稳的措施，严禁施工。

依据标准名称:《水电水利工程边坡设计规范》

依据标准号: DL/T 5353—2006，条款号 8.1.5

112. 人工边坡开挖应尽量避开深厚堆积体、较大断层和顺坡向软弱层发育地段。在高地应力地区进行边坡开挖，应避免或预防开挖引起的强卸荷现象。

依据标准名称:《水电水利工程边坡设计规范》

依据标准号: DL/T 5353—2006，条款号 9.0.2

113. 人工边坡的坡形、戗道宽度、梯段高度与坡度应参考地质建议的坡比，结合水工布置和施工条件等研究确定。通常戗道（平台）宽度不应小于 2m，梯段高度岩质边坡不应大于 30m，土质边坡不应大于 10m。

依据标准名称:《水电水利工程边坡设计规范》

依据标准号: DL/T 5353—2006，条款号 9.0.3

114. 开挖边坡设计不得缺少以下考虑因素：

（1）在清除边坡上方的危岩体、危石之后，根据岩土体特性、风化、卸荷、节理裂隙发育情况等，按照坡面自稳要求，确定边坡坡度，自上而下分层形成开挖坡面。

（2）开挖边坡应采用控制爆破施工工艺，对于有不利结构面组合，易于发生强烈卸荷开裂，进而可能引起滑动、倾倒或溃屈部位，边坡开挖线附近以及边坡洞口段的锁口部位，应采取超前锚杆、先固后挖或边挖边锚的施工顺序。

依据标准名称：《水电水利工程边坡设计规范》

依据标准号：DL/T 5353—2006，条款号 9.0.5

115. 压脚填方土体应保证坡脚地下水的排泄不得堵塞，否则，应以大块石、碎石料作透水层。各层回填料应分层碾压密实并作必要的截、排水措施和坡面保护。

依据标准名称：《水电水利工程边坡设计规范》

依据标准号：DL/T 5353—2006，条款号 9.0.9

116. 进行截、排水沟的布置时，应将地表水引至附近的冲沟或河流中，不得形成冲刷，必要时设置消能、防冲设施。

依据标准名称：《水电水利工程边坡设计规范》

依据标准号：DL/T 5353—2006，条款号 10.1.5

117. 对于重要边坡，应设多层排水洞形成立体地下排水系统。必要时，在各层排水洞之间以排水孔形成排水帷幕，各层排水洞高差不应超过 40m。

依据标准名称：《水电水利工程边坡设计规范》

依据标准号：DL/T 5353—2006，条款号 10.2.3

118. 边坡表层的喷锚支护、结构、挡墙等均应配套有系统布置的排水孔，必要时，设置反滤措施。岩质边坡表层系统排水孔孔径不应小于 50mm，深度不应小于 4m，钻孔上仰角度不应小于 5°。

依据标准名称：《水电水利工程边坡设计规范》

依据标准号：DL/T 5353—2006，条款号 10.2.4

119. 岩质边坡、堆积层边坡和滑坡体内地下水宜采用排水洞排出。

依据标准名称：《水电水利工程边坡设计规范》

依据标准号：DL/T 5353—2006，条款号 10.2.5

120. 土质边坡或滑坡周边应采用渗沟截、排浅层地下水。渗沟深度不应大于 3m。

依据标准名称：《水电水利工程边坡设计规范》

依据标准号：DL/T 5353—2006，条款号 10.2.10

121. 抗滑桩布置不应违反下列规定：

（1）抗滑桩宜设在边坡前边缘阻滑区或主滑区的前部。

（2）抗滑桩成排布置方向应与边坡主滑动方向相垂直。

（3）桩间净间距宜为5m～10m。

依据标准名称:《水电水利工程边坡设计规范》

依据标准号：DL/T 5353—2006，条款号　11.3.3

122. 抗滑桩桩长不应超过40m。抗滑桩在滑面以下嵌固段深度岩土为桩长的1/3～2/5，坚硬岩石应为1/4桩长。

依据标准名称:《水电水利工程边坡设计规范》

依据标准号：DL/T 5353—2006，条款号　11.3.4

123. 抗剪洞与锚固洞必须对顶拱进行回填灌浆，必要时对洞周可进行固结灌浆。

依据标准名称:《水电水利工程边坡设计规范》

依据标准号：DL/T 5353—2006，条款号　11.4.5

124. 抗剪洞洞体在滑面上下盘坚硬岩体内的嵌固深度均不应小于3m。锚固洞在稳定岩体内应有足够嵌固长度，不应小于2倍洞径。

依据标准名称:《水电水利工程边坡设计规范》

依据标准号：DL/T 5353—2006，条款号　11.4.6

125. 水下边坡应考虑基础和墙体的抗冲刷保护措施。

依据标准名称:《水电水利工程边坡设计规范》

依据标准号：DL/T 5353—2006，条款号　11.6.5

126. 采用重力式挡墙时，土质边坡墙高不宜大于8m，岩质边坡墙高不宜大于10m。对变形有严格要求的边坡和坡脚开挖危及边坡稳定性的边坡不宜采用重力式挡墙。

依据标准名称:《水电水利工程边坡设计规范》

依据标准号：DL/T 5353—2006，条款号　11.6.7

127. 用于土质填方边坡扶壁式挡墙高度不宜大于10m，挡墙基础应置于稳定的岩土层内。

依据标准名称:《水电水利工程边坡设计规范》

依据标准号：DL/T 5353—2006，条款号　11.6.8

128. 在雷雨季节和多雷地区进行爆破时不得采用电起爆网路；雷电来临应停止爆破作业。

依据标准名称:《水工建筑物岩石基础开挖工程施工技术规范》

依据标准号：DL/T 5389—2007，条款号　8.1.4

129． 严禁在水工建筑物岩石基础附近部位采用洞室爆破法或药壶爆破法施工。对于距离较远的部位，如确需采用洞室爆破法施工，应进行专项试验和安全技术论证。

依据标准名称：《水工建筑物岩石基础开挖工程施工技术规范》

依据标准号：DL/T 5389—2007，条款号 4.0.6

130． 开挖范围内的竣工地形图及剖面图的测量比例尺不应小于1:200。

依据标准名称：《水工建筑物岩石基础开挖工程施工技术规范》

依据标准号：DL/T 5389—2007，条款号 6.0.3

131． 开挖放样高程控制点，不应低于五等水准测量的精度，放样可采用光电测距三角高程测量进行。

依据标准名称：《水工建筑物岩石基础开挖工程施工技术规范》

依据标准号：DL/T 5389—2007，条款号 6.0.5

132． 开挖不应采用自下而上造成岩体倒悬的方式施工。

依据标准名称：《水工建筑物岩石基础开挖工程施工技术规范》

依据标准号：DL/T 5389—2007，条款号 7.0.2

133． 台阶爆破的钻孔孔径不应大于 150mm；紧邻保护层的台阶爆破及预裂爆破、光面爆破的钻孔孔径不应大于 110mm；保护层爆破的钻孔孔径不应大于 50mm；台阶爆破钻孔不应钻入预留的保护层内；无论采用何种开挖爆破方式，钻孔均不应钻入建基面。

依据标准名称：《水工建筑物岩石基础开挖工程施工技术规范》

依据标准号：DL/T 5389—2007，条款号 8.1.1

134． 预裂爆破和光面爆破的相邻两残留爆破孔间的不平整度不应大于15cm，对于不允许欠挖的结构部位应满足结构尺寸的要求；残留爆破孔壁面不应有明显爆破裂隙，除明显地质缺陷处外，不应产生裂隙张开、错动及层面抬动现象。

依据标准名称：《水工建筑物岩石基础开挖工程施工技术规范》

依据标准号：DL/T 5389—2007，条款号 8.4.1

135． 预裂爆破孔和台阶爆破孔若在同一网路中起爆，预裂爆破孔先于相邻台阶爆破孔起爆的时间不应小于75ms。

依据标准名称：《水工建筑物岩石基础开挖工程施工技术规范》

依据标准号：DL/T 5389—2007，条款号 8.4.3

136． 沟槽两侧的预裂爆破不应同时起爆，如两侧的预裂爆破在同一网路中起爆，则其中一侧应至少滞后100ms。

依据标准名称：《水工建筑物岩石基础开挖工程施工技术规范》

依据标准号：DL/T 5389—2007，条款号 8.6.6

137. 在新浇筑大体积混凝土附近爆破时，混凝土基础面上的质点振动速度，不应大于爆破振动安全允许标准。

依据标准名称:《水工建筑物岩石基础开挖工程施工技术规范》

依据标准号: DL/T 5389—2007，条款号 8.7.1

138. 在灌浆区、预应力锚固区、锚喷（或喷浆）支护区等部位附近进行爆破，未经过爆破试验论证，不得实施。特殊情况下，可按已有工程实例类比法经论证后确定。

依据标准名称:《水工建筑物岩石基础开挖工程施工技术规范》

依据标准号: DL/T 5389—2007，条款号 8.7.2

139. 施工区排水应遵循"高水高排"的原则，高处水不应流（跌）入基坑。

依据标准名称:《水工建筑物岩石基础开挖工程施工技术规范》

依据标准号: DL/T 5389—2007，条款号 12.0.2

140. 禁止在河道行洪区内弃渣。

依据标准名称:《水工建筑物岩石基础开挖工程施工技术规范》

依据标准号: DL/T 5389—2007，条款号 12.0.7

141. 出渣运输和堆（弃）渣不应污染环境。

依据标准名称:《水工建筑物岩石基础开挖工程施工技术规范》

依据标准号: DL/T 5389—2007，条款号 12.0.9

142. 基础处理时，基础面欠挖不得超过10mm；边坡整修及处理不应造成岩体进一步的破坏与损伤。

依据标准名称:《水工建筑物岩石基础开挖工程施工技术规范》

依据标准号: DL/T 5389—2007，条款号 13.0.5

143. 未通过基础验收的，不应进行基础面上的下一道工序施工。

依据标准名称:《水工建筑物岩石基础开挖工程施工技术规范》

依据标准号: DL/T 5389—2007，条款号 13.0.9

144. 斜井出渣采用卷扬机运输时，不得违反下列规定：

（1）铺设斜坡轨道时，应有防止轨道下滑措施。

（2）轨道斜坡段与平段应以竖曲线连接，并在适当位置设置能够控制的挡板。

依据标准名称:《水电水利工程斜井施工规范》

依据标准号: DL/T 5407—2009，条款号 6.1.4

145. 斜井采用泄槽溜渣时，应根据斜井倾角确定泄槽形式，并设置可靠的安全保护设施。

依据标准名称:《水电水利工程斜井施工规范》

依据标准号：DL/T 5407—2009，条款号 6.1.5

146．斜井自上而下全断面开挖方法，不得违反下列规定：

（1）必须做好井口支护，确保井口稳定，采取措施，防止井台上杂物坠入井内；对于露天斜井，应预留 3m～5m 宽的井台，边坡与井台交接处挖排水沟；对于埋藏式斜井，应根据围岩条件，做好支护，必要时，应先衬好顶拱。

（2）提升设备应有专门设计。

（3）涌水和淋水地段，应有防水、排水措施。

（4）井壁有不利的节理裂隙组合时，应及时加强支护。

依据标准名称：《水电水利工程斜井施工规范》

依据标准号：DL/T 5407—2009，条款号 6.1.7

147．人工开挖正导井，不得违反下列规定：

（1）在斜井导井内每进尺 15m 左右，打一避车洞，出渣小车运行时，施工人员应到避车洞躲避。

（2）开挖工作面应配备有效的排水设备，及时排除积水。

（3）爆破后，应排净炮烟后人员方可下至工作面。

依据标准名称：《水电水利工程斜井施工规范》

依据标准号：DL/T 5407—2009，条款号 6.2.6

148．自上而下扩大开挖时，不得缺少防止导井堵塞和人员坠落的措施。

依据标准名称：《水电水利工程斜井施工规范》

依据标准号：DL/T 5407—2009，条款号 6.3.2

149．发生堵井时，施工人员不得从堵塞段下部进行处理。

依据标准名称：《水电水利工程斜井施工规范》

依据标准号：DL/T 5407—2009，条款号 6.3.4

150．竖井井口岩石应可靠锚固。井口应设置高出周围地面 50cm 的安全挡墙，并在其上按规定高度设置安全围栏。井口应采用钢木结构进行覆盖，应预留爆破冲击波释放通道。吊笼穿过覆盖结构处应设活门，吊笼穿过时打开，吊笼穿过后盖上。

依据标准名称：《水电水利工程斜井施工规范》

依据标准号：DL/T 5407—2009，条款号 7.1.1

151．乘人吊笼未设置完善的安全保护装置，不得运行。

依据标准名称：《水电水利工程斜井施工规范》

依据标准号：DL/T 5407—2009，条款号 7.1.3

152．竖井自上而下全断面开挖方法，不得违反下列规定：

（1）应做好井口支护，确保井口稳定，采取措施，防止井台上杂物坠入井内。对于露天竖井，应预留3m～5m宽的井台，边坡与井台交接处挖排水沟；对于埋藏式竖井，应根据围岩条件，做好支护。

（2）提升设备应有专门设计，采用卷扬机作为提升设备时，必须设置防断绳保护装置。

（3）涌水和淋水地段，应有防水、排水措施。

依据标准名称:《水电水利工程斜井施工规范》

依据标准号: DL/T 5407—2009，条款号　7.1.8

153. 贯通导井后采用自上而下进行竖井扩大开挖时，未采取有效措施以防止石渣堵塞导井和人员坠落，不得开展施工作业。

依据标准名称:《水电水利工程斜井施工规范》

依据标准号: DL/T 5407—2009，条款号　7.1.9

154. 竖井自上而下扩大开挖时，井内运输工具未进行专门设计、未制定防止导井堵塞和人员坠落的专项措施，严禁施工。

依据标准名称:《水电水利工程斜井施工规范》

依据标准号: DL/T 5407—2009，条款号　7.3.2

155. 竖井扩挖施工时，爆破后未及时撬除危石，不得开展后续作业。

依据标准名称:《水电水利工程斜井施工规范》

依据标准号: DL/T 5407—2009，条款号　7.3.3

156. 斜井衬砌滑模牵引系统设计时，地锚、岩石锚固点和锁定装置的设计承载能力应不小于总牵引力的3.0倍；牵引钢丝绳的承载能力应不小于总牵引力的5.0倍～8.0倍；钢绞线的承载能力应不小于总牵引力的4.0倍～6.0倍；连续拉伸式液压千斤顶、液压爬钳和卷扬机的牵引能力应不小于总牵引力的2.0倍；牵引力的合力与滑升阻力的合力应在一条直线上。

依据标准名称:《水电水利工程斜井施工规范》

依据标准号: DL/T 5407—2009，条款号　8.1.9

157. 井口未设置阻车器、安全门、安全防护栏及醒目的警示标识牌，不得井下作业。围栏不得缺少高度不低于50cm的护脚。

依据标准名称:《水电水利工程斜井施工规范》

依据标准号: DL/T 5407—2009，条款号　12.0.3

158. 井下作业面未保证充分通风，作业人员不得开展井下作业。

依据标准名称:《水电水利工程斜井施工规范》

依据标准号: DL/T 5407—2009，条款号　12.0.6

159. 斜井、竖井的人员交通应设置专门的升降系统和爬梯。

依据标准名称：《水电水利工程斜井施工规范》

依据标准号：DL/T 5407—2009，条款号 12.0.7

160. 斜井、竖井施工作业前必须进行安全检查和处理，确认隐患排除并设置安全防护装置后方可作业。

依据标准名称：《水电水利工程斜井施工规范》

依据标准号：DL/T 5407—2009，条款号 12.0.8

161. 斜井、竖井扩挖每次钻孔前，应在导井口搭设定型的钢木防护平台。进行扒渣作业时，作业人员必须戴安全带，安全带应可靠地固定在扩挖台车（悬吊平台）或锚杆上。

依据标准名称：《水电水利工程斜井施工规范》

依据标准号：DL/T 5407—2009，条款号 12.0.10

162. 斜井扩挖台车、钻孔灌浆台车升降时，除指挥人员外，其他人员不得乘坐。各种台车严禁超载，材料必须捆绑牢固，禁止堆放多余材料和杂物。

依据标准名称：《水电水利工程斜井施工规范》

依据标准号：DL/T 5407—2009，条款号 12.0.11

163. 斜井扩挖施工时，爆破后未先行处理井壁危石、浮石，不得进行出渣作业。

依据标准名称：《水电水利工程斜井施工规范》

依据标准号：DL/T 5407—2009，条款号 12.0.16

164. 斜井扩挖施工时，导井井口未封闭，不得进行井下出渣。

依据标准名称：《水电水利工程斜井施工规范》

依据标准号：DL/T 5407—2009，条款号 12.0.17

165. 斜井、竖井施工应设置专门的设备、材料运输工具或提升系统。

依据标准名称：《水电水利工程斜井施工规范》

依据标准号：DL/T 5407—2009，条款号 12.0.18

166. 当斜井、竖井混凝土采用溜槽或溜管下料时，下料系统不得缺少保护装置，溜管、溜槽应用钢丝绳串联，每节溜槽或溜管均与钢丝绳可靠连接，每隔 10m～15m 将钢丝绳与锚固物可靠固定。

依据标准名称：《水电水利工程斜井施工规范》

依据标准号：DL/T 5407—2009，条款号 12.0.19

167. 向井下运输火工材料时，禁止将雷管、炸药同车运送。

依据标准名称:《水电水利工程斜井施工规范》
依据标准号: DL/T 5407—2009，条款号 12.0.20

168. 井内水管的承压能力应不小于其承受最大水压力的1.5倍。
依据标准名称:《水电水利工程斜井施工规范》
依据标准号: DL/T 5407—2009，条款号 12.0.21

169. 井口处未设专人监护时，严禁井下施工作业。
依据标准名称:《水电水利工程斜井施工规范》
依据标准号: DL/T 5407—2009，条款号 12.0.22

170. 井内施工用电，应采用电缆，并在井壁上架空布设。电缆接头应做好防水处理。
依据标准名称:《水电水利工程斜井施工规范》
依据标准号: DL/T 5407—2009，条款号 12.0.23

171. 当同一个井内上、下两个开挖工作面距离 L 小于30m时，一个工作面爆破时另一工作面人员应避炮；当 L 不大于15m时，两个工作面不得同时施工，应自上而下贯通。
依据标准名称:《水电水利工程斜井施工规范》
依据标准号: DL/T 5407—2009，条款号 12.0.25

第五节 支 护 工 程

一、电力行业标准

1. 重要的预应力工程，未进行性能试验或生产性试验，不得施工。
依据标准名称:《水电水利工程预应力锚索施工规范》
依据标准号: DL/T 5083—2010，条款号 4.0.4

2. 钢绞线力学性能试验不得缺少以下项目：抗拉强度、屈服强度、伸长率、松弛强度、弹性模量。其中，松弛性能、弹性模量检验应由厂家进行，其检验成果随货提供；其余项目应由工程承包单位进行抽样检验。
依据标准名称:《水电水利工程预应力锚索施工规范》
依据标准号: DL/T 5083—2010，条款号 5.1.5

3. 无黏结预应力钢绞线、缓黏结钢绞线的PE保护层在起吊、运输、储存过程中，不得冲撞、不应受损，不得没有防雨、防晒、防污染及防腐蚀的有效措施。
依据标准名称:《水电水利工程预应力锚索施工规范》
依据标准号: DL/T 5083—2010，条款号 5.1.10

4. 预应力锚索施工钻孔过程中，如遇黏性土、塑性流变或高地应力的岩层时，应考虑其缩径影响并制定控制措施，否则不得施工。

依据标准名称:《水电水利工程预应力锚索施工规范》

依据标准号: DL/T 5083—2010，条款号 6.1.2

5. 混凝土结构预应力锚索孔道应采用埋管法成孔，浇筑混凝土过程中，严禁冲击、触及或移动孔道管。

依据标准名称:《水电水利工程预应力锚索施工规范》

依据标准号: DL/T 5083—2010，条款号 6.1.3

6. 钢绞线不得使用电弧或乙炔焰切割下料；雷雨时不得在室外进行下料作业。

依据标准名称:《水电水利工程预应力锚索施工规范》

依据标准号: DL/T 5083—2010，条款号 6.3.3

7. 设计长度相同的锚索，其钢绞线下料长度误差不应大于±10mm。

依据标准名称:《水电水利工程预应力锚索施工规范》

依据标准号: DL/T 5083—2010，条款号 6.3.4

8. 锚索张拉机具操作人员应定人定位持证挂牌上岗，非作业人员不得进入张拉区，千斤顶出力方向严禁站人。

依据标准名称:《水电水利工程预应力锚索施工规范》

依据标准号: DL/T 5083—2010，条款号 6.5.1

9. 岩土体锚固预应力锚索张拉时，岩锚的内锚段及无黏结锚索、缓黏结锚索张拉段浆体及锚墩混凝土强度未达到设计要求，不得进行锚索张拉；张拉过程中如遇异常情况，应立即停止作业，不得强行实施张拉。

依据标准名称:《水电水利工程预应力锚索施工规范》

依据标准号: DL/T 5083—2010，条款号 6.5.2

10. 锚索张拉锁定后夹片错牙不应大于 2mm。

依据标准名称:《水电水利工程预应力锚索施工规范》

依据标准号: DL/T 5083—2010，条款号 6.5.13

11. 在边开挖边施工的锚固部位，封孔灌浆 3d 以内不得进行爆破，3d～7d 内，控制爆破产生的质点振动速度不应大于 1.5cm/s。

依据标准名称:《水电水利工程预应力锚索施工规范》

依据标准号: DL/T 5083—2010，条款号 6.7.1

12. 锚索受力性能试验的条件、所用的锚索、张拉机具，不得与实际工程不同。

依据标准名称：《水电水利工程预应力锚索施工规范》
依据标准号：DL/T 5083—2010，条款号 7.1.4

13. 在边坡实施锚固、结构预应力锚索工程施工时，锚索受力与变形等技术指标未达到设计指标时，不得封孔灌浆。
依据标准名称：《水电水利工程预应力锚索施工规范》
依据标准号：DL/T 5083—2010，条款号 7.1.7

14. 不得在锚固区内进行预应力锚索锚固力破坏性试验。
依据标准名称：《水电水利工程预应力锚索施工规范》
依据标准号：DL/T 5083—2010，条款号 7.1.9

15. 有黏结预应力锚杆孔的直径，不应小于锚束直径。采用机械式内锚固段时，内锚固段部位钻孔直径的允许误差为±2mm。
依据标准名称：《水电工程预应力锚固设计规范》
依据标准号：DL/T 5176—2003，条款号 5.3.8

16. 对永久重要工程，特别是周围介质和渗透水对预应力锚杆可能产生化学腐蚀反应的，对预应力锚杆不进行防腐、防锈处理，不得使用。
依据标准名称：《水电工程预应力锚固设计规范》
依据标准号：DL/T 5176—2003，条款号 5.3.10（强条）

17. 当选用机械式内锚固段时，不得违反下列条件：
（1）单根锚杆的设计张拉力不大于1000kN。
（2）锚固区的围岩应较完整，其抗压强度应大于60MPa。
依据标准名称：《水电工程预应力锚固设计规范》
依据标准号：DL/T 5176—2003，条款号 6.1.5

18. 内锚固段水泥浆胶结材料的抗压强度等级不应低于M35，树脂材料的抗压强度不应小于50MPa。
依据标准名称：《水电工程预应力锚固设计规范》
依据标准号：DL/T 5176—2003，条款号 6.2.4

19. 锚杆体防腐、防锈处理时，所使用的材料及其附加剂中不得含有硝酸盐、亚硫酸盐、硫氰酸盐。氯离子含量不得超过水泥重量的0.02%。
依据标准名称：《水电工程预应力锚固设计规范》
依据标准号：DL/T 5176—2003，条款号 6.3.2

20. 对于岩体锚固工程，锚束中的各股钢丝或钢绞线的平均应力，在施加设计张拉

力时，不应大于钢材抗拉强度标准值的60%；施加超张拉力时，不应大于钢材抗拉强度标准值的70%。

依据标准名称:《水电工程预应力锚固设计规范》

依据标准号: DL/T 5176—2003，条款号 6.4.1

21．对于水工建筑物的锚固工程，锚束中各股钢丝或钢绞线的平均应力，施加设计张拉力时，不宜大于钢材抗拉强度标准值的65%；施加超张拉力时，不宜大于钢材抗拉强度标准值的75%。

依据标准名称:《水电工程预应力锚固设计规范》

依据标准号: DL/T 5176—2003，条款号 6.4.2

22．超张拉力的数值，应根据锚夹具的性能和造孔质量确定，一般情况下超张拉力不应超过设计张拉力的15%。

依据标准名称:《水电工程预应力锚固设计规范》

依据标准号: DL/T 5176—2003，条款号 6.4.4

23．由设计张拉力、最大起吊荷载和围岩变形在岩壁吊车梁预应力锚杆中产生的应力，三者之和应不大于0.80倍的钢材抗拉强度的标准值。

依据标准名称:《水电工程预应力锚固设计规范》

依据标准号: DL/T 5176—2003，条款号 9.2.4

24．闸墩预应力锚杆的布置，不应违反下列规定:

（1）预应力锚杆合力应通过支铰中心，其方向应同弧门支铰推力方向一致。

（2）预应力锚杆在平面上的布置，应力求使闸墩内部应力分布均匀。闸墩中，预应力锚杆的间距不宜小于50mm，预应力锚杆与闸墩边缘的距离不应小于600mm。

依据标准名称:《水电工程预应力锚固设计规范》

依据标准号: DL/T 5176—2003，条款号 10.0.4

25．预应力闸墩中，锚固区域的混凝土强度等级不得低于C30。锚块的混凝土强度等级不得低于C40。

依据标准名称:《水电工程预应力锚固设计规范》

依据标准号: DL/T 5176—2003，条款号 10.0.7

26．锚束材料可使用低松弛无黏结预应力钢绞线或低松弛有黏结预应力钢绞线。设计时，钢材强度利用系数不宜大于0.75。

依据标准名称:《水电工程预应力锚固设计规范》

依据标准号: DL/T 5176—2003，条款号 11.0.4

27．环形锚束式预应力衬砌混凝土的强度等级不宜低于 C30。当衬砌混凝土达到设计强度等级的75%时，方可进行环形锚束的张拉。

依据标准名称:《水电工程预应力锚固设计规范》

依据标准号: DL/T 5176—2003，条款号 11.0.8

28. 无特殊要求时，不应在工作锚杆中进行破坏性试验。

依据标准名称:《水电工程预应力锚固设计规范》

依据标准号: DL/T 5176—2003，条款号 13.1.2

29. 锚杆试验的平均拉拔力不应低于预应力锚杆的超张拉力。如果平均拉拔力达不到上述要求时，应调整预应力锚杆的设计参数。

依据标准名称:《水电工程预应力锚固设计规范》

依据标准号: DL/T 5176—2003，条款号 13.1.3

30. 锚杆施工时，锚杆孔内不得残留岩粉和积水。

依据标准名称:《水电水利工程锚喷支护施工规范》

依据标准号: DL/T 5181—2003，条款号 5.1.2

31. 砂浆中掺入的外加剂不得有对锚杆产生腐蚀作用的化学成分；掺入的外加剂若降低砂浆后期强度，未经试验论证严禁使用。

依据标准名称:《水利水电工程锚喷支护施工规范》

依据标准号: DL/T 5181—2003，条款号 5.2.2

32. 锚杆施工时，严禁使用已初凝砂浆进行注浆。

依据标准名称:《水利水电工程锚喷支护施工规范》

依据标准号: DL/T 5181—2003，条款号 5.2.3

33. 锚杆安装应“先注浆、后插杆”，锚杆安装后孔内砂浆不得存在不饱满、不密实现象。

依据标准名称:《水利水电工程锚喷支护施工规范》

依据标准号: DL/T 5181—2003，条款号 5.2.3

34. 不得使用未通过性能试验验证或过期、受潮结块的水泥卷。

依据标准名称:《水利水电工程锚喷支护施工规范》

依据标准号: DL/T 5181—2003，条款号 5.2.4

35. 水泥卷锚杆用作永久性支护锚杆时，水泥卷的强度不得低于设计要求。

依据标准名称:《水利水电工程锚喷支护施工规范》

依据标准号: DL/T 5181—2003，条款号 5.2.4

36. 锚杆安装时，过期、变质的树脂卷不得使用。
依据标准名称:《水利水电工程锚喷支护施工规范》
依据标准号: DL/T 5181—2003，条款号 5.2.6

37. 锚杆安装时，钻机连接器与锚杆杆体不得存在偏心。
依据标准名称:《水利水电工程锚喷支护施工规范》
依据标准号: DL/T 5181—2003，条款号 5.2.7

38. 锚杆安装后应立即固定，粘结材料凝固前不得敲击、碰撞或拉拔锚杆。
依据标准名称:《水利水电工程锚喷支护施工规范》
依据标准号: DL/T 5181—2003，条款号 5.2.9

39. 当缓凝树脂卷与速凝树脂卷同时装入孔内时，锚杆张拉严禁在缓凝树脂卷固化后进行。
依据标准名称:《水利水电工程锚喷支护施工规范》
依据标准号: DL/T 5181—2003，条款号 5.3.10

40. 在锚杆存放、运输和安装过程中，不得损伤杆体上的丝扣。
依据标准名称:《水利水电工程锚喷支护施工规范》
依据标准号: DL/T 5181—2003，条款号 5.3.4

41. 水泥卷锚固力未达到设计要求前，不得进行锚杆张拉，其时间应通过试验确定。
依据标准名称:《水利水电工程锚喷支护施工规范》
依据标准号: DL/T 5181—2003，条款号 5.3.9

42. 高强钢丝或钢绞线表面不得有损伤、锈蚀和污染。
依据标准名称:《水利水电工程锚喷支护施工规范》
依据标准号: DL/T 5181—2003，条款号 6.0.4

43. 不得使用电焊或氧炔焰切割预应力钢绞线。
依据标准名称:《水利水电工程锚喷支护施工规范》
依据标准号: DL/T 5181—2003，条款号 6.0.4

44. 钢丝或钢绞线连接后的抗拉力不得小于锚索的超张拉荷载。
依据标准名称:《水利水电工程锚喷支护施工规范》
依据标准号: DL/T 5181—2003，条款号 6.0.4

45. 黏结预应力锚索应分两次进行灌浆。第一次灌浆锚固段长度内严禁有空腔，且浆液不得流入自由段。

依据标准名称：《水利水电工程锚喷支护施工规范》

依据标准号：DL/T 5181—2003，条款号　6.0.5

46．锚喷混凝土不得使用碱活性骨料。

依据标准名称：《水利水电工程锚喷支护施工规范》

依据标准号：DL/T 5181—2003，条款号　7.1.2

47．锚喷混凝土喷射作业时，回弹的骨料不得重复使用。

依据标准名称：《水利水电工程锚喷支护施工规范》

依据标准号：DL/T 5181—2003，条款号　7.1.3

48．锚喷混凝土喷射作业时，未进行油水分离的空压机压风严禁进入喷射机。

依据标准名称：《水利水电工程锚喷支护施工规范》

依据标准号：DL/T 5181—2003，条款号　7.2.5

49．锚喷混凝土采用自落式或滚筒式搅拌机时，搅拌时间不得少于120s。

依据标准名称：《水利水电工程锚喷支护施工规范》

依据标准号：DL/T 5181—2003，条款号　7.3.3

50．锚喷混凝土拌制所用的砂石料含水率为 6%～10%时，速凝剂加入后严禁搁置。

依据标准名称：《水利水电工程锚喷支护施工规范》

依据标准号：DL/T 5181—2003，条款号　7.3.4

51．锚喷混凝土喷射时，混合料不得出现离析和“脉冲”现象。

依据标准名称：《水利水电工程锚喷支护施工规范》

依据标准号：DL/T 5181—2003，条款号　7.3.5

52．锚喷混凝土喷射作业应分段、分片、自下而上依次进行，各分片分段间的结合部和结构接缝处不得漏喷。

依据标准名称：《水利水电工程锚喷支护施工规范》

依据标准号：DL/T 5181—2003，条款号　7.5.3

53．锚喷钢纤维混凝土的钢纤维混合料未拌制均匀不得使用。

依据标准名称：《水利水电工程锚喷支护施工规范》

依据标准号：DL/T 5181—2003，条款号　7.7.2

54．洞室支护钢拱架立柱不得支立于松动的基岩和浮渣上。

依据标准名称：《水利水电工程锚喷支护施工规范》

依据标准号：DL/T 5181—2003，条款号 8.2.2

55．洞室支护钢拱架与岩面之间不得留有空隙，必须用喷射混凝土充填密实。
依据标准名称：《水利水电工程锚喷支护施工规范》
依据标准号：DL/T 5181—2003，条款号 8.2.4

56．在松散、软弱、破碎等稳定性差的围岩中进行锚喷支护时，喷射混凝土作业完成不足4h、砂浆锚杆安装后不足8h、监测仪器埋设后不足1h的，不得进行下一循环的爆破作业，并控制瞬时起爆药量。
依据标准名称：《水利水电工程锚喷支护施工规范》
依据标准号：DL/T 5181—2003，条款号 8.3.1

57．锚喷混凝土喷射作业施工过程中进行机械故障处理时，必须停机、断电、停风。处理结束后，未预先通知有关的作业人员，不得开机、送风、送电。
依据标准名称：《水电水利工程锚喷支护施工规范》
依据标准号：DL/T 5181—2003，条款号 9.1.7

58．锚喷混凝土喷射作业时，严禁在喷头和注浆管前方站人；如采用压风疏通喷射作业的堵管时，风压不得大于0.4MPa。
依据标准名称：《水电水利工程锚喷支护施工规范》
依据标准号：DL/T 5181—2003，条款号 9.1.9

59．预应力锚索和锚杆张拉时，正对锚索孔或锚杆孔的方向严禁站人。
依据标准名称：《水利水电工程锚喷支护施工规范》
依据标准号：DL/T 5181—2003，条款号 9.1.11

60．竖井锚喷支护施工时，井口溜筒喇叭口未封闭严密，严禁运送喷射混凝土的干混合料。
依据标准名称：《水利水电工程锚喷支护施工规范》
依据标准号：DL/T 5181—2003，条款号 9.1.13

61．树脂锚杆施工时，严禁操作人员的皮肤与外加剂及树脂材料接触；严禁在作业区点燃明火。
依据标准名称：《水利水电工程锚喷支护施工规范》
依据标准号：DL/T 5181—2003，条款号 9.1.15

62．喷射混凝土作业人员未按要求佩戴防尘口罩、防尘帽、压风呼吸器等防护用具，不得开展作业。
依据标准名称：《水电水利工程锚喷支护施工规范》

依据标准号：DL/T 5181—2003，条款号 9.2.4

63． 对非张拉型锚杆质量检查时，同组锚杆的抗拔力平均值不得低于设计要求，且任意一根锚杆的抗拔力不得低于设计值的90%。

依据标准名称：《水利水电工程锚喷支护施工规范》

依据标准号：DL/T 5181—2003，条款号 10.1.2

64． 张拉型锚杆的垫板与岩面应紧密接触，垫板不得出现弯曲；预应力锚杆不得缺少完整的锚杆性能试验和验收检验资料以及施工记录。

依据标准名称：《水电水利工程锚喷支护施工规范》

依据标准号：DL/T 5181—2003，条款号 10.1.3

65． 喷射混凝土施工时，针对混合料实际配合比的检查，每个作业班不得少于两次。

依据标准名称：《水利水电工程锚喷支护施工规范》

依据标准号：DL/T 5181—2003，条款号 10.2.2

66． 喷射混凝土的大板试件纵、横剖面上，不得有夹层、砂包、明显层面、蜂窝、洞穴等缺陷。

依据标准名称：《水利水电工程锚喷支护施工规范》

依据标准号：DL/T 5181—2003，条款号 10.2.7

67． 安装有托板的自钻、空芯注浆等中空型锚杆，接收传感器不得直接安装在托板上，且避免安装在锚杆内腔和孔内的充填物上。

依据标准名称：《水电水利工程锚杆无损检测规程》

依据标准号：DL/T 5424—2009，条款号 7.2.1

68． 单根锚杆检测波形信号不应失真和产生零漂，信号幅值不应削峰。

依据标准名称：《水电水利工程锚杆无损检测规程》

依据标准号：DL/T 5424—2009，条款号 7.4.2

69． 单根锚杆检测的有效波形记录不应少于3个，且一致性较好。

依据标准名称：《水电水利工程锚杆无损检测规程》

依据标准号：DL/T 5424—2009，条款号 7.4.3

70． 不符合国家、行业规程规范要求的原材料不得用作预应力锚杆水泥锚固剂。

依据标准名称：《水电水利工程预应力锚杆用水泥锚固剂技术规程》

依据标准号：DL/T 5703—2014，条款号 3.0.1

71. 锚固剂在运输和储存过程中不得受潮和混入杂物，不同类型的锚固剂在运输时不得混杂；储存期限从生产日期起计不应超过 3 个月，超过 3 个月后应重新进行检验，检验合格后方可使用。

依据标准名称：《水电水利工程预应力锚杆用水泥锚固剂技术规程》

依据标准号：DL/T 5703—2014，条款号 3.0.11

72. 在锚固段浆体结石强度未达到设计要求之前，不得敲击、碰撞或扰动锚杆。

依据标准名称：《水电水利工程预应力锚杆用水泥锚固剂技术规程》

依据标准号：DL/T 5703—2014，条款号 4.0.7

二、其他行业标准

1. 不允许漫顶的水工挡土墙墙前有挡水或泄水要求时，墙顶的安全加高值不得小于《水工挡土墙设计规范》（SL 379—2007）表 3.2.2 的下限值。

依据标准名称：《水工挡土墙设计规范》

依据标准号：SL 379—2007，条款号 3.2.2

2. 沿挡土墙基底面的抗滑稳定安全系数不得小于《水工挡土墙设计规范》（SL 379—2007）表 3.2.7 的允许值。

依据标准名称：《水工挡土墙设计规范》

依据标准号：SL 379—2007，条款号 3.2.7

3. 当土质地基上的挡土墙沿软弱土体整体滑动时，按瑞典圆弧法或折线滑动法计算的抗滑稳定安全系数不得小于《水工挡土墙设计规范》（SL 379—2007）表 3.2.7 规定的允许值。

依据标准名称：《水工挡土墙设计规范》

依据标准号：SL 379—2007，条款号 3.2.8

4. 设有锚碇墙的板桩式挡土墙，其锚碇墙抗滑稳定安全系数不得小于《水工挡土墙设计规范》（SL 379—2007）表 3.2.10 规定的允许值。

依据标准名称：《水工挡土墙设计规范》

依据标准号：SL 379—2007，条款号 3.2.10

5. 对于加筋式挡土墙，不论其级别，基本荷载组合条件下的抗滑稳定安全系数不应小于 1.40；特殊荷载组合条件下的抗滑稳定安全系数不应小于 1.30。

依据标准名称：《水工挡土墙设计规范》

依据标准号：SL 379—2007，条款号 3.2.11

6. 土质地基上挡土墙的抗倾覆安全系数不得小于《水工挡土墙设计规范》（SL 379—2007）表 3.2.12 规定的允许值。

依据标准名称:《水工挡土墙设计规范》
依据标准号：SL 379—2007，条款号 3.2.12

7. 岩石地基上 1 级～3 级水工挡土墙，在基本荷载组合条件下，抗倾覆安全系数不应小于 1.50，4 级水工挡土墙抗倾覆安全系数不应小于 1.40；在特殊荷载组合条件下，不论挡土墙的级别，抗倾覆安全系数不应小于 1.30。
依据标准名称:《水工挡土墙设计规范》
依据标准号：SL 379—2007，条款号 3.2.13

8. 对于空箱式挡土墙，不论其级别和地基条件，基本荷载组合条件下的抗浮稳定安全系数不应小于 1.10，特殊荷载组合条件下的抗浮稳定安全系数不应小于 1.05。
依据标准名称:《水工挡土墙设计规范》
依据标准号：SL 379—2007，条款号 3.2.14

9. 8 度以上地震区的土质地基上的挡土墙不宜采用砌石结构。
依据标准名称:《水工挡土墙设计规范》
依据标准号：SL 379—2007，条款号 4.2.4

10. 不允许越浪的挡土墙的墙顶高程不应低于所属水工建筑物正常挡水位（或最高挡水位）加波浪计算高度与相应安全加高值之和；当墙前泄水时，其墙顶高程不应低于设计洪水位（或校核洪水位）与相应安全加高值之和。
依据标准名称:《水工挡土墙设计规范》
依据标准号：SL 379—2007，条款号 4.2.6

11. 挡土墙的墙顶宽度应根据墙体建筑材料和填土高度合理确定。混凝土或钢筋混凝土挡土墙的墙顶宽度不应小于 0.3m，砌石挡土墙的墙顶宽度不宜小于 0.5m，墙后填土不到顶时，墙顶宽度宜适当放宽。
依据标准名称:《水工挡土墙设计规范》
依据标准号：SL 379—2007，条款号 4.2.7

12. 当挡土墙布置在沿墙长方向的纵向坡上时，其底部可按阶梯形分段布置。每个台阶长度不应小于 2.0m，相邻台阶高差不宜大于 2.0m。挡土墙除应满足墙趾埋深的要求外，还应满足挡土墙纵向稳定的要求。
依据标准名称:《水工挡土墙设计规范》
依据标准号：SL 379—2007，条款号 4.2.9

13. 锚杆式挡土墙尺寸除应满足强度、刚度和抗裂要求外，还应满足挡墙立柱基础、锚杆钻孔锚固和防腐蚀要求。挡墙立柱间距不宜大于 8m；预应力锚杆自由段长度不应小于 5m，且应超过潜在滑裂面。

依据标准名称:《水工挡土墙设计规范》

依据标准号: SL 379—2007，条款号 4.2.18

14. 加筋式挡土墙的墙体及其基础的断面，以及加筋材料和长度应根据作用于墙上的各项荷载分别按墙体外部稳定性和筋材内部稳定性试算确定。

对于有刚性墙面的结构，墙体基础宜采用预制混凝土结构，其宽度不应小于 0.3m，厚度不应小于 0.2m，埋深不应小于 0.6m；面板宜采用预制钢筋混凝土结构，厚度不宜小于 0.15m；筋材长度不应小于墙高的 0.7 倍，且不应短于 2.5m；当墙顶以上有超载时，加筋材料长度不应短于墙高的 0.8 倍。

依据标准名称:《水工挡土墙设计规范》

依据标准号: SL 379—2007，条款号 4.2.19

15. 挡土墙的分段长度应根据结构和地基条件以及材料特性确定。对于钢筋混凝土挡土墙，在坚实或中等坚实的土质地基上时，其分段长度不宜大于 20m；在岩石地基上时，其分段长度不宜大于 15m。对于混凝土结构、砌石或混凝土砌体结构的挡土墙，以及建筑在松软土质地基上的钢筋混凝土挡土墙，其分段长度应适当减短。

依据标准名称:《水工挡土墙设计规范》

依据标准号: SL 379—2007，条款号 4.2.21

16. 土质地基和软质岩石地基上的挡土墙平均基底应力不应大于地基允许承载力，最大基底应力不应大于地基允许承载力的 1.2 倍；挡土墙基底应力的最大值与最小值之比不应大于《水工挡土墙设计规范》(SL 379—2007）表 6.3.1 规定的允许值。

依据标准名称:《水工挡土墙设计规范》

依据标准号: SL 379—2007，条款号 6.3.1

17. 硬质岩石地基上的挡土墙最大基底应力不大于地基允许承载力；除施工期和地震情况外，挡土墙基底不应出现拉应力；在施工期和地震情况下，挡土墙基底拉应力不应大于 100kPa。

依据标准名称:《水工挡土墙设计规范》

依据标准号: SL 379—2007，条款号 6.3.2

18. 挡土墙沿基底面的抗滑稳定安全系数不应小于《水工挡土墙设计规范》(SL 379—2007）表 3.2.7 规定的允许值。

依据标准名称:《水工挡土墙设计规范》

依据标准号: SL 379—2007，条款号 6.3.4

19. 土质地基上挡土墙的地基整体抗滑稳定可采用瑞典圆弧滑动法计算。当持力层内夹有软弱土层时，应采用折线滑动法（复合圆弧滑动法）对软弱土层进行地基整体抗滑稳定验算。地基整体抗滑稳定安全系数的计算值不应小于《水工挡土墙设计规范》(SL

379—2007）表3.2.7规定的允许值。

依据标准名称:《水工挡土墙设计规范》

依据标准号：SL 379—2007，条款号 6.6.3

20．垫层法地基处理的素土垫层压实度不应小于0.94，重要的1、2级挡土墙，其素土垫层压实度不应小于0.96。

垫层法地基处理的砂垫层应有良好的级配，相对密度不应小于0.75，强地震区挡土墙砂垫层相对密度不应小于0.8。

垫层法地基处理的碎石垫层级配和相对密度要求可参照砂垫层的规定执行；灰土垫层的压实度要求可参照素土垫层的规定执行。

依据标准名称:《水工挡土墙设计规范》

依据标准号：SL 379—2007，条款号 8.3.3

21．深层搅拌法地基处理应根据地基土质及处理要求合理确定水泥的掺量，其水泥掺入量最低不应小于12%，最高不宜超过18%。

依据标准名称:《水工挡土墙设计规范》

依据标准号：SL 379—2007，条款号 8.3.4

22．预制桩基础的中心距不应小于3倍桩径或边长，钻孔灌注桩（包括沉管桩）的中心距不应小于2.5倍桩径。

依据标准名称:《水工挡土墙设计规范》

依据标准号：SL 379—2007，条款号 8.3.6

第六节 混凝土工程

一、国家标准

1．通用硅酸盐水泥化学指标应符合相应规定。

依据标准名称:《通用硅酸盐水泥》

依据标准号：GB 175—2007，条款号 7.1（强条）

2．硅酸盐水泥初凝不小于45min，终凝不大于390min；普通硅酸盐水泥、矿渣硅酸盐水泥、火山灰质硅酸盐水泥、粉煤灰硅酸盐水泥和符合硅酸盐水泥初凝不小于45min，终凝不大于600min。

依据标准名称:《通用硅酸盐水泥》

依据标准号：GB 175—2007，条款号 7.3.1（强条）

3．通用硅酸盐水泥的安定性试验采用沸煮法，必须合格。

依据标准名称:《通用硅酸盐水泥》

依据标准号：GB 175—2007，条款号 7.3.2（强条）

4．不同品种不同强度等级的通用硅酸盐水泥，其不同各龄期的强度应符合相应规定。

依据标准名称：《通用硅酸盐水泥》

依据标准号：GB 175—2007，条款号 7.3.3（强条）

5．水泥检验报告不得少于以下内容：出厂检验项目、细度、混合材料品种和掺加量、石膏和助磨剂的品种及掺加量，属旋窑或立窑生产及合同所定的其他技术要求。

当用户需要时，生产者应在水泥发出之日起 7d 内寄发除 28d 强度以外的各项检验结果，32d 内补报 28d 强度的检验结果。

依据标准名称：《通用硅酸盐水泥》

依据标准号：GB 175—2007，条款号 9.5

6．混凝土拌和用水，未经处理的海水严禁用于钢筋混凝土和预应力混凝土。

依据标准名称：《混凝土质量控制标准》

依据标准号：GB 50164—2011，条款号 2.6.3

7．实测强度达到强度标准值组数的百分率不应小于 95%。

依据标准名称：《混凝土质量控制标准》

依据标准号：GB 50164—2011，条款号 5.0.4

8．混凝土拌和物在运输和浇筑成型过程中严禁加水。

依据标准名称：《混凝土质量控制标准》

依据标准号：GB 50164—2011，条款号 6.1.2（强条）

9．混凝土构件成型后，在强度达到 1.2MPa 以前，不得在构件上面踩踏行走。

依据标准名称：《混凝土质量控制标准》

依据标准号：GB 50164—2011，条款号 6.6.17

10．各类岩石制作的骨料均应进行碱—硅酸反应活性检验，碳酸盐类岩石制作的骨料还应进行碱—碳酸盐反应活性检验，否则不得直接使用。

依据标准名称：《预防混凝土碱骨料技术规范》

依据标准号：GB/T 50733—2011，条款号 4.1.2

11．混凝土碱含量不应大于 3.0kg/m^3，混凝土碱含量计算不得违反以下规定：

（1）混凝土碱含量应为配合比中各原材料的碱含量之和。

（2）水泥、外加剂和水的碱含量可用实测值计算；粉煤灰碱含量可用 1/6 实测值计算，硅灰和粒化高炉矿渣粉碱含量可用 1/2 实测值计算。

（3）骨料碱含量可不计入混凝土碱含量。

依据标准名称：《预防混凝土碱骨料技术规范》
依据标准号：GB/T 50733—2011，条款号 6.3.2

12．骨料的碱活性检验批量不得违反下列规定：
（1）砂、石骨料的碱活性检验应按每3000m³或4500t为一个检验批；当来源稳定且连续两次检验合格，可每6个月检验一次。
（2）不同批次或非连续供应的不足一个检验批量的骨料应作为一个检验批。
依据标准名称：《预防混凝土碱骨料技术规范》
依据标准号：GB/T 50733—2011，条款号 7.1.3

二、能源、电力行业标准

1．对于坝高200m以上的混凝土面板堆石坝接缝或有特殊要求的水工建筑物，其塑性嵌缝密封材料的技术要求应进行专门论证。
依据标准名称：《水工建筑物塑性嵌缝密封材料技术标准》
依据标准号：DL/T 949—2005，条款号 1.2

2．塑性嵌缝密封材料保管和运输堆放时，应确保产品不受挤压、变形，应离开热源、火源，周围温度不应超过70℃，同时避免雨淋、日晒和污染。
依据标准名称：《水工建筑物塑性嵌缝密封材料技术标准》
依据标准号：DL/T 949—2005，条款号 8.1.2

3．当粉煤灰用于活性骨料混凝土时，粉煤灰的碱含量允许值应经试验论证确定，不得直接使用。
依据标准名称：《水工混凝土掺用粉煤灰技术规范》
依据标准号：DL/T 5055—2007，条款号 5.1.3

4．进场粉煤灰取样检验，不得违反以下规定：应按批取样检验，粉煤灰的取样以连续供应的相同等级、相同种类的200t为一批，不足200t的按一批计。
依据标准名称：《水工混凝土掺用粉煤灰技术规范》
依据标准号：DL/T 5055—2007，条款号 5.4.1

5. 不同来源的粉煤灰使用前未进行放射性检测，放射性检测检测不合格，不得使用。
依据标准名称：《水工混凝土掺用粉煤灰技术规范》
依据标准号：DL/T 5055—2007，条款号 5.4.5

6．粉煤灰的运输、储存、使用应避免对环境的污染。
依据标准名称：《水工混凝土掺用粉煤灰技术规范》
依据标准号：DL/T 5055—2007，条款号 5.5.2

7．掺粉煤灰混凝土的设计强度等级、强度保证率和标准差等指标，应与不掺粉煤灰的混凝土相同。

依据标准名称：《水工混凝土掺用粉煤灰技术规范》

依据标准号：DL/T 5055—2007，条款号 6.0.1

8．粉煤灰与水泥、外加剂的适应性应通过试验论证。

依据标准名称：《水工混凝土掺用粉煤灰技术规范》

依据标准号：DL/T 5055—2007，条款号 6.0.8

9．掺粉煤灰混凝土浇筑时不应漏振或过振，振捣后的混凝土表面不得出现明显的粉煤灰浮降层。

依据标准名称：《水工混凝土掺用粉煤灰技术规范》

依据标准号：DL/T 5055—2007，条款号 6.0.10

10．掺粉煤灰混凝土的暴露面应潮湿养护，养护时间不得少于常规规定，并适当延长养护时间。

依据标准名称：《水工混凝土掺用粉煤灰技术规范》

依据标准号：DL/T 5055—2007，条款号 6.0.11

11．掺粉煤灰混凝土在低温施工时应采取表面保温措施，拆模时间不得少于常规规定，并适当延长拆模时间。

依据标准名称：《水工混凝土掺用粉煤灰技术规范》

依据标准号：DL/T 5055—2007，条款号 6.0.12

12．当构件处于强腐蚀环境时，预应力混凝土构件应采用密封和防腐性能良好的孔道管，不应采用抽孔法形成的孔道。当不采用密封护套或孔道管，则不应采用细钢丝作为预应力钢筋。

依据标准名称：《水工混凝土结构设计规范》

依据标准号：DL/T 5057—2009，条款号 5.4.17

13．未经充分论证，混凝土不应采用碱活性骨料。

依据标准名称：《水工混凝土结构设计规范》

依据标准号：DL/T 5057—2009，条款号 5.4.19

14．在混凝土结构构件设计中，不应利用混凝土的后期强度。

依据标准名称：《水工混凝土结构设计规范》

依据标准号：DL/T 5057—2009，条款号 6.1.5

15．钢筋的强度标准值不应小于 95%的保证率。

依据标准名称:《水工混凝土结构设计规范》

依据标准号: DL/T 5057—2009，条款号　6.2.2

16. 施加预应力时，混凝土立方体抗压强度应经计算确定，但不应低于设计混凝土强度等级的75%。

依据标准名称:《水工混凝土结构设计规范》

依据标准号: DL/T 5057—2009，条款号　11.1.4

17. 混凝土结构的分缝，不得违反下列规定:

（1）结构受温度变化和混凝土干缩作用时，应设置伸缩缝；当地基有不均匀沉陷或冻胀时，应设置沉降缝。在高程有突变的地基上浇筑的结构，在突变处也应分缝。永久的伸缩缝和沉降缝应做成贯通式。

（2）施工期间设置的临时缝和临时宽缝应尽量与施工缝相结合。

依据标准名称:《水工混凝土结构设计规范》

依据标准号: DL/T 5057—2009，条款号　12.1.1

18. 纵向受力普通钢筋和预应力钢筋的保护层厚度不应小于钢筋直径，同时也不应小于粗骨料最大粒径的1.25倍。

依据标准名称:《水工混凝土结构设计规范》

依据标准号: DL/T 5057—2009，条款号　12.2.2

19. 梁、柱中箍筋和构造筋的保护层厚度不应小于15mm。

依据标准名称:《水工混凝土结构设计规范》

依据标准号: DL/T 5057—2009，条款号　12.2.3

20. 不同直径的钢筋不应采用帮条焊；搭接焊和帮条焊接采用双面焊接，钢筋的搭接长度不应小于5d，采用单面焊缝时，其搭接长度不应小于10d。

依据标准名称:《水工混凝土结构设计规范》

依据标准号: DL/T 5057—2009，条款号　12.4.1

21. 钢筋采用绑扎搭接接头时，受拉钢筋的搭接长度不应小于1.2倍锚固长度（l_a），且不应小于300mm；受压钢筋的搭接长度不应小于0.85倍锚固长度（l_a），且不应小于200mm。

依据标准名称:《水工混凝土结构设计规范》

依据标准号: DL/T 5057—2009，条款号　12.4.2

22. 焊接骨架受力方向的钢筋接头绑扎接头时，受拉钢筋的搭接长度不应小于锚固长度（l_a），受压钢筋的搭接长度不应小于0.7倍锚固长度（l_a）。

依据标准名称:《水工混凝土结构设计规范》

依据标准号：DL/T 5057—2009，条款号 12.4.2

23. 轴心受拉或小偏心受拉构件以及承受振动的构件不得采用绑扎搭接接头；双面配置受力钢筋的焊接骨架，不得采用绑扎搭接接头；受拉钢筋直径 d>28mm，或受压钢筋直径 d>32mm 时，不应采用绑扎搭接接头。

依据标准名称：《水工混凝土结构设计规范》

依据标准号：DL/T 5057—2009，条款号 12.4.2

24. 梁柱的绑扎骨架中，在绑扎接头的搭接长度范围内，当钢筋受拉时，其箍筋间距不应大于 5d，且不大于 100mm；当钢筋受压时，箍筋间距不应大于 10d，且不大于 200mm。箍筋直径不应小于搭接钢筋较大直径的 0.25 倍。

依据标准名称：《水工混凝土结构设计规范》

依据标准号：DL/T 5057—2009，条款号 12.4.3

25. 采用焊接接头和机械连接接头时，接头的受拉钢筋截面面积与受拉钢筋总截面面积的比值不应超过 1/2；采用绑扎接头时，从任一接头中心至 1.3 倍长度范围内，受拉钢筋的接头比值不应超过 1/4；当接头比值为 1/3 或 1/2 时，钢筋的搭接长度应分别乘以 1.1 及 1.2。受压钢筋的接头比值不应超过 1/2。

依据标准名称：《水工混凝土结构设计规范》

依据标准号：DL/T 5057—2009，条款号 12.4.4

26. 机械连接接头连接件的混凝土保护层厚度应满足纵向受力钢筋最小保护层厚度的要求。连接件之间的横向净间距不应小于 25mm。

依据标准名称：《水工混凝土结构设计规范》

依据标准号：DL/T 5057—2009，条款号 12.4.6

27. 预制构件的吊环应采用 HRB335 或 HPB300 级钢筋制作，严禁采用冷加工钢筋。吊环应力不应大于 50N/mm^2；吊环埋入方向应与吊索方向一致。埋入深度不应小于 30d。

依据标准名称：《水工混凝土结构设计规范》

依据标准号：DL/T 5057—2009，条款号 12.6.6

28. 预埋件的锚板应采用 Q235 级钢，锚筋应采用 HPB235、HPB300、HRB335 或 HRB400 级钢筋，不得采用冷加工钢筋；预埋件的受力直锚筋不少于 4 根，也不应多于 4 层。

依据标准名称：《水工混凝土结构设计规范》

依据标准号：DL/T 5057—2009，条款号 12.6.7

29. 板的最小支承长度不得违反下列要求：支承在砌体上时，不应小于 100mm；支承在混凝土及钢筋混凝土上时，不应小于 100mm；支承在钢结构上时，不应小于 80mm。

依据标准名称:《水工混凝土结构设计规范》
依据标准号: DL/T 5057—2009，条款号 13.1.1

30．梁支承在砌体上时，当梁的截面高度不大于 500mm 时，支承长度不应小于 180mm；当梁的截面高度大于 500mm 时，支承长度不应小于 240mm；支承在钢筋混凝土梁、柱上时，支承长度不应小于 180mm。

依据标准名称:《水工混凝土结构设计规范》
依据标准号: DL/T 5057—2009，条款号 13.2.1

31．梁的下部纵向钢筋的水平方向净距不应小于 25mm 和 d；上半部纵向钢筋的水平方向净距不应小于 30mm 和 1.5d；同时均不应小于最大骨料粒径的 1.25 倍。梁的下部纵向钢筋不应多于两层。伸入梁支座范围内的纵向受力钢筋不应少于 2 根。

依据标准名称:《水工混凝土结构设计规范》
依据标准号: DL/T 5057—2009，条款号 13.2.2

32．横向钢筋直径不应小于纵向受力钢筋直径的一半。

依据标准名称:《水工混凝土结构设计规范》
依据标准号: DL/T 5057—2009，条款号 13.2.3

33．钢筋混凝土梁支座截面负弯矩纵向受拉钢筋不应在受拉区截断。

依据标准名称:《水工混凝土结构设计规范》
依据标准号: DL/T 5057—2009，条款号 13.2.4

34．弯起钢筋不应采用浮筋。

依据标准名称:《水工混凝土结构设计规范》
依据标准号: DL/T 5057—2009，条款号 13.2.11

35．梁中架立钢筋的直径，当梁的跨度小于 4m 时，不应小于 8mm，跨度等 4m～6m 时，不应小于 10m，跨度大于 6m 时，不应小于 12mm。

依据标准名称:《水工混凝土结构设计规范》
依据标准号: DL/T 5057—2009，条款号 13.2.13

36．承重墙的厚度不应小于无支承高度的 1/25，也不应小于 150mm。墙的混凝土强度等级不应低于 C20。

依据标准名称:《水工混凝土结构设计规范》
依据标准号: DL/T 5057—2009，条款号 13.5.2

37．顶部承受竖向荷载的承重墙，水平与竖向钢筋的直径不应小于 12mm，间距不应大于 300mm。

依据标准名称:《水工混凝土结构设计规范》
依据标准号: DL/T 5057—2009,条款号 13.5.3

38.承重垂直墙面的水平荷载的墙体,墙厚不应小于 150mm。
依据标准名称:《水工混凝土结构设计规范》
依据标准号: DL/T 5057—2009,条款号 13.5.8

39.叠合层混凝土的厚度不应小于 100mm,叠合层混凝土的强度等级不应低于 C20。
依据标准名称:《水工混凝土结构设计规范》
依据标准号: DL/T 5057—2009,条款号 13.6.4

40.严寒、寒冷地区的叠合梁,其叠合面不得暴露于饱和水汽或积雪结霜的环境,混凝土的抗冻等级分别不得低于 F300 和 F200。
依据标准名称:《水工混凝土结构设计规范》
依据标准号: DL/T 5057—2009,条款号 13.6.14

41.严寒、寒冷地区不应采用叠合板。
依据标准名称:《水工混凝土结构设计规范》
依据标准号: DL/T 5057—2009,条款号 13.6.15

42.简支深梁或连续深梁的下部纵向受拉钢筋应全部伸入支座,不得在跨中弯起或切断。
依据标准名称:《水工混凝土结构设计规范》
依据标准号: DL/T 5057—2009,条款号 13.7.14

43.受拉钢筋不得下弯兼作弯起钢筋。
依据标准名称:《水工混凝土结构设计规范》
依据标准号: DL/T 5057—2009,条款号 13.8.2

44.对钢筋混凝土框架及铰接排架类结构,当设计烈度为 9 度时,混凝土强度等级不应低于 C30;当设计烈度为 7 度、8 度时,混凝土强度等级不应低于 C25。
依据标准名称:《水工混凝土结构设计规范》
依据标准号: DL/T 5057—2009,条款号 15.1.5

45.柱纵向钢筋不应在中间层节点内截断。
依据标准名称:《水工混凝土结构设计规范》
依据标准号: DL/T 5057—2009,条款号 15.4.2

46.外加剂未使用该工程材料进行适应性试验论证和技术经济比较,不得使用。
依据标准名称:《水工混凝土外加剂技术规程》

依据标准号：DL/T 5100—2014，条款号　5.1.1

47. 不同品种外加剂复合使用时，其兼容性及对混凝土性能的影响不满足设计要求时，不得使用。

依据标准名称：《水工混凝土外加剂技术规程》

依据标准号：DL/T 5100—2014，条款号　5.1.2

48. 使用水溶性外加剂时，减水剂的配制浓度不应超过20%，引气剂的配制浓度不应超过5%。

依据标准名称：《水工混凝土外加剂技术规程》

依据标准号：DL/T 5100—2014，条款号　5.2.2

49. 对含有氯离子、硫酸根离子、碱等影响混凝土或钢筋混凝土耐久性的外加剂，应对其有害离子的种类和含量进行限制，不满足设计要求时不得使用。

依据标准名称：《水工混凝土外加剂技术规程》

依据标准号：DL/T 5100—2014，条款号　5.2.3

50. 外加剂掺量应根据使用要求、施工条件、原材料特性等因素，由试验论证后确定。

依据标准名称：《水工混凝土外加剂技术规程》

依据标准号：DL/T 5100—2014，条款号　5.2.1

51. 外加剂应存放在专用仓库或固定的场所妥善保管，以易于识别、便于检查和提货为原则。搬运时应轻拿轻放，防止破损。粉剂产品运输时避免受潮。

依据标准名称：《水工混凝土外加剂技术规程》

依据标准号：DL/T 5100—2014，条款号　5.4.3

52. 产品验货后，有下列情况之一时，不得继续使用，应予以退回或更换：

（1）使用单位在规定的存放条件和有效期限内，经检验发现外加剂性能与本规程要求不符时。

（2）凡无出厂文件或出厂技术文件不全，以及发现实物质量与出厂技术文件不符合。

依据标准名称：《水工混凝土外加剂技术规程》

依据标准号：DL/T 5100—2014，条款号　5.4.4

53. 模板材料的质量不得违反下列要求：

（1）钢材应采用Q235，其质量应符合有关规范规定。

（2）木材种类可根据各地区实际情况选用，材质不应低于三等材。腐朽、严重扭曲、有蛀孔等缺陷的木材，脆性木材和容易变形的木材，均不得使用。

依据标准名称：《水电水利工程模板施工规范》

依据标准号：DL/T 5110—2013，条款号　3.0.2

54. 保温模板的保温材料应满足保温及混凝土外观要求。
依据标准名称:《水电水利工程模板施工规范》
依据标准号: DL/T 5110—2013，条款号 3.0.3

55. 模板设计方案应满足建筑物的体型、构造等要求。
依据标准名称:《水电水利工程模板施工规范》
依据标准号: DL/T 5110—2013，条款号 4.0.1

56. 设计模板结构时，不得缺少下列荷载因素：模板的自重，新浇筑混凝土的重力，钢筋和预埋件的重力，人员和机具设备的荷载，振捣荷载，新浇筑混凝土的侧压力、浮托力，入仓冲击荷载，风荷载，混凝土与模板的摩阻力等。
依据标准名称:《水电水利工程模板施工规范》
依据标准号: DL/T 5110—2013，条款号 4.0.4

57. 当验算模板刚度时，其最大变形值不得超过下列允许值:
（1）对结构表面外露的模板，为模板构件计算跨度的 1/400。
（2）对结构表面隐蔽的模板，为模板构件计算跨度的 1/250。
（3）支架的压缩变形值或弹性挠度，为相应的结构计算跨度的 1/1000。
依据标准名称:《水电水利工程模板施工规范》
依据标准号: DL/T 5110—2013，条款号 4.0.6

58. 模板制作的允许偏差，不得超过规定范围。
依据标准名称:《水电水利工程模板施工规范》
依据标准号: DL/T 5110—2013，条款号 5.0.1

59. 钢模板面板所涂防锈油脂不得影响混凝土表面颜色。
依据标准名称:《水电水利工程模板施工规范》
依据标准号: DL/T 5110—2013，条款号 5.0.2

60. 模板安装过程中，不得缺少足够的防倾覆设施。
依据标准名称:《水电水利工程模板施工规范》
依据标准号: DL/T 5110—2013，条款号 6.0.2

61. 模板的钢拉杆不应弯曲。
依据标准名称:《水电水利工程模板施工规范》
依据标准号: DL/T 5110—2013，条款号 6.0.6

62. 模板与混凝土的接触面，模板间接缝处，应平整、密合。
依据标准名称:《水电水利工程模板施工规范》

依据标准号：DL/T 5110—2013，条款号　6.0.7

63．建筑物分层施工时，应逐层校正下层偏差，模板下端与已浇混凝土不应有错台和缝隙。

依据标准名称：《水电水利工程模板施工规范》

依据标准号：DL/T 5110—2013，条款号　6.0.8

64．模板安装的不得超出允许偏差值。

依据标准名称：《水电水利工程模板施工规范》

依据标准号：DL/T 5110—2013，条款号　6.0.10

65．严禁在模板上堆放超过设计荷载的材料及设备。

依据标准名称：《水电水利工程模板施工规范》

依据标准号：DL/T 5110—2013，条款号　6.0.12

66．混凝土浇筑过程中，应安排专人负责经常检查、调整模板的形状及位置，使其与设计线的偏差不得超过模板安装允许偏差绝对值的1.5倍。对重要部位的承重模板，应由有经验的人员进行监测。模板如有变形、位移，应立即采取措施，必要时停止混凝土浇筑。

依据标准名称：《水电水利工程模板施工规范》

依据标准号：DL/T 5110—2013，条款号　6.0.13

67．混凝土浇筑过程中，应随时监视混凝土的下料情况，不得过于靠近模板下料、直接冲击模板；混凝土罐等机具不得撞击模板。

依据标准名称：《水电水利工程模板施工规范》

依据标准号：DL/T 5110—2013，条款号　6.0.14

68．拆模时，应根据锚固情况，按顺序分批拆除锚固连接件，防止模板坠落。拆模应使用专门工具，不得损坏混凝土。

依据标准名称：《水电水利工程模板施工规范》

依据标准号：DL/T 5110—2013，条款号　7.0.2

69．永久性混凝土模板与现浇混凝土的结合面，应在浇筑混凝土前加工成粗糙面，并清洗、润湿。浇筑时不得沾染松散砂浆等污物，施工时应加强平仓振捣，确保模板与混凝土的可靠结合。

依据标准名称：《水电水利工程模板施工规范》

依据标准号：DL/T 5110—2013，条款号　8.1.6

70．永久性承重模板应正确地固定在支承构件上或相邻的模板构件上，且搭接正确，

接缝严密，不得漏浆。

依据标准名称：《水电水利工程模板施工规范》

依据标准号：DL/T 5110—2013，条款号 8.1.8

71．应张紧被用作永久性模板的柔性模板。

依据标准名称：《水电水利工程模板施工规范》

依据标准号：DL/T 5110—2013，条款号 8.1.9

72．当平洞、斜井或竖井的钢衬作为混凝土浇筑的模板时，不得缺少钢衬的强度、刚度和稳定性验算，必要时应采取加固措施。

依据标准名称：《水电水利工程模板施工规范》

依据标准号：DL/T 5110—2013，条款号 8.1.10

73．滑模施工时，其滑动速度应与混凝土的早期强度增长速度相适应。混凝土脱模时不坍落，不拉裂。

依据标准名称：《水电水利工程模板施工规范》

依据标准号：DL/T 5110—2013，条款号 8.2.2

74．移置模板结构应有足够的强度、刚度和稳定性。应有灵活、可靠的调节机构和移动机构。模板台车面板的厚度不应小于 6mm。

依据标准名称：《水电水利工程模板施工规范》

依据标准号：DL/T 5110—2013，条款号 8.3.4

75．拆除模板台车时，不得违反下列要求：

（1）直立面混凝土的强度不得小于 0.8MPa。

（2）当围岩稳定、坚硬时，在拆模时混凝土能承受自重，并且表面和棱角不被损坏。洞径不大于 10m 的隧洞顶拱混凝土强度可按照达到 5.0MPa 控制；洞径大于 10m 的隧洞顶拱混凝土需要达到的强度，应经过专门论证。

依据标准名称：《水电水利工程模板施工规范》

依据标准号：DL/T 5110—2013，条款号 8.3.8

76．混凝土的脱模强度不得小于 0.4MPa。

依据标准名称：《水电水利工程模板施工规范》

依据标准号：DL/T 5110—2013，条款号 8.3.9

77．清水混凝土模板的设计和施工，应特别注意面板材料的选择、结合处的密封、隐蔽缝及止水的设置。

依据标准名称：《水电水利工程模板施工规范》

依据标准号：DL/T 5110—2013，条款号 8.4.1

78. 清水混凝土模板应采用大型整体模板，有足够的强度和刚度。采用覆膜胶合板面板厚度不应小于18mm；也可采用其他表面光洁度较高的复合模板或钢模板。应拼缝严密，不漏浆。拼缝方向、拼缝之间的距离均应一致。面板表面应清洁，不得含有油质等可能影响混凝土表面颜色的物质。

依据标准名称:《水电水利工程模板施工规范》

依据标准号: DL/T 5110—2013，条款号 8.4.2

79. 清水混凝土模板拆除时，未制定专门的拆模保护措施，不得实施拆除。

依据标准名称:《水电水利工程模板施工规范》

依据标准号: DL/T 5110—2013，条款号 8.4.9

80. 水泥、掺合料、外加剂等混凝土原材料未通过试验优选确定的不得选用。

依据标准名称:《水工混凝土施工规范》

依据标准号: DL/T 5144—2014，条款号 3.1.1

81. 水泥的选择不得违反下列要求：

（1）大坝混凝土应选用中热硅酸盐水泥、低热硅酸盐水泥、低热矿碴硅酸盐水泥、低热微膨胀水泥，以及通用硅酸盐水泥等。

（2）环境水对混凝土有硫酸盐侵蚀时，应选择抗硫酸盐水泥。

（3）水泥强度等级应与混凝土设计强度等级相适应。

（4）优先选用散装水泥。

依据标准名称:《水工混凝土施工规范》

依据标准号: DL/T 5144—2014，条款号 3.2.1

82. 水泥含碱量、矿物组成、细度和水化热等技术指标，不得违反设计要求。

依据标准名称:《水工混凝土施工规范》

依据标准号: DL/T 5144—2014，条款号 3.2.2

83. 袋装水泥堆放时，应设防潮层，距地面、边墙至少 30cm，堆放高度不得超过15袋。

依据标准名称:《水工混凝土施工规范》

依据标准号: DL/T 5144—2014，条款号 3.2.3

84. 骨料料源的品质、数量发生变化时，应按设计要求补充勘察和检验。使用碱活性骨料、含有黄锈和钙质结核的粗骨料等，未进行专项试验论证，不得使用。

依据标准名称:《水工混凝土施工规范》

依据标准号: DL/T 5144—2014，条款号 3.3.2

85. 细骨料品质，不得违反下列要求：

（1）细骨料应质地坚硬、清洁、级配良好；天然砂的细度模数宜为 2.2～3.0，人工砂宜为 2.4～2.8，使用山砂、粗砂、特细砂应经过试验论证。

（2）细骨料的含水率应保持稳定，并控制在中值的±1%范围内，表面含水率不应超过 6%，超过时应经试验论证。

（3）细骨料品质，应符合规定。

依据标准名称：《水工混凝土施工规范》

依据标准号：DL/T 5144—2014，条款号 3.3.5

86．粗骨料品质，不得违反符合下列要求：

（1）粗骨料按粒径的大小应分为小石、中石、大石和特大石 4 级。

（2）各级骨料的超、逊径含量应采用原孔筛检验和超、逊径筛检验。

（3）各级骨料应分别采用孔径为 10mm、30mm、60mm 和 115mm（100mm）的中径筛（方孔）检验。

（4）粗骨料应质地坚硬、清洁、级配良好；如有裹泥或污染物等应予清除，如有裹粉应经试验确定允许含量。

依据标准名称：《水工混凝土施工规范》

依据标准号：DL/T 5144—2014，条款号 3.3.6

87．各级骨料严禁混料和混入杂物。

依据标准名称：《水工混凝土施工规范》

依据标准号：DL/T 5144—2014，条款号 3.3.7

88．水工混凝土应掺入适量的掺合料。掺合料品种和掺量应根据工程的技术要求、掺合料品质和资源条件，通过试验论证确定。

依据标准名称：《水工混凝土施工规范》

依据标准号：DL/T 5144—2014，条款号 3.4.1

89．水工混凝土应掺加适量的外加剂。外加剂品种和掺量应通过试验确定，其品质应符合相关规范要求。

依据标准名称：《水工混凝土施工规范》

依据标准号：DL/T 5144—2014，条款号 3.5.1

90．混凝土拌和、养护用水应与标准饮用水样进行水泥胶砂强度对比试验。水泥胶砂 3d 和 28d 强度不应低于标准饮用水样配制的水泥胶砂 3d 和 28d 强度的 90%。不满足要求的，未经论证不得使用。

依据标准名称：《水工混凝土施工规范》

依据标准号：DL/T 5144—2014，条款号 3.6.3

91．混凝土强度和保证率不得违反设计要求。

依据标准名称:《水工混凝土施工规范》

依据标准号: DL/T 5144—2014，条款号 4.0.2

92. 大体积混凝土的胶凝材料用量不应低于 140kg/m^3，水泥熟料含量不应低于70kg/m^3。

依据标准名称:《水工混凝土施工规范》

依据标准号: DL/T 5144—2014，条款号 4.0.5

93. 混凝土的水胶比不应超过规定的最大允许值。

依据标准名称:《水工混凝土施工规范》

依据标准号: DL/T 5144—2014，条款号 4.0.6

94. 混凝土使用碱活性骨料时，混凝土中的总碱含量不得超过规定限制指标。

依据标准名称:《水工混凝土施工规范》

依据标准号: DL/T 5144—2014，条款号 4.0.10

95. 混凝土应按照批准的混凝土配料单进行配料，不得擅自更改。

依据标准名称:《水工混凝土施工规范》

依据标准号: DL/T 5144—2014，条款号 5.1.3

96. 在混凝土拌和过程中，应对骨料的含水量、外加剂配制浓度，以及混凝土拌和物的出机口含气量、坍落度和温度等进行随机抽样检测，必要时应加密检测。

依据标准名称:《水工混凝土施工规范》

依据标准号: DL/T 5144—2014，条款号 5.1.4

97. 入机拌和量控制不得超过拌和机额定容量的110%。混凝土拌和时间应通过生产性试验确定。

依据标准名称:《水工混凝土施工规范》

依据标准号: DL/T 5144—2014，条款号 5.2.2

98. 不合格的混凝土料不得入仓。

依据标准名称:《水工混凝土施工规范》

依据标准号: DL/T 5144—2014，条款号 5.3.2

99. 混凝土不得在运输途中和卸料时加水。

依据标准名称:《水工混凝土施工规范》

依据标准号: DL/T 5144—2014，条款号 6.0.4

100. 混凝土自由下落卸料时，未采取缓降或其他防止骨料分离措施，下落高度不得

超过 1.5m。

依据标准名称：《水工混凝土施工规范》

依据标准号：DL/T 5144—2014，条款号 6.0.5

101．混凝土入仓应均匀布料，堆料高度不应大于 1m。

依据标准名称：《水工混凝土施工规范》

依据标准号：DL/T 5144—2014，条款号 6.0.6

102．车辆运输混凝土时，不得违反下列要求：

（1）运输道路应符合要求。

（2）车厢应平滑、密封、不漏浆。

（3）平底汽车装载混凝土的厚度不应小于 40cm。

（4）混凝土卸料应卸净，及时清洗车箱、料罐。

（5）汽车运输直接入仓时，应采取措施防止污染或损坏仓面。

依据标准名称：《水工混凝土施工规范》

依据标准号：DL/T 5144—2014，条款号 6.0.7

103．运输混凝土的吊罐罐体及附件应安全可靠，不得漏浆。

依据标准名称：《水工混凝土施工规范》

依据标准号：DL/T 5144—2014，条款号 6.0.8

104．带式输送机运送混凝土时，不得违反下列要求：

（1）运送混凝土骨料粒径应满足设备性能要求。

（2）卸料处应设置挡板、卸料导管和刮板。

（3）及时清洗带式输送机上黏附的水泥砂浆，防止冲洗水流入仓内。

（4）塔带机、胎带机、布料机等卸料软管不应对接。

依据标准名称：《水工混凝土施工规范》

依据标准号：DL/T 5144—2014，条款号 6.0.9

105．溜槽（筒、管）运输混凝土时，不得违反下列要求：

（1）溜槽（筒、管）高度和混凝土坍落度应经试验论证确定。

（2）溜槽（筒、管）应设置防脱落措施，节间应连接牢固、平顺。

（3）溜槽（筒、管）内壁应光滑，浇筑前宜用砂浆润滑内壁，采用水润滑时仓面应有排水措施。

（4）运输结束或溜槽（筒、管）堵塞时应及时清洗，并防止冲洗水流入新浇筑混凝土仓内。

（5）溜管垂直运输高度超过 15m 时应设置缓冲装置。

依据标准名称：《水工混凝土施工规范》

依据标准号：DL/T 5144—2014，条款号 6.0.10

106. 泵送混凝土运输不得违反《混凝土泵送技术规范》要求。
依据标准名称:《水工混凝土施工规范》
依据标准号: DL/T 5144—2014，条款号 6.0.11

107. 建筑物地基未经验收合格后，不得进行混凝土浇筑仓面准备工作。
依据标准名称:《水工混凝土施工规范》
依据标准号: DL/T 5144—2014，条款号 7.1.1

108. 软基或易风化岩基面处理，不得违反下列要求：
（1）在软基上准备仓面时，应避免破坏或扰动原状岩土层。
（2）非黏性土壤地基湿度不够时，应至少浸湿 15cm 深度，使其湿度与最优强度时的湿度相符。
（3）湿陷性黄土地基应采取专门的处理措施。
（4）在混凝土覆盖前应做好地基保护。
依据标准名称:《水工混凝土施工规范》
依据标准号: DL/T 5144—2014，条款号 7.1.3

109. 基岩面或施工缝面处理、模板、钢筋、预埋件及止水设施等不得违反规范规定和设计要求。
依据标准名称:《水工混凝土施工规范》
依据标准号: DL/T 5144—2014，条款号 7.1.5

110. 混凝土入仓后应及时平仓振捣，不得堆积。
依据标准名称:《水工混凝土施工规范》
依据标准号: DL/T 5144—2014，条款号 7.2.3

111. 在倾斜面上浇筑混凝土时，应从低处开始浇筑，浇筑面应保持水平，并应与倾斜面垂直相交，不应出现尖角。
依据标准名称:《水工混凝土施工规范》
依据标准号: DL/T 5144—2014，条款号 7.2.4

112. 混凝土浇筑应先平仓后振捣，严禁以平仓代替振捣或以振捣代替平仓。振捣设备不得直接碰撞模板、钢筋及预埋件。
依据标准名称:《水工混凝土施工规范》
依据标准号: DL/T 5144—2014，条款号 7.2.5

113. 振捣机作业不得违反下列规定：
（1）振捣棒组应垂直插入混凝土中，振捣完毕应慢慢拔出。
（2）振捣棒组移动时，应按规定间距相接。

（3）振捣作业时，振捣棒头离模板的距离不应小于振捣棒有效作用半径的 1/2。

依据标准名称：《水工混凝土施工规范》

依据标准号：DL/T 5144—2014，条款号 7.2.6

114. 手持式振捣器作业，不得违反下列规定：

（1）振捣器插入混凝土的间距应根据试验确定，并不超过振捣器有效半径的 1.5 倍。

（2）振捣器宜垂直按顺序插入混凝土；略有倾斜时，倾斜方向应保持一致，避免漏振。

（3）浇筑止水片、止浆片等预埋件周围时，应细心振捣，可辅以人工捣固密实。

（4）浇筑流动性混凝土时，仓面应设置振捣操作平台。

依据标准名称：《水工混凝土施工规范》

依据标准号：DL/T 5144—2014，条款号 7.2.7

115. 平板式振捣器应缓慢、均匀、连续振捣，不得随意停机等待。

依据标准名称：《水工混凝土施工规范》

依据标准号：DL/T 5144—2014，条款号 7.2.8

116. 混凝土浇筑过程中，不得违反下列规定：

（1）不得在仓内加水，并避免外来水进入仓内。

（2）混凝土和易性较差时，应采取加强振捣等措施。

（3）及时排除仓内的泌水；不得在模板上开孔排水，带走灰浆。

（4）及时清除粘附在模板、钢筋和预埋件表面的砂浆。

依据标准名称：《水工混凝土施工规范》

依据标准号：DL/T 5144—2014，条款号 7.2.9

117. 混凝土浇筑间歇时间，不得违反下列要求：

（1）混凝土浇筑应保持连续性。

（2）混凝土允许浇筑间歇时间应通过试验确定，并满足设计要求；超过允许浇筑间歇时间，但混凝土能重塑的，经批准可继续浇筑。

（3）局部初凝但未超过允许面积，可在初凝部位铺水泥砂浆或铺低 1 个～2 个级配的混凝土后，继续浇筑。

依据标准名称：《水工混凝土施工规范》

依据标准号：DL/T 5144—2014，条款号 7.2.10

118. 混凝土浇筑仓面出现下列情况之一的，不得继续浇筑：

（1）混凝土初凝并超过允许面积。

（2）混凝土平均浇筑温度超过允许偏差值，并在 1h 内无法调整至允许温度范围内。

依据标准名称：《水工混凝土施工规范》

依据标准号：DL/T 5144—2014，条款号 7.2.11

119. 浇筑仓面混凝土料出现下列情况之一的，应予以挖除：

（1）不合格料。

（2）高等级混凝土部位浇筑的低等级混凝土料。

（3）不能保证混凝土振捣密实的混凝土料。

（4）已初凝未进行平仓振捣的混凝土料。

（5）长时间不凝固、超过规定时间的混凝土料。

依据标准名称:《水工混凝土施工规范》

依据标准号: DL/T 5144—2014，条款号　7.2.12

120. 混凝土抗压强度未达到2.5MPa前，不得进行下道工序的仓面准备工作。

依据标准名称:《水工混凝土施工规范》

依据标准号: DL/T 5144—2014，条款号　7.2.13

121. 达到设计顶面的混凝土表面应平整，其高程应符合设计要求。

依据标准名称:《水工混凝土施工规范》

依据标准号: DL/T 5144—2014，条款号　7.2.14

122. 有抗冲耐磨和抹面要求的混凝土，不应在雨天露天施工。

依据标准名称:《水工混凝土施工规范》

依据标准号: DL/T 5144—2014，条款号　7.3.2

123. 在小雨天气浇筑时，不得缺少下列措施：

（1）适当减少混凝土拌和用水量和出机口混凝土的坍落度，必要时可适当减小水胶比。

（2）做好新浇筑混凝土面尤其是接头部位的保护工作。

依据标准名称:《水工混凝土施工规范》

依据标准号: DL/T 5144—2014，条款号　7.3.3

124. 无防雨棚的仓面，中雨及以上的天气不得新开混凝土浇筑仓面。

依据标准名称:《水工混凝土施工规范》

依据标准号: DL/T 5144—2014，条款号　7.3.4

125. 混凝土平仓振捣完毕至终凝前，不得人为扰动或堆放重物，并避免仓面积水或曝晒。

依据标准名称:《水工混凝土施工规范》

依据标准号: DL/T 5144—2014，条款号　7.4.1

126. 混凝土应在初凝3h后潮湿养护。有抹面要求的混凝土，不得过早在表面洒水，抹面后应及时进行保湿养护。

依据标准名称：《水工混凝土施工规范》

依据标准号：DL/T 5144—2014，条款号 7.4.2

127．对建筑物棱角、过流面等重要部位，应加强混凝土表面保护。

依据标准名称：《水工混凝土施工规范》

依据标准号：DL/T 5144—2014，条款号 7.4.3

128．骨料温度控制，不应缺少下列措施：

（1）成品料仓骨料堆高不应低于 6m，并应有足够的储备。

（2）通过地下廊道取料，搭盖凉棚，粗骨料应喷雾降温。

（3）粗骨料可采用风冷、浸水、喷洒冷水等措施预冷；采用水冷法时应有脱水措施，保持骨料含水量稳定；采用风冷法时应防止小石等骨料冻仓。

（4）骨料从预冷仓到拌和楼，应采取隔热、保温措施。

依据标准名称：《水工混凝土施工规范》

依据标准号：DL/T 5144—2014，条款号 8.2.3

129．高温季节施工时，不应缺少下列措施：

（1）混凝土运输工具采取隔热遮阳措施，并缩短混凝土运输及卸料时间。

（2）混凝土入仓后及时平仓振捣，平仓振捣后及时覆盖隔热材料。

（3）采用喷雾等方法，保持混凝土浇筑仓面湿润和降低仓面气温。

（4）尽量安排在气温较低的时段进行混凝土浇筑。浇筑块尺寸较大时，可采用台阶法浇筑。

依据标准名称：《水工混凝土施工规范》

依据标准号：DL/T 5144—2014，条款号 8.2.5

130．混凝土浇筑应短间歇、均匀上升，基础等强约束区部位，不应薄层长间歇。基础混凝土和老混凝土约束区部位，分层厚度宜为 1m～2m，上、下层浇筑间歇时间宜控制在 5d～10d。采取埋设冷却水管措施，分层厚度可取 3m，层间间歇时间可适当延长。

依据标准名称：《水工混凝土施工规范》

依据标准号：DL/T 5144—2014，条款号 8.3.2

131．施工期遇气温骤降时，混凝土不得缺少表面保温及防止寒潮袭击措施。

依据标准名称：《水工混凝土施工规范》

依据标准号：DL/T 5144—2014，条款号 8.4.1

132．气温变幅较大时，长期暴露的大坝基础混凝土面及其他重要部位混凝土，应加强表面保护。

依据标准名称：《水工混凝土施工规范》

依据标准号：DL/T 5144—2014，条款号 8.4.4

133. 大体积混凝土的封闭块、预留宽槽等预留块混凝土，应在两侧老混凝土温度、龄期达到设计要求后选择有利时机进行回填，并应采取温控措施。

依据标准名称：《水工混凝土施工规范》

依据标准号：DL/T 5144—2014，条款号 8.5.2

134. 应及时对温度监测资料进行分析，对温度控制效果进行评价，控制基础温差、内外温差和上下层温差以及混凝土温度过程线满足设计要求。

依据标准名称：《水工混凝土施工规范》

依据标准号：DL/T 5144—2014，条款号 8.6.6

135. 低温季节混凝土施工方法，不得违反下列要求：

（1）温和地区应采用蓄热法，风沙大的地区应采取防风设施；

（2）严寒和寒冷地区预计日平均气温在－10℃以上时，应采用蓄热法；日平均气温在－10℃以下时，可采用综合蓄热法等；日平均气温在－20℃以下时不应施工。

依据标准名称：《水工混凝土施工规范》

依据标准号：DL/T 5144—2014，条款号 9.1.3

136. 采用蓄热法施工，不得违反下列规定：

（1）保温模板应严密，孔洞和接头处等的保温层应搭接牢固，并保证施工质量。

（2）有孔洞和迎风面的部位，应增设挡风保温设施。

（3）混凝土浇筑完毕后应使用不易吸潮的保温材料立即覆盖保温。

依据标准名称：《水工混凝土施工规范》

依据标准号：DL/T 5144—2014，条款号 9.1.4

137. 混凝土早期允许受冻临界强度，应满足下列要求：

（1）大体积混凝土不应低于7MPa或成熟度不低于1800℃•h。

（2）非大体积混凝土和钢筋混凝土不应低于设计强度的85%。

依据标准名称：《水工混凝土施工规范》

依据标准号：DL/T 5144—2014，条款号 9.1.5

138. 严寒或寒冷地区低温季节施工，施工部位应相对集中。有保温要求的混凝土，应采取抗冻保护或越冬保温措施。

依据标准名称：《水工混凝土施工规范》

依据标准号：DL/T 5144—2014，条款号 9.1.7

139. 外加剂溶液不得直接用蒸汽加热。水泥不得直接加热。

依据标准名称：《水工混凝土施工规范》

依据标准号：DL/T 5144—2014，条款号 9.2.4

140. 混凝土浇筑温度应符合设计要求，并保持均匀，减少波动；温和地区不应低于3℃，严寒和寒冷地区采用综合蓄热法时不应低于5℃。

依据标准名称：《水工混凝土施工规范》

依据标准号：DL/T 5144—2014，条款号 9.3.4

141. 浇筑混凝土时不得将冰雪、冰块带入仓内。

依据标准名称：《水工混凝土施工规范》

依据标准号：DL/T 5144—2014，条款号 9.3.5

142. 不得在夜间和预计气温骤降时段内拆模。

依据标准名称：《水工混凝土施工规范》

依据标准号：DL/T 5144—2014，条款号 9.3.8

143. 施工期温度监测，不得违反下列要求：

（1）人工测温时每天应至少测量4次。

（2）采用综合蓄热法施工，暖棚内气温每4h测1次，以距混凝土面50cm测量的四边角和中心温度平均值为准。

（3）水、外加剂及骨料温度，每1h测1次；测温仪插入深度应不小于10cm，测量粗骨料温度时插入深度还应大于骨料粒径1.5倍，且周围用细粒径充填。

（4）混凝土出机口温度、运输温度损失及浇筑温度，可每2h测量1次或根据需要测量；温度传感器或温度计插入深度应不小于10cm。

（5）已浇筑混凝土块体内部温度，可用电阻式温度计或热电偶等仪器监测，也可埋设测温孔使用温度传感器、玻璃温度计测量，测温孔孔深应大于15cm，孔内灌满液体介质。

（6）大体积混凝土浇筑后温和地区3d内、严寒和寒冷地区7d内，应加密监测内部温度变化，每8h监测1次，其后每12h监测1次；外部混凝土每天应监测最高、最低温度。

（7）气温骤降和寒潮期间，应增加温度监测次数。

依据标准名称：《水工混凝土施工规范》

依据标准号：DL/T 5144—2014，条款号 9.4.1

144. 预埋件的结构型式、位置、尺寸，以及材料品种、规格、性能指标不得违反设计和有关标准要求。

依据标准名称：《水工混凝土施工规范》

依据标准号：DL/T 5144—2014，条款号 10.1.1

145. 止水片（带）的施工，不得违反下列规定：

（1）止水片（带）应平整，表面的浮皮、锈污、油渍应清除干净；铜止水片和不锈钢止水片砂眼、钉孔、裂纹应焊补；聚氯乙烯（PVC）或橡胶止水带有变形、裂纹和撕裂不得使用。

（2）铜止水、不锈钢止水片的十字接头和T型接头应在工厂加工制作，其接头的抽查数量不少于接头总数的20%。

（3）在现场连接的接头，应逐个进行外观或渗透检查，必要时应进行强度检查，抗拉强度不应低于母材强度的75%。

（4）止水片（带）安装应由模板夹紧定位，支撑牢固。铜止水片和不锈钢止水片定位后应在鼻子空腔内满填塑性材料。

（5）表面止水带应采用专门的或经试验论证的紧固件固定，紧固件应密闭、可靠。

（6）水平止水片（带）上、下30cm范围内，不应设置水平施工缝；无法避免时，应采取措施将止水片（带）埋入或留出。

依据标准名称：《水工混凝土施工规范》

依据标准号：DL/T 5144—2014，条款号 10.2.1

146. 止水基座的施工，不得违反下列规定：

（1）接缝止水基座挖槽，应符合设计要求，并按建基面要求清除松动岩块和浮渣，冲洗干净；基座混凝土应振捣密实，混凝土抗压强度达2.5MPa后方可开始下道工序准备工作，混凝土抗压强度达10MPa后方可浇筑上部混凝土。

（2）坝基止水槽、止水堤（梗）基础应按建基面要求验收合格。基座混凝土外露面应涂刷隔离剂，并不得污染其他部位。

依据标准名称：《水工混凝土施工规范》

依据标准号：DL/T 5144—2014，条款号 10.2.2

147. 沥青止水井的施工，不得违反下列规定：

（1）沥青和沥青混合物等填料配合比，应按设计要求通过试验确定，且同一沥青井内的填料材料和配合比应相同。

（2）沥青井应采用预制的填料柱，全部形成后沥青填料应通电或蒸气加热熔化1次，补满填料后井口加盖。

依据标准名称：《水工混凝土施工规范》

依据标准号：DL/T 5144—2014，条款号 10.2.3

148. 伸缩缝缝面填料的施工，不得违反下列规定：

（1）伸缩缝缝面应平整、洁净。蜂窝麻面应填平，外露金属件应割除。缝面填料、厚度应符合设计要求。

（2）缝面应干燥，先刷冷底子油，再按顺序粘贴；其高度不得低于混凝土收仓面高度。

（3）坝体两道止水之间的排水槽应保证通畅。

依据标准名称：《水工混凝土施工规范》

依据标准号：DL/T 5144—2014，条款号 10.2.4

149. 排水设施施工，不得违反下列规定：

（1）坝基排水孔应在相邻 30m 范围内帷幕灌浆完成后进行施工。

（2）岩基的排水孔的允许偏差，应符合设计要求。

（3）岩基排水孔冲洗，应至回水澄清并持续 10min 结束；孔口应采取保护措施，防止污水、污物等流入孔内。

（4）排水孔孔口装置加工，应符合设计要求，并进行防锈处理；孔口装置安装应连接牢固，不得有渗水、漏水现象。

（5）基岩水平排水管（道）和岩基排水廊道的接头及基岩面的接触处应密合；管（道）、基岩排水沟内杂物应清除干净，保证通畅。

依据标准名称：《水工混凝土施工规范》

依据标准号：DL/T 5144—2014，条款号 10.2.5

150. 管路安装及接头应牢固、可靠，不得漏水、漏气。管内不得漏入水泥浆。

依据标准名称：《水工混凝土施工规范》

依据标准号：DL/T 5144—2014，条款号 10.3.2

151. 锚固在岩基或混凝土上的锚筋，不得违反下列规定：

（1）钻孔位置偏差：柱子的锚筋小于 2cm；钢筋网的锚筋小于 5cm。

（2）钻孔底部的孔径应大于锚筋直径 20mm；岩石部分的钻孔深度，不得浅于设计深度；在全孔深度内钻孔倾斜度不得超过 5%。

（3）锚筋埋设应牢固，孔内砂浆强度达到 2.5MPa 时，方可进行下道工序。

依据标准名称：《水工混凝土施工规范》

依据标准号：DL/T 5144—2014，条款号 10.4.5

152. 用于起重运输的吊钩或金属环，应经计算确定，必要时应进行荷载试验。其材质应满足设计要求，混凝土未达到设计强度不得使用。

依据标准名称：《水工混凝土施工规范》

依据标准号：DL/T 5144—2014，条款号 10.4.6

153. 爬梯、扶手及栏杆预埋件的埋入深度应符合设计要求。未经安全检查验收，不得启用。

依据标准名称：《水工混凝土施工规范》

依据标准号：DL/T 5144—2014，条款号 10.4.7

154. 每个监测仪器在其电缆上的编号不得少于 3 处，且编号间距不大于 20m。

依据标准名称：《水工混凝土施工规范》

依据标准号：DL/T 5144—2014，条款号 10.5.2

155. 掺合料进场检验，不得违反下列规定：

（1）粉煤灰、矿渣粉、磷渣粉等材料进场检验，应按连续供应的同厂家、同种类、同等级进行编号和取样，以不超过200t为一取样单位；硅灰以不超过20t为一取样单位。

（2）主控项目应每批次检验1次，一般项目可按5批次～7批次检验1次。

依据标准名称：《水工混凝土施工规范》

依据标准号：DL/T 5144—2014，条款号 11.2.2

156. 骨料生产和进场检验，不得违反下列规定：

（1）应按要求进行骨料的生产检验；主控项目每8h检测不应少于1次，一般项目每月检验不应少于2次。

（2）成品骨料出厂时，每批应有产地、类别、规格、数量、检验日期、检测项目及结果、结论等内容的产品质检报告。

（3）使用单位应进行骨料进场检验，粗骨料按同料源同规格、细骨料按同料源进行，骨料主控项目每8h检验不应少于1次。

（4）生产单位和使用单位应分别每月至少进行1次全面检验。必要时应定期进行碱活性检验。

依据标准名称：《水工混凝土施工规范》

据标准号：DL/T 5144—2014，条款号 11.2.4

157. 混凝土拌制应严格按混凝土施工配合比和配料单进行配料和拌和，不得擅自更改。

依据标准名称：《水工混凝土施工规范》

依据标准号：DL/T 5144—2014，条款号 11.3.1

158. 拆模后应及时检查混凝土外观质量。发现裂缝、蜂窝、麻面、错台和跑模等质量缺陷，应按设计要求进行处理。对混凝土强度或内部质量存疑时，应采取无损检测以及钻孔取芯、压水试验等方法进行检查复核。

依据标准名称：《水工混凝土施工规范》

依据标准号：DL/T 5144—2014，条款号 11.4.3

159. 设计龄期混凝土抗渗性应满足设计要求；设计龄期混凝土抗冻性合格率不应低于80%。

依据标准名称：《水工混凝土施工规范》

依据标准号：DL/T 5144—2014，条款号 11.7.6

160. 大体积混凝土建筑物施工过程中，应适时进行钻孔取芯和压水试验，不得违反下列要求：

（1）大体积混凝土钻孔取芯数量为（2m～10m）/1万m^3。

（2）钢筋混凝土结构应以无损检测为主。

（3）混凝土芯样试验项目应包括抗压、抗拉或劈拉、抗渗、抗冻、极限拉伸以及弹

性模量等。

依据标准名称：《水工混凝土施工规范》

依据标准号：DL/T 5144—2014，条款号 11.8.2

161. 预制构件的吊环，不得采用冷加工钢筋。

依据标准名称：《水工混凝土钢筋施工规范》

依据标准号：DL/T 5169—2013，条款号 3.1.2

162. 现场钢筋检验不得缺少资料核查、外观检查和力学性能试验等内容。

依据标准名称：《水工混凝土钢筋施工规范》

依据标准号：DL/T 5169—2013，条款号 3.2.2

163. 当施工过程中发现钢筋脆断、焊接性能不良或机械性能异常时，应对该批钢筋进行化学成分检验及其他专项检验。

依据标准名称：《水工混凝土钢筋施工规范》

依据标准号：DL/T 5169—2013，条款号 3.2.6

164. 钢筋不得和酸、盐、油等物品存放在一起，堆放地点应远离有害气体。

依据标准名称：《水工混凝土钢筋施工规范》

依据标准号：DL/T 5169—2013，条款号 3.3.3

165. 设计主筋采取同钢号的钢筋代换时，应保持间距不变，应用直径比设计钢筋直径大一级和小一级的两种型号钢筋间隔配置代换，满足钢筋最小间距要求。

依据标准名称：《水工混凝土钢筋施工规范》

依据标准号：DL/T 5169—2013，条款号 3.4.4

166. 钢筋接头的切割方式，不得违反下列规定：

（1）采用绑扎接头、帮条焊、搭接焊的接头应用机械切断机切割。

（2）采用电渣压力焊的接头，应用砂轮锯或气焊切割。

（3）采用冷挤压连接和螺纹连接的机械连接钢筋端头应用砂轮锯或钢锯片切割，不得采用电气焊切割。冷挤压接头不得打磨钢筋横肋。

（4）采用熔槽焊、窄间隙焊和气压焊连接的钢筋端头应用砂轮锯切割。

（5）其他新型接头的切割应按工艺要求进行。

依据标准名称：《水工混凝土钢筋施工规范》

依据标准号：DL/T 5169—2013，条款号 4.3.4

167. 成品钢筋的存放不得缺少有效的防锈措施，若存放过程中发生成品钢筋变形或锈蚀，应矫正、除锈后重新鉴定，确定处理办法。

依据标准名称：《水工混凝土钢筋施工规范》

依据标准号：DL/T 5169—2013，条款号 4.5.3

168．锥（直）螺纹连接的钢筋端部螺纹保护帽 在存放及运输装卸过程中不得取下。
依据标准名称：《水工混凝土钢筋施工规范》
依据标准号：DL/T 5169—2013，条款号 4.5.4

169．钢筋调直后如发现钢筋有劈裂现象，不得使用，并应鉴定该批钢筋质量。
依据标准名称：《水工混凝土钢筋施工规范》
依据标准号：DL/T 5169—2013，条款号 4.2.1

170．钢筋的调直严禁采用氧气、乙炔焰烘烤取直。
依据标准名称：《水工混凝土钢筋施工规范》
依据标准号：DL/T 5169—2013，条款号 4.2.2

171．钢筋接头施焊前应进行现场条件下的焊接工艺试验，试验合格，方可正式焊接。
依据标准名称：《水工混凝土钢筋施工规范》
依据标准号：DL/T 5169—2013，条款号 5.1.3

172．钢筋电弧焊不得违反下列要求：
（1）应根据钢筋牌号、直径、接头形式和焊接位置，选择焊接材料，确定焊接工艺和焊接参数。
（2）焊接时，引弧应在垫板、帮条或形成焊缝的部位进行，不得烧伤主筋。
（3）焊接过程中应及时清渣，焊缝表面应平整，焊缝余高应平缓过渡，弧坑应填满。
依据标准名称：《水工混凝土钢筋施工规范》
依据标准号：DL/T 5169—2013，条款号 5.1.4

173．进行闪光对焊、电阻电焊、电渣压力焊、埋弧压力焊时，应观察电源电压波动情况，当电源电压下降达到5%～8%，应提高焊接变压器级数；当大于或等于8%时，不得进行焊接。
依据标准名称：《水工混凝土钢筋施工规范》
依据标准号：DL/T 5169—2013，条款号 5.1.7

174．钢筋套筒挤压连接，不得违反下列要求：
（1）钢筋的外形应符合钢筋标准的要求。
（2）套筒材质应采用低碳钢制作，厚度、长度应满足设计要求。
（3）连接用的模具形状、挤压道次、挤压变形量控制均应符合设计要求。
（4）接头部位的混凝土保护层可比混凝土设计规定的最小厚度小 5mm，但不小于15mm。钢筋间距不小于50mm。
（5）轴线倾斜应不小于或等于±3mm，X、Y、Z三向位置偏差应小于或等于15mm。

依据标准名称：《水工混凝土钢筋施工规范》

依据标准号：DL/T 5169—2013，条款号 5.2.2

175．钢筋锥（直）螺纹连接，不得违反下列要求：

（1）接头的设计应满足强度及变形性能的要求。

（2）接头连接件的屈服承载力和受拉承载力标准值不应小于被连接钢筋的屈服承载力和受拉承载力标准值的1.10倍。

（3）接头应根据其性能等级和应用场合，对单向拉伸性能、高应力反复拉压、大变形反复拉压、抗疲劳等各项性能确定相应的检验项目。

（4）接头应根据抗拉强度、参与变形以及高应力和大变形条件下反复拉压性能的差异，分为A、B、C三个性能等级。各级接头的抗拉强度、变形性能应符合规范的规定。

依据标准名称：《水工混凝土钢筋施工规范》

依据标准号：DL/T 5169—2013，条款号 5.2.3

176．钢筋电弧搭接焊，不得违反下列要求：

（1）搭接焊接接头的两根钢筋的轴线宜位于同一直线上。

（2）搭接焊接缝高度应为被焊接钢筋直径的0.25倍，且不小于4mm；焊缝的宽度应为被焊接钢筋直接的0.7倍，且不小于10mm。

（3）钢筋搭接焊时应采用双面焊。

（4）直径小于10mm的钢筋采用搭接电弧焊接时，其焊缝高度、宽度应根据试验确定。

依据标准名称：《水工混凝土钢筋施工规范》

依据标准号：DL/T 5169—2013，条款号 5.2.4

177．电渣压力焊，不得违反下列要求：

（1）电渣压力焊接适用于现浇钢筋混凝土结构中竖向或斜向钢筋的连接。

（2）电渣压力焊宜采用铁丝圈引燃法及HJ431焊剂进行焊接，焊接前应进行焊接工艺试验。

（3）电渣压力焊焊机容量应根据所焊钢筋直径选定。

（4）焊接夹具应具有足够的刚度，夹具形式、型号应与焊接钢筋配套，上下钳口应同心。

依据标准名称：《水工混凝土钢筋施工规范》

依据标准号：DL/T 5169—2013，条款号 5.2.9

178．焊接材料应按规定要求烘干。

依据标准名称：《水工混凝土钢筋施工规范》

依据标准号：DL/T 5169—2013，条款号 5.1.6

179．绑扎连接，不得违反下列要求：

（1）受拉钢筋直径不得大于22mm，受压钢筋直径不得小于32mm。

（2）受拉区域内的光圆钢筋绑扎接头的末端应做弯钩，螺纹钢筋的绑扎接头末端不做弯钩。

（3）轴心受拉、小偏心受拉及直接承受动力荷载的构件，纵向受力钢筋不得采用绑扎连接。

（4）钢筋搭接处，应在中心和两端用绑丝扎牢，绑扎不得少于3道。

（5）钢筋采用绑扎搭接接头时，纵向受拉钢筋的接头搭接长度按受拉钢筋最小锚固长度值控制。

依据标准名称：《水工混凝土钢筋施工规范》

依据标准号：DL/T 5169—2013，条款号 5.2.1

180. 钢筋电弧帮条焊，不得违反下列要求：

（1）当主筋为HPB235级钢筋时，帮条的总截面面积不应小于主筋截面面积的1.2倍；当主筋为HRB335、HRB400级钢筋时，不应小于主筋截面面积的1.5倍。

（2）帮条应采用与主筋同牌号、同直径的钢筋。

（3）帮条焊接头的焊缝高度不应小于主筋直径的0.3倍；焊缝宽度不应小于主筋直径的0.8倍。两主筋端面的间隙应为2mm～5mm。

（4）对直径小于10mm的钢筋采用帮条电弧焊焊接时，其焊缝高度、宽度应根据试验确定。

（5）焊接时，应在帮条焊形成焊缝中引弧；在端头收弧前应填满弧坑，并应使主焊缝与定位焊缝的始端和终端熔合。

依据标准名称：《水工混凝土钢筋施工规范》

依据标准号：DL/T 5169—2013，条款号 5.2.5

181. 钢筋电弧熔槽焊，不得违反下列要求：

（1）熔槽焊应用于直径大于20mm的钢筋现场连接，焊接时应加角钢作垫板模。

（2）角钢尺寸和焊接工艺：角钢边长应为40mm～60mm；钢筋端头应加工平整；从接缝处垫板引弧后应连续施焊，并应使钢筋端部熔合，防止未焊透、气孔或夹渣；焊接过程中应停焊清渣1次，焊平后，再进行焊缝余高的焊接，其高度不小于3mm；钢筋与角钢垫板之间，应加焊侧面焊缝1层～3层，焊缝应饱满，表面应平整。

依据标准名称：《水工混凝土钢筋施工规范》

依据标准号：DL/T 5169—2013，条款号 5.2.6

182. 钢筋电弧窄间隙焊，不得违反下列要求：

（1）窄间隙焊适用于直径16mm及以上钢筋的现场水平连接。

（2）钢筋端面应平整。

（3）钢筋被焊端部300mm长度内应平直。

（4）窄间隙焊模具采用紫铜制作。

（5）每批钢筋开焊前，应进行现场条件下的焊接性能试验，确定焊接工艺和参数。

依据标准名称:《水工混凝土钢筋施工规范》
依据标准号: DL/T 5169—2013，条款号 5.2.7

183. 坡口焊不得违反符合下列要求:

（1）坡口焊接接头应分为平焊和横焊两种。

（2）坡口面应平顺，切口边缘不得有裂纹、钝边和缺棱。

（3）钢垫板厚度应为 4mm～6mm，长度应为 40mm～60mm。

（4）焊缝的宽度应大于 V 形坡口的边缘 2mm～3mm，焊缝余高为 2mm～4mm，并平缓过渡至钢筋表面。

（5）钢筋与钢垫板之间，应加焊二、三层侧面焊缝。

依据标准名称:《水工混凝土钢筋施工规范》
依据标准号: DL/T 5169—2013，条款号 5.2.8

184. 闪光对焊不得违反下列要求:

（1）采用不同直径的钢筋进行闪光对焊时，直径相差宜为一级，且不大于 4mm。

（2）连续闪光焊所能焊接的钢筋上限直径，应根据焊机容量、钢筋牌号等具体情况而定。

（3）闪光对焊时，应选择合适的调伸长度、烧化留量、顶锻留量等焊接参数。

（4）RRB400 钢筋闪光对焊时，与热轧钢筋比较，应减小调伸长度，提高焊接变压器级数，缩短加热时间。

（5）HRB500 钢筋焊接时，应采用预热闪光焊或闪光—预热闪光焊工艺。

（6）当螺丝端杆与预应力钢筋对焊时，轴线应一致。

（7）在闪光对焊生产中，当出现异常现象或焊接缺陷时，应查找原因，采取措施，及时消除。

（8）箍筋闪光对焊断面应平整，焊点位置应设在箍筋受力较小一边。

依据标准名称:《水工混凝土钢筋施工规范》
依据标准号: DL/T 5169—2013，条款号 5.2.10

185. 气压焊接不得违反下列要求:

（1）气压焊适用于钢筋在垂直位置、水平位置或倾斜位置的对接焊接。

（2）气压焊按加热温度和工艺方法的不同，可分为熔态气压焊（开式）和固态气压焊（闭式）两种；在一般情况下，应优先采用熔态气压焊。

（3）气压焊应满足焊接工艺要求。

（4）在加热过程中，当在钢筋端面缝隙完全密合之前发生灭火中断现象时，应将钢筋取下重新打磨、安装，然后点燃火焰进行焊接。当发生在钢筋端面缝隙完全密合之后，可继续加热加压。

依据标准名称:《水工混凝土钢筋施工规范》
依据标准号: DL/T 5169—2013，条款号 5.2.11

186. 钢筋电阻点焊不得违反下列要求：两根直径不同的钢筋焊接，焊接骨架较小钢筋直径 $d\leqslant$10mm 时，钢筋直径之比不应大于 3；当较小钢筋直径为 12mm～16mm 时，钢筋直径之比不应大于 2。

依据标准名称：《水工混凝土钢筋施工规范》

依据标准号：DL/T 5169—2013，条款号　5.2.12

187. 钢筋接头应分散布置，不应设置在受力较大处，同一构件中的纵向受力钢筋接头应相互错开，结构构件中纵向受力钢筋的接头应相互错开 35*d*（*d* 为纵向受力钢筋的较大直径）且不小于 500mm。

依据标准名称：《水工混凝土钢筋施工规范》

依据标准号：DL/T 5169—2013，条款号　5.3.1

188. 配置在同一截面内的下述受力钢筋，其焊接与绑扎接头的截面面积占受力钢筋总截面面积的百分率，不得违反下列规定：

（1）绑扎接头，在构件的受拉区中不超过 25%，在受压区不宜超过 50%。

（2）闪光对焊、熔槽焊、电渣压力焊、气压焊、窄间隙焊接头在受弯构件的受拉区，不超过 50%。在受压区不受限制。

（3）焊接与绑扎接头距离钢筋弯头起点不小于 10*d*，也不应位于最大弯矩处。

依据标准名称：《水工混凝土钢筋施工规范》

依据标准号：DL/T 5169—2013，条款号　5.3.2

189. 套筒挤压钢筋连接安装，应符合下列要求：

（1）钢筋端部不得有局部弯曲、不得有严重锈蚀和附着物。

（2）钢筋端部应有检查插入套筒深度的明显标记，钢筋端头离套筒长度中点不应超过 10mm。

（3）挤压后的套筒不得有肉眼可见裂纹。

依据标准名称：《水工混凝土钢筋施工规范》

依据标准号：DL/T 5169—2013，条款号　6.3.1

190. 钢筋安装时应保证其净保护层厚度满足水工混凝土结构设计规范或设计文件规定的要求；梁、次梁、柱等的交叉部位，钢筋的净保护层不小于 10mm。

依据标准名称：《水工混凝土钢筋施工规范》

依据标准号：DL/T 5169—2013，条款号　6.4.1

191. 钢筋安装完毕，应按照设计文件和本规范的规定进行检查验收，并做记录。钢筋验收后长期暴露的，应在混凝土浇筑之前，按上述规定重新检查，验收合格后方能浇筑混凝土。

依据标准名称：《水工混凝土钢筋施工规范》

依据标准号：DL/T 5169—2013，条款号　6.7.1

192．安装好的钢筋由于长期暴露而生锈时，应进行现场除锈。对于钢筋锈蚀截面积缩小2%以上时应采取措施或予以更换。

依据标准名称:《水工混凝土钢筋施工规范》

依据标准号: DL/T 5169—2013，条款号 6.7.2

193．混凝土浇筑过程中，未经允许，严禁擅自移动或割除钢筋。

依据标准名称:《水工混凝土钢筋施工规范》

依据标准号: DL/T 5169—2013，条款号 6.7.3

194．钢筋加工过程质量检查，不得违反下列规定:

（1）领料要检验原材料出场合格证、检验报告和外观质量。

（2）检查配料表中的钢筋型号、尺寸、数量是否与设计相符。

（3）检查加工后的钢筋有没有起皮、裂纹。

（4）检查弯曲成形的钢筋尺寸、形状、弯起角度是否符合设计要求。

依据标准名称:《水工混凝土钢筋施工规范》

依据标准号: DL/T 5169—2013，条款号 7.2.1

195．钢筋绑扎连接质量检查与控制，不得违反下列要求:

（1）接头分布、接头面积分布率和接头连接区段的长度符合规范的要求。

（2）钢筋绑扎接头缺扣、松扣的数量不应超过绑扎数量的10%，且不应集中。

依据标准名称:《水工混凝土钢筋施工规范》

依据标准号: DL/T 5169—2013，条款号 7.3.1

196．钢筋机械连接质量检查与控制，不得违反下列要求:

（1）接头的现场检验应按验收批进行。同一施工条件下采用同一批材料的同等级、同型式、同规格接头，应以500个为一个验收批，不足500个也应作为一个验收批。

（2）对每种型式、级别、规格、材料、工艺的钢筋机械连接接头，型式检验试件不应少于9个：单向拉伸试件不应少于3个，高应力反复拉压试件不应少于3个，大变形反复拉压试件不应少于3个。同时应另取3根钢筋试件作抗拉强度试验。全部试件均应在同一根钢筋上截取。

（3）锥（直）螺纹钢筋接头型式检验应按照相关规定进行。

（4）接头安装前应检查连接套合格证及表面生产批号标识；产品合格证应包括适用钢筋直径和接头性能等级、套筒类型、生产单位、生产日期以及可追溯产品原材料力学性能和加工质量的生产批号。

（5）现场截取抽样试件后，原接头位置的钢筋可采用同等规格的钢筋进行搭接连接，或采用焊接及机械连接方法补接。

依据标准名称:《水工混凝土钢筋施工规范》

依据标准号: DL/T 5169—2013，条款号 7.3.2

197. 钢筋电弧焊接质量检查与控制，不得违反下列要求：

（1）电弧焊接头的质量检验，应分批进行外观检查和力学性能检验，在现浇混凝土结构中，应以 300 个同牌号钢筋、同型式接头作为一批；每批随机切取 3 个接头，做拉伸试验。

（2）电弧焊接头外观焊缝表面应平整，不得有凹陷或焊瘤；焊接接头区域不得有肉眼可见的裂纹；咬边深度、气孔、夹渣等缺陷允许值及接头尺寸的允许偏差，应符合规定。

（3）当模拟试件试验结果不符合要求时，应进行复验。复验应从现场焊接接头中切取，其数量和要求与初始试验时相同。

（4）水平钢筋窄间隙焊的接头，在去除模具后应进行全部外观检查。外观检查不合格的接头，应切除 0.3 倍钢筋直径的热影响区后重焊或采取补强措施。

（5）在同一批中若有几种不同直径的钢筋焊接接头，应在最大直径钢筋接头和最小直径钢筋接头中分别切取 3 个试件进行拉伸试验。

依据标准名称:《水工混凝土钢筋施工规范》

依据标准号: DL/T 5169—2013，条款号　7.3.3

198. 电渣压力焊质量检查与控制，不得违反下列要求：

（1）电渣压力焊接头的质量检验，应以 300 个同牌号钢筋接头作为一批；在房屋结构，应在不超过二楼层中 300 个同牌号钢筋接头作为一批；当不足 300 个接头时，应作为一批。每批随机切取 3 个接头做拉伸试验。

（2）电渣压力焊接头外观：四周焊包凸出钢筋表面的高度，当钢筋直径为 25mm 及以下时，不得小于 4mm；当钢筋直径为 28mm 及以上时，不得小于 6mm；钢筋与电极接触处，应无烧伤缺陷；接头处的轴线偏移不得大于钢筋直径的 0.1 倍，且不得大于 2mm。

依据标准名称:《水工混凝土钢筋施工规范》

依据标准号: DL/T 5169—2013，条款号　7.3.4

199. 闪光对焊质量检查与控制，不得违反下列要求：

（1）闪光对焊接头的质量检验：在同一台班内，由同一焊工完成的 300 个同牌号、同直径钢筋焊接接头应作为一检验批批，不足 300 个接头时，应按一批计算；力学性能检验时，应从每批接头中随机切取 6 个接头，其中 3 个做拉伸试验，3 个做弯曲试验。

（2）闪光对焊接头外观：接头处不得有横向裂纹，与电极接触处的钢筋表面不得有明显烧伤，接头处的弯折角不得大于 4°，接头处的轴线偏移不得大于钢筋直径的 0.15 倍，且不得大于 4mm，外观检查不合格的接头，应剔出重焊。

（3）箍筋闪光对焊接头的质量检验：当钢筋直径为 10mm 及以下，为 1200 个；钢筋直径为 12mm 及以上，为 600 个。应按同一焊工完成的不超过上述数量同钢筋牌号、同直径的箍筋闪光对焊接头作为一个检验批。每个检验批随机抽取 5%个箍筋闪光对焊接头作外观检查；随机切取 3 个对焊接头做拉伸试验。

（4）箍筋闪光对焊接头外观表面应呈圆滑状，不得有横向裂纹，轴线偏移不大于钢筋直径 0.1 倍，弯折角度不得大于 4°，对焊接头所在直线边凹凸不得大于 5mm，对焊箍筋内净空尺寸的允许偏差在±5mm 之内，与电极接触无明显烧伤。

依据标准名称:《水工混凝土钢筋施工规范》

依据标准号：DL/T 5169—2013，条款号 7.3.5

200. 气压焊接质量检查与控制，不得违反下列要求：

（1）气压焊接头的质量检验，在现浇钢筋混凝土结构中，应以300个同牌号钢筋接头作为一批；不足300个接头时，仍应作为一批。

在柱、墙的竖向钢筋连接中，应从每批接头中随机切取3个接头做拉伸试验；在梁、板的水平钢筋连接中，应另切取3个接头做弯曲试验。

（2）气压焊接头外观接头处的轴线偏移 e 不得大于钢筋直径的0.15倍，且不得大于4mm；当不同直径钢筋焊接时，应按较小钢筋直径计算。

接头处的弯折角不得大于4°；气压焊接头镦粗直径不得小于钢筋直径的1.4倍；镦粗长度不得小于钢筋直径的1.2倍，且凸起部分平缓圆滑。

依据标准名称：《水工混凝土钢筋施工规范》

依据标准号：DL/T 5169—2013，条款号 7.3.6

201. 钢筋电阻点焊质量检查与控制，不得违反下列要求：

（1）应保持电极与钢筋之间接触面的清洁平整。

（2）钢筋电阻点焊接头按在同一台班内，由同一个焊工完成的300个同牌号、同直径钢筋焊接接头应作为一检验批。当同一台班内焊接的接头数量较少，可在一周之内累计计算；不足300个，应按一批计算。

（3）力学性能检验时，应从每批接头中随机切取6个接头，其中3个做拉伸试验，3个做弯曲试验。

依据标准名称：《水工混凝土钢筋施工规范》

依据标准号：DL/T 5169—2013，条款号 7.3.7

202. 预埋件钢筋电弧焊T形接头质量检查与控制，不得违反下列要求：

（1）预埋件钢筋T形接头的外观检查，应从同一台班内完成的同类型预埋件中抽查5%，且不得少于10件。

（2）当进行力学性能检验时，应以300件同类型预埋件作为一批。一周内连续焊接时，可累计计算。不足300件时，按一批计算。

（3）每批预埋件中随机切取3个接头做拉伸试验，试件的钢筋长度应大于或等于200mm，钢板的长度和宽度均应大于或等于60mm，并视钢筋直径而定。

（4）预埋件钢筋电弧焊T形接头外观表面不得有气孔、夹渣和肉眼可见裂纹，钢筋咬边深度不得超过0.5mm，钢筋相对钢板的直角偏差不得大于4°。预埋件外观检查结果，当有2个接头不符合上述要求时，应对全数接头的这一项目进行检查，并剔出不合格品。

依据标准名称：《水工混凝土钢筋施工规范》

依据标准号：DL/T 5169—2013，条款号 7.3.8

203. 预埋件钢筋埋弧压力焊质量检查与控制，不得违反下列要求：

（1）钢筋埋弧焊接头的外观检查，应从同一台班内完成的同类型成品件中抽查5%，且不得少于10件。

（2）应以300个同牌号钢筋接头作为一批；不足300个的，应作为一批。

（3）预埋件钢筋埋弧压力焊接头的外观应焊包均匀，钢筋咬边深度不得超过0.5mm，与钳口接触处的钢筋表面无明显烧伤，钢板无焊穿、凹陷现象，钢筋相对钢板的直角偏差不大于4°，钢筋间距偏差不大于±10mm。

依据标准名称：《水工混凝土钢筋施工规范》

依据标准号：DL/T 5169—2013，条款号 7.3.9

204. 所有焊接及机械连接接头必须进行外观检验，验收不合格，不得进行下一工序施工。

依据标准名称：《水工混凝土钢筋施工规范》

依据标准号：DL/T 5169—2013，条款号 7.4.1

205. 特殊情况下的环氧树脂砂浆人工拌和时，需要注意容器边角部分的材料翻拌均匀。

依据标准名称：《环氧树脂砂浆技术规程》

依据标准号：DL/T 5193—2004，条款号 6.4.3

206. 环氧砂浆的施工工艺和技术要求：环氧砂浆涂层提浆收面后，不得有明显的搭接痕迹、下坠、裂纹、起泡、麻面等现象。应及时处理，严重者必须凿除重抹。

依据标准名称：《环氧树脂砂浆技术规程》

依据标准号：DL/T 5193—2005，条款号 6.5.2

207. 不得选用低分子量、挥发性大的胺类如乙二胺、二乙烯三胺等做环氧树脂砂浆的固化剂。

依据标准名称：《环氧树脂砂浆技术规程》

依据标准号：DL/T 5193—2005，条款号 4.1.2

208. 泄水建筑物的边坡和出口岸坡不得缺少防护设置，防止掉石、滚石进入槽内，防止漩涡和环流挟沙石对消力池、护坦、水垫塘、尾水渠（管）等建筑物的严重磨损。

依据标准名称：《水工建筑物抗冲磨防空蚀混凝土技术规范》

依据标准号：DL/T 5207—2005，条款号 5.2.5

209. 含沙高速水流方向和建筑物侧墙平面夹角大于10º时，应提高侧墙混凝土的强度等级。

依据标准名称：《水工建筑物抗冲磨防空蚀混凝土技术规范》

依据标准号：DL/T 5207—2005，条款号 5.2.7

210．抗冲磨混凝土钢筋保护层厚度不得小于 10cm。

依据标准名称：《水工建筑物抗冲磨防空蚀混凝土技术规范》

依据标准号：DL/T 5207—2005，条款号 5.2.8

211．抗冲磨混凝土侧墙厚度不应小于 20cm，底板厚度不应小于 30cm。

依据标准名称：《水工建筑物抗冲磨防空蚀混凝土技术规范》

依据标准号：DL/T 5207—2005，条款号 5.2.9

212．泄水建筑物下列部位，不得缺少防空蚀措施：

（1）闸门槽、堰顶附近、弯曲段、水流边界突变（不连续或不规则）处。

（2）反弧段、鼻坎、分流墩、消力墩。

（3）水流空化数 $\sigma<0.30$ 的部位。

依据标准名称：《水工建筑物抗冲磨防空蚀混凝土技术规范》

依据标准号：DL/T 5207—2005，条款号 5.3.3

213．抗磨蚀护面材料应采用抗磨蚀性、体积稳定性（低热、低收缩）、工作性均优的高性能混凝土与砂浆。

依据标准名称：《水工建筑物抗冲磨防空蚀混凝土技术规范》

依据标准号：DL/T 5207—2005，条款号 6.1.1

214．配制高性能抗磨蚀的混凝土及砂浆所用材料不得违反下列要求：

（1）应选用不低于 42.5 强度等级的中热硅酸盐水泥、硅酸盐水泥或普通硅酸盐水泥。

（2）应选用质地坚硬、含石英颗粒多、清洁、级配良好的中粗砂。

（3）应选用质地坚硬的天然卵石或人工碎石，天然骨料最大粒径不应超过 40mm，人工骨料最大粒径可为 80mm，掺用钢纤维时混凝土骨料最大粒径不应大于 20mm。

（4）应优先掺用低收缩的聚羧酸盐等高效减水剂，有抗冻要求的应论证加入引气剂的必要性。

（5）配制高性能混凝土时，应掺用Ⅰ、Ⅱ级粉煤灰，硅粉，磨细矿渣等活性掺合料。掺合料用量应通过优化试验确定。

依据标准名称：《水工建筑物抗冲磨防空蚀混凝土技术规范》

依据标准号：DL/T 5207—2005，条款号 6.1.2

215．掺有硅粉的抗磨蚀混凝土，不得缺少掺入补偿早期收缩的膨胀剂或减缩剂。

依据标准名称：《水工建筑物抗冲磨防空蚀混凝土技术规范》

依据标准号：DL/T 5207—2005，条款号 7.1.4

216．抗磨蚀混凝土不得与基底混凝土分期浇筑，需分期浇筑时，应按设计要求施工。

依据标准名称：《水工建筑物抗冲磨防空蚀混凝土技术规范》

依据标准号：DL/T 5207—2005，条款号 7.2.2

217. 抗磨蚀混凝土的拌和时间，应较普通混凝土延长30s～60s，掺钢纤维抗磨蚀混凝土应延长60s～120s，或通过试验确定。

依据标准名称：《水工建筑物抗冲磨防空蚀混凝土技术规范》

依据标准号：DL/T 5207—2005，条款号 7.2.4

218. 抗磨蚀混凝土浇筑后，应及时保温保湿，防止开裂。

依据标准名称：《水工建筑物抗冲磨防空蚀混凝土技术规范》

依据标准号：DL/T 5207—2005，条款号 7.2.7

219. 冲磨与空蚀破坏修补处理不得违反以下规定：

（1）修补区平均磨蚀深度小于0.5cm深的至少应凿深至0.5cm，可选择净浆类材料。

（2）修补区不足3cm深的至少凿除至3cm，平均磨蚀深度小于5cm，可选择砂浆类材料。

（3）在5cm～15cm范围内，应选择一级配混凝土类材料，布置插筋应根据修补面积、厚度及修补材料与基底的黏结强度确定。

（4）大于15cm时，应选择二级配混凝土类材料，补焊钢筋，并加钢筋网或钢丝网，修补区边缘应先切割轮廓线，构成凸多边形，其相邻两线的夹角应小于90°。

依据标准名称：《水工建筑物抗冲磨防空蚀混凝土技术规范》

依据标准号：DL/T 5207—2005，条款号 8.3.3

220. 修补区边缘不得形成深度小于 3cm 的边口。平面薄层修补区边缘应凿成齿槽状，立面修补的槽、孔应凿成楔形状。

依据标准名称：《水工建筑物抗冲磨防空蚀混凝土技术规范》

依据标准号：DL/T 5207—2005，条款号 8.3.4

221. 在修补施工前，不得违反以下规定：必须彻底清除基面上已损坏、松动和胶结不良的表层混凝土、油污及杂质。采用无机材料修补，干燥基面修补前应浸水或保持湿润状态约24h，修补前1h～2h清除积水；采用有机材料修补，基面处理应按有关规定或要求进行。

依据标准名称：《水工建筑物抗冲磨防空蚀混凝土技术规范》

依据标准号：DL/T 5207—2005，条款号 8.3.5

222. 修补区有钢筋出露并锈蚀时，修补前应进行除锈处理。如钢筋面积明显减小或被冲断，应补焊受力筋并加设必要的连接筋。对冲蚀破坏的预埋件，应予修复。

依据标准名称：《水工建筑物抗冲磨防空蚀混凝土技术规范》

依据标准号：DL/T 5207—2005，条款号 8.3.6

223. 平均厚度小于 15cm 的修补区，应在基面涂刷与修补材料同类的净浆、聚合物水泥净浆或其他适宜的黏结材料，并在黏结材料初凝前铺筑修补材料。

依据标准名称：《水工建筑物抗冲磨防空蚀混凝土技术规范》

依据标准号：DL/T 5207—2005，条款号 8.3.7

224. 修补区未清除积水、堵漏或改流，不得进行渗水混凝土的消缺修补。

依据标准名称：《水工建筑物抗冲磨防空蚀混凝土技术规范》

依据标准号：DL/T 5207—2005，条款号 8.3.8

225. 止水带距基岩槽壁不得小于 100mm。

依据标准名称：《水工建筑物止水带技术规范》

依据标准号：DL/T 5215—2005，条款号 5.1.7

226. 止水带施工时，不得采用未做防锈处理的紧固件固定止水带。

依据标准名称：《水工建筑物止水带技术规范》

依据标准号：DL/T 5215—2005，条款号 6.2.3

227. 橡胶和 PVC 止水带不得让日光直晒、雨雪浸淋，不得与油脂、酸、碱等物质接触。

依据标准名称：《水工建筑物止水带技术规范》

依据标准号：DL/T 5215—2005，条款号 6.2.5

228. 止水带应有产品合格证和施工工艺文件。现场抽样检查每批不得少于一次。

依据标准名称：《水工建筑物止水带技术规范》

依据标准号：DL/T 5215—2005，条款号 6.3.2

229. 重要工程必须明确规定混凝土的抗冻等级。

依据标准名称：《水工混凝土耐久性技术规范》

依据标准号：DL/T 5241—2010，条款号 5.1.1

230. 大体积混凝土的抗冻等级分区不应小于结构所处运行环境的混凝土最大冻深，分区厚度不应小于 2m。

依据标准名称：《水工混凝土耐久性技术规范》

依据标准号：DL/T 5241—2010，条款号 5.1.3

231. 配制抗冻混凝土必须掺用引气剂和高效减水剂。

依据标准名称：《水工混凝土耐久性技术规范》

依据标准号：DL/T 5241—2010，条款号 5.2.3

232. 有抗冻要求的混凝土中的掺合料掺量应根据混凝土配合比试验确定；硅灰的掺量不应超过 10%。

依据标准名称:《水工混凝土耐久性技术规范》

依据标准号：DL/T 5241—2010，条款号　5.3.3

233. 有抗冻要求的混凝土含气量的现场检测频次不应低于坍落度或 *VC* 值的检测频次，含气量的允许偏差范围为±1.0%。

依据标准名称:《水工混凝土耐久性技术规范》

依据标准号：DL/T 5241—2010，条款号　5.4.2

234. 低温季节施工时，混凝土不得发生早期受冻。

依据标准名称:《水工混凝土耐久性技术规范》

依据标准号：DL/T 5241—2010，条款号　5.4.3

235. 当环境水对水工混凝土具有侵蚀性时，不得缺少对混凝土的防侵蚀设计。

依据标准名称:《水工混凝土耐久性技术规范》

依据标准号：DL/T 5241—2010，条款号　6.1.1

236. 在年平均气温低于 15℃的中等或强硫酸盐侵蚀环境下，含有石灰石粉的胶凝材料不得缺少对碳硫硅钙石型硫酸盐侵蚀的试验论证。

依据标准名称:《水工混凝土耐久性技术规范》

依据标准号：DL/T 5241—2010，条款号　6.2.3

237. 不同矿物掺合料的掺量应根据混凝土的施工环境条件、拌和物性能、力学性能以及耐久性要求不得缺少通过试验论证环节。

依据标准名称:《水工混凝土耐久性技术规范》

依据标准号：DL/T 5241—2010，条款号　6.3.1

238. 根据工程的环境特点和设计要求，混凝土中应适量掺加能提高混凝土抗渗性和密实性的外加剂。

依据标准名称:《水工混凝土耐久性技术规范》

依据标准号：DL/T 5241—2010，条款号　6.3.2

239. 对强侵蚀性环境水，应进行专门试验论证，并应根据具体情况采用防水层、降低环境水侵蚀性、排水、换填土、降低地下水位及设防护层等工程措施。

依据标准名称:《水工混凝土耐久性技术规范》

依据标准号：DL/T 5241—2010，条款号　6.3.4

240. 在海水等含氯化物介质环境中，应采用掺量不小于 50%的磨细矿渣粉或多元

复合矿物掺合料混凝土。在海水环境下，不应单独采用抗硫酸盐水泥配制混凝土。
依据标准名称：《水工混凝土耐久性技术规范》
依据标准号：DL/T 5241—2010，条款号 8.2.1

241. 对于接触氯化物的三、四、五类环境中的钢筋混凝土构件，绑扎垫块和钢筋的铁丝头不得伸入保护层内。
依据标准名称：《水工混凝土耐久性技术规范》
依据标准号：DL/T 5241—2010，条款号 8.4.2

242. 使用碱活性骨料配制混凝土，除限制混凝土的总碱量外，同时还应掺加F类粉煤灰、磨细矿渣粉、硅灰、沸石粉等活性矿物掺合料，采取安全、有效的抑制措施。
依据标准名称：《水工混凝土耐久性技术规范》
依据标准号：DL/T 5241—2010，条款号 9.1.3

243. 掺加活性掺合料作为抑制措施时，粉煤灰掺量不应少于 20%，磨细矿渣粉掺量不应少于 50%。
依据标准名称：《水工混凝土耐久性技术规范》
依据标准号：DL/T 5241—2010，条款号 9.2.3

244. 用碱活性骨料时，每批出厂原材料均应提供碱含量检测报告，未经检测的混凝土原材料不得在工程中应用。
依据标准名称：《水工混凝土耐久性技术规范》
依据标准号：DL/T 5241—2010，条款号 9.4.2

245. 用于水工混凝土的天然火山灰质材料的氧化硅、氧化铝和氧化铁的总含量不得小于 70%。
依据标准名称：《水工混凝土掺用天然火山灰质材料技术规范》
依据标准号：DL/T 5273—2012，条款号 3.1.1

246. 掺用天然火山灰质材料不得改变混凝土的各项设计指标、质量控制要求。
依据标准名称：《水工混凝土掺用天然火山灰质材料技术规范》
依据标准号：DL/T 5273—2012，条款号 4.0.1

247. 水工混凝土中天然火山灰质材料取代水泥的最大限量，不得超过规范限量值。
依据标准名称：《水工混凝土掺用天然火山灰质材料技术规范》
依据标准号：DL/T 5273—2012，条款号 4.0.3

248. 掺用天然火山灰质材料的混凝土在低温施工时应注意表面保温，拆模时间不得少于常规。

依据标准名称：《水工混凝土掺用天然火山灰质材料技术规范》
依据标准号：DL/T 5273—2012，条款号 4.0.9

249. 用于水工混凝土的氧化镁，其品质指标不得违反以下规定：MgO 含量（%）≥85.0；f－CaO 含量（%）≤2.0；烧失量（%）≤4.0；含水量（%）≤1.0；细度（80μm 筛余）（%）≤5.0（I 型），≤10.0（II 型）；活性度（s）≥50 且＜200（I 型），≥200 且＜300（II 型）。
依据标准名称：《水工混凝土掺用氧化镁技术规范》
依据标准号：DL/T 5296—2013，条款号 3.1.1

250. 氧化镁的储存应设置专用料仓或料库，分类存放，不得混存。
依据标准名称：《水工混凝土掺用氧化镁技术规范》
依据标准号：DL/T 5296—2013，条款号 3.3.4

251. 氧化镁的储运应避免受潮，不得污染环境。
依据标准名称：《水工混凝土掺用氧化镁技术规范》
依据标准号：DL/T 5296—2013，条款号 3.3.5

252. 氧化镁储存时间不得超过3个月，否则，使用前应重新进行检验。
依据标准名称：《水工混凝土掺用氧化镁技术规范》
依据标准号：DL/T 5296—2013，条款号 3.3.6

253. 掺氧化镁混凝土的设计强度等级、强度保证率和标准差等指标，应与不掺氧化镁的混凝土相同。
依据标准名称：《水工混凝土掺用氧化镁技术规范》
依据标准号：DL/T 5296—2013，条款号 4.0.1

254. 水工混凝土掺用氧化镁的型号和掺量应通过试验确定，达不到设计要求，不得使用。
依据标准名称：《水工混凝土掺用氧化镁技术规范》
依据标准号：DL/T 5296—2013，条款号 4.0.4

255. 掺氧化镁混凝土应采用强制式或自落式拌和设备搅拌，应适当延长搅拌时间，掺氧化镁混凝土的投料顺序和搅拌时间应通过生产性试验确定。
依据标准名称：《水工混凝土掺用氧化镁技术规范》
依据标准号：DL/T 5296—2013，条款号 4.0.9

256. 水工混凝土采用碱活性骨料时，未经试验论证并采取相应措施，不得使用。
依据标准名称：《水工混凝土抑制碱—骨料反应技术规范》

依据标准号：DL/T 5298—2013，条款号　1.0.3

257. 应采用掺活性掺合料、使用低碱水泥、控制混凝土总碱量等措施抑制混凝土碱—骨料反应；或采用阻止外来水分进入混凝土内部等措施抑制混凝土碱—骨料反应。

依据标准名称：《水工混凝土抑制碱—骨料反应技术规范》

依据标准号：DL/T 5298—2013，条款号　4.1.2

258. 采用掺加活性掺合料作为抑制措施时，掺合料的种类、掺量不得缺少抑制试验确定环节。粉煤灰掺量不应低于20%；粒化高炉矿渣粉掺量不应低于50%。

依据标准名称：《水工混凝土抑制碱—骨料反应技术规范》

依据标准号：DL/T 5298—2013，条款号　4.5.4

259. 应定期检验原材料碱含量，检验批量不得违反以下规定：

（1）散装水泥应按每400t（袋装水泥每200t）为一个检验批；粉煤灰或粒化高炉矿渣粉等矿物掺合料应按每200t为一个检验批；硅粉应按每20t为一个检验批；外加剂应按掺量划分检验批次，掺量大于1%的外加剂以100t为一个检验批，掺量小于1%的外加剂以50t为一个检验批，掺量小于0.01%的外加剂以1t～2t为一个检验批；拌和用水应按同一水源不少于一个检验批。

（2）不足一个检验批量的混凝土原材料应作为一个检验批。

依据标准名称：《水工混凝土抑制碱—骨料反应技术规范》

依据标准号：DL/T 5298—2013，条款号　4.6.1

260. 对1级和2级水工混凝土建筑物，当采用混凝土棱柱体法进行抑制碱—骨料反应有效性试验时，长期观测期不应少于2年。

依据标准名称：《水工混凝土抑制碱—骨料反应技术规范》

依据标准号：DL/T 5298—2013，条款号　5.0.2

261. 碱—硅酸反应活性骨料用于工程时，工程使用的水泥、矿物掺合料等原材料应检验其抑制碱—骨料反应有效性，应6个月检验一次。掺合料等原材料来源发生变化时，抑制碱—骨料反应有效性未经重新检验，不得使用。

依据标准名称：《水工混凝土抑制碱—骨料反应技术规范》

依据标准号：DL/T 5298—2013，条款号　5.0.4

262. 掺石灰石粉混凝土的和易性、强度和耐久性等指标不得违反设计要求。

依据标准名称：《水工混凝土掺用石灰石粉技术规范》

依据标准号：DL/T 5304—2013，条款号　4.0.1

263. 掺石灰石粉混凝土的强度、抗渗、抗冻等设计龄期，应根据建筑物类型和承载时间确定。

依据标准名称:《水工混凝土掺用石灰石粉技术规范》
依据标准号: DL/T 5304—2013，条款号 4.0.2

264. 在混凝土中单掺石灰石粉的掺量应通过试验确定。
依据标准名称:《水工混凝土掺用石灰石粉技术规范》
依据标准号: DL/T 5304—2013，条款号 4.0.4

265. 在石灰石粉的掺用中，石灰石粉与外加剂的适配性未通过试验论证，不得使用。
依据标准名称:《水工混凝土掺用石灰石粉技术规范》
依据标准号: DL/T 5304—2013，条款号 4.0.7

266. 掺石灰石粉混凝土拌和物应搅拌均匀，搅拌时间应通过试验确定。
依据标准名称:《水工混凝土掺用石灰石粉技术规范》
依据标准号: DL/T 5304—2013，条款号 4.0.8

267. 掺石灰石粉的混凝土浇筑时应振捣或碾压密实。
依据标准名称:《水工混凝土掺用石灰石粉技术规范》
依据标准号: DL/T 5304—2013，条款号 4.0.10

268. 掺石灰石粉混凝土在低温施工时应做好表面保温，拆模时间不得违反施工要求。
依据标准名称:《水工混凝土掺用石灰石粉技术规范》
依据标准号: DL/T 5304—2013，条款号 4.0.11

269. 清水混凝土模板结构设计，不得违反下列规定:
（1）对结构表面外露的模板，在验算模板刚度时，其最大变形值不得超过模板构件计算跨度的1/500。
（2）除悬臂模板外，竖向模板和内倾模板都必须设置内部撑杆和外部拉杆，并进行模板稳定验算。
依据标准名称:《水电水利工程清水混凝土施工规范》
依据标准号: DL/T 5306—2013，条款号 4.1.1

270. 清水混凝土模板的选择，其分块设计不应影响清水混凝土饰面效果的设计要求。
依据标准名称:《水电水利工程清水混凝土施工规范》
依据标准号: DL/T 5306—2013，条款号 4.1.2

271. 拆除模板时不得用重锤敲击或利用混凝土表面撬动模板。
依据标准名称:《水电水利工程清水混凝土施工规范》
依据标准号: DL/T 5306—2013，条款号 4.4.1

272. 清水混凝土养护不得采用对混凝土表面有污染的养护材料。

依据标准名称:《水电水利工程清水混凝土施工规范》

依据标准号: DL/T 5306—2013，条款号 6.4.1

273. 在低温条件下施工时，不得违反以下规定:

（1）掺入混凝土中的防冻剂应经试验对比，混凝土表面不得产生明显色差。

（2）根据热工计算确定拌制用水和混凝土骨料的温度，混凝土水平运输和垂直运输过程中应有保温措施，混凝土入模温度不应低于5℃。

（3）新浇筑混凝土其抗压强度未达到设计强度的30%前不得受冻。

依据标准名称:《水电水利工程清水混凝土施工规范》

依据标准号: DL/T 5306—2013，条款号 6.5.2

274. 清水混凝土成品保护，不得违反以下规定:

（1）清水混凝土的后续施工，不得污染或损伤成品混凝土。

（2）对易磕碰的阳角部位采用多层板或塑料等硬质材料进行保护。

（3）当挂架、脚手架、吊篮等施工设备与成品清水混凝土墙面接触时，应使用垫衬保护。

（4）不得随意剔凿成品清水混凝土表面。

依据标准名称:《水电水利工程清水混凝土施工规范》

依据标准号: DL/T 5306—2013，条款号 6.6.2

275. 水下混凝土在水中自由落下时，水中自由落差不得大于0.5m。

依据标准名称:《水电水利工程水下混凝土施工规范》

依据标准号: DL/T 5309—2013，条款号 3.0.3

276. 自密实混凝土粗骨料应采用连续级配，最大粒径不应超过40mm，且不得超过构件最小尺寸的1/4或钢筋最小净间距的1/2；水下不分散混凝土的粗骨料最大粒径不应超过20mm。

依据标准名称:《水电水利工程水下混凝土施工规范》

依据标准号: DL/T 5309—2013，条款号 5.2.7

277. 水下混凝土导管法浇筑施工，不得违反下列规定:

（1）导管在使用前应试拼、试压，不得漏水，导管吊装设备能力满足安全提升要求。

（2）从首批混凝土浇灌至结束，导管的下端不得拔出已浇筑的混凝土，且导管埋入混凝土内深度不宜小于1m。

依据标准名称:《水电水利工程水下混凝土施工规范》

依据标准号: DL/T 5309—2013，条款号 5.4.3

278. 泵压法浇灌水下混凝土施工，泵管移动时不得扰动已浇筑的混凝土。

依据标准名称:《水电水利工程水下混凝土施工规范》
依据标准号: DL/T 5309—2013，条款号 5.4.4

279. 未经试验和论证的新材料、新工艺和新技术，在修补加固工程中不得采用。
依据标准名称:《水工混凝土建筑物修补加固技术规程》
依据标准号: DL/T 5315—2014，条款号 1.0.5

280. 水工混凝土结构修补加固的材料，与被修复的基层混凝土及其他修补材料的性能应相适应，并满足设计要求。
依据标准名称:《水工混凝土建筑物修补加固技术规程》
依据标准号: DL/T 5315—2014，条款号 3.0.2

281. 水工混凝土结构的修补加固处理，不得影响原结构安全。
依据标准名称:《水工混凝土建筑物修补加固技术规程》
依据标准号: DL/T 5315—2014，条款号 3.0.5

282. 对于特别重要的结构修补加固部位，应布设仪器进行监测。
依据标准名称:《水工混凝土建筑物修补加固技术规程》
依据标准号: DL/T 5315—2014，条款号 3.0.6

283. 混凝土剥蚀修补材料其性能不应低于修补部位基层混凝土现有指标。
依据标准名称:《水工混凝土建筑物修补加固技术规程》
依据标准号: DL/T 5315—2014，条款号 4.0.8

284. 当基层混凝土面为潮湿面时，应选用亲水性界面剂。
依据标准名称:《水工混凝土建筑物修补加固技术规程》
依据标准号: DL/T 5315—2014，条款号 4.0.9

285. 涂层表面应平整、连续和均匀，无流挂、无针孔、无起泡和无开裂等，不得存在缺陷。
依据标准名称:《水工混凝土建筑物修补加固技术规程》
依据标准号: DL/T 5315—2014，条款号 5.4.1

286. 采用凿槽嵌填法修补时，刚性嵌填材料修补结束，嵌填密实程度不得在7d内进行锤击检查。
依据标准名称:《水工混凝土建筑物修补加固技术规程》
依据标准号: DL/T 5315—2014，条款号 5.4.3

287. 粘贴法修补后，表面应光滑平整，无明显的气泡，不得有鼓包、漏粘、皱褶等缺陷。

依据标准名称：《水工混凝土建筑物修补加固技术规程》

依据标准号：DL/T 5315—2014，条款号 5.4.2

288. 混凝土渗漏处理不得违反下列原则：

（1）应在渗漏早期、无水或低水位情况下进行。

（2）应在渗漏迎水面处，遵循“上堵下排、堵排结合”的原则。

（3）迎水面处无法实施堵漏时，背水面遵循“先排后堵、排堵结合”原则堵漏。

依据标准名称：《水工混凝土建筑物修补加固技术规程》

依据标准号：DL/T 5315—2014，条款号 6.1.1

289. 配置砂浆或混凝土所用水泥应选用颗粒细、水化热较低、强度等级不低于42.5的水泥；粗骨料应选用粒径5mm～40mm的卵石或碎石。混凝土及砂浆的水胶比不应大于0.40。

依据标准名称：《水工混凝土建筑物修补加固技术规程》

依据标准号：DL/T 5315—2014，条款号 7.1.2

290. 对于空蚀破坏的修复，应加强修补面的体型控制，严格控制表面不平整度。

依据标准名称：《水工混凝土建筑物修补加固技术规程》

依据标准号：DL/T 5315—2014，条款号 7.3.1

291. 磨损和空蚀修补材料不得违反下列要求：

（1）应选用高标号抗冲磨材料或高韧性抗冲磨材料。

（2）推移质冲磨破坏的修补应选用高强硅粉水泥混凝土、高强铁矿石硅粉水泥混凝土、铁轨嵌高强混凝土等。

（3）对混凝土磨损及空蚀较严重的部位，应选用高强水泥混凝土或聚合物水泥混凝土修复。不应掺用引气剂。

（4）砂浆或混凝土类修补材料与基层混凝土之间的粘结强度不应小于2.0MPa。

（5）表面抗冲磨防护涂料应具有防渗、耐水、耐老化及抗冲磨等特性的材料，其抗拉强度不应小于15MPa，涂层与混凝土之间的黏结强度不应小于2.5MPa。

（6）插筋应采用螺纹钢筋。

依据标准名称：《水工混凝土建筑物修补加固技术规程》

依据标准号：DL/T 5315—2014，条款号 7.3.2

292. 磨损和空蚀的修补施工，不得违反下列规定：

（1）混凝土磨损和空蚀深度小于3cm的部位，应选用聚合物砂浆修复。

（2）当混凝土磨损和空蚀深度大于3cm时，凿除坑深度应大于15cm，并布设插筋和钢筋网。

（3）选用聚合物砂浆修补时，基层混凝土强度等级不应低于C25，施工时要求基面混凝土干燥。

依据标准名称：《水工混凝土建筑物修补加固技术规程》

依据标准号：DL/T 5315—2014，条款号 7.3.3

293. 钢筋锈蚀引起混凝土剥蚀修补施工，不得违反下列规定：

（1）对碳化引起的钢筋锈蚀，应将保护层全部凿除；对氯离子侵蚀引起的钢筋锈蚀，凿除受氯离子侵蚀损坏的混凝土。

（2）对已生锈钢筋进行除锈、涂刷阻锈剂。钢筋截面不满足设计要求时应按设计要求补焊钢筋或植筋。

（3）混凝土或砂浆养护至设计龄期后表面采用涂层防护。

（4）位于水位变化区的涂层应具有在干湿交替环境下耐老化的特性。

依据标准名称：《水工混凝土建筑物修补加固技术规程》

依据标准号：DL/T 5315—2014，条款号 7.4.4

294. 混凝土内部不密实应采用灌浆法处理。灌浆材料可选用水泥浆材或化学浆材。

依据标准名称：《水工混凝土建筑物修补加固技术规程》

依据标准号：DL/T 5315—2014，条款号 8.2.1

295. 当结构的抗剪强度或沿某一缝面或建基面的抗滑稳定不满足要求时，应采用预应力法加固。

依据标准名称：《水工混凝土建筑物修补加固技术规程》

依据标准号：DL/T 5315—2014，条款号 8.4.4

296. 泵送混凝土必须要满足泵送施工的工艺要求。泵送施工时的坍落度不应小于140mm。

依据标准名称：《水工混凝土配合比设计规程》

依据标准号：DL/T 5330—2005，条款号 3.1.9

297. 混凝土配合比设计，不得违反以下基本原则：

（1）应根据工程要求、结构型式、施工条件和原材料状况，配制出既满足工作性、强度、耐久性等要求经济合理的混凝土。

（2）在满足工作性条件下，应选用较小的用水量。

（3）在满足强度、耐久性条件下，选用合适的水胶比。

（4）应选取最优砂率。

（5）应选用最大粒径较大的骨料及最佳级配。

依据标准名称：《水工混凝土配合比设计规程》

依据标准号：DL/T 5330—2005，条款号 4.0.2

298. 混凝土的水胶比应满足设计规定的抗渗、抗冻等级等要求。对于大中型工

程，应通过试验建立相应的关系曲线，并根据试验结果，选择满足设计技术指标要求的水胶比。

依据标准名称:《水工混凝土配合比设计规程》

依据标准号: DL/T 5330—2005，条款号 6.1.2

299. 掺掺合料时混凝土的最大水胶比应适当降低，并通过试验确定。

依据标准名称:《水工混凝土配合比设计规程》

依据标准号: DL/T 5330—2005，条款号 6.1.3

300. 混凝土用水量，应根据骨料最大粒径、坍落度、外加剂、掺合料以及砂率通过试拌确定。

依据标准名称:《水工混凝土配合比设计规程》

依据标准号: DL/T 5330—2005，条款号 6.2.1

301. 骨料级配及砂率石子粒径不得超出规范规定的 4 个粒级。水工大体积混凝土应使用最大粒径较大的骨料、石子最佳级配（或组合比）应通过试验确定。

依据标准名称:《水工混凝土配合比设计规程》

依据标准号: DL/T 5330—2005，条款号 6.3.1

302. 混凝土配合比应选取最优砂率。最优砂率应根据骨料品种、品质、粒径、水胶比和砂的细度模数等，通过试验选取。

依据标准名称:《水工混凝土配合比设计规程》

依据标准号: DL/T 5330—2005，条款号 6.3.2

303. 有抗冻要求的混凝土，严禁不掺用引气剂，其掺量应根据混凝土的含气量要求通过试验确定。混凝土的含气量不应超过 7%。

依据标准名称:《水工混凝土配合比设计规程》

依据标准号: DL/T 5330—2005，条款号 6.4.3

304. 在混凝土试配时，每盘混凝土的最小拌和量不得违反以下规定：骨料最大粒径为 20mm，拌和物数量不得少于 15L；骨料最大粒径为 40mm，拌和物数量不得少于 25L；骨料最大粒径≥20mm，拌和物数量不得少于 40L。

依据标准名称:《水工混凝土配合比设计规程》

依据标准号: DL/T 5330—2005，条款号 8.1.2

305. 当遇下列情况之一时，应调整或重新进行配合比设计：

（1）混凝土性能指标要求有变化时。

（2）混凝土原材料品种、质量有明显变化时。

依据标准名称:《水工混凝土配合比设计规程》

依据标准号：DL/T 5330—2005，条款号 8.3.2

306. 预应力混凝土所用原材料、配合比设计不得违反下列规定：

（1）应选用强度等级不低于42.5级的硅酸盐水泥、中热硅酸盐水泥或普通硅酸盐水泥；不应使用矿渣硅酸盐水泥或火山灰质硅酸盐水泥。

（2）应选用质地坚硬、级配良好的中粗砂。

（3）应选用连续级配骨料，骨料最大粒径不应超过40mm。

（4）不应掺用氯离子含量超过水泥质量0.02%的外加剂。

（5）混凝土早期强度应能满足施加预应力的要求。

依据标准名称：《水工混凝土配合比设计规程》

依据标准号：DL/T 5330—2005，条款号 9.0.4

307. 泵送混凝土所用原材料、配合比设计，不应违反下列规定：

（1）应选用硅酸盐水泥、中热硅酸盐水泥或普通硅酸盐水泥，不应使用矿渣硅酸盐水泥或火山灰质硅酸盐水泥。

（2）应选用质地坚硬、级配良好的中粗砂。

（3）应选用连续级配骨料，骨料最大粒径不应超过 40mm。骨料最大粒径与输送管径之比应符合规范规定。

（4）应掺用坍落度经时损失小的泵送剂或缓凝高效减水剂、引气剂等。

（5）应掺用粉煤灰等活性掺合料。

（6）水胶比不应大于0.60。

（7）胶凝材料用量不应低于300kg/m^3。

（8）砂率应为35%～45%。

依据标准名称：《水工混凝土配合比设计规程》

依据标准号：DL/T 5330—2005，条款号 9.0.5

308. 喷射混凝土所用原材料、配合比设计，不得违反下列规定：

（1）水泥用量应较大，应在400kg/m^3～500kg/m^3。

（2）干法喷射水泥与砂石的质量比应为1:4.0～1:4.5，水胶比应为0.40～0.45，砂率应为45%～55%；湿法喷射水泥与砂石的质量比应为1:3.5～1:4.0，水胶比应为0.42～0.50，砂率应为50%～60%。

（3）用于湿法喷射的混合料拌制后，应进行坍落度测试，其坍落度应为 80mm～120mm。

（4）当掺用钢钎维时，钢钎维的直径应为0.3mm～0.5mm；钢钎维的长度应为20mm～25mm；钢钎维的掺量应为干混合料质量的3.0%～6.0%。

依据标准名称：《水工混凝土配合比设计规程》

依据标准号：DL/T 5330—2005，条款号 9.0.6

309. 砂浆所使用的原材料与其接触的混凝土所使用的原材料不得异同。

依据标准名称：《水工混凝土配合比设计规程》
依据标准号：DL/T 5330—2005，条款号 10.1.2

310．砂浆与其接触的混凝土所使用的掺合料品种、掺量应相同，减水剂的掺量为同部位混凝土掺量的70%左右。当掺引气剂时，其掺量应通过试验确定，不应超出含气量7%～9%的范围。
依据标准名称：《水工混凝土配合比设计规程》
依据标准号：DL/T 5330—2005，条款号 10.1.3

311．磷渣粉质量系数 *K* 值不得小于1.10。
依据标准名称：《水工混凝土掺用磷渣粉技术规范》
依据标准号：DL/T 5387—2007，条款号 5.1.3

312．对进场的磷渣粉应按批取样检验。磷渣粉的取样以连续供应的200t为一批，不足200t者按一批计。
依据标准名称：《水工混凝土掺用磷渣粉技术规范》
依据标准号：DL/T 5387—2007，条款号 5.4.1

313．不同来源的磷渣粉使用前不得缺少质量系数、氟含量和放射性检测。
依据标准名称：《水工混凝土掺用磷渣粉技术规范》
依据标准号：DL/T 5387—2007，条款号 5.4.5

314．掺磷渣粉混凝土的设计强度、强度保证率、标准差等指标，应与不掺磷渣粉的混凝土相同。
依据标准名称：《水工混凝土掺用磷渣粉技术规范》
依据标准号：DL/T 5387—2007，条款号 6.0.1

315．掺磷渣粉与水泥、外加剂的适应性不得缺少试验论证步骤。
依据标准名称：《水工混凝土掺用磷渣粉技术规范》
依据标准号：DL/T 5387—2007，条款号 6.0.6

316．掺磷渣粉混凝土拌和物应搅拌均匀，应适当延长搅拌时间。
依据标准名称：《水工混凝土掺用磷渣粉技术规范》
依据标准号：DL/T 5387—2007，条款号 6.0.7

317．掺磷渣粉混凝土的凝结时间应满足施工要求。
依据标准名称：《水工混凝土掺用磷渣粉技术规范》
依据标准号：DL/T 5387—2007，条款号 6.0.8

318．掺磷渣粉混凝土浇筑时不应漏振或过振，振捣后的混凝土表面不得出现明显的浮浆层。

依据标准名称：《水工混凝土掺用磷渣粉技术规范》

依据标准号：DL/T 5387—2007，条款号　6.0.9

319．掺磷渣粉混凝土的暴露面应潮湿养护，应适当延长养护时间。

依据标准名称：《水工混凝土掺用磷渣粉技术规范》

依据标准号：DL/T 5387—2007，条款号　6.0.10

320．掺磷渣粉混凝土在低温施工时应注意表面保温，拆模时间应适当延长。

依据标准名称：《水工混凝土掺用磷渣粉技术规范》

依据标准号：DL/T 5387—2007，条款号　6.0.11

321．严禁启用未经有关部门检查合格的乘人电梯或罐笼设施。

依据标准名称：《水工建筑物滑动模板施工技术规范》

依据标准号：DL/T 5400—2007，条款号　5.2.3

322．液压设备起重、运输、机械操作人员未通过技术培训和考核，严禁上岗操作。

依据标准名称：《水工建筑物滑动模板施工技术规范》

依据标准号：DL/T 5400—2007，条款号　5.2.4

323．滑动模板防火、防雷等设施，应经有关部门检查合格。

依据标准名称：《水工建筑物滑动模板施工技术规范》

依据标准号：DL/T 5400—2007，条款号　5.2.8

324．施工精度控制系统，应经检测、校正合格。

依据标准名称：《水工建筑物滑动模板施工技术规范》

依据标准号：DL/T 5400—2007，条款号　5.2.9

325．滑动模板混凝土各层浇筑的间隔时间不得超过允许间歇时间。模板滑动时严禁振捣混凝土。

依据标准名称：《水工建筑物滑动模板施工技术规范》

依据标准号：DL/T 5400—2007，条款号　7.1.5

326．有调坡、收分的拱坝、双曲拱坝等结构物，每次滑升应严格按精度控制计算数据进行调坡、收分。

依据标准名称：《水工建筑物滑动模板施工技术规范》

依据标准号：DL/T 5400—2007，条款号　7.2.5

327. 滑动模板模体吊装就位时，严禁触碰轨道。
依据标准名称:《水工建筑物滑动模板施工技术规范》
依据标准号: DL/T 5400—2007，条款号 7.4.1

328. 布料后应及时振捣密实。振捣时，振捣器不得触及滑动模板、钢筋和止水片。振捣器应在滑动模板前沿振捣，不得插入模板底下。振捣器垂直插入下层混凝土深度宜为 50mm。
依据标准名称:《水工建筑物滑动模板施工技术规范》
依据标准号: DL/T 5400—2007，条款号 7.5.6

329. 安装斜井滑动模板轨道时，轨道基础应采用与斜井衬砌同标号或高出一个强度等级的喷混凝土，但不得掺加速凝剂。模体面板应平整、圆滑，不得有锈蚀、孔洞、毛刺和焊渣。模体尾端不得翘曲卷边。
依据标准名称:《水工建筑物滑动模板施工技术规范》
依据标准号: DL/T 5400—2007，条款号 7.6.1

330. 遇到雷雨、六级以上大风时，不得进行滑模施工。
依据标准名称:《水工建筑物滑动模板施工技术规范》
依据标准号: DL/T 5400—2007，条款号 9.1.3

331. 无可靠的安全措施，不得在陡坡上进行滑模施工。
依据标准名称:《水工建筑物滑动模板施工技术规范》
依据标准号: DL/T 5400—2007，条款号 9.2.7

332. 以卷扬机为滑动模板模体牵引系统时，滑轮直径与钢丝绳直径之比不得小于 40。
依据标准名称:《水工建筑物滑动模板施工技术规范》
依据标准号: DL/T 5400—2007，条款号 9.4.1

333. 无专门的运输工具或提升设备，不得对斜井、竖井滑动模板、钢筋、设备等进行运输。
依据标准名称:《水工建筑物滑动模板施工技术规范》
依据标准号: DL/T 5400—2007，条款号 9.4.13

334. 混凝土采用溜管或溜槽下料时，溜管或溜槽锚固间距不得大于 15m。
依据标准名称:《水工建筑物滑动模板施工技术规范》
依据标准号: DL/T 5400—2007，条款号 9.4.14

335. 液压穿心千顶及配套支承杆未进行承载能力试验，不得使用。

依据标准名称：《水工建筑物滑动模板施工技术规范》
依据标准号：DL/T 5400—2007，条款号 9.4.2

336. 液压爬轨器未进行承载能力试验，不得使用。
依据标准名称：《水工建筑物滑动模板施工技术规范》
依据标准号：DL/T 5400—2007，条款号 9.4.4

337. 严禁在无防雷装置的露天高耸建筑物滑动模板平台上进行操作施工。
依据标准名称：《水工建筑物滑动模板施工技术规范》
依据标准号：DL/T 5400—2007，条款号 9.7.2

338. 滑动模板操作平台上的防雷装置应设专用的引下线或利用建筑物的永久引下线。当采用结构钢筋作为引下线时，应明确引下线走向；作为引下线的结构钢筋接头，必须焊接成电器通路，结构钢筋底部应与接地体连接。
依据标准名称：《水工建筑物滑动模板施工技术规范》
依据标准号：DL/T 5400—2007，条款号 9.7.3

339. 滑动模板操作平台上不得存放易燃物品，不得使用明火。
依据标准名称：《水工建筑物滑动模板施工技术规范》
依据标准号：DL/T 5400—2007，条款号 9.8.1

340. 滑动模板施工现场的消防设备及器材，应设置在明显和便于取用的地点，其附近不得堆放其他物品。
依据标准名称：《水工建筑物滑动模板施工技术规范》
依据标准号：DL/T 5400—2007，条款号 9.8.3

341. 滑动模板各体系未验收合格，不得施工。
依据标准名称：《水工建筑物滑动模板施工技术规范》
依据标准号：DL/T 5400—2007，条款号 9.9.1

342. 滑动模板滑升应严格按要求进行控制，不得随意提高滑升速度。混凝土强度未达到滑升出模设计强度，不得继续提升。
依据标准名称：《水工建筑物滑动模板施工技术规范》
依据标准号：DL/T 5400—2007，条款号 9.9.4

343. 滑动模板操作平台滑升过程中，各千斤顶的相对高差不得大于20mm，相邻两个提升架千斤顶的相对高差不得大于10mm。
依据标准名称：《水工建筑物滑动模板施工技术规范》
依据标准号：DL/T 5400—2007，条款号 9.9.5

344. 滑动模板操作平台对支承杆未进行加固，不得空滑。

依据标准名称:《水工建筑物滑动模板施工技术规范》

依据标准号: DL/T 5400—2007，条款号 9.9.9

345. 露天拆除作业不得在夜间进行，拆除的部件不得从高空抛下。

依据标准名称:《水工建筑物滑动模板施工技术规范》

依据标准号: DL/T 5400—2007，条款号 9.10.5

346. 雨、雪、雾、大风等恶劣天气，不得进行露天滑动模板装置高空拆除作业。

依据标准名称:《水工建筑物滑动模板施工技术规范》

依据标准号: DL/T 5400—2007，条款号 9.10.6

347. 沥青混凝土面板和心墙应具有工程所要求的防渗性、抗裂性、稳定性和耐久性，应技术先进，经济、安全。

依据标准名称:《土石坝沥青混凝土面板和心墙设计规范》

依据标准号: DL/T 5411—2009，条款号 4.0.3

348. 沥青混凝土防渗体应与坝基和岸坡防渗设施共同组成水工建筑物的完整防渗体系。关键部位应进行必要的试验研究。

依据标准名称:《土石坝沥青混凝土面板和心墙设计规范》

依据标准号: DL/T 5411—2009，条款号 4.0.6

349. 粗骨料应质地坚硬、新鲜，不得因加热而引起性质变化；当采用酸性碎石时，应经试验研究论证；当采用未经破碎的天然卵砾石为沥青混凝土原材料时，其用量不得超过粗骨料用量的一半。

依据标准名称:《土石坝沥青混凝土面板和心墙设计规范》

依据标准号: DL/T 5411—2009，条款号 5.0.4

350. 填料应采用石灰岩粉、白云岩粉等碱性岩石加工的石粉。未经试验研究论证的滑石粉、普通硅酸盐水泥、粉煤灰等粉状矿质材料填料，不得使用。填料不应结团块、不得含有机质及泥土。

依据标准名称:《土石坝沥青混凝土面板和心墙设计规范》

依据标准号: DL/T 5411—2009，条款号 5.0.6

351. 碾压式沥青混凝土面板封闭层使用的沥青玛蹄脂、改性沥青玛蹄脂或其他防水材料，应与防渗层面黏结牢固，高温不流淌、低温不脆裂，并易于涂刷和喷洒。主要技术指标不满足要求的，不得使用。

依据标准名称:《土石坝沥青混凝土面板和心墙设计规范》

依据标准号: DL/T 5411—2009，条款号 6.0.4

352. 沥青混凝土面板与岸边基岩或与混凝土结构连接处的楔形体沥青砂浆或细粒沥青混凝土应保证连接部位黏结牢固、稳定、防渗、变形均匀协调。未经结合工程条件试验确定的材料和配合比，不得使用。

依据标准名称：《土石坝沥青混凝土面板和心墙设计规范》

依据标准号：DL/T 5411—2009，条款号　6.0.5

353. 沥青混凝土面板的坡度，应满足填筑体自身稳定的要求，不应陡于1:1.7。

依据标准名称：《土石坝沥青混凝土面板和心墙设计规范》

依据标准号：DL/T 5411—2009，条款号　7.0.1

354. 在沥青混凝土面板斜坡平面转弯处、斜坡与库底连接处，与平面相切连接不得缺少弧面过渡区。

依据标准名称：《土石坝沥青混凝土面板和心墙设计规范》

依据标准号：DL/T 5411—2009，条款号　7.0.2

355. 在沥青混凝土面板和填筑体或基础之间应设置碎石或卵砾石垫层。垫层压实后应具有渗透稳定性、低压缩性、高抗剪强度。变形模量不应小于40MPa。

依据标准名称：《土石坝沥青混凝土面板和心墙设计规范》

依据标准号：DL/T 5411—2009，条款号　7.0.3

356. 简式断面的沥青混凝土面板下面应设排水系统。

依据标准名称：《土石坝沥青混凝土面板和心墙设计规范》

依据标准号：DL/T 5411—2009，条款号　7.0.8

357. 高温地区沥青混凝土面板不得缺少防止沥青混凝土发生流淌的降温措施设置。

依据标准名称：《土石坝沥青混凝土面板和心墙设计规范》

依据标准号：DL/T 5411—2009，条款号　7.0.12

358. 沥青混凝土面板靠齿墙、岸墩及其他刚性建筑物连接处的垫层，应采取提高防渗面板适应变形能力的措施。

依据标准名称：《土石坝沥青混凝土面板和心墙设计规范》

依据标准号：DL/T 5411—2009，条款号　7.0.18

359. 沥青混凝土面板防渗工程初次蓄水时间，应选在气温较高的季节，应控制库水位上升和下降速度，蓄水初期应加强对面板的监测。

依据标准名称：《土石坝沥青混凝土面板和心墙设计规范》

依据标准号：DL/T 5411—2009，条款号　7.0.19

360. 沥青混凝土心墙顶部的厚度不应小于40cm，心墙底部的厚度应为坝高的1/70～

1/130。

依据标准名称:《土石坝沥青混凝土面板和心墙设计规范》

依据标准号:DL/T 5411—2009，条款号 8.0.2

361. 沥青混凝土心墙两侧与坝壳之间不应缺少设置过渡层。过渡层应采用碎石或砂砾石，要求材料质密、坚硬、抗风化、耐侵蚀，颗粒级配连续，最大粒径不应超过 80mm。过渡层应具有良好的排水性和渗透稳定性。过渡层厚度应为 1.5m～3.0m，上下游过渡料应级配相同。地震区和岸坡坡度有明显变化部位的过渡层应适当加厚。

依据标准名称:《土石坝沥青混凝土面板和心墙设计规范》

依据标准号:DL/T 5411—2009，条款号 8.0.5

362. 心墙与基岩、混凝土防渗墙、岸坡的连接不应缺少混凝土基座设置。沥青混凝土心墙与基础、岸坡及混凝土等刚性建筑物连接部位设计应满足变形及防渗要求，必要时可设置金属止水片。心墙与岸坡基座及刚性建筑物连接部位坡度不应陡于 1:0.25（垂直:水平）。

依据标准名称:《土石坝沥青混凝土面板和心墙设计规范》

依据标准号:DL/T 5411—2009，条款号 8.0.6

363. 沥青混凝土心墙应采用垂直形式布置，心墙轴线应选择在坝轴线上游一侧，并与坝顶防浪墙连接。

依据标准名称:《土石坝沥青混凝土面板和心墙设计规范》

依据标准号:DL/T 5411—2009，条款号 9.0.1

364. 浇筑式沥青混凝土心墙两侧应设置过渡层，其厚度应为 1m～3m。

依据标准名称:《土石坝沥青混凝土面板和心墙设计规范》

依据标准号:DL/T 5411—2009，条款号 9.0.3

365. 1、2 级土石坝沥青混凝土心墙不得缺少下列监测项目:

（1）心墙的变形监测，应包括心墙本身的水平位移、垂直位移、心墙与过渡料的错位变形、心墙与混凝土基座接触面的相对位移、心墙与岸坡和刚性结构接缝处的位移等。

（2）渗流监测，应包括心墙与混凝土基座结合部位和墙后的渗透压力等。

（3）心墙内部温度监测。特殊重要工程的沥青混凝土心墙，应设置心墙内部的应力应变等专门性项目。

依据标准名称:《土石坝沥青混凝土面板和心墙设计规范》

依据标准号:DL/T 5411—2009，条款号 10.0.5

366. 沉井制作时的荷载，首节不应大于下卧层地基的承载力设计值，以后各节不应超过地基极限承载力标准值。

依据标准名称:《水电水利工程沉井施工技术规程》

依据标准号：DL/T 5702—2014，条款号 3.1.4

367. 沉井素混凝土垫层的厚度不应小于15cm，强度等级不应低于C15。沉井垫木垫层的垫木挤压应力不应超过木材横纹局部挤压强度，垫木剪应力不应超过木材横截面抗剪强度。

依据标准名称：《水电水利工程沉井施工技术规程》

依据标准号：DL/T 5702—2014，条款号 3.2.1

368. 作用在地基垫层底部的自重应力和附加应力之和不应大于地基允许承载力；考虑地基垫层自重和扩散角的因素，其厚度不应小于600mm。

依据标准名称：《水电水利工程沉井施工技术规程》

依据标准号：DL/T 5702—2014，条款号 3.2.2

369. 沉井下沉过程中的稳定性验算，其自重不应大于井壁摩阻力与地基承载力之和。

依据标准名称：《水电水利工程沉井施工技术规程》

依据标准号：DL/T 5702—2014，条款号 3.4.2

370. 沉井施工供风管路末端风压不应小于0.5MPa。

依据标准名称：《水电水利工程沉井施工技术规程》

依据标准号：DL/T 5702—2014，条款号 4.1.6

371. 地基垫层施工，不得违反以下规定：

（1）地基垫层铺筑必须在旱地施工，并应做好施工排水工作，严禁被水浸泡。

（2）地基垫层应分层铺设、碾压，每层铺设厚度不应超过30cm。

依据标准名称：《水电水利工程沉井施工技术规程》

依据标准号：DL/T 5702—2014，条款号 4.2.1

372. 水下挖土下沉，不得违反以下规定：

（1）钻吸除土下沉时，井内水深不应小于5.0m。

（2）钻吸除土超前深度不应大于2.5m。

依据标准名称：《水电水利工程沉井施工技术规程》

据标准号：DL/T 5702—2014，条款号 4.4.4

373. 沉井第二节及以上井筒浇筑、下沉，不得违反以下规定：

（1）安装接高模板时，井壁外侧模板应支撑在底节沉井身上，严禁支撑落地。

（2）浇筑接高混凝土时，底节混凝土强度不小于设计强度的70%（首节混凝土强度应达到100%）。

依据标准名称：《水电水利工程沉井施工技术规程》

依据标准号：DL/T 5702—2014，条款号 4.4.7

374. 拌和楼（站）不得缺少符合环境保护要求的除尘设施。

依据标准名称:《水电工程混凝土生产系统设计规范》

依据标准号: NB/T 35005—2013，条款号 7.2.6

375. 外加剂车间不得缺少除尘与排污设施。

依据标准名称:《水电工程混凝土生产系统设计规范》

依据标准号: NB/T 35005—2013，条款号 8.6.4

376. 有温度控制要求的骨料储存及运输设施布置不得违反下列原则:

（1）粗骨料采用水冷预冷设施或二次筛洗措施时，粗、细骨料应分设带式输送机运输。

（2）生产预冷、预热混凝土时，对骨料储存设施应采取相应的隔热、保温措施。

依据标准名称:《水电工程混凝土生产系统设计规范》

依据标准号: NB/T 35005—2013，条款号 9.1.4

377. 骨料储存设施布置，不得违反下列原则:

（1）碾压混凝土和常态混凝土细骨料应分开储存。

（2）骨料储存设施应设置良好的排水设施，料堆之间应设置隔墙，两端设挡墙。

（3）特大型、大型混凝土生产系统的骨料储存设施应采用带式输送机廊道取料。

（4）成品细骨料储存设施及其输料带式输送机应设置防雨棚。

（5）采用竖井作为骨料储存设施，竖井井壁之间的净间距应保证竖井在空载和满载工况下的结构稳定。

（6）粒径大于 40mm 的骨料抛料落差大于 3m，应设缓降设备。

依据标准名称:《水电工程混凝土生产系统设计规范》

依据标准号: NB/T 35005—2013，条款号 9.1.6

378. 混凝土生产系统开挖边坡顶部及布置场地周边不得缺少截水沟渠设置。

依据标准名称:《水电工程混凝土生产系统设计规范》

依据标准号: NB/T 35005—2013，条款号 11.2.3

379. 带式输送机廊道等地下构筑物不得缺少相应的防雨、排水设施。

依据标准名称:《水电工程混凝土生产系统设计规范》

依据标准号: NB/T 35005—2013，条款号 11.2.4

380. 抗冻混凝土应选择性能稳定的原材料。抗冻混凝土现场取样试件的合格率，素混凝土不得低于 80%，钢筋混凝土不得低于 90%。

依据标准名称:《水工建筑物抗冰冻设计规范》

依据标准号: NB/T 35024—2014，条款号 5.1.7

381．冬季施工时，抗冻混凝土应根据具体情况采取防止早期受冻的技术措施。
依据标准名称:《水工建筑物抗冰冻设计规范》
依据标准号：NB/T 35024—2014，条款号 5.1.8

382．碾压混凝土坝应做好层间结合、上游防渗和内部排水，并应采取措施防止下游面渗水和冻胀。严寒地区坝体内部排水应采用从坝顶或上层廊道向下层廊道钻设排水孔的方式。
依据标准名称:《水工建筑物抗冰冻设计规范》
依据标准号：NB/T 35024—2014，条款号 6.2.5

三、其他行业标准

1．坝高大于200m的碾压混凝土重力坝设计时不得违反需作专门研究的规定。
依据标准名称:《碾压混凝土坝设计规范》
依据标准号：SL 314—2004，条款号 1.0.3

2．碾压混凝土坝设计应收集并掌握建坝地区的气象、水文、泥沙、地形、地质、地震、建筑材料、生态环境等基本资料的规定，且须研究其施工和运用条件。
依据标准名称:《碾压混凝土坝设计规范》
依据标准号：SL 314—2004，条款号 1.0.5（强条）

3．碾压混凝土重力坝的体型断面设计不应复杂化，要便于施工，坝顶最小宽度不应小于5m，上游坝坡应采用铅直面，下游坝坡可按常态混凝土重力坝的断面进行优选。
依据标准名称:《碾压混凝土坝设计规范》
依据标准号：SL 314—2004，条款号 4.0.1

4．碾压混凝土重力坝坝体抗滑稳定分析范围不应违反以下规定：
（1）沿坝基面、碾压层（缝）面和基础深层滑动面的抗滑稳定；
（2）必要时，应分析斜坡规段的整体稳定。
依据标准名称:《碾压混凝土坝设计规范》
依据标准号：SL 314—2004，条款号 4.0.4

5．碾压混凝土重力坝高坝横缝或诱导缝埋设止水不得违反以下规定：上游面附近的止水应采用两道厚1.0mm～1.6mm的止水铜片。中坝、低坝的横缝或诱导缝止水可遗当简化，但中坝横缝或诱导缝上游面的第一道止水片应为铜片，止水铜片每一侧埋入混凝土内的长度可为20cm～25cm。
依据标准名称:《碾压混凝土坝设计规范》
依据标准号：SL 314—2004，条款号 5.0.9

6．碾压混凝土重力坝坝内竖向排水孔应设在上游防渗层下游侧，可采用钻孔、埋设

透水管或拔管等方法形成，孔距为 2m～3m 钻孔的孔径应为 76mm～102mm，透水管或拔管的孔径应为 15cm～20cm。

依据标准名称:《碾压混凝土坝设计规范》

依据标准号: SL 314—2004，条款号 5.0.10

7. 胶凝材料中掺合料所占的重量比，在大坝外部碾压混凝土中不应超过总胶凝材料的 55%，在大坝内部碾压混凝土中不应超过总胶凝材料的 65%。

依据标准名称:《碾压混凝土坝设计规范》

依据标准号: SL 314—2004，条款号 6.0.1

8. 碾压混凝土的配合比应由试验确定，碾压混凝土的总胶凝材料用量不应低于 130kg/m^3 水泥用量应根据大坝级别、坝高并通过试验研究确定；水胶比应小于 0.70。有抗侵蚀性要求时，水泥中 C3A 含量应低于 5%，水胶比应小于 0.45，并应进行试验论证。

依据标准名称:《碾压混凝土坝设计规范》

依据标准号: SL 314—2004，条款号 6.0.2

9. 碾压混凝土坝基础垫层在河床部位应采用常态混凝土，在岸坡部位应采用变态混凝土，其厚度应不大于 1m。

依据标准名称:《碾压混凝土坝设计规范》

依据标准号: SL 314—2004，条款号 6.0.10（强条）

10. 碾压混凝土重力坝高坝、中坝的基础容许温差应根据坝址区的气候条件、碾压混凝土的抗裂性能和热学性能及变形性能、浇筑块的高长比、基岩变形模量等因素，通过温度按制设计确定。以下各情况的基础允许温差未进行专门论证，不得确定：

（1）在基础约束范围内长期间歇或过水的浇筑块。

（2）基岩变形模量与混凝土弹性模量相差较大。

（3）基础回填混凝土、混凝土塞及陡坡坝段。

依据标准名称:《碾压混凝土坝设计规范》

依据标准号: SL 314—2004，条款号 7.0.6（强条）

11. 在不影响碾压混凝土强度及耐久性的前提下，不应缺少下列降低水泥用置，减少发热量的措施：

（1）合理确定掺合料的掺量。

（2）采用发热量较低的水泥。

（3）使用高效减水剂。

依据标准名称:《碾压混凝土坝设计规范》

依据标准号: SL 314—2004，条款号 7.0.8

12. 必要时，不应缺少下列温度控制措施：

（1）在粗骨料堆上洒水、喷雾、料堆加高、地垅取料、加设凉棚。

（2）用冷却水或加片冰拌和碾压混凝土。

（3）仓面喷雾或流水养护。

（4）骨料预冷。

（5）在碾压混凝土运输过程中防止热量倒灌。

（6）埋设冷却水管。

依据标准名称:《碾压混凝土坝设计规范》

依据标准号: SL 314—2004，条款号　7.0.12

13. 坝基常态混凝土垫层，在浇筑后不应长期间歇。

依据标准名称:《碾压混凝土坝设计规范》

依据标准号: SL 314—2004，条款号　7.0.13

14. 安全监测的项目不应缺少以下内容：

（1）分别监视大坝在施工期、蓄水期和运行期的工作状态和安全。

（2）指导施工，验证设计。

（3）积累科学研究资料。

依据标准名称:《碾压混凝土坝设计规范》

依据标准号: SL 314—2004，条款号　8.0.1（强条）

15. 安全监测设计不得违反以下原则：

（1）监测项目和测点布设应针对碾压混凝土坝的特点，准确反映大坝的工作性态，突出重点，做到少而精。

（2）监测断面应选择地质条件复杂或具有代表性的部位。

（3）监测项目应根据工程的重要性、设计计算及模型试验成果、温度控制等方面的要求确定。

（4）监测项目应统筹安排，配合布置，重点部位的监测项目应能相互校核。

（5）应选择性能稳定可靠，且适宜于在潮湿恶劣的环境中长期工作的监测仪器和设备，仪器的量程和精度应满足工程监测要求，采用的监测方法应技术成熟，便于操作。

（6）1级、2级碾压混凝土坝宜设置具有数据采集、数据管理和实时安全监测功能的监测自动化系统。3级碾压混凝土坝必要时可设置监测自动化系统。采用监测自动化系统的同时，应具备人工测读条件。

依据标准名称:《碾压混凝土坝设计规范》

依据标准号: SL 314—2004，条款号　8.0.4

16. 安全监测设计不得违反以下要求：

（1）应重视施工期及首次蓄水期的安全监测工作，及时取得主要监测项目的基准值。

（2）应为监测作业及监测设施提供良好的交通、照明、防潮、防寒及保安等条件。

（3）应排除或减少影响监测成果的因素，监测仪器及电缆应有必要的保护措施。

依据标准名称：《碾压混凝土坝设计规范》

依据标准号：SL 314—2004，条款号 8.0.5（强条）

第七节 灌浆及基础处理

一、能源、行业标准

1. 地基处理不得违反以下规定：必须对施工质量进行控制并对处理效果进行检验。当检测表明处理后的地基达不到设计要求时，应查明原因，采取补强措施或修改设计参数。

依据标准名称：《电力工程地基处理技术规程》

依据标准号：DL/T 5024—2005，条款号 5.0.11

2. 制作灰土的土料，当用人力或小型机械拌和时，土料未过筛不得使用。当采用搅拌粉碎专用设备时，土块粒径不大于 50mm，但必须拌和均匀，碾压时土块粒径不应大于 20mm。

依据标准名称：《电力工程地基处理技术规程》

依据标准号：DL/T 5024—2005，条款号 6.3.4

3. 地基处理中使用的砂砾石中不应含有耕（植）土、淤泥质土和其他杂物。有机质含量不应大于 4%，含盐量不应大于 0.5%。地下水位以下的砂砾垫层，含黏性土量（d＜0.075mm）不应超过 5%。

依据标准名称：《电力工程地基处理技术规程》

依据标准号：DL/T 5024—2005，条款号 6.4.4

4. 地基处理中使用的粉煤灰及其他工业排渣垫层的物理力学性质指标的设计参数、施工方法，以及质量控制标准、检验和检测方法，应通过土工试验和现场制作试验确定。无试验依据的，不得使用。

依据标准名称：《电力工程地基处理技术规程》

依据标准号：DL/T 5024—2005，条款号 6.5.3

5. 地下连续体结构的注浆工程，注浆孔中心就位偏差不应超过 20mm，注浆管的垂直度偏差不应超过 0.5%。

依据标准名称：《电力工程地基处理技术规程》

依据标准号：DL/T 5024—2005，条款号 9.1.12

6. 挤密桩地基承载力检测应采用复合地基荷载试验。复合地基荷载试验数量不应少于总桩数的 0.5%，且每个单体建筑不应少于 3 组。

依据标准名称：《电力工程地基处理技术规程》
依据标准号：DL/T 5024—2005，条款号　11.1.8

7．干振桩桩位偏差不得大于100mm，桩孔倾斜度不得大于1.5%。
依据标准名称：《电力工程地基处理技术规程》
依据标准号：DL/T 5024—2005，条款号　11.2.7

8．灌浆工程应制定妥善的环境保护和职业健康措施。钻渣、污水和废浆不得随意排放。
依据标准名称：《水工建筑物水泥灌浆施工技术规范》
依据标准号：DL/T 5148—2012，条款号　1.0.5

9．未征得有关部门的同意，不得在已完成灌浆或正在灌浆的部位30m范围内进行爆破作业。
依据标准名称：《水工建筑物水泥灌浆施工技术规范》
依据标准号：DL/T 5148—2012，条款号　1.0.6

10．采用自上而下分段灌浆法或孔口封闭灌浆法进行帷幕灌浆时，同一排相邻的两个次序孔之间，以及后序排的第一次序孔与其相邻部位前序排的最后次序孔之间，在岩石中钻孔灌浆的高差不得小于15m。
依据标准名称：《水工建筑物水泥灌浆施工技术规范》
依据标准号：DL/T 5148—2012，条款号　5.1.5

11．帷幕灌浆段长可为5m～6m，岩体完整时可适当加长，但最长不应大于10m，岩体破碎孔壁不稳时段长应缩短。
依据标准名称：《水工建筑物水泥灌浆施工技术规范》
依据标准号：DL/T 5148—2012，条款号　5.4.3

12．当灌浆压力保持不变，注入率持续减少时，或注入率不变而压力持续升高时，不得改变水灰比。
依据标准名称：《水工建筑物水泥灌浆施工技术规范》
依据标准号：DL/T 5148—2012，条款号　5.5.6

13．灌浆必须连续进行，若因故中断，应按相关规定及时处理。
依据标准名称：《水工建筑物水泥灌浆施工技术规范》
依据标准号：DL/T 5148—2012，条款号　5.7.4

14．钢衬接触的区域和灌浆孔的位置可在现场经敲击检查确定。面积大于$0.5m^2$的脱空区应进行灌浆，每一独立的脱空区布孔不应少于2个，最低处和最高处都应布孔。

依据标准名称：《水工建筑物水泥灌浆施工技术规范》
依据标准号：DL/T 5148—2012，条款号 7.4.1

15．钢衬接触灌浆灌浆压力必须以控制钢衬变形不超过设计规定值为准，且灌浆压力不应大于 0.1MPa。
依据标准名称：《水工建筑物水泥灌浆施工技术规范》
依据标准号：DL/T 5148—2012，条款号 7.4.6

16．混凝土坝接缝灌浆同一高程的灌区采取连续灌浆时，前一灌区灌浆结束，开始后一灌区的灌浆，间隔时间不得超过 8h，否则仍应间隔 3d。
依据标准名称：《水工建筑物水泥灌浆施工技术规范》
依据标准号：DL/T 5148—2012，条款号 8.1.5

17．重复灌浆系统安装前，不得缺少模拟重复灌浆试验。
依据标准名称：《水工建筑物水泥灌浆施工技术规范》
依据标准号：DL/T 5148—2012，条款号 8.2.7

18．灌浆管路不得穿过缝面，否则必须采取可靠的过缝措施。
依据标准名称：《水工建筑物水泥灌浆施工技术规范》
依据标准号：DL/T 5148—2012，条款号 8.3.2

19．各灌区的止浆片不得在先浇筑块浇筑后安设。止浆片埋设发现错位、缺损必须进行修补。
依据标准名称：《水工建筑物水泥灌浆施工技术规范》
依据标准号：DL/T 5148—2012，条款号 8.3.10

20．整个灌区形成后，必须绘制该灌区的灌浆系统竣工图。
依据标准名称：《水工建筑物水泥灌浆施工技术规范》
依据标准号：DL/T 5148—2012，条款号 8.3.11

21．在混凝土浇筑过程中，应防止灌浆管路系统受损。止浆片两侧的混凝土应振捣密实，大骨料不得集中。
依据标准名称：《水工建筑物水泥灌浆施工技术规范》
依据标准号：DL/T 5148—2012，条款号 8.4.4

22．混凝土坝接缝灌浆前，应先进行预灌性压水检查，压水压力应等于设计灌浆压力。
依据标准名称：《水工建筑物水泥灌浆施工技术规范》
依据标准号：DL/T 5148—2012，条款号 8.5.4

23．接缝灌浆过程中必须控制灌浆压力和缝面增开度。
依据标准名称：《水工建筑物水泥灌浆施工技术规范》
依据标准号：DL/T 5148—2012，条款号　8.6.5

24．岸坡接触灌浆不得在坝块混凝土的温度达到设计规定值前进行。
依据标准名称：《水工建筑物水泥灌浆施工技术规范》
依据标准号：DL/T 5148—2012，条款号　9.1.4

25．建造防渗墙不得影响构筑物的安全，否则应研究制定处理措施。
依据标准名称：《水电水利工程混凝土防渗墙施工规范》
依据标准号：DL/T 5199—2004，条款号　4.0.4

26．墙体质量检查试件不得违反以下要求：抗压强度试件每100m^3成型一组，每个墙段至少成型一组；抗渗性能试件每3个墙段成型一组；弹性模量试件每10个墙段成型一组。
依据标准名称：《水电水利工程混凝土防渗墙施工规范》
依据标准号：DL/T 5199—2004，条款号　8.6.2

27．吊放钢筋笼时，如遇阻碍，不得强行下沉。
依据标准名称：《水电水利工程混凝土防渗墙施工规范》
依据标准号：DL/T 5199—2004，条款号　10.1.6

28．防渗墙质量检查应分别进行工序质量检查和墙体质量检查。
依据标准名称：《水电水利工程混凝土防渗墙施工规范》
依据标准号：DL/T 5199—2004，条款号　12.0.1

29．防渗墙施工工序质量检查不得缺少终孔、清孔、接头管（板）吊放、钢筋笼制造及吊放、混凝土拌制与浇筑等检查内容。
依据标准名称：《水电水利工程混凝土防渗墙施工规范》
依据标准号：DL/T 5199—2004，条款号　12.0.2

30．防渗墙槽孔建造的终孔质量检查，不得缺少下列内容：
（1）孔位、孔深、孔斜、槽宽。
（2）基岩岩样与槽孔嵌入基岩深度。
（3）一、二期槽孔间接头的套接厚度。
依据标准名称：《水电水利工程混凝土防渗墙施工规范》
依据标准号：DL/T 5199—2004，条款号　12.0.3

31．防渗墙槽孔的清孔质量检查，不得缺少下列内容：

（1）孔内泥浆性能。
（2）孔底淤积厚度。
（3）接头孔刷洗质。
依据标准名称：《水电水利工程混凝土防渗墙施工规范》
依据标准号：DL/T 5199—2004，条款号 12.0.4

32. 防渗墙接头管（板）质量检查，不得缺少下列内容：
（1）接头管（板）吊放深度。
（2）接头管（板）的吊放垂直度。
（3）接头管（板）的成孔质。
依据标准名称：《水电水利工程混凝土防渗墙施工规范》
依据标准号：DL/T 5199—2004，条款号 12.0.6

33. 防渗墙混凝土及其浇筑质量检查，不得缺少下列内容：
（1）原材料的检验。
（2）导管间距。
（3）浇筑混凝土面的上升速度及导管埋深。
（4）终浇高程。
（5）混凝土槽口样品的物理力学检验及其数理统计分析结果。
依据标准名称：《水电水利工程混凝土防渗墙施工规范》
依据标准号：DL/T 5199—2004，条款号 12.0.7

34. 固化灰浆防渗墙灰浆固化质量检查，不得缺少下列内容：
（1）原材料的检验。
（2）槽孔内固化灰浆样品的物理力学性能检验及数理统计分析。
依据标准名称：《水电水利工程混凝土防渗墙施工规范》
依据标准号：DL/T 5199—2004，条款号 12.0.8

35. 自凝灰浆防渗墙凝结灰浆质量检查，不得缺少下列内容：
（1）原材料的检验。
（2）自凝灰浆原浆的物理力学性能指标。
（3）槽孔内自凝灰浆样品的物理力学性能检验及数理统计分析。
依据标准名称：《水电水利工程混凝土防渗墙施工规范》
依据标准号：DL/T 5199—2004，条款号 12.0.9

36. 在软塑至流塑状的黏性土或淤泥质土层中喷射灌浆，其孔口回浆不得回收利用。
依据标准名称：《水利水电工程高压喷射灌浆技术规范》
依据标准号：DL/T 5200—2004，条款号 6.0.10

37．喷射灌浆钻孔孔位与设计孔位偏差不得大于 50mm。
依据标准名称:《水利水电工程高压喷射灌浆技术规范》
依据标准号: DL/T 5200—2004，条款号　8.0.2

38．高喷灌浆因故中断后恢复施工时，应对中断孔段进行复喷，搭接长度不得小于 0.5m。
依据标准名称:《水利水电工程高压喷射灌浆技术规范》
依据标准号: DL/T 5200—2004，条款号　9.0.13

39．中途需拆卸喷射管时，搭接段应进行复喷，复喷长度不得小于 0.2m。
依据标准名称:《水利水电工程高压喷射灌浆技术规范》
依据标准号: DL/T 5200—2004，条款号　9.0.7

40．高喷灌浆出现压力突降或骤增、孔口回浆密度或回浆量等异常时，未查明原因，严禁继续施工。
依据标准名称:《水利水电工程高压喷射灌浆技术规范》
依据标准号: DL/T 5200—2004，条款号　9.0.8

41．振冲施工前，工艺试验结果不满足工程要求的不得施工。
依据标准名称:《水电水利工程振冲法地基处理技术规范》
依据标准号: DL/T 5214—2005，条款号　3.0.6

42．无设计所需建设场地的地质资料和建（构）筑物对地基处理的要求资料，不得进行振冲法地基处理的方案设计。
依据标准名称:《水电水利工程振冲法地基处理技术规范》
依据标准号: DL/T 5214—2005，条款号　5.0.1

43．造孔深度不应浅于设计处理深度以上 0.3m～0.5m。
依据标准名称:《水电水利工程振冲法地基处理技术规范》
依据标准号: DL/T 5214—2005，条款号　6.3.2

44．桩体加密应从桩底标高开始，逐段向上进行，中间不得漏振。
依据标准名称:《水电水利工程振冲法地基处理技术规范》
依据标准号: DL/T 5214—2005，条款号　6.3.5

45．所有施工人员的质量责任必须分明，不得违反施工工艺要求和技术质量标准进行施工。
依据标准名称:《水电水利工程振冲法地基处理技术规范》
依据标准号: DL/T 5214—2005，条款号　7.0.1

46．载荷试验检测点的总数不得少于 3 点。

依据标准名称：《水电水利工程振冲法地基处理技术规范》

依据标准号：DL/T 5214—2005，条款号 8.0.7

47．桩体重型动力触探检测，检测数量应根据工程主要性和工程地质条件的复杂性确定，单项工程桩数不得少于 3 根。

依据标准名称：《水电水利工程振冲法地基处理技术规范》

依据标准号：DL/T 5214—2005，条款号 8.0.4

48．灌浆记录仪的内置程序不得对检测数据进行滤除和删改，原始记录应有不可编辑和修改功能。

依据标准名称：《灌浆记录仪技术导则》

依据标准号：DL/T 5237—2010，条款号 6.3.4

49．打印媒介应为可长期保存的纸质材料，字迹清晰，不褪色，不得使用热敏纸。

依据标准名称：《灌浆记录仪技术导则》

依据标准号：DL/T 5237—2010，条款号 6.4.5

50．流量计上下游直管段内径应与流量计接口公称通径一致。从电极中心开始计算，上游直管段长度不得小于公称直径的 5 倍，下游直管段长度不得小于公称直径的 2 倍。管道内壁应清洁光滑，管段连接处的密封件不得伸入管道内部。

依据标准名称：《灌浆记录仪技术导则》

依据标准号：DL/T 5237—2010，条款号 7.0.6

51．灌浆记录仪发生故障时，应由专人负责维修，施工人员不得擅自拆卸，自行调校。

依据标准名称：《灌浆记录仪技术导则》

依据标准号：DL/T 5237—2010，条款号 7.0.13

52．土坝坝体隐患勘探不得采用钻孔注水试验的方法。

依据标准名称：《土坝灌浆技术规范》

依据标准号：DL/T 5238—2010，条款号 5.2.5

53．灌浆孔孔位偏差不得大于 10cm，钻孔偏斜率不得大于 2%。

依据标准名称：《土坝灌浆技术规范》

依据标准号：DL/T 5238—2010，条款号 6.2.2

54．全部灌浆过程中，灌浆压力不得大于灌浆控制压力。

依据标准名称：《土坝灌浆技术规范》

依据标准号：DL/T 5238—2010，条款号 6.4.4

55．除干燥条件和干旱地区，两次灌浆间隔时间不得少于5d。
依据标准名称：《土坝灌浆技术规范》
依据标准号：DL/T 5238—2010，条款号 6.5.4

56．充填式灌浆孔布置在隐患处或附近，可按梅花形布置多排孔，孔距为1m～2m多排孔。钻孔深度应超过隐患深度不小于1m。
依据标准名称：《土坝灌浆技术规范》
依据标准号：DL/T 5238—2010，条款号 5.4.2

57．充填式灌浆压力应小于50kPa。
依据标准名称：《土坝灌浆技术规范》
依据标准号：DL/T 5238—2010，条款号 5.4.3

58．灌浆施工前应选择有代表性的坝段进行生产性灌浆试验。试验孔不少于3个。
依据标准名称：《土坝灌浆技术规范》
依据标准号：DL/T 5238—2010，条款号 6.1.8

59．灌浆工程的实施不得对环境产生不良影响。
依据标准名称：《水电水利工程覆盖层灌浆施工技术规范》
依据标准号：DL/T 5267—2012，条款号 1.0.5

60．覆盖层灌浆工程应根据其功能要求和使用条件，设置渗流和变形监测设施。
依据标准名称：《水电水利工程覆盖层灌浆施工技术规范》
依据标准号：DL/T 5267—2012，条款号 3.1.5

61．帷幕灌浆设计应与工程总体的防渗系统设计布置统筹结合考虑。
依据标准名称：《水电水利工程覆盖层灌浆施工技术规范》
依据标准号：DL/T 5267—2012，条款号 3.2.1

62．帷幕灌浆孔应采用垂直孔。帷幕灌浆孔的排数应根据对帷幕厚度的要求确定，不得少于3排。灌浆孔排距和孔距应为2m～4m，排距不得大于孔距。
依据标准名称：《水电水利工程覆盖层灌浆施工技术规范》
依据标准号：DL/T 5267—2012，条款号 3.2.6

63．在混凝土防渗墙墙底设置帷幕时，多排灌浆帷幕与防渗墙的底部应设置搭接段，搭接长度不得小于5m，沿防渗墙底端的绕流渗透比降不应大于灌浆帷幕的允许比降。
依据标准名称：《水电水利工程覆盖层灌浆施工技术规范》
依据标准号：DL/T 5267—2012，条款号 3.2.7

64. 帷幕的底部应伸入基岩2m或相对不透水层5m。当基岩或相对不透水层较深时，应根据渗流分析成果设置悬挂式帷幕。

依据标准名称：《水电水利工程覆盖层灌浆施工技术规范》

依据标准号：DL/T 5267—2012，条款号 3.2.8

65. 灌浆结束后，应挖除表层未固结好的覆盖层，在完好的帷幕体顶上填筑防渗体。

依据标准名称：《水电水利工程覆盖层灌浆施工技术规范》

依据标准号：DL/T 5267—2012，条款号 3.2.12

66. 覆盖层固结灌浆的设计应根据建筑物对地基承载力和变形控制等使用要求，结合地质及施工等条件进行。

依据标准名称：《水电水利工程覆盖层灌浆施工技术规范》

依据标准号：DL/T 5267—2012，条款号 3.3.1

67. 覆盖层地基固结灌浆的范围不得小于建筑物的外轮廓线，应根据覆盖层分布和结构物要求等条件确定。

依据标准名称：《水电水利工程覆盖层灌浆施工技术规范》

依据标准号：DL/T 5267—2012，条款号 3.3.2

68. 覆盖层固结灌浆的压力应根据地质条件和现场试验成果，按建筑物的允许变形确定，通常不应超出0.1MPa～1.0MPa范围。

依据标准名称：《水电水利工程覆盖层灌浆施工技术规范》

依据标准号：DL/T 5267—2012，条款号 3.3.5

69. 现场灌浆试验的地点不应缺少代表性。地质条件复杂时，应针对不同地质单元和不同施工条件进行灌浆试验。

依据标准名称：《水电水利工程覆盖层灌浆施工技术规范》

依据标准号：DL/T 5267—2012，条款号 3.4.2

70. 搅拌机的拌和能力应与所搅拌浆液的类型相适应，保证能均匀、连续地拌制浆液。

依据标准名称：《水电水利工程覆盖层灌浆施工技术规范》

依据标准号：DL/T 5267—2012，条款号 4.2.1

71. 灌浆管路应能保证浆液流动畅通，并应能承受1.5倍的最大灌浆压力。灌浆泵到灌浆孔口的输浆距离不应大于30m。灌注膏状浆液时灌浆管路应直径大、长度短。

依据标准名称：《水电水利工程覆盖层灌浆施工技术规范》

依据标准号：DL/T 5267—2012，条款号 4.2.3

72. 覆盖层采用套阀管法灌浆施工，灌浆孔位与设计孔位的偏差不应大于 10cm，终孔孔径不应小于ϕ91mm，孔深应符合设计规定，孔底偏斜率不应大于 2.5%。应严格控制孔深 20m 以内的孔斜率。

依据标准名称:《水电水利工程覆盖层灌浆施工技术规范》

依据标准号: DL/T 5267—2012，条款号　6.1.4

73. 覆盖层采用套阀管法灌浆施工，套阀管法灌浆孔填料应通过导管从孔底连续注入，不得中途停顿。压注填料的时间不宜超过 1h。当孔口返出填料的密度与压注前，填料密度差不超过 0.02g/cm^3。

依据标准名称:《水电水利工程覆盖层灌浆施工技术规范》

依据标准号: DL/T 5267—2012，条款号　6.2.2

74. 覆盖层采用套阀管法灌浆施工，套阀管管体内径不应小于ϕ56mm，底部应封闭，在最大灌浆压力下不应产生破坏。

依据标准名称:《水电水利工程覆盖层灌浆施工技术规范》

依据标准号: DL/T 5267—2012，条款号　6.2.3

75. 填料灌注完成后应立即下设套阀管。套阀管下放应平稳，不得强力下压或拧动。套阀管底端与灌浆孔底距离不应大于 20cm。

依据标准名称:《水电水利工程覆盖层灌浆施工技术规范》

依据标准号: DL/T 5267—2012，条款号　6.2.5

76. 灌浆过程中灌浆压力应由小到大逐级增加，不得突然升高。灌浆过程发现冒浆、返浆及地面抬动等现象时，应立即降低灌浆压力或停止灌浆，并进行处理。

依据标准名称:《水电水利工程覆盖层灌浆施工技术规范》

依据标准号: DL/T 5267—2012，条款号　6.3.5

77. 覆盖层灌浆施工灌浆浆液的逐级变换，不得违反以下原则:

（1）当灌浆压力保持不变，注入率持续减少时，或注入率不变而压力持续升高时，不应改变浆液比级。

（2）当某级浆液灌入量达到 1000L～1500L 或灌注时间已达 30min，而灌浆压力和注入率均无改变或改变不显着时，应改浓一级。

（3）当注入率大于 30L/min 时，可变浓一级。

依据标准名称:《水电水利工程覆盖层灌浆施工技术规范》

依据标准号: DL/T 5267—2012，条款号　6.3.7

78. 未达到下列条件之一时，不得结束灌浆:

（1）在最大灌浆压力下，注入率不大于 2L/min，并已持续灌注 20min。

（2）单位注入量达到设计规定最大值。边排孔单位注入量不大于 3t。

依据标准名称：《水电水利工程覆盖层灌浆施工技术规范》
依据标准号：DL/T 5267—2012，条款号　6.3.8

79．一个单元工程的各灌浆孔灌浆结束，并通过验收合格后，应尽早进行封孔。
依据标准名称：《水电水利工程覆盖层灌浆施工技术规范》
依据标准号：DL/T 5267—2012，条款号　6.3.9

80．当钻孔偏斜使得相邻灌浆孔之间的距离过大时，应采取补救措施，必要时需补钻灌浆孔进行灌浆。
依据标准名称：《水电水利工程覆盖层灌浆施工技术规范》
依据标准号：DL/T 5267—2012，条款号　6.4.2

81．孔口封闭器不应缺少良好的耐压和密封性能，在灌浆过程中灌浆管应能灵活转动和升降。
依据标准名称：《水电水利工程覆盖层灌浆施工技术规范》
依据标准号：DL/T 5267—2012，条款号　7.2.3

82．各段灌浆时灌浆管底口离孔底的距离不应大于 50 cm。
依据标准名称：《水电水利工程覆盖层灌浆施工技术规范》
依据标准号：DL/T 5267—2012，条款号　7.2.5

83．在规定的灌浆压力下，注入率不大于 2 L/min 后继续灌注 30 min，可结束灌浆。
依据标准名称：《水电水利工程覆盖层灌浆施工技术规范》
依据标准号：DL/T 5267—2012，条款号　7.2.10

84．各灌浆孔灌浆结束后，不得缺少以最稠一级的浆液采用全孔灌浆法进行封孔环节。
依据标准名称：《水电水利工程覆盖层灌浆施工技术规范》
依据标准号：DL/T 5267—2012，条款号　7.2.11

85．灌浆不得中途中断，若因故中断，应尽快恢复灌浆。否则应立即冲洗钻孔，再恢复灌浆。
依据标准名称：《水电水利工程覆盖层灌浆施工技术规范》
依据标准号：DL/T 5267—2012，条款号　7.3.4

86．灌浆过程中如回浆变浓，可换用较稀的新浆灌注，若效果不明显，继续灌注 30min，即可结束灌注，不得再复灌。
依据标准名称：《水电水利工程覆盖层灌浆施工技术规范》
依据标准号：DL/T 5267—2012，条款号　7.3.6

87. 打管灌浆法不得违反下列步骤规定：

（1）灌浆管采用厚壁无缝钢管，直径为ϕ50mm～ϕ75mm。

（2）灌浆管下部应设花管，末端带锥尖。花管段长1m～2m，出浆孔呈梅花形排列，环距20cm～30cm，每环2孔～3孔，孔径ϕ10mm。

（3）灌浆管采用机械或人工锤击，直至设计深度，保持管壁与地层接触紧密。

（4）在灌浆管内下入水管，通水冲洗至回水变清或大量渗漏时结束。

（5）在灌浆管上部连接进浆管路和阀门装置，自下而上分段上提，分段进行纯压式灌浆。

依据标准名称：《水电水利工程覆盖层灌浆施工技术规范》

依据标准号：DL/T 5267—2012，条款号 8.0.2

88. 套管灌浆法不得违反下列步骤规定：

（1）采用液压跟管钻机和扩孔钻头套管护壁钻孔，套管直径为ϕ89mm～ϕ146mm，套管护壁深度不应小于设计孔深。

（2）将护壁套管内冲洗干净，起拔套管1m～2m。

（3）在套管内下入灌浆塞，安放在套管底端，灌浆塞射浆管口距孔底不大于20 cm，进行纯压式灌浆。

（4）自下而上分段提升护壁套管和灌浆塞，分段灌浆，直至全孔灌浆完成。

依据标准名称：《水电水利工程覆盖层灌浆施工技术规范》

依据标准号：DL/T 5267—2012，条款号 8.0.3

89. 未达到下列条件之一时，不得结束灌浆：

（1）注入量或单位注入量达到规定值。

（2）在规定的灌浆压力下，注入率不大于2L/min，延续灌注10min。

依据标准名称：《水电水利工程覆盖层灌浆施工技术规范》

依据标准号：DL/T 5267—2012，条款号 8.0.6

90. 帷幕灌浆工程的质量应以检查孔注水试验成果为主，结合对施工记录、成果资料和其他检验测试资料的分析，进行综合评定。

依据标准名称：《水电水利工程覆盖层灌浆施工技术规范》

依据标准号：DL/T 5267—2012，条款号 9.0.2

91. 帷幕灌浆检查孔注水试验不得在该部位灌浆结束14 d内进行。

依据标准名称：《水电水利工程覆盖层灌浆施工技术规范》

依据标准号：DL/T 5267—2012，条款号 9.0.3

92. 固结灌浆质量评为合格，不得违反以下条件：固结灌浆检查孔应布置在灌浆地质条件较差、灌浆过程异常和浆液扩散的结合部位，检查孔数量应控制在灌浆孔数的2%～5%，检测点的合格率不应小于85%，检测平均值不小于设计值，不合格检测点的

分布不集中。

依据标准名称：《水电水利工程覆盖层灌浆施工技术规范》

依据标准号：DL/T 5267—2012，条款号 9.0.8

93. 未做好操作人员的安全防护及必要的环境保护措施不得进行涂覆聚脲作业施工。

依据标准名称：《水电水利工程聚脲涂层施工技术规程》

依据标准号：DL/T 5317—2014，条款号 1.0.4

94. 聚脲涂层的厚度不应小于 2.0mm。

依据标准名称：《水电水利工程聚脲涂层施工技术规程》

依据标准号：DL/T 5317—2014，条款号 3.0.1

95. 聚脲涂层基层表面应坚固、干燥。

依据标准名称：《水电水利工程聚脲涂层施工技术规程》

依据标准号：DL/T 5317—2014，条款号 3.0.2

96. 聚脲涂层工程应由具有相关施工经验的专业队伍进行施工，操作人员未经专业培训不得上岗。

依据标准名称：《水电水利工程聚脲涂层施工技术规程》

依据标准号：DL/T 5317—2014，条款号 3.0.4

97. 涂覆聚脲作业完工后，不得在涂层上凿孔、打洞或用尖锐物撞击划擦。严禁直接在聚脲涂层表面进行明火烘烤、电焊及其他高温作业施工。

依据标准名称：《水电水利工程聚脲涂层施工技术规程》

依据标准号：DL/T 5317—2014，条款号 3.0.5

98. 基层局部缺陷修补材料强度指标不应低于基层混凝土强度指标，与基面的黏结强度不应小于 2.5MPa。

依据标准名称：《水电水利工程聚脲涂层施工技术规程》

依据标准号：DL/T 5317—2014，条款号 4.0.7

99. 聚脲涂层作业环境温度应高于 5℃、相对湿度小于 85%，施工应在基面温度比露点温度至少高 3℃的条件下进行。在四级风以上的露天环境条件下，不应实施喷涂作业。严禁在雨天、雪天实施露天喷涂或涂刷作业。

依据标准名称：《水电水利工程聚脲涂层施工技术规程》

依据标准号：DL/T 5317—2014，条款号 5.1.2

100. 聚脲涂层作业 A 料、B 料的进料系统不得混用。

依据标准名称:《水电水利工程聚脲涂层施工技术规程》
依据标准号: DL/T 5317—2014，条款号 5.3.6

101. 聚脲涂层两次喷涂作业面之间的搭接宽度不应小于 150mm，搭接部位第一次喷涂厚度不应大于设计厚度的一半。
依据标准名称:《水电水利工程聚脲涂层施工技术规程》
依据标准号: DL/T 5317—2014，条款号 5.3.9

102. 两次涂刷聚脲作业面之间的搭接宽度不应小于 50mm，搭接部位第一次涂刷厚度按斜坡收边。
依据标准名称:《水电水利工程聚脲涂层施工技术规程》
依据标准号: DL/T 5317—2014，条款号 5.4.5

103. 涂刷过程中，作业面不得被水、灰尘及杂物污染。
依据标准名称:《水电水利工程聚脲涂层施工技术规程》
依据标准号: DL/T 5317—2014，条款号 5.4.8

104. 涂层施工完成后 2h 内不应与水接触，72h 内防止外力冲击。
依据标准名称:《水电水利工程聚脲涂层施工技术规程》
依据标准号: DL/T 5317—2014，条款号 5.4.10

105. 涂刷作业前应将 A 料和 B 料按比例混合均匀，混合料涂刷时间应在 40min 以内，不得添加任何物质。
依据标准名称:《水电水利工程聚脲涂层施工技术规程》
依据标准号: DL/T 5317—2014，条款号 5.5.4

106. 双组分喷涂聚脲时，施工作业人员不得违反进入施工场地必须穿劳保鞋和工作服，佩戴护目镜、防护面具、口罩、乳胶手套，和佩戴经认证的呼吸防护设备等安全规定。
依据标准名称:《水电水利工程聚脲涂层施工技术规程》
依据标准号: DL/T 5317—2014，条款号 7.0.2

107. 聚脲施工防火措施不得违反下列安全规定:
（1）施工现场内应备足够的干粉或液体 CO_2 灭火器。
（2）喷涂或涂刷聚脲涂层施工过程中不得使用明火。
依据标准名称:《水电水利工程聚脲涂层施工技术规程》
依据标准号: DL/T 5317—2014，条款号 7.0.3

108. 重要部位帷幕化学灌浆检查孔的数量不应少于灌浆孔总数的 10%，固结化学灌

浆检查孔的数量不应少于灌浆孔总数的5%。

依据标准名称：《水工建筑物化学灌浆施工规范》

依据标准号：DL/T 5406—2010，条款号　12.2.2

109．不得在实验室内及施工现场进食和吸烟。不得用丙酮等渗透性强的溶剂清洗皮肤、饮食器具及衣物。

依据标准名称：《水工建筑物化学灌浆施工规范》

依据标准号：DL/T 5406—2010，条款号　13.0.4

110．化学灌浆过程中产生的弃浆、废浆及废水应集中存储，不得随意排放。

依据标准名称：《水工建筑物化学灌浆施工规范》

依据标准号：DL/T 5406—2010，条款号　13.0.7

111．灌浆孔口、注浆嘴在灌浆作业前及灌浆作业暂时中止时应妥加保护，不得流进污水和落入异物。

依据标准名称：《水工建筑物化学灌浆施工规范》

依据标准号：DL/T 5406—2010，条款号　4.0.12

112．当结合工程部位进行试验时，不得采取对工程可能产生不良后果的实验方法。

依据标准名称：《水工建筑物化学灌浆施工规范》

依据标准号：DL/T 5406—2010，条款号　4.0.3

113．聚氨酯灌浆材料在存放和配制过程中不得与水接触。

依据标准名称：《水工建筑物化学灌浆施工规范》

依据标准号：DL/T 5406—2010，条款号　5.2.1

114．丙烯酸盐灌浆材料不得用于有补强要求的工程。

依据标准名称：《水工建筑物化学灌浆施工规范》

依据标准号：DL/T 5406—2010，条款号　5.2.3

115．灌浆孔位与设计孔位的偏差值不应大于100mm，孔深不得小于设计规定值。

依据标准名称：《水工建筑物化学灌浆施工规范》

依据标准号：DL/T 5406—2010，条款号　7.2.2

116．射浆管至孔底距离不得大于灌浆段长的1/3，且不得超过0.5m。

依据标准名称：《水工建筑物化学灌浆施工规范》

依据标准号：DL/T 5406—2010，条款号　8.3.2

117．化学灌浆未经论证，不得采用高压力大流量灌注。

依据标准名称:《水工建筑物化学灌浆施工规范》
依据标准号: DL/T 5406—2010，条款号 8.3.5

118. 搅拌桩独立基础下的桩数不得少于3根。
依据标准名称:《深层搅拌法技术规范》
依据标准号: DL/T 5425—2009，条款号 5.2.5

119. 竖向承载搅拌桩复合地基应在基础和桩之间设置垫层。垫层级配砂石，最大粒径不得大于20mm。
依据标准名称:《深层搅拌法技术规范》
依据标准号: DL/T 5425—2009，条款号 5.2.8

120. 固化剂应按配比拌制，制备好的浆液不得离析。未加筛过滤浆液不得倒入集料斗。
依据标准名称:《深层搅拌法技术规范》
依据标准号: DL/T 5425—2009，条款号 6.3.5

121. 深层搅拌法施工，搅拌水泥浆液所用水应符合混凝土拌和用水要求。选用水泥的强度等级不得低于32.5级。
依据标准名称:《深层搅拌法技术规范》
依据标准号: DL/T 5425—2009，条款号 7.0.3

122. 单桩施工搅拌桩的垂直偏差不得超过1%，桩位偏差不得大于50mm，有搭接要求时垂直度偏差不得超过0.5%，桩位偏差不得大于20mm。
依据标准名称:《深层搅拌法技术规范》
依据标准号: DL/T 5425—2009，条款号 7.0.7

123. 施工过程中应详细记录搅拌钻头每米下沉（提升）时间、注浆与停浆的时间。记录深度误差不得大于50mm，时间误差不得大于5s。
依据标准名称:《深层搅拌法技术规范》
依据标准号: DL/T 5425—2009，条款号 7.0.11

124. 蓄水前应完成蓄水初期最低库水位以下各灌区接缝灌浆及其验收工作。
依据标准名称:《水电水利工程接缝灌浆施工技术规范》
依据标准号: DL/T 5712—2014，条款号 3.0.2

125. 接缝灌浆工程所采用的水泥品种，应根据大坝混凝土所使用的水泥品种和环境水侵蚀作用等因素确定。水泥强度等级不应低于42.5。
依据标准名称:《水电水利工程接缝灌浆施工技术规范》

依据标准号：DL/T 5712—2014，条款号 4.1.1

126. 确定浆液的可灌性、使用时间、浆液凝固形成结石的密实程度和强度，不得缺少浆液室内试验步骤。

依据标准名称：《水电水利工程接缝灌浆施工技术规范》

依据标准号：DL/T 5712—2014，条款号 4.2.1

127. 未经校验的灌浆设备、仪器仪表、计量器具不得使用。

依据标准名称：《水电水利工程接缝灌浆施工技术规范》

依据标准号：DL/T 5712—2014，条款号 4.3.7

128. 制浆材料应按规定的浆液配合比计量，计量误差不应大于 5%。

依据标准名称：《水电水利工程接缝灌浆施工技术规范》

依据标准号：DL/T 5712—2014，条款号 4.4.1

129. 接缝灌浆浆液温度控制不应超出 5℃～40℃范围。

依据标准名称：《水电水利工程接缝灌浆施工技术规范》

依据标准号：DL/T 5712—2014，条款号 4.4.7

130. 灌浆前须对重复灌浆系统回路逐个通水检查，确保各灌浆回路畅通。

依据标准名称：《水电水利工程接缝灌浆施工技术规范》

依据标准号：DL/T 5712—2014，条款号 6.0.10

131. 接缝灌浆不得自上而下分层进行施工。在同一高程上，重力坝应先灌纵缝，再灌横缝；拱坝应先灌横缝，再灌纵缝。横缝灌浆应从大坝中部向两岸推进；纵缝灌浆应由下游向上游推进或先灌上游第一道缝后，再从下游向上游推进。

依据标准名称：《水电水利工程接缝灌浆施工技术规范》

依据标准号：DL/T 5712—2014，条款号 7.1.1

132. 接缝灌浆各灌区不得违反下列条件：

（1）灌区两侧坝块混凝土的温度应达到设计规定值。

（2）灌区两侧坝块混凝土的龄期应大于 4 个月。

（3）除顶层外，灌区上部混凝土厚度不应少于 6m。

（4）缝面张开度不应小于 0.5mm。

（5）灌区周边封闭、管路和缝面畅通。

依据标准名称：《水电水利工程接缝灌浆施工技术规范》

依据标准号：DL/T 5712—2014，条款号 7.1.2

133. 同一高程的灌区，一个灌区灌浆结束 3d 内，对其相邻的灌区不得实施灌浆。

若相邻灌区已具备灌浆条件，可采取同时、逐区连续灌浆方式。连续灌浆时，前后灌区灌浆间歇时间不得超出8h。

依据标准名称:《水电水利工程接缝灌浆施工技术规范》

依据标准号: DL/T 5712—2014，条款号　7.1.3

134. 同一坝缝的下层灌区灌浆结束7d内，上层灌区不得开始灌浆。若上下层灌区均具备灌浆条件，应采用连续灌浆，上下层灌浆间歇时间不应超出4h，否则应间歇7d。

依据标准名称:《水电水利工程接缝灌浆施工技术规范》

依据标准号: DL/T 5712—2014，条款号　7.1.4

135. 浆液水灰比应采用2:1、1:1、0.6:1（或0.5:1）三级。不得违反下列顺序：开始应灌注水灰比2:1的浆液，待排气管出浆后，改换水灰比为1:1的浆液；当排气管排出的浆液水灰比接近1:1时，再换成水灰比0.6:1或0.5:1的浆液灌注。

依据标准名称:《水电水利工程接缝灌浆施工技术规范》

依据标准号: DL/T 5712—2014，条款号　7.3.1

136. 排气管开始流出最浓级浆液时，应尽快达到设计压力，并间歇性开启各管口排出残留的空气和稀浆，使最浓级浆液充满缝面。

依据标准名称:《水电水利工程接缝灌浆施工技术规范》

依据标准号: DL/T 5712—2014，条款号　7.3.4

137. 同一高程的灌区相互串通采用同时灌浆方式时，应一区一泵进行灌浆。灌浆过程中各灌区灌浆压力不得异同，并协调各灌区浆液的浓度变换。

依据标准名称:《水电水利工程接缝灌浆施工技术规范》

依据标准号: DL/T 5712—2014，条款号　7.3.6

138. 灌浆结束不得违反下列条件：排气管排浆接近或达到最浓比级浆液，且管口压力或缝面增开度达到设计规定值，注入率不大于0.4 L/min时，再持续20min。

依据标准名称:《水电水利工程接缝灌浆施工技术规范》

依据标准号: DL/T 5712—2014，条款号　7.4.1

139. 缝面灌浆系统不畅通时，不得实施灌浆。应采用反复浸泡、风和水轮换冲洗方式处理使系统畅通；否则应重设新的灌浆系统。

依据标准名称:《水电水利工程接缝灌浆施工技术规范》

依据标准号: DL/T 5712—2014，条款号　8.1.2

140. 当混凝土因质量缺陷漏水时，不得违反先处理混凝土缺陷再进行灌浆的顺序。

依据标准名称:《水电水利工程接缝灌浆施工技术规范》

依据标准号: DL/T 5712—2014，条款号　8.1.4

141. 接缝灌浆不得采用间歇灌浆方法。

依据标准名称:《水电水利工程接缝灌浆施工技术规范》

依据标准号: DL/T 5712—2014，条款号 8.2.1

142. 接缝灌浆质量检查不得缺少以下内容:

（1）灌浆时坝块混凝土温度。

（2）管路、缝面畅通及灌区密封情况。

（3）灌浆施工作业情况。

（4）灌浆结束时排气管出浆密度及压力。

（5）灌浆过程有无中断、串浆、漏浆和管路堵塞情况等。

（6）灌浆前、后缝面增开度大小及变化。

（7）灌浆材料性能检验情况。

（8）缝面注入水泥量或化学浆液量。

依据标准名称:《水电水利工程接缝灌浆施工技术规范》

依据标准号: DL/T 5712—2014，条款号 9.0.3

143. 接缝灌浆工程质量评为合格标准的灌区不得违反以下规定：合格率灌区不得低于 85%，不合格的灌区分布不应集中，且每一坝段内纵缝灌区的合格率不低于 80%，每一条横缝内灌区的合格率不应低于 80%。

依据标准名称:《水电水利工程接缝灌浆施工技术规范》

依据标准号: DL/T 5712—2014，条款号 9.0.10

144. 土工膜在储运中，应有防紫外线辐射的外包装，应保证土工膜不破损、不玷污、不受潮、防雨淋。

依据标准名称:《水电工程土工膜防渗技术规范》

依据标准号: NB/T 35027—2014，条款号 7.1.2

145. 土工膜现场应存放在通风干燥处，不得遭受日光照射，并远离热源。存储期限从生产之日起不得超过一年。

依据标准名称:《水电工程土工膜防渗技术规范》

依据标准号: NB/T 35027—2014，条款号 7.1.4

146. 同一批次土工膜抽样率不得少于交货卷数的 5%，且最少不得少于 1 卷。

依据标准名称:《水电工程土工膜防渗技术规范》

依据标准号: NB/T 35027—2014，条款号 7.1.5

147. 在土工膜铺设开始后，严禁在可能危害土工膜安全的范围内进行开挖、放炮、凿洞、电焊、燃烧、排水、运输等交叉作业。

依据标准名称:《水电工程土工膜防渗技术规范》

依据标准号：NB/T 35027—2014，条款号 7.1.7

148．土工膜焊接前，应对已铺设土工膜的外观质量进行100%检查，不符合要求的土工膜不得使用。

依据标准名称：《水电工程土工膜防渗技术规范》

依据标准号：NB/T 35027—2014，条款号 7.1.8

149．天然土质地基内的植物根等杂物必须清除至其表面15cm以下。天然土质地基存在对土工膜有影响的特殊菌类时，应用土壤杀菌剂处理。

依据标准名称：《水电工程土工膜防渗技术规范》

依据标准号：NB/T 35027—2014，条款号 7.2.2

150．下部土工织物应采用平搭法、丁缝法连接。平搭法搭接宽度不得小于25cm。丁缝法搭接宽度不得小于10cm，搭接头应位于土工织物底部。土工膜摊铺前，应清除夹杂在织物中尖锐物。

依据标准名称：《水电工程土工膜防渗技术规范》

依据标准号：NB/T 35027—2014，条款号 7.2.5

151．土工膜铺设施工不得违反以下要求：

（1）铺设时，应平顺、松弛适度，与下支持层贴实，不得褶皱、悬空。

（2）坡面铺设时，土工膜在坡顶和坡底应固定，临时压重物不应在坡面上滚动下滑。

（3）铺设时，应根据当地气温变化幅度和产品要求留足够余幅。

（4）膜块间的接缝，应为T字型，不得做成十字型。

（5）幅间接缝错开距离不得小于50cm。

依据标准名称：《水电工程土工膜防渗技术规范》

依据标准号：NB/T 35027—2014，条款号 7.3.2

152．采用粘接连接方式的土工膜，不得违反以下规定：

（1）粘接前应将待粘面去污、干燥。

（2）复合土工膜的布与膜需分开时，应先用脱膜剂将其脱离，并待脱膜剂挥发干燥后涂胶粘合。

（3）粘接时，应将粘接部位土工膜贴合平整。

（4）接缝粘接强度不得低于母材强度的85%。

（5）粘接接缝2h内不得承受任何拉力。

依据标准名称：《水电工程土工膜防渗技术规范》

依据标准号：NB/T 35027—2014，条款号 7.3.4

153．采用焊接连接方式的土工膜接缝焊接强度不应低于母材强度的85%。焊缝部位上、下膜应熔结为一个整体，不得有虚焊、漏焊。焊接接缝2h内不得承受任何拉力。

依据标准名称：《水电工程土工膜防渗技术规范》

依据标准号：NB/T 35027—2014，条款号 7.3.5

154．土工膜施工不得违反以下规定：

（1）施工范围严禁烟火，加热工器具应设置隔热装置。

（2）作业人员禁止穿钉鞋、高跟鞋及硬底鞋在土工膜上踩踏。

（3）拼接、检测、修补等设备、工器具使用完毕不得直接放置在土工膜上。

（4）铺设土工膜时，严禁折压。

（5）低温时段焊接时，焊缝应及时保温覆盖。

（6）上保护层施工应在土工膜施工完成并验收合格后及时跟进，若不具备条件应采用临时保护措施。

依据标准名称：《水电工程土工膜防渗技术规范》

依据标准号：NB/T 35027—2014，条款号 7.3.9

155．采用土石料结构，铺料应单边推进，依次进占摊铺，卸料高度不得超过 50cm。施工机械设备不得在土工膜上直接碾压；与土工膜直接接触的土石料不得夹杂任何有损土工膜的尖锐物，块石、预制棱体等。

依据标准名称：《水电工程土工膜防渗技术规范》

依据标准号：NB/T 35027—2014，条款号 7.5.4

156．不得使用损伤土工膜的工具。材料及工器具须轻拿、轻放，不得高抛或投掷。

依据标准名称：《水电工程土工膜防渗技术规范》

依据标准号：NB/T 35027—2014，条款号 7.5.6

第八节 安 全 监 测

一、国家标准

1．未经验收或验收不合格的大坝安全监测系统工程，不得交付使用。

依据标准名称：《大坝安全监测系统验收规范》

依据标准号：GB/T 22385—2008，条款号 5.1.1

2．验收工作应由验收委员会（组）负责，验收结论不得少于 2/3 以上验收委员会（组）成员同意。验收委员（组员）必须在验收成果文件上签字，保留意见应在验收鉴定书或签证中明确记载。

依据标准名称：《大坝安全监测系统验收规范》

依据标准号：GB/T 22385—2008，条款号 5.1.2

3．未通过安全监测系统阶段验收，水库不得蓄水。

依据标准名称：《大坝安全监测系统验收规范》
依据标准号：GB/T 22385—2008，条款号 5.3.1

4．大坝安全监测系统不具备以下条件，不得进行竣工验收：
（1）大坝安全监测系统建设内容已按设计完成。
（2）历次验收所发现的问题已基本处理完毕。
（3）归档资料符合工程档案资料管理的有关规定。
（4）参建各方的工作报告已完成。
依据标准名称：《大坝安全监测系统验收规范》
依据标准号：GB/T 22385—2008，条款号 5.4.2

5．各项安全监测设施安装就位后，应及时读取初始读数或基准值。
依据标准名称：《大坝安全监测系统验收规范》
依据标准号：GB/T 22385—2008，条款号 6.1.6

6．变形监测项目应满足规范和设计要求，监测点和仪器设备埋设安装的数量与位置不得违反设计要求。
依据标准名称：《大坝安全监测系统验收规范》
依据标准号：GB/T 22385—2008，条款号 6.2.1.1

7．用于变形监测项目土建及安装的原材料的质量严禁违反有关标准和设计规定的要求。
依据标准名称：《大坝安全监测系统验收规范》
依据标准号：GB/T 22385—2008，条款号 6.2.1.2

8．监测基准网和监测近坝区岩体水平位移的边角网布设应保证测点在指定方向的位移量中误差不得大于变形监测的精度要求，网可靠性因子γ值不得小于0.2。
依据标准名称：《大坝安全监测系统验收规范》
依据标准号：GB/T 22385—2008，条款号 6.2.2.1

9．正、倒垂线不应有弯（折）痕。
依据标准名称：《大坝安全监测系统验收规范》
依据标准号：GB/T 22385—2008，条款号 6.2.2.7.3

10．遥测垂线坐标仪安装后，不得影响垂线独立运动功能和人工观测。
依据标准名称：《大坝安全监测系统验收规范》
依据标准号：GB/T 22385—2008，条款号 6.2.2.7.7

11．测斜管安装检查应符合设计和规范要求。相邻两根管应紧密连接，连接时应使

导槽严格对正，不得偏扭。

依据标准名称:《大坝安全监测系统验收规范》

依据标准号: GB/T 22385—2008，条款号 6.2.2.13

12. 当出现下列情况之一时，应提高监测频率:

（1）检测数据达到报警值。

（2）检测数据变化较大或者速率加快。

（3）存在勘察未发现的不良地质。

（4）超深、超长开挖或未及时加撑等违反设计工况施工。

（5）基坑及周边大量积水、长时间连续降雨、市政管道出现泄漏。

（6）基坑附近底面荷载突然增大或超过设计限值。

（7）支护结构出现开裂。

（8）周边地面突发加大沉降或出现开裂。

（9）临近建筑突发较大沉降、不均匀沉降或出现严重开裂。

（10）基坑底部、侧壁出现管涌、渗漏或流砂等现象。

依据标准名称:《建筑基坑工程监测技术规范》

依据标准号: GB 50497—2009，条款号 7.0.4（强条）

13. 基坑工程监测必须确定监测报警值，监测报警值不得违反基坑工程设计、地下结构设计以及周边环境中被保护对象的控制要求。

依据标准名称:《建筑基坑工程监测技术规范》

依据标准号: GB 50497—2009，条款号 8.0.1（强条）

14. 出现下列情况之一时，必须立即进行危险报警，并应对基坑支护结构和周边环境中的保护对象采取应急措施，不排除险情不得继续施工。

（1）监测数据达到监测报警值的累计值。

（2）基坑支护结构或周边土体的位置值突然明显增大或基坑出现流沙、管涌、隆起或严重的渗漏等。

（3）基坑支护结构的支撑或锚杆体系出现过大变形、压屈、断裂、松弛或拔出的迹象。

（4）周围建筑的结构部分、周边地面出现较严重的突发裂缝或危害结构的变形裂缝。

（5）周边管线变形突然明显增长或出现裂缝、泄漏等。

（6）根据当地工程经验判断，出现其他必须进行危险报警的情况。

依据标准名称:《建筑基坑工程监测技术规范》

依据标准号: GB 50497—2009，条款号 8.0.7（强条）

二、能源、行业标准

1. 大坝安全监测数据自动采集装置周围环境不得违反下列要求：无爆炸危险，无腐蚀气体和导电尘埃，无严重霉菌，无剧烈震动冲击源。一般地区的接地电阻不应大于 10Ω，强雷击区的接地电阻不应大于 4Ω。

依据标准名称：《大坝安全监测数据自动采集装置》

依据标准号：DL/T 1134—2009，条款号　4.1.2

2．采集装置机箱的防护等级不得低于 GB 4208 中规定的 IP56 要求。

依据标准名称：《大坝安全监测数据自动采集装置》

依据标准号：DL/T 1134—2009，条款号　4.2

3．电源中断时，已存储的采集数据、设定的参数不得丢失。

依据标准名称：《大坝安全监测数据自动采集装置》

依据标准号：DL/T 1134—2009，条款号　4.3.1.3

4．水电水利工程岩体观测的临时观测系统与永久观测系统应建立数据传递关系。

依据标准名称：《水电水利工程岩体观测规程》

依据标准号：DL/T 5006—2007，条款号　3.0.4

5．不得选用不满足工程岩体的特性、测量范围和精度要求的观测仪器。

依据标准名称：《水电水利工程岩体观测规程》

依据标准号：DL/T 5006—2007，条款号　3.0.5

6．地震区修建土石坝，应采用直线的或向上游弯曲的坝轴线，不应采用向下游弯曲的、折线形的或 S 形的坝轴线。

依据标准名称：《水工建筑物抗震设计规范》

依据标准号：DL 5073—2000，条款号　5.2.1

7．设计烈度为 8、9 度时，不应选用刚性心墙型式防渗体的堆石坝。选用均质坝时，应设置内部排水系统，降低浸润线。

依据标准名称：《水工建筑物抗震设计规范》

依据标准号：DL 5073—2000，条款号　5.2.2

8．应在防渗体上、下游面设置反滤层和过渡层，且必须压实并适当加厚。

依据标准名称：《水工建筑物抗震设计规范》

依据标准号：DL 5073—2000，条款号　5.2.5

9．均匀的中砂、细砂、粉砂及粉土不应作为地震区的筑坝材料。

依据标准名称：《水工建筑物抗震设计规范》

依据标准号：DL 5073—2000，条款号　5.2.6

10．1、2 级土石坝不应在坝下埋设输水管。

依据标准名称：《水工建筑物抗震设计规范》
依据标准号：DL 5073—2000，条款号　5.2.9

11. 重力坝坝坡应避免剧变，顶部折坡宜取弧形。坝顶不应过于偏向上游。
依据标准名称：《水工建筑物抗震设计规范》
依据标准号：DL 5073—2000，条款号　6.2.1

12. 坝顶应采用轻型、简单、整体性好的附属结构，应力求降低高度，不应设置笨重的桥梁和高耸的塔式结构。
依据标准名称：《水工建筑物抗震设计规范》
依据标准号：DL 5073—2000，条款号　6.2.3

13. 地下结构布线应避开活动断裂和浅薄山嘴。设计烈度为 8、9 度时，不应在地形陡峭、岩体风化、裂隙发育的山体中修建大跨度傍山隧洞。应选用埋深大的线路，两条线路相交时，应避免交角过小。
依据标准名称：《水工建筑物抗震设计规范》
依据标准号：DL 5073—2000，条款号　9.2.1

14. 1、2 级进水塔必须设置事故闸门。
依据标准名称：《水工建筑物抗震设计规范》
依据标准号：DL 5073—2000，条款号　10.2.7

15. 混凝土坝必须监控大坝安全、掌握运行规律、指导施工和运行、反馈设计等，必须设置必要的监测项目。
依据标准名称：《混凝土坝安全监测技术规范》
依据标准号：DL/T 5178—2003，条款号　4.0.1（强条）

16. 仪器的安装和埋设应保证第一次蓄水期能够获得必要的检测成果。
依据标准名称：《混凝土坝安全监测技术规范》
依据标准号：DL/T 5178—2003，条款号　4.0.2

17. 未进行以下工作不得进行首次蓄水：
（1）制定首次蓄水的监测工作计划和主要的设计监控技术指标。
（2）按计划要求做好仪器监测和巡视检查。
（3）拟定基准值，定时对大坝安全状态作出评价并为蓄水提供依据。
依据标准名称：《混凝土坝安全监测技术规范》
依据标准号：DL/T 5178—2003，条款号　4.0.3

18. 不得使用未经有资质的单位计量检定的监测仪器。

依据标准名称:《混凝土坝安全监测技术规范》
依据标准号：DL/T 5178—2003，条款号　4.0.8

19．未设置相应的水位观测站不得蓄水。
依据标准名称:《混凝土坝安全监测技术规范》
依据标准号：DL/T 5178—2003，条款号　6.2.1

20．坝区附近设置的气温测点不得少于1个。
依据标准名称:《混凝土坝安全监测技术规范》
依据标准号：DL/T 5178—2003，条款号　6.4.1

21．坝区附近设置的降水量测点不得少于1个。
依据标准名称:《混凝土坝安全监测技术规范》
依据标准号：DL/T 5178—2003，条款号　6.5

22．严禁使用精度不符合要求的变形监测仪器、设备。
依据标准名称:《混凝土坝安全监测技术规范》
依据标准号：DL/T 5178—2003，条款号　7.1.5

23．倒垂孔有效孔径应能满足变形监测要求。
依据标准名称:《混凝土坝安全监测技术规范》
依据标准号：DL/T 5178—2003，条款号　7.3.1

24．建筑物外的水准点不应设在地下水位高或易受剧烈振动的地点。
依据标准名称:《混凝土坝安全监测技术规范》
依据标准号：DL/T 5178—2003，条款号　7.3.3

25．安装连通管时，必须将水管中气泡全部排尽。
依据标准名称:《混凝土坝安全监测技术规范》
依据标准号：DL/T 5178—2003，条款号　7.3.5

26．气泡倾斜仪底座安装时，必须精确调平。调平的误差不得大于仪器量程的1/10。
依据标准名称:《混凝土坝安全监测技术规范》
依据标准号：DL/T 5178—2003，条款号　7.3.6

27．垂线观测采用人工观测时，每一测次应观测两测回。两测回观测值之差不得大于0.15mm。
依据标准名称:《混凝土坝安全监测技术规范》
依据标准号：DL/T 5178—2003，条款号　7.4.1

28．引张线观测可采用读数显微镜、两线仪、两用仪或放大镜，也可采用遥测仪，严禁单纯使用目视直接读数。

依据标准名称：《混凝土坝安全监测技术规范》

依据标准号：DL/T 5178—2003，条款号 7.4.2

29．采用活动觇标法视准线，两测回观测值之差不得超过 3"。

依据标准名称：《混凝土坝安全监测技术规范》

依据标准号：DL/T 5178—2003，条款号 7.4.3

30．大气激光准直每一测次应观测两个测回，两测回测得偏离值之差不得大于 1.5mm。真空激光准直每一测次应观测一测回，两个半测回测得偏离值之差不得大于 0.3mm。

依据标准名称：《混凝土坝安全监测技术规范》

依据标准号：DL/T 5178—2003，条款号 7.4.4

31．采用边角网和交会法观测时，边角网测角中误差不得大于 0.7"，交会法测角中误差不得大于 10"。

依据标准名称：《混凝土坝安全监测技术规范》

依据标准号：DL/T 5178—2003，条款号 7.4.5

32．三角高程测量中，天顶距测量仪器精度不应低于 J1 型经纬仪。气泡倾斜仪的气泡格值不应大于 5"。

依据标准名称：《混凝土坝安全监测技术规范》

依据标准号：DL/T 5178—2003，条款号 7.4.6

33．机械测缝标点每测次均应进行两次量测，两次观测值之差不得大于 0.2mm。

依据标准名称：《混凝土坝安全监测技术规范》

依据标准号：DL/T 5178—2003，条款号 7.4.7

34．光学机械监测仪器、设备监测时的温度须与大气温度一致，不得受到日光的直接照射。

依据标准名称：《混凝土坝安全监测技术规范》

依据标准号：DL/T 5178—2003，条款号 7.4.8

35．混凝土坝必须进行渗流监测，监测项目不得缺少扬压力、渗透压力、渗流量及水质监测等。

依据标准名称：《混凝土坝安全监测技术规范》

依据标准号：DL/T 5178—2003，条款号 8.1.1

36. 量测测压管水头的压力表精度不得低于0.4级。量测监测孔水位的渗压计精度不得低于满量程的5/1000。

依据标准名称:《混凝土坝安全监测技术规范》

依据标准号: DL/T 5178—2003，条款号　8.1.2

37. 采用水尺法测量量水堰堰顶水头时，水尺精度不得低于1mm；采用水位测针或量水堰水位计量测堰顶水头时，精度不得低于0.1mm。

依据标准名称:《混凝土坝安全监测技术规范》

依据标准号: DL/T 5178—2003，条款号　8.1.3

38. 对于层状渗流在一个测孔内埋设多管式测压管，或安装多个测压计时，必须做好上下两个测点间的隔水设施，防止层间水互相贯通。

依据标准名称:《混凝土坝安全监测技术规范》

依据标准号: DL/T 5178—2003，条款号　8.2.8

39. 测压管的进水管段必须保证渗漏水能顺利地进入管内。

依据标准名称:《混凝土坝安全监测技术规范》

依据标准号: DL/T 5178—2003，条款号　8.3.1

40. 电测水位计量测测压管内水位，两次读数之差不应大于1cm。

依据标准名称:《混凝土坝安全监测技术规范》

依据标准号: DL/T 5178—2003，条款号　8.4.2

41. 渗压计量测监测孔的水位，两次读数之差不应大于仪器的最小读数。

依据标准名称:《混凝土坝安全监测技术规范》

依据标准号: DL/T 5178—2003，条款号　8.4.3

42. 容积法观测渗流时，两次测值之差不得大于平均值的5%。

依据标准名称:《混凝土坝安全监测技术规范》

依据标准号: DL/T 5178—2003，条款号　8.4.4

43. 在布置应力、应变监测项目时，应对采用的混凝土进行热学、力学及徐变、自身体积膨胀等性能试验。

依据标准名称:《混凝土坝安全监测技术规范》

依据标准号: DL/T 5178—2003，条款号　9.1.2

44. 位于地震区的大坝应设置强震仪，监测坝体在地震时的振幅、频率、振动速度和加速度。

依据标准名称:《混凝土坝安全监测技术规范》

依据标准号：DL/T 5178—2003，条款号 9.2.14

45. 应保证监测仪器埋设的位置和方向正确，仪器不得受到损坏。

依据标准名称：《混凝土坝安全监测技术规范》

依据标准号：DL/T 5178—2003，条款号 9.3.3

46. 埋设电缆时应防受损，严禁将电缆观测端浸入水中。

依据标准名称：《混凝土坝安全监测技术规范》

依据标准号：DL/T 5178—2003，条款号 9.3.4

47. 必须填写观测记录，注明仪器异常、仪表或装置故障、电缆剪短或接长及集线箱检修等情况。

依据标准名称：《混凝土坝安全监测技术规范》

依据标准号：DL/T 5178—2003，条款号 9.4.3

48. 仪器埋设后，必须确定基准值。

依据标准名称：《混凝土坝安全监测技术规范》

依据标准号：DL/T 5178—2003，条款号 9.4.6（强条）

49. 监测自动化系统的布置，不得违反下列要求：

（1）纳入监测自动化系统的测点应以满足监测工程安全运行需要。

（2）监测自动化系统的更新改造设计应在完成原有仪器设备检验和鉴定后进行。

（3）监测自动化系统控制室的设置应符合国家现行的有关控制室或计算机机房的规定；控制室应有独立的接地线。

依据标准名称：《混凝土坝安全监测技术规范》

依据标准号：DL/T 5178—2003，条款号 10.2.1

50. 监测自动化系统设备的选择，不得违反下列要求：

（1）数据采集装置应具有规定的基本功能。

（2）与数据采集装置连接在一起的监控主机和监测中心的管理计算机配置应满足监测自动化系统的要求，并配备必要的外部设备。计算机房应配置专用电源和不间断和不间断电源（UPS），并应设置独立的接地线设施。

（3）数据采集装置和监控主机之间的距离和工程环境要求选用有线（或）无线（包括卫星）等通信方式。

依据标准名称：《混凝土坝安全监测技术规范》

依据标准号：DL/T 5178—2003，条款号 10.2.4

51. 每年汛前必须将上一年度的检测资料整编完毕。

依据标准名称：《混凝土坝安全监测技术规范》

依据标准号：DL/T 5178—2003，条款号 11.2.4

52．混凝土坝安全监测资料必须及时整理和整编。
依据标准名称：《混凝土坝安全监测资料整编规程》
依据标准号：DL/T 5209—2005，条款号 4.0.2

53．施工期和初次蓄水期，安全监测资料整编时段最长不应超过1年。
依据标准名称：《混凝土坝安全监测资料整编规程》
依据标准号：DL/T 5209—2005，条款号 8.1.1

54．整编资料应完整、连续、准确。
依据标准名称：《混凝土坝安全监测资料整编规程》
依据标准号：DL/T 5209—2005，条款号 8.1.4

55．监测站不得设置在有强电磁干扰设备附近，并应有良好的接地；设置在露天或可能水淋的地方监测站，必须加装防护措施。
依据标准名称：《大坝安全监测自动化技术规范》
依据标准号：DL/T 5211—2005，条款号 5.3.4

56．自动化监测系统单独接地时，接地电阻不应大于10Ω。
依据标准名称：《大坝安全监测自动化技术规范》
依据标准号：DL/T 5211—2005，条款号 5.3.10

57．监测站接地电阻不应大于10Ω。监测管理站、监测管理中心站接地电阻不应大于4Ω。
依据标准名称：《大坝安全监测自动化技术规范》
依据标准号：DL/T 5211—2005，条款号 6.1.1.2

58．不间断电源（UPS），交流电源掉电时UPS维护系统正常工作时间不得小于30min。
依据标准名称：《大坝安全监测自动化技术规范》
依据标准号：DL/T 5211—2005，条款号 6.1.2.2

59．系统运行平均无故障时间（MTBF）可靠性指标不得小于6300h。
依据标准名称：《大坝安全监测自动化技术规范》
依据标准号：DL/T 5211—2005，条款号 6.3.4

60．系统抗瞬态浪涌能力不得违反以下要求：
（1）系统防雷电感应：500W～1500W。
（2）瞬态电位差：小于1000V。

依据标准名称：《大坝安全监测自动化技术规范》
依据标准号：DL/T 5211—2005，条款号 6.3.5

61．接入自动化系统的监测仪器，其输入输出信号标志应开放。
依据标准名称：《大坝安全监测自动化技术规范》
依据标准号：DL/T 5211—2005，条款号 6.4.4

62．数据采集装置蓄电池供电时间不得少于3d（需强电驱动控制的设备除外）。
依据标准名称：《大坝安全监测自动化技术规范》
依据标准号：DL/T 5211—2005，条款号 6.5.1

63．交流电源掉电时，不间断电源维持系统正常工作时间不得小于30min。
依据标准名称：《大坝安全监测自动化技术规范》
依据标准号：DL/T 5211—2005，条款号 6.7.2

64．型式检验的样品应从经出场检验合格的产品中随机抽取，单机台数不得少于3台，产品总量少于3台，应全检。
依据标准名称：《大坝安全监测自动化技术规范》
依据标准号：DL/T 5211—2005，条款号 8.2.2

65．监测设备支座及支架应安装牢固，确保与被测对象联成整体，支架必须进行防锈处理。
依据标准名称：《大坝安全监测自动化技术规范》
依据标准号：DL/T 5211—2005，条款号 11.1.2

66．监测设备安装时，对接入自动化监测系统的监测仪器应进行检查或比测。
依据标准名称：《大坝安全监测自动化技术规范》
依据标准号：DL/T 5211—2005，条款号 11.1.3

67.系统时钟应满足在规定的运行周期内，监测系统设备月最大计时误差小于3min。
依据标准名称：《大坝安全监测自动化技术规范》
依据标准号：DL/T 5211—2005，条款号 12.1.2

68．监测系统自动采集数据的缺失率不得大于3%。
依据标准名称：《大坝安全监测自动化技术规范》
依据标准号：DL/T 5211—2005，条款号 12.1.4.2

69．自动化系统的监测频次按以下规定执行：试运行期1次/天，常规监测不少于1次/周，非常时期可加密测次。

依据标准名称：《大坝安全监测自动化技术规范》
依据标准号：DL/T 5211—2005，条款号　13.0.1

70．系统运行维护所有原始实测数据必须全部入库。
依据标准名称：《大坝安全监测自动化技术规范》
依据标准号：DL/T 5211—2005，条款号　13.0.2

71．每 3 个月对主要自动化监测设施进行 1 次巡视检查，汛前应进行 1 次全面检查。
依据标准名称：《大坝安全监测自动化技术规范》
依据标准号：DL/T 5211—2005，条款号　13.0.6

72．典型监测断面选择不得违反下列原则：
（1）典型横向监测断面应选在最大坝高处、地形突变处、地质条件复杂处、坝内埋管处。典型监测横断面不应少于 3 个。
（2）典型纵向断面可由横向监测断面上的测点构成，必要时可根据坝体结构、地形地质情况增设纵向监测断面。
依据标准名称：《土石坝安全监测技术规范》
依据标准号：DL/T 5259—2010，条款号　4.0.3

73．为运行期和首次蓄水期设置的临时监测设施，应与永久监测系统建立数据传递关系。
依据标准名称：《土石坝安全监测技术规范》
依据标准号：DL/T 5259—2010，条款号　4.0.8

74．专项监测项目设置不得缺少如下项目：
（1）近坝区岸坡稳定监测。
（2）地下洞室稳定监测。
（3）坝体强震动监测。
（4）泄水建筑物水力学监测。
依据标准名称：《土石坝安全监测技术规范》
依据标准号：DL/T 5259—2010，条款号　4.0.12

75．在首次蓄水前，应确定各监测仪器的蓄水基准值。
依据标准名称：《土石坝安全监测技术规范》
依据标准号：DL/T 5259—2010，条款号　4.0.14

76．巡视检查中发现土石坝有损伤、原有缺陷有进一步发展、近岸坡有滑移崩塌征兆或其他异常现象，应分析原因并及时上报。
依据标准名称：《土石坝安全监测技术规范》

依据标准号：DL/T 5259—2010，条款号 5.1.3

77．检查主要依靠目视、耳听、手摸、鼻嗅等直观方法，可辅助锤、钎、量尺、放大镜、望远镜、照相机、摄像机等工器具进行。

依据标准名称：《土石坝安全监测技术规范》

依据标准号：DL/T 5259—2010，条款号 5.3.3

78．水位监测应设置遥测水位计和水尺，可与水情自动测报系统共享，但监测数据必须实时共享。

依据标准名称：《土石坝安全监测技术规范》

依据标准号：DL/T 5259—2010，条款号 6.2.2

79．每年汛期泄洪后，应施测一次下游冲刷情况。

依据标准名称：《土石坝安全监测技术规范》

依据标准号：DL/T 5259—2010，条款号 6.6.3

80．坝体内部垂直位移采用水管式沉降仪监测时，测量管路内水中不得存有气泡。

依据标准名称：《土石坝安全监测技术规范》

依据标准号：DL/T 5259—2010，条款号 7.4.7

81．渗流量监测，不得违反下列规定：

（1）渗流量监测时间及测次应与渗透压力一致。

（2）用容积法时，充水时间不得少于 10s，平行两次测量的读数误差不应大于平均值的 5%。

（3）用量水堰监测渗流量时，水尺的水位读数应精确到 1mm，测量仪器的监测精度应与水尺测读一致。

依据标准名称：《土石坝安全监测技术规范》

依据标准号：DL/T 5259—2010，条款号 8.4.3

82．水质分析，不得违反下列规定：

（1）应定期进行渗透（漏）水的物理性质、pH 值和化学成分分析。水温测量精度 0.1℃。浑水时，应测出相应的固体含量。

（2）渗水化学分析所需水样应在规定的监测孔、堰口或渗流出口取得，并同时取库水水样作相同项目的对比分析。发现析出物或侵蚀性水流时，应判断是否有化学管涌或机械管涌发生。

依据标准名称：《土石坝安全监测技术规范》

依据标准号：DL/T 5259—2010，条款号 8.4.4

83．土压力（应力）监测应包括心墙与堆石体的总应力、垂直土压力、水平土压力监测等，其布置不得违反以下规定：

（1）高面板堆石坝，应在监测横断面的中下部选取2个～3个高程进行土压力监测。过渡料中每个测点可布置四向～五向压力计，水平、垂直、平行面板底面和垂直面板底面各1支；坝轴线处每个测点应布置二向～三向压力计。

（2）高心墙堆石坝，应在心墙内部及其上下游反滤料处布置土压力监测点，应与孔隙水压力测点成对布置。每个测点布置一向～三向压力计。

依据标准名称：《土石坝安全监测技术规范》

依据标准号：DL/T 5259—2010，条款号 9.2.1

84. 接触土压力监测应包括土和堆石等与混凝土、岩面或圬工建筑物接触面上的土压力监测等，其布置不得违反以下规定：

（1）接触土压力仪器沿刚性界面应布置在接触土压力最大、受力情况复杂、工程地质条件复杂或结构薄弱等部位。

（2）高面板堆石坝，应在每期面板的顶部 5m 范围内，面板与垫层料接触面增设界面土压力计。

（3）高心墙堆石坝，应在心墙与陡峻岸坡的接触部位、心墙与岸坡接触处、地形突变部位、心墙与混凝土垫层接触面布置界面土压力计。在心墙基座混凝土垫层内应布置应力计。

（4）坝基设有高趾墙的土石坝，应在高趾墙的下游侧设界面土压力计。

依据标准名称：《土石坝安全监测技术规范》

依据标准号：DL/T 5259—2010，条款号 9.2.2

85. 不稳定的区域不得设置变形监测基准点和工作基点；基准点和工作基点不得缺少可靠的保护设施。

依据标准名称：《土石坝安全监测技术规范》

依据标准号：SL 551—2012，条款号 4.1.4

86. 平面基准点应布置在土石坝下游，数量不得少于3个。

依据标准名称：《土石坝安全监测技术规范》

依据标准号：SL 551—2012，条款号 4.2.2

87. 水准基准点应布置稳定区域，数量不得少于3座。

依据标准名称：《土石坝安全监测技术规范》

依据标准号：SL 551—2012，条款号 4.2.2

88. 水平位移点基座的对中误差不得超过±0.1mm；基准点或工作基点视线高出（旁离）地面或障碍物距离不得小于 1.5m；不得在强电磁场干扰区域设置基准点和观测点；监测点旁离障碍物距离不得小于1.0m。

依据标准名称：《土石坝安全监测技术规范》

依据标准号：SL 551—2012，条款号 4.2.3

89． 土基上的监测点底座埋深不得小于 1.5m，并不得在冰冻线以上。

依据标准名称：《土石坝安全监测技术规范》

依据标准号：SL 551—2012，条款号 4.2.3

90． 施工期不得遗漏铺盖和斜墙底部等部位监测仪器的埋设。

依据标准名称：《土石坝安全监测技术规范》

依据标准号：SL 551—2012，条款号 5.1.2

91． 监测自动化系统的建设应按《水电站大坝运行安全管理规定》要求，进行专项设计、专项审查和专项验收。

依据标准名称：《大坝安全监测自动化系统实用化要求及验收规程》

依据标准号：DL/T 5272—2012，条款号 3.1.1

92． 水电站运行单位应委托有相应设计资质的单位承担自动化系统设计。

依据标准名称：《大坝安全监测自动化系统实用化要求及验收规程》

依据标准号：DL/T 5272—2012，条款号 3.1.2

93． 所有原始数据必须全部入库（采集数据库），监测数据备份时间间隔不得超过 3 个月。

依据标准名称：《大坝安全监测自动化系统实用化要求及验收规程》

依据标准号：DL/T 5272—2012，条款号 3.4.7

94． 边坡施工期应进行变形监测，监测不得缺少表面位移、裂缝、深层位移内容。

依据标准名称：《水利水电工程施工安全监测技术规范》

依据标准号：DL/T 5308—2013，条款号 3.2.1

95． 边坡监测点布置不得违反下列要求：

（1）监测点布置应根据边坡高度，按上中下成排布点。范围涵盖被监测区域。

（2）对已明确主滑动方向和滑动范围的滑坡，监测网点应布设成十字形或方格形，其纵向应沿主滑动方向，横向应垂直于主滑动方向。

（3）裂缝监测点应根据裂缝的走向和长度，分别布设在裂缝的最宽处和裂缝的末端。

（4）深层位移监测断面可以与表面位移监测断面相结合布置，在预计滑动区内布置监测断面和测线。

依据标准名称：《水利水电工程施工安全监测技术规范》

依据标准号：DL/T 5308—2013，条款号 3.2.4

96． 边坡支护监测选择不得缺少有代表性的地质地段、支护结构形式和施工安全监测等监测断面。

依据标准名称：《水利水电工程施工安全监测技术规范》

依据标准号：DL/T 5308—2013，条款号　3.3.1

97. 采用预应力锚杆（索）支护加固的边坡，应抽样布置预应力监测设备，监测其受力状态变化。抽样监测数量不应少于总根数的5%，且不应少于3根。

依据标准名称：《水利水电工程施工安全监测技术规范》

依据标准号：DL/T 5308—2013，条款号　3.3.3

98. 监测频次应根据边坡的地质条件、监测项目、水文气象、施工方式、支护特点及工程的要求等确定，每月监测不应少于2次。

依据标准名称：《水利水电工程施工安全监测技术规范》

依据标准号：DL/T 5308—2013，条款号　3.3.4

99. 边坡内的地下水位或地下孔隙水压力渗流监测，断面布置不得违反沿渗流方向或边坡滑动方向原则。

依据标准名称：《水利水电工程施工安全监测技术规范》

依据标准号：DL/T 5308—2013，条款号　3.6.1

100. 水位监测点应选择在水流平稳，受风浪、泄水和抽水影响较小，能代表上、下游水位处。

依据标准名称：《水利水电工程施工安全监测技术规范》

依据标准号：DL/T 5308—2013，条款号　4.4.2

101. 地下工程监测断面设置应选择有代表性的地质地段，不得缺少包括围岩变形显著、偏压、高地应力、地质构造带，局部不稳定楔形体、地下构筑物重要部位以及施工需要对岩体监测的部位等。

依据标准名称：《水利水电工程施工安全监测技术规范》

依据标准号：DL/T 5308—2013，条款号　5.1.2

102. 地下工程监测仪器应及时安装，应靠近开挖面，安设后应测取初始读数。

依据标准名称：《水利水电工程施工安全监测技术规范》

依据标准号：DL/T 5308—2013，条款号　5.1.4

103. 洞室的收敛变形及顶拱沉降的实测位移速度出现急剧增加，或支护混凝土表面出现明显裂缝时，应立即停止开挖，不采取补强措施不得继续进行施工。

依据标准名称：《水利水电工程施工安全监测技术规范》

依据标准号：DL/T 5308—2013，条款号　5.2.2

104. 大断面、复杂地质条件洞室及洞室群，在开挖过程中应对爆破效应进行监测。

依据标准名称：《水利水电工程施工安全监测技术规范》

依据标准号：DL/T 5308—2013，条款号 5.3.1

105. 混凝土坝及厂房工程温度监测布置重点不得缺少基础约束区，高、低温季节施工部位等。

依据标准名称：《水利水电工程施工安全监测技术规范》

依据标准号：DL/T 5308—2013，条款号 6.0.2

106. 混凝土拱坝封拱前不得缺少对温度和缝开合度监测，温度和缝开合度变化不满足设计规定值时，不得进行封拱灌浆。

依据标准名称：《水利水电工程施工安全监测技术规范》

依据标准号：DL/T 5308—2013，条款号 6.0.6

107. 固结灌浆、接缝灌浆、回填灌浆区应安装抬动监测装置，在灌浆过程中连续进行监测记录，严禁抬动值超过设计规定。

依据标准名称：《水利水电工程施工安全监测技术规范》

依据标准号：DL/T 5308—2013，条款号 6.0.7

108. 监测资料分析的项目、内容和方法应根据实际情况确定，但巡视检查的监测资料必须进行分析。

依据标准名称：《水利水电工程施工安全监测技术规范》

依据标准号：DL/T 5308—2013，条款号 8.0.4

109. 水电水利工程建设中存在软土地基施工安全问题，应进行监测。监测资料应及时整理分析，及时反馈。

依据标准名称：《水电水利工程软土地基施工监测技术规范》

依据标准号：DL/T 5316—2014，条款号 1.0.3

110. 监测断面应布置在监测区域（段）内地质条件和荷载条件组合的典型位置。

依据标准名称：《水电水利工程软土地基施工监测技术规范》

依据标准号：DL/T 5316—2014，条款号 4.0.4

111. 监测仪器不应布设在非代表性位置监测断面上。

（1）地表水平位移监测点应设置在加载区外 1m～2m。

（2）深层水平位移应设置在最危险滑动面以内偏外侧位置。

（3）地表沉降监测点应分别布置在加载区中间和顶边缘。

（4）分层沉降监测应布置在地基沉降量较大部位。

（5）孔隙水压力监测点应布置在软土层地下水位以下，平面位置可与沉降监测点对应，深度应间隔2m～3m。

依据标准名称:《水电水利工程软土地基施工监测技术规范》

依据标准号: DL/T 5316—2014，条款号　4.0.6

112．地基稳定安全控制标准不得超出下列范围：

（1）水平位移速率不应超过5 mm/d ；

（2）沉降速率不应超过10mm/d ；

（3）孔隙水压力增量 Δu 与荷载增量 ΔP 之比不应超过0.6。

依据标准名称:《水电水利工程软土地基施工监测技术规范》

依据标准号: DL/T 5316—2014，条款号　4.0.8

113．沉降标底板应用钢质材料制作，底板尺寸不应小于 500mm×500mm，厚度不应小于5mm。

依据标准名称:《水电水利工程软土地基施工监测技术规范》

依据标准号: DL/T 5316—2014，条款号　5.0.3

114．沉降标埋设完成后应立即测量沉降标高程，确定沉降计算初值。

依据标准名称:《水电水利工程软土地基施工监测技术规范》

依据标准号: DL/T 5316—2014，条款号　5.0.5

115．处于填筑施工位置的测点，监测地基沉降应同时记录荷载变化。

依据标准名称:《水电水利工程软土地基施工监测技术规范》

依据标准号: DL/T 5316—2014，条款号　5.0.6

116．分层沉降监测结果应绘制地基不同深度的沉降过程曲线图、计算分层压缩量。

依据标准名称:《水电水利工程软土地基施工监测技术规范》

依据标准号: DL/T 5316—2014，条款号　6.0.5

117．地表水平位移测点应与地基土体结合良好，并具有足够的稳定性。

依据标准名称:《水电水利工程软土地基施工监测技术规范》

依据标准号: DL/T 5316—2014，条款号　7.0.1

118．地表水平位移监测成果不得缺少位移速率和累计位移的内容。

依据标准名称:《水电水利工程软土地基施工监测技术规范》

依据标准号: DL/T 5316—2014，条款号　7.0.6

119．深层水平位移监测应绘制水平位移沿深度分布曲线，计算不同深度的地基土体水平位移值和最大位移速率。

依据标准名称:《水电水利工程软土地基施工监测技术规范》

依据标准号：DL/T 5316—2014，条款号 8.0.6

120. 孔隙水压力传感器应性能稳定、测量方便、便于在地基土体中埋设和密封。传感器综合误差应不大于 2.5%FS。
依据标准名称：《水电水利工程软土地基施工监测技术规范》
依据标准号：DL/T 5316—2014，条款号 9.0.2

121. 监测阶段报告不得缺少阶段监测结果、监测资料初步分析、监测值发展趋势预测、对后续施工指导意见和合理化建议等内容。
依据标准名称：《水电水利工程软土地基施工监测技术规范》
依据标准号：DL/T 5316—2014，条款号 11.0.3

122. 爆破安全监测不得违反以下原则：
（1）测点布置应针对工程爆破动力响应条件，结合静态安全监测的测点布置统筹安排，合理布置。
（2）检测设备的选择，应满足精度要求。
（3）检测设备的安装，应满足设计要求。
依据标准名称：《水电水利爆破安全监测规程》
依据标准号：DL/T 5333—2005，条款号 4.0.5

123. 爆破安全各监测项目，应同时进行监测。
依据标准名称：《水电水利爆破安全监测规程》
依据标准号：DL/T 5333—2005，条款号 4.0.8

124. 不得缺少对爆破质点振动速度监测及爆破影响深度检测。
依据标准名称：《水电水利爆破安全监测规程》
依据标准号：DL/T 5333—2005，条款号 5.3.1

125. 大型洞室开挖爆破应布置 1 个～2 个与静态监测断面一致的重点监测断面。
依据标准名称：《水电水利爆破安全监测规程》
依据标准号：DL/T 5333—2005，条款号 5.3.2

126. 每一监测断面不得少于 3 个测点；地下厂房开挖爆破时，岩锚梁上的测点应布置在边墙侧，最近测点布置距爆区边缘不得超出 10m 范围。
依据标准名称：《水电水利爆破安全监测规程》
依据标准号：DL/T 5333—2005，条款号 5.3.3

127. 相邻洞室间距小于 1.5 倍平均洞径的爆破，应在非爆破的邻洞布置质点振动速度测点，定期进行监测。

依据标准名称:《水电水利爆破安全监测规程》
依据标准号: DL/T 5333—2005，条款号 5.3.5

128．爆区附近水域中有建筑物、金属结构等，不得缺少布置水击波和动水压力测点。
依据标准名称:《水电水利爆破安全监测规程》
依据标准号: DL/T 5333—2005，条款号 5.4.2

129．水下爆破对水工建筑物、金属结构、码头、桥梁、水面船只及水下生物等有安全影响时，不得缺少对水击波和动水压力以及涌浪等监测。
依据标准名称:《水电水利爆破安全监测规程》
依据标准号: DL/T 5333—2005，条款号 5.6.1

130．水下爆破对附近岸坡和建筑物有安全影响时，应进行爆破质点振动速度监测。
依据标准名称:《水电水利爆破安全监测规程》
依据标准号: DL/T 5333—2005，条款号 5.6.2

131．水下爆破对土质岸坡有安全影响时，应进行孔隙动水压力监测。
依据标准名称:《水电水利爆破安全监测规程》
依据标准号: DL/T 5333—2005，条款号 5.6.3

132．爆破对附近工业与名用建筑物有影响时，应进行爆破振动、噪声及飞石等有效应监测。
依据标准名称:《水电水利爆破安全监测规程》
依据标准号: DL/T 5333—2005，条款号 5.7.4

133．大坝安全监测系统的监理工程师资质不得违反以下规定:

（1）应具备水电水利监理工程师执业资格，持有水电水利工程监理岗位证书，同时应具有从事水电水利工程安全监测的工作经验。

（2）承担总监理工程师或相当职责的人员，还应具备水电水利工程总监理工程师执业资格。

依据标准名称:《大坝安全监测系统施工监理规范》
依据标准号: DL/T 5385—2007，条款号 4.0.3

134．大坝安全监测系统的的监理机构设置，不得违反以下规定:

（1）当监测系统监理独立成标时，必须按监理合同文件的规定，在施工现场派驻常设的监理机构。

（2）监理机构享有与项目法人通过工程建设工程合同文件授予的权限和由监理单位授权直接承担工程项目建设监理合同规定的义务与权力。

依据标准名称:《大坝安全监测系统施工监理规范》

依据标准号：DL/T 5385—2007，条款号 5.2.1

135. 火灾自动报警系统的电源必须稳定可靠，火灾自动报警系统供电电源不得中断。

依据标准名称：《水力发电厂火灾自动报警系统设计规范》

依据标准号：DL/T 5412—2009，条款号 7.7.1

136. 未设置火灾自动报警系统备用电源不得投运。

依据标准名称：《水力发电厂火灾自动报警系统设计规范》

依据标准号：DL/T 5412—2009，条款号 7.7.2

137. 每个防火分区手动火灾报警按钮不得少于 1 个。防火分区的任何位置到最邻近的手动火灾报警按钮的距离不应大于 30m。

依据标准名称：《水力发电厂火灾自动报警系统设计规范》

依据标准号：DL/T 5412—2009，条款号 10.0.1

138. 水工建筑物强震动台阵布设不得违反下列规定：

（1）设计烈度为Ⅶ度及以上的 1、2 级大坝应设置结构反应台阵，进水塔、垂直升船机等水工建筑物，宜设置结构反应台阵。

（2）设计烈度为Ⅶ度的 1 级大坝，应设置结构反应台阵。

（3）设计烈度为Ⅶ度及以上的 1 级水工建筑物，应在蓄水前设置场地效应台阵。

依据标准名称：《水工建筑物强震动安全监测技术规范》

依据标准号：DL/T 5416—2009，条款号 3.0.3

139. 强震动监测仪器应稳定可靠，技术指标应满足工程安全监测需要。

依据标准名称：《水工建筑物强震动安全监测技术规范》

依据标准号：DL/T 5416—2009，条款号 3.0.4

140. 仪器监测应与震害检查结合，当发生有感地震或坝基记录的峰值加速度大于 0.025*g* 时，应立即对水工建筑物进行震害检查。

依据标准名称：《水工建筑物强震动安全监测技术规范》

依据标准号：DL/T 5416—2009，条款号 3.0.6

141. 强震动安全监测应根据设计烈度、工程等级、结构类型和地形地质条件进行布置。

依据标准名称：《水工建筑物强震动安全监测技术规范》

依据标准号：DL/T 5416—2009，条款号 5.0.1

142. 混凝土重力坝和支墩坝反应台阵应在溢流坝段和非溢流坝段各选一个最高坝段

或地址条件较为复杂的坝段进行布置。传感器测量方向应以水平顺河向为主。

依据标准名称:《水工建筑物强震动安全监测技术规范》

依据标准号: DL/T 5416—2009，条款号 5.0.4

143. 土石坝反应台阵测点应布置在最高坝段或地质条件最复杂的坝段。测点应布置在坝顶、坝坡的边坡部位、坝基和河谷自由场处，应布设深孔测点。对于坝轴线较长的，应在坝顶增加测点，测点方向应以水平顺河向为主。

依据标准名称:《水工建筑物强震动安全监测技术规范》

依据标准号: DL/T 5416—2009，条款号 5.0.4

144. 进水塔反应台阵应沿高程布置：塔基、塔顶、2/3塔高处的附近。

依据标准名称:《水工建筑物强震动安全监测技术规范》

依据标准号: DL/T 5416—2009，条款号 5.0.4

145. 信号传输辅助设备应配备程控电话或网络等通信手段，并做好接地保护措施。

依据标准名称:《水工建筑物强震动安全监测技术规范》

依据标准号: DL/T 5416—2009，条款号 6.0.6

146. 传感器应通过多芯屏蔽电缆将信号传输到记录器，不得设置在具有强电磁干扰设备的附近。

依据标准名称:《水工建筑物强震动安全监测技术规范》

依据标准号: DL/T 5416—2009，条款号 6.0.8

147. 强震动加速度仪安装前，应进行测试验收。

依据标准名称:《水工建筑物强震动安全监测技术规范》

依据标准号: DL/T 5416—2009，条款号 7.1.1

148. 加速度传感器应固定安装在现浇的混凝土监测墩上。

依据标准名称:《水工建筑物强震动安全监测技术规范》

依据标准号: DL/T 5416—2009，条款号 7.2.1

149. 在土石坝及土基上现浇混凝土观测墩时，应先开挖0.8m～1.0m，再进行插筋，而后现浇混凝土观测墩。

依据标准名称:《水工建筑物强震动安全监测技术规范》

依据标准号: DL/T 5416—2009，条款号 7.2.1

150. 监测台阵运行正常后，应进行场地的脉动和水工建筑物的脉动反应测试，记录脉动加速度时间过程和进行分析。

依据标准名称:《水工建筑物强震动安全监测技术规范》

依据标准号：DL/T 5416—2009，条款号 7.3.9

151. 不得同时对两套以上处于待触发的仪器进行标定。

依据标准名称：《水工建筑物强震动安全监测技术规范》

依据标准号：DL/T 5416—2009，条款号 8.4.3

152. 在发生强雷电、暴雨、有感地震等特殊情况下，应及时检查强震动安全监测系统工作状况。

依据标准名称：《水工建筑物强震动安全监测技术规范》

依据标准号：DL/T 5416—2009，条款号 8.5.1

153. 获得场地加速度峰值不小于 0.025*g* 的记录后，应填写监测记录报告单，并上报上级主管单位。

依据标准名称：《水工建筑物强震动安全监测技术规范》

依据标准号：DL/T 5416—2009，条款号 9.0.2

154. 仪器在进行安装前，应在超低频标准振动台上进行加速度传感器和强震动记录器的整机标定。

依据标准名称：《水工建筑物强震动安全监测技术规范》

依据标准号：DL/T 5416—2009，条款号 D.1

155. 脉动测试应分别在白天和晚上各进行一个时段的测试，每一时段的测试时间不应小于 15min。

依据标准名称：《水工建筑物强震动安全监测技术规范》

依据标准号：DL/T 5416—2009，条款号 E.2

第九节 环 保 水 保 等

一、国家标准

1. 施工组织设计及施工方案不得缺少专门的绿色施工章节，不应缺少绿色施工目标和“四节一环保”内容。工程技术交底不得缺少绿色施工内容。

依据标准名称：《建筑工程绿色施工评价标准》

依据标准号：GB/T 50640—2010，条款号 3.0.2

2. 发生下列事故之一，不得评为绿色施工合格项目：

（1）发生安全生产死亡责任事故。

（2）发生重大质量事故，并造成严重影响。

（3）发生群体传染病、食物中毒等责任事故。

（4）施工中因“四节一环保”问题被政府管理部门处罚。

（5）违反国家有关“四节一环保”的法律法规，造成严重社会影响。

（6）施工扰民造成严重社会影响。

依据标准名称:《建筑工程绿色施工评价标准》

依据标准号: GB/T 50640—2010，条款号　3.0.3

3. 建筑工程绿色施工评价内容不得缺少环境保护、节材与材料资源利用、节水与水资源利用、节能与能源利用和节地与土地资源保护等5个要素。

依据标准名称:《建筑工程绿色施工评价标准》

依据标准号: GB/T 50640—2010，条款号　4.0.2

4. 资源保护要求不得破坏场地四周原有地下水形态，不得过量抽取地下水；危险品、化学品存放处及污物排放不能缺少有效的隔离措施。

依据标准名称:《建筑工程绿色施工评价标准》

依据标准号: GB/T 50640—2010，条款号　5.2.1

5. 人员健康管理不得违反下列规定:

（1）施工作业区和生活办公区应分开布置，生活设施应远离有毒有害物质。

（2）生活区应有专人负责，应有消暑或保暖措施。

（3）现场工人劳动强度和工作时间应符合现行国家标准《体力劳动强度分级》（GB 3869）的有关规定。

（4）从事有毒、有害、有刺激性气味和强光、强噪声施工的人员应佩戴相应的防护器具。

（5）深井、密闭环境、防水和室内装修施工应有自然通风或临时通风设施。

（6）现场危险设备、地段、有毒物品存放地应配置醒目安全标志，施工应采取有效防毒、防污、防尘、防潮、通风等措施，应加强人员健康管理。

（7）厕所、卫生设施、排水沟及阴暗潮湿地带应定期消毒。

（8）食堂各类器具应清洁，个人卫生、操作行为应规范。

依据标准名称:《建筑工程绿色施工评价标准》

依据标准号: GB/T 50640—2010，条款号　5.2.2

6. 扬尘控制不得违反下列规定:

（1）现场应建立洒水清扫制度，配备洒水设备，并应有专人负责。

（2）对裸露地面、集中堆放的土方应采取抑尘措施。

（3）运送土方、渣土等易产生扬尘的车辆应采取封闭或遮盖措施。

（4）易飞扬和细颗粒建筑材料应封闭存放，余料应及时回收。

（5）易产生扬尘的施工作业应采取遮挡、抑尘等措施。

（6）现场使用散装水泥应有密闭防尘措施。

依据标准名称:《建筑工程绿色施工评价标准》

依据标准号：GB/T 50640—2010，条款号 5.2.3

7．电焊烟气的排放不得超过《大气污染物综合排放标准》（GB 16297）规定。不得在现场燃烧废弃物。

依据标准名称：《建筑工程绿色施工评价标准》

依据标准号：GB/T 50640—2010，条款号 5.2.4

8．建筑垃圾处置不得违反下列规定：

（1）建筑垃圾应分类收集、集中堆放。

（2）废电池、废墨盒等有毒有害的废弃物应分类封闭回收，不得混放。

（3）垃圾桶应分为可回收利用与不可回收利用两类，应定期清运。

依据标准名称：《建筑工程绿色施工评价标准》

依据标准号：GB/T 50640—2010，条款号 5.2.5

9．污水排放应符合下列规定：

（1）现场道路和材料堆放场地周边应设排水沟。

（2）施工生产污水应经处理达标后排放或回收利用。

（3）现场厕所应设置化粪池，化粪池应定期清理。

（4）机修车间、工地厨房应设隔油池，应定期清理。

依据标准名称：《建筑工程绿色施工评价标准》

依据标准号：GB/T 50640—2010，条款号 5.2.6

10．工程材料的选择不得违反下列规定：

（1）应选用绿色、环保材料。

（2）临建设施应采用可拆迁、可回收材料。

（3）应利用粉煤灰、矿渣、外加剂等新材料降低混凝土和砂浆中的水泥用量；粉煤灰、矿渣、外加剂等新材料掺量应按供货单位推荐掺量、使用要求、施工条件、原材料等因素通过试验确定。

依据标准名称：《建筑工程绿色施工评价标准》

依据标准号：GB/T 50640—2010，条款号 6.2.1

11．施工现场供、排水系统布置应合理适用。

（1）施工现场办公区、生活区的生活用水应采用节水器具，节水器具配置率应达到100%。

（2）施工用水应合理，采用先进的节水施工工艺并有节水措施。

（3）管网和用水器具不应有渗漏。

依据标准名称：《建筑工程绿色施工评价标准》

依据标准号：GB/T 50640—2010，条款号 7.2.1

12．施工用电设施不得违反下列规定：

（1）采用节能型设施。

（2）临时用电应设置合理，管理制度应齐全并应落实到位。

（3）现场照明设计应符合《施工现场临时用电安全技术规范》（JGJ 46）的规定。

依据标准名称：《建筑工程绿色施工评价标准》

依据标准号：GB/T 50640—2010，条款号 8.2.1

13．机械设备不得违反下列规定：

（1）应采用能源利用效率高的施工机械设备。

（2）应定期监控重点耗能设备的能源利用情况，并有记录。

（3）应建立设备技术档案，并应定期进行设备维护、保养。

依据标准名称：《建筑工程绿色施工评价标准》

依据标准号：GB/T 50640—2010，条款号 8.2.2

14．临时设施不得违反下列规定：

（1）施工临时设施应结合日照和风向等自然条件，合理采用自然采光、通风和外窗遮阳设施。

（2）临时施工用房应使用热工性能达标的复合墙体和面板，顶棚宜采用吊顶。

依据标准名称：《建筑工程绿色施工评价标准》

依据标准号：GB/T 50640—2010，条款号 8.2.3

15．节约用地不得违反下列规定：

（1）施工总平面布置应紧凑，并应尽量减少占地。

（2）应在经批准的用地范围内组织施工。

（3）应根据现场条件，合理设计场内交通道路。

（4）施工现场临时道路布置应与原有及永久道路兼顾考虑，并应充分利用拟建道路为施工服务。

（5）应采用预拌混凝土。

依据标准名称：《建筑工程绿色施工评价标准》

依据标准号：GB/T 50640—2010，条款号 9.2.1

16．保护用地不得违反下列规定：

（1）应采取防止水土流失的措施。

（2）应充分利用山地、荒地作为取、弃土场的用地。

（3）施工后应恢复植被。

（4）应对深基坑施工方案进行优化，并应减少土方开挖和回填量，保护用地。

（5）在生态脆弱的地区施工完成后，应进行地貌复原。

依据标准名称：《建筑工程绿色施工评价标准》

依据标准号：GB/T 50640—2010，条款号 9.2.2

17．施工总平面布置应能充分利用和保护原有建筑物、构筑物、道路和管线等，不应造成资源浪费。

依据标准名称:《建筑工程绿色施工评价标准》

依据标准号: GB/T 50640—2010，条款号 9.3.5

二、电力行业标准

1．废（污）水处理排放不得违反 GB 8978 或地方标准的要求。

依据标准名称:《水电水利工程环境保护设计规范》

依据标准号: DL/T 5402 —2007，条款号 5.1.4

2．废（污）水用于农田灌溉时，不得违反 GB 5084 的要求；用于景观环境用水时，不得违反 GB/T 18921 的要求；用于杂用水时，可参照 GB/T 18920 的要求执行。

依据标准名称:《水电水利工程环境保护设计规范》

依据标准号: DL/T 5402 —2007，条款号 5.1.5

3．环境保护措施不得缺少针对主要粉尘污染源、污染物的综合防尘措施。

依据标准名称:《水电水利工程环境保护设计规范》

依据标准号: DL/T 5402 —2007，条款号 6.1.2

4．环境空气质量不得低于 GB 3095 的要求。大气污染物排放不得超出 GB 16297 的要求。

依据标准名称:《水电水利工程环境保护设计规范》

依据标准号: DL/T 5402 —2007，条款号 6.1.3

5．环境保护措施不得缺少针对主要噪声源、源强及敏感对象的噪声源控制、阻断传声途径和保护敏感对象等措施。

依据标准名称:《水电水利工程环境保护设计规范》

依据标准号: DL/T 5402 —2007，条款号 7.1.2

6．工程影响区域声环境质量不得低于 GB 3096 的要求。

依据标准名称:《水电水利工程环境保护设计规范》

依据标准号: DL/T 5402 —2007，条款号 7.1.3

7．固体废物不得混合处理，应遵循分类处置原则，对弃渣、生活垃圾与危险废物分别进行处理，保证卫生与安全。

依据标准名称:《水电水利工程环境保护设计规范》

依据标准号: DL/T 5402 —2007，条款号 8.1.2

8．危险废物处置控制不得违反 GB 18484、GB 18597 和 GB 18598 的要求。

依据标准名称:《水电水利工程环境保护设计规范》

依据标准号: DL/T 5402—2007，条款号　8.1.3

9．施工区生活垃圾不得随意各自处置，施工区应建立生活垃圾收运系统，统一收集、运送。

依据标准名称:《水电水利工程环境保护设计规范》

依据标准号: DL/T 5402—2007，条款号　8.2.1

10．生活垃圾不得在垃圾处理场外处置，宜优先利用现有垃圾处理场（厂），工地附近无现有垃圾处理场（厂）时，应建立生活垃圾处理设施。

依据标准名称:《水电水利工程环境保护设计规范》

依据标准号: DL/T 5402—2007，条款号　8.2.2

11．移民安置区生活垃圾不得随意各自处置，宜优先利用现有垃圾场（厂）处理；无现有垃圾处理场（厂）时，应单独建立垃圾处理设施。

依据标准名称:《水电水利工程环境保护设计规范》

依据标准号: DL/T 5402—2007，条款号　8.3.2

12．施工期环境监测主要内容应包括水环境、大气环境、声环境、生态环境、人群健康等。

依据标准名称:《水电水利工程环境保护设计规范》

依据标准号: DL/T 5402—2007，条款号　15.1.2

13．环境保护措施实施不得违反与主体工程同时设计、同时施工、同时运行的原则。

依据标准名称:《水电水利工程环境保护设计规范》

依据标准号: DL/T 5402—2007，条款号　18.0.1

14．环境保护措施实施项目应按枢纽工程和移民安置进行划分，不得缺项。

依据标准名称:《水电水利工程环境保护设计规范》

依据标准号: DL/T 5402—2007，条款号　18.0.2

15．环境保护措施不得滞后实施，应根据工程建设进度和环境保护措施要求制定，提出实施进度计划。

依据标准名称:《水电水利工程环境保护设计规范》

依据标准号: DL/T 5402—2007，条款号　18.0.3

三、其他行业标准

1．水利水电工程水土流失防治不得违反下列规定：

（1）应控制和减少对原地貌、地表植被、水系的扰动和损毁，减少占用水土资源，注重提高资源利用效率。

（2）对于原地表植被、表土有特殊保护要求的区域，应结合项目区实际剥离表层土、移植植物以备后期恢复利用，并根据需要采取相应防护措施。

（3）主体工程开挖土石方应优先考虑综合利用，减少弃渣。弃渣应设置专门场地予以堆放和处置，并采取挡护措施。

（4）在符合功能要求且不影响工程安全的前提下，水利水电工程边坡防护应采用生态型防护措施；具备条件的砌石、混凝土等护坡及稳定岩质边坡，应采取覆绿或恢复植被措施。

（5）水利水电工程有关植物措施设计应纳入水土保持设计。

（6）弃渣场防护措施设计应在保证渣体稳定的基础上进行。

（7）开挖、排弃、堆垫场应采取拦挡护坡、截排水等措施。

（8）改建、扩建项目拆除的建筑物弃渣应合理处置，宜采取就近填凹或置于底层，其上堆置弃土的方案。

（9）施工期临时防护措施应结合主体工程施工组织设计的水土保持评价确定，宜采取临时拦挡，排水、沉沙、苫盖、绿化等措施。

（10）施工迹地应及时进行土地整治，根据土地利用方向，恢复为耕地或林草地。干旱风沙区施工迹地可采取碾压、砾石（卵石、黏土）压盖等措施。

依据标准名称:《水利水电工程水土保持技术规范》

依据标准号: SL 575—2012，条款号 4.1.1（强条）

2．弃渣场选址不得违反下列规定：

（1）不得影响周边公共设施、工业企业、居民点等的安全。

（2）涉及河道的，应符合治导规划及防洪行洪的规定，不得在河道、湖泊管理范围内设置弃土（石、渣）场。

（3）禁止在对重要基础设施、人民群众生命财产安全及行洪安全有重大影响的区域布设弃土（石、渣）场。

（4）不宜布设在流量较大的沟道，否则应进行防洪论证。

（5）在山丘区宜选择荒沟、凹地、支毛沟，平原区宜选择凹地、荒地，风沙区应避开风口和易产生风蚀的地方。

（6）弃渣场选址应在主体工程施工组织设计土石方平衡基础上，综合运输条件、运距、占地、弃渣防护及后期恢复利用等因素确定。

（7）严禁在对重要基础设施、人民群众生命财产安全及行洪安全有重大影响的区域布设弃渣场。弃渣场不应影响河流、沟谷的行洪安全；弃渣不应影响水库大坝、水利工程取用水建筑物、泄水建筑物、灌（排）干渠（沟）功能，不应影响工矿企业、居民区、交通干线或其他重要基础设施的安全。

（8）弃渣场应避开滑坡体等不良地质条件地段，不宜在泥石流易发区设置弃渣场；确需设置的，应采取必要防治措施确保弃渣场稳定安全。

（9）弃渣场不宜设置在汇水面积和流量大、沟谷纵坡陡、出口不易拦截的沟道；对弃渣场选址进行论证后，确需在此类沟道弃渣的，应采取安全有效的防护措施。

（10）不宜在河道、湖泊管理范围内设置弃渣场，确需设置的应符合河道管理和防洪行洪的要求，并采取措施保障行洪安全，减少由此可能产生的不利影响。

（11）弃渣场选址应遵循“少占压耕地，少损坏水土保持设施”的原则。山区、丘陵区弃渣场宜选择在工程地质和水文地质条件相对简单，地形相对平缓的沟谷、凹地、坡台地、阶地等；平原区弃渣优先弃于洼地、取土（采砂）坑，以及裸地、空闲地、平滩地等。

（12）风蚀区的弃渣场选址应避开风口区域。

依据标准名称：《水利水电工程水土保持技术规范》

依据标准号：SL 575—2012，条款号 4.1.5

3．水土保持工程管理不得违反下列规定：

（1）水土保持工程应纳入招标文件、施工合同。外购料应选择符合规定的料场，并在合同中明确水土流失防治责任。

（2）工程监理文件中应明确水土保持工程监理的具体内容和要求。施工期应进行水土保持监测。

（3）建设单位机构设置中，应有水土保持管理专职机构或人员。

（4）工程检查验收文件中应落实水土保持工程检查验收程序、标准和要求。

依据标准名称：《水利水电工程水土保持技术规范》

依据标准号：SL 575—2012，条款号 4.6.1

4．施工期水土流失防治不得违反下列规定：

（1）导流工程、料场、弃渣场、生产生活区、施工道路等应 严格按照主体工程施工组织设计进行布置和实施；施工布置发生变化的，水土保持措施应相应进行调整，并按水土保持设计变更有关规定执行。

（2）土（块石、砂砾石）料、弃渣在运输过程中应采取防护措施，防止沿途散逸。

（3）对特殊保护要求地区，应设立保护地表及植被的警示牌。

依据标准名称：《水利水电工程水土保持技术规范》

依据标准号：SL 575—2012，条款号 4.6.2

5．弃渣场区水土保持措施布局不得违反下列规定：

（1）应综合工程安全、施工条件、材料来源等因素，从防护措施类型、防护效果、投资等方面进行方案比选，提出推荐方案。

（2）应根据弃渣场位置、类型、地形、渣体稳定及周边安全、弃渣场后期利用方向，结合弃渣土石组成、气候等因素，选择与布置水土流失防治措施。

（3）耕地紧缺的农村地区，弃渣场顶部应优先复耕，复耕困难或离居民点距离较远不便耕种时应布设水土保持植物措施。

（4）对有覆土需要的弃渣场，应在弃渣前剥离表层土，暂存并可采取临时拦挡、覆盖等措施。

依据标准名称：《水利水电工程水土保持技术规范》

依据标准号：SL 575—2012，条款号 9.2.5

6．料场水土保持措施布局不得违反下列规定：

（1）料场应结合地形地貌、地质、覆盖层、土地利用现状及植被生长情况，会同施工组织设计、建设征地与移民等专业，拟定开采方式、取料厚度、边坡坡度、无用层剥离及表土保护、征地性质及后期恢复利用方向。

（2）石料场应采取分台阶开采方式，不能采用台阶式开采的，应当自上而下分层顺序开采。

（3）应根据料场当地降水条件和周边来水情况布置截排水设施。

（4）场应根据覆盖层厚度及组成、土地利用现状、后期利用方向布设土地整治、复耕和植被恢复措施，以及必要的表土剥离及防护措施。

（5）料场开采过程中的废弃料应布设相应的水土流失防治措施。

依据标准名称：《水利水电工程水土保持技术规范》

依据标准号：SL 575—2012，条款号 9.2.6

7．施工生产生活区水土保持措施布局不得违反下列规定：

（1）施工生产生活区应根据施工期及季节、降水条件、占地面积、地形条件，在其周边及场区内布设临时排水措施。

（2）根据施工生产生活区的占地类型及土地最终利用方向，应采取土地整治、复耕和植被恢复措施。

依据标准名称：《水利水电工程水土保持技术规范》

依据标准号：SL 575—2012，条款号 9.2.7

8．施工道路区水土保持措施布局不得违反下列规定：

（1）涉及山体开挖的施工道路，应布设边坡防护、弃渣拦挡、截排水及植被恢复等措施。

（2）临时施工道路应根据地形条件、降水条件、对周边的影响等布设临时排水、挡护措施，结合后期利用方向，布设土地整治、植被恢复或复耕措施。

（3）永临结合的施工道路宜布设永久性排水和植物措施，涉及山区道路及上堤（坝）道路应布设边坡防护措施。

依据标准名称：《水利水电工程水土保持技术规范》

依据标准号：SL 575—2012，条款号 9.2.8

第二章 水工建筑物

第一节 挡水建筑物

一、能源、电力行业标准

1．混凝土面板堆石坝垫层料中小于 5mm 的颗粒含量不得低于 35%。

依据标准名称：《混凝土面板堆石坝设计规范》

依据标准号：DL/T 5016—2011，条款号 6.2.1

2．上游堆石区硬质岩料压实后的颗粒级配和材料特性应良好，最大粒径不应超过压实层厚度，小于 5mm 的颗粒含量不应超过 20%，小于 0.075mm 的颗粒含量不应超过 5%，并具有低压缩性、高抗剪强度和自由排水性能。

依据标准名称：《混凝土面板堆石坝设计规范》

依据标准号：DL/T 5016—2011，条款号 6.3.1

3．趾板的厚度不应小于 0.3m。

依据标准名称：《混凝土面板堆石坝设计规范》

依据标准号：DL/T 5016—2011，条款号 7.2.2

4．分期浇筑的面板，其顶高程与坝体填筑高程差不得小于 5m，应按 5m～15m 范围内控制。

依据标准名称：《混凝土面板堆石坝设计规范》

依据标准号：DL/T 5016—2011，条款号 8.1.3

5．面板混凝土强度等级不应低于 C25，抗渗等级不应低于 W8，抗冻等级不应低于 F50。

依据标准名称：《混凝土面板堆石坝设计规范》

依据标准号：DL/T 5016—2011，条款号 8.2.1

6．面板混凝土应采用二级配。用于面板的细骨料吸水率不应大于 3%，含泥量不应大于 2%，细度模数不得超出 2.4～2.8 范围。粗骨料的吸水率不应大于 2%，含泥量不应大于 1%。

依据标准名称:《混凝土面板堆石坝设计规范》

依据标准号: DL/T 5016—2011，条款号 8.2.3

7. 面板的基础表面及侧面整体不应有大的起伏差，局部不应形成深坑或尖包。

依据标准名称:《混凝土面板堆石坝设计规范》

依据标准号: DL/T 5016—2011，条款号 8.3.3

8. 堆石坝体分期填筑的相邻段高差不得大于 40m。

依据标准名称:《混凝土面板堆石坝设计规范》

依据标准号: DL/T 5016—2011，条款号 13.1.2

9. 碾压混凝土中应优先掺入Ⅰ级或Ⅱ级粉煤灰、粒化高炉矿渣粉、磷渣粉、火山灰等。

依据标准名称:《水工碾压混凝土施工规范》

依据标准号: DL/T 5112—2009，条款号 5.3.1

10. 碾压混凝土应掺用与环境、施工条件、原材料相适应的缓凝高效减水剂，有抗冻要求的还应掺用引气剂。

依据标准名称:《水工碾压混凝土施工规范》

依据标准号: DL/T 5112—2009，条款号 5.4.2

11. 采用人工骨料时，应采取措施，石粉不得严重粘裹骨料颗粒，不得污染周围环境。

依据标准名称:《水工碾压混凝土施工规范》

依据标准号: DL/T 5112—2009，条款号 5.5.6

12. 骨料运输堆放时，不得混入泥土，不同粒径级骨料不得互混。

依据标准名称:《水工碾压混凝土施工规范》

依据标准号: DL/T 5112—2009，条款号 5.5.7

13. 人工砂的细度模数不得超出 2.2～2.9 范围，天然砂细度模数不得超出 2.0～3.0 范围。应严格控制超径颗粒含量。

依据标准名称:《水工碾压混凝土施工规范》

依据标准号: DL/T 5112—2009，条款号 5.5.8

14. 人工砂的石粉（$d \leqslant 0.16$mm 的颗粒）含量应控制在 12%～22%，其中 $d < 0.08$mm 的微粒含量不应小于 5%。

依据标准名称:《水工碾压混凝土施工规范》

依据标准号: DL/T 5112—2009，条款号 5.5.9

15．天然砂的含泥量不应大于5%。

依据标准名称：《水工碾压混凝土施工规范》

依据标准号：DL/T 5112—2009，条款号　5.5.10

16．碾压混凝土拌和物的 *VC* 值现场选用不应超出2s～12s。机口 *VC* 值不应超出2s～8s，应根据施工现场的气候条件变化，动态选用和控制。

依据标准名称：《水工碾压混凝土施工规范》

依据标准号：DL/T 5112—2009，条款号　6.0.4

17．未经专题试验论证，永久建筑物碾压混凝土的胶凝材料用量不得低于130kg/m^3。

依据标准名称：《水工碾压混凝土施工规范》

依据标准号：DL/T 5112—2009，条款号　6.0.5

18．施工过程中，若需要更换原材料的品种或来源，未通过配合比试验验证，不得使用。

依据标准名称：《水工碾压混凝土施工规范》

依据标准号：DL/T 5112—2009，条款号　6.0.6

19．基础块铺筑前，应在基岩面上先铺砂浆，再浇筑垫层混凝土或变态混凝土；或在基岩面上直接铺筑小骨料混凝土或富砂浆混凝土。铺筑厚度未达到找平碾压要求，上层不得进行碾压混凝土施工。

依据标准名称：《水工碾压混凝土施工规范》

依据标准号：DL/T 5112—2009，条款号　7.1.4

20．卸料斗的出料口与运输工具之间的自由落差不应大于1.5m。

依据标准名称：《水工碾压混凝土施工规范》

依据标准号：DL/T 5112—2009，条款号　7.2.5

21．采用自卸汽车运输混凝土时，车辆行走的道路应平整；自卸汽车入仓前应将轮胎清洗干净，不得将泥土、水、杂物带入仓内；进出仓口应采取跨越模板措施，在仓面行驶的车辆不得有急刹车、急转弯等有损混凝土层面质量的操作。

依据标准名称：《水工碾压混凝土施工规范》

依据标准号：DL/T 5112—2009，条款号　7.3.2

22．采用皮带输送机运输混凝土时，不得缺少遮阳、防雨等设施，必要时加设挡风设施。应采取措施以减少骨料分离和灰浆损失。

依据标准名称：《水工碾压混凝土施工规范》

依据标准号：DL/T 5112—2009，条款号　7.3.3

23. 垂直溜管未采取抗分离的措施，不得使用。

依据标准名称:《水工碾压混凝土施工规范》

依据标准号: DL/T 5112—2009，条款号 7.3.5

24. 各种运输机具在转运或卸料时，出口处混凝土自由落差均不应大于 1.5m，超过 1.5m 应加设专用垂直溜管或转料漏斗。连续运输机具与分批运输机具联合运用时，应在转料处设置容积足够的储料斗。使用转料漏斗时应有解决混凝土起拱的措施。

依据标准名称:《水工碾压混凝土施工规范》

依据标准号: DL/T 5112—2009，条款号 7.3.6

25. 砂浆运输应采用专用运输机具，现场的浆液应均匀，输送灰浆不得有沉淀和泌水现象。

依据标准名称:《水工碾压混凝土施工规范》

依据标准号: DL/T 5112—2009，条款号 7.3.7

26. 碾压混凝土施工所用的模板应满足强度、刚度、稳定性和施工中的各项荷载要求，保证建筑物的设计形状、尺寸正确，变形不得超出允许范围。

依据标准名称:《水工碾压混凝土施工规范》

依据标准号: DL/T 5112—2009，条款号 7.4.1

27. 设置填缝材料时，衔接处的间距不得大于 100mm，高度应比压实厚度低 30mm～50mm。

依据标准名称:《水工碾压混凝土施工规范》

依据标准号: DL/T 5112—2009，条款号 7.4.4

28. 采用斜层平推法铺筑时，层面不得倾向下游，坡度不应陡于 1:10，坡脚部位应避免形成薄层尖角。在铺浆前，施工缝面不得有二次污染物，铺浆后应立即覆盖碾压混凝土。

依据标准名称:《水工碾压混凝土施工规范》

依据标准号: DL/T 5112—2009，条款号 7.5.2

29. 碾压混凝土铺筑层应以固定方向逐条带铺筑。坝体迎水面 3m～5m 范围内，平仓方向应与坝轴线方向平行。

依据标准名称:《水工碾压混凝土施工规范》

依据标准号: DL/T 5112—2009，条款号 7.5.3

30. 采用自卸汽车直接进仓卸料时，应卸在已摊铺而未碾压的层面上再平仓，应控制料堆高度，卸料堆的分离骨料，不得直接碾压，应在平仓过程中均匀散布到混凝土内。

依据标准名称:《水工碾压混凝土施工规范》

依据标准号：DL/T 5112—2009，条款号 7.5.4

31．不合格的混凝土拌和物不得进仓，已进仓的，应做处理。
依据标准名称：《水工碾压混凝土施工规范》
依据标准号：DL/T 5112—2009，条款号 7.5.5

32．平仓后混凝土表面应平整，碾压厚度应均匀。
依据标准名称：《水工碾压混凝土施工规范》
依据标准号：DL/T 5112—2009，条款号 7.5.7

33．振动碾行走速度不得超出 1.0km/h～1.5km/h。
依据标准名称：《水工碾压混凝土施工规范》
依据标准号：DL/T 5112—2009，条款号 7.6.3

34．坝体迎水面 3m～5m 范围内，碾压方向应平行于坝轴线方向。碾压作业应采用搭接法，碾压条带间搭接宽度不得超出 100mm～200mm，端头部位搭接宽度应为 1m。
依据标准名称：《水工碾压混凝土施工规范》
依据标准号：DL/T 5112—2009，条款号 7.6.5

35．每个碾压条带作业结束后，应检测混凝土的表观密度，当低于规定指标时，应采取处理措施，否则不得继续施工。
依据标准名称：《水工碾压混凝土施工规范》
依据标准号：DL/T 5112—2009，条款号 7.6.6

36．各种设备在碾压完毕的混凝土层面上行走时，应避免损坏已成型的层面。出现损坏的部位，应及时采取修补措施。
依据标准名称：《水工碾压混凝土施工规范》
依据标准号：DL/T 5112—2009，条款号 7.6.8

37．碾压混凝土入仓后，从拌和加水到碾压完成的最长允许历时，不得超过 2h。
依据标准名称：《水工碾压混凝土施工规范》
依据标准号：DL/T 5112—2009，条款号 7.6.9

38．连续上升铺筑的碾压混凝土，层间间隔时间不得超出试验确定的允许时间。超过允许时间的层面，应采取处理措施，否则应按施工缝处理。
依据标准名称：《水工碾压混凝土施工规范》
依据标准号：DL/T 5112—2009，条款号 7.8.1

39．施工缝应进行缝面处理，达到微露粗砂即可。缝面处理未经验收合格后，不得

进行上一层混凝土施工。

依据标准名称:《水工碾压混凝土施工规范》

依据标准号: DL/T 5112—2009，条款号 7.8.3

40．碾压混凝土施工因故中断时，应及时对已摊铺的混凝土进行碾压。停止铺筑的混凝土面边缘应碾压成不大于 1:4 的斜坡面，并将坡脚处厚度小于 150mm 的部分切除。

依据标准名称:《水工碾压混凝土施工规范》

依据标准号: DL/T 5112—2009，条款号 7.8.5

41．结合部位的常态混凝土振捣与碾压混凝土碾压应相互搭接。

依据标准名称:《水工碾压混凝土施工规范》

依据标准号: DL/T 5112—2009，条款号 7.9.3

42．变态混凝土的铺层厚度应与平仓厚度相同。灰浆应洒在新铺碾压混凝土的底部和中部。

依据标准名称:《水工碾压混凝土施工规范》

依据标准号: DL/T 5112—2009，条款号 7.10.1

43．灰浆应严格按规定用量，在变态区范围内铺洒，混凝土单位体积用浆量的偏差控制不得超出允许范围。

依据标准名称:《水工碾压混凝土施工规范》

依据标准号: DL/T 5112—2009，条款号 7.10.3

44．变态混凝土振捣应使用强力振捣器。振捣深度不得少于振捣器插入下层混凝土 50mm，相邻区域混凝土碾压时与变态区域搭接宽度不应少于 200mm。

依据标准名称:《水工碾压混凝土施工规范》

依据标准号: DL/T 5112—2009，条款号 7.10.4

45．日平均气温高于 25℃时，未采取减少混凝土的水分蒸发和温度回升等有效措施的，不得施工。

依据标准名称:《水工碾压混凝土施工规范》

依据标准号: DL/T 5112—2009，条款号 7.11.2

46．碾压混凝土中止水片（带）周边 500mm 范围内应采用变态混凝土施工。止水片（带）未采用定型构架夹紧定位、支撑牢固，不得施工。

依据标准名称:《水工碾压混凝土施工规范》

依据标准号: DL/T 5112—2009，条款号 7.14.5

47．碾压混凝土中预埋构件周边应采用变态混凝土施工，埋件不固定牢固，不得施工。

依据标准名称：《水工碾压混凝土施工规范》

依据标准号：DL/T 5112—2009，条款号　7.14.7

48．核子水分密度仪应在使用前用与工程一致的原材料配制碾压混凝土进行标定。

依据标准名称：《水工碾压混凝土施工规范》

依据标准号：DL/T 5112—2009，条款号　8.3.3

49．建筑物的外部混凝土相对密实度不得小于 98%。内部混凝土相对密实度不得小于 97%。

依据标准名称：《水工碾压混凝土施工规范》

依据标准号：DL/T 5112—2009，条款号　8.3.4

50．核子水分密度仪应严格按操作规程作业，由受过专门培训的人员使用、维护保养，严禁拆装仪器内放射源。

依据标准名称：《水工碾压混凝土施工规范》

依据标准号：DL/T 5112—2009，条款号　8.3.5

51．碾压混凝土抗冻、抗渗检验的合格率不得低于 80%。

依据标准名称：《水工碾压混凝土施工规范》

依据标准号：DL/T 5112—2009，条款号　8.4.2

52．碾压混凝土抗压强度检测应以高径比为 2.0 的芯样试件为标准试件。高径比小于 1.5 的芯样试件不得用于测定抗压强度。

依据标准名称：《水工碾压混凝土施工规范》

依据标准号：DL/T 5112—2009，条款号　8.4.7

53．接缝止水施工使用易燃材料时，严禁明火。

依据标准名称：《混凝土面板堆石坝接缝止水技术规范》

依据标准号：DL/T 5115—2008，条款号　4.0.8

54．周边缝缝顶设有无黏性填料时，保护罩应透水，无黏性填料不得被带出保护罩外。

依据标准名称：《混凝土面板堆石坝接缝止水技术规范》

依据标准号：DL/T 5115—2008，条款号　5.2.5

55．不符合国家标准、行业标准及设计要求的止水材料，不得使用。

依据标准名称：《混凝土面板堆石坝接缝止水技术规范》

依据标准号：DL/T 5115—2008，条款号　6.1.1

56. 除无黏性填料外，接缝止水材料不得露天存放。
依据标准名称:《混凝土面板堆石坝接缝止水技术规范》
依据标准号: DL/T 5115—2008，条款号 7.1.1

57. 止水片（带）修补处理后未经监理工程师验收合格，不得进入下一道工序。
依据标准名称:《混凝土面板堆石坝接缝止水技术规范》
依据标准号: DL/T 5115—2008，条款号 7.1.9

58. 止水片（带）表面应平整光滑，机械加工不得引起裂纹、孔洞等损伤。
依据标准名称:《混凝土面板堆石坝接缝止水技术规范》
依据标准号: DL/T 5115—2008，条款号 7.2.1

59. PVC 止水带或橡胶止水带的异型接头连接处不得有气泡或存在漏接。
依据标准名称:《混凝土面板堆石坝接缝止水技术规范》
依据标准号: DL/T 5115—2008，条款号 7.4.2

60. 止水片（带）安装质量不合格的部位，严禁开仓浇筑。
依据标准名称:《混凝土面板堆石坝接缝止水技术规范》
依据标准号: DL/T 5115—2008，条款号 8.0.4

61. 接缝止水应按隐蔽工程要求施工，上道工序不合格不得转入下一道工序。
依据标准名称:《混凝土面板堆石坝接缝止水技术规范》
依据标准号: DL/T 5115—2008，条款号 8.0.8

62. 严禁涂改或自行销毁质量检查、验收结果及接缝止水材料质量文件记录的有关资料。
依据标准名称:《混凝土面板堆石坝接缝止水技术规范》
依据标准号: DL/T 5115—2008，条款号 8.0.9

63. 使用未完建混凝土面板挡水度汛时，当挡水高度超过前期浇筑的面板顶部，与其上部坡面防护设施联合挡水度汛，未经过专题论证及相应措施，不得挡水度汛。
依据标准名称:《混凝土面板堆石坝施工规范》
依据标准号: DL/T 5128—2009，条款号 4.2.7

64. 开挖最终边坡和建基面，不得缺少按设计要求的喷水泥砂浆或喷混凝土等保护措施。
依据标准名称:《混凝土面板堆石坝施工规范》
依据标准号: DL/T 5128—2009，条款号 5.2.6

65. 趾板地基遇到岩溶、洞穴、断层破碎带、软弱夹层和易冲蚀面等不良地质及勘探孔、洞等时，处理未达到设计要求，不得继续施工。

依据标准名称：《混凝土面板堆石坝施工规范》

依据标准号：DL/T 5128—2009，条款号　5.4.2

66. 砂砾料储备量应满足汛期及冬季坝体填筑使用的要求。在汛期采掘时，不得缺少相应防洪、撤离等安全措施。水下开采的砂砾料，应控制含水率。

依据标准名称：《混凝土面板堆石坝施工规范》

依据标准号：DL/T 5128—2009，条款号　6.2.4

67. 各种坝料应有满足调节开采和足够上坝强度的储备需要。

依据标准名称：《混凝土面板堆石坝施工规范》

依据标准号：DL/T 5128—2009，条款号　6.2.5

68. 大坝料场开采施工中，严禁随意堆放弃料。

依据标准名称：《混凝土面板堆石坝施工规范》

依据标准号：DL/T 5128—2009，条款号　6.2.6

69. 垫层料、过渡料和主堆石料的填筑应平起施工，均衡上升。特殊情况下，需设置临时断面时，垫层料、过渡料和主堆石料的填筑宽度不应小于30m。

依据标准名称：《混凝土面板堆石坝施工规范》

依据标准号：DL/T 5128—2009，条款号　7.1.3

70. 筑坝材料的质量，其岩性、级配和含泥量应符合要求。不合格坝料严禁上坝，已上坝的不合格材料应予以处理。

依据标准名称：《混凝土面板堆石坝施工规范》

依据标准号：DL/T 5128—2009，条款号　7.1.4

71. 坝体填筑应满足坝体原型观测仪器、设施埋设和安装的要求，未采取有效保护措施，不得继续施工。

依据标准名称：《混凝土面板堆石坝施工规范》

依据标准号：DL/T 5128—2009，条款号　7.1.5

72. 当运输道路跨越趾板及垫层区时，应有可靠保护措施，不得破坏趾板及垫层质量。

依据标准名称：《混凝土面板堆石坝施工规范》

依据标准号：DL/T 5128—2009，条款号　7.2.3

73. 垫层料、过渡料、排水料的级配、细料含量、含泥量等不得违反设计要求。垫

层料和过渡料卸料、铺料时不得分离，对严重分离的垫层料、过渡料应予以挖除，两者交界处不得大石集中，超径石应予以处理。

依据标准名称:《混凝土面板堆石坝施工规范》

依据标准号: DL/T 5128—2009，条款号 7.3.3

74. 坝体堆石料填筑应加水碾压，加水量应通过碾压试验分析确定。填筑料应采取在储料场、运输中和坝面洒水相结合的技术措施，保证均匀加水和加水量。

依据标准名称:《混凝土面板堆石坝施工规范》

依据标准号: DL/T 5128—2009，条款号 7.3.6

75. 负温下施工时，建基面和各种坝料内不应有冻块存在。

依据标准名称:《混凝土面板堆石坝施工规范》

依据标准号: DL/T 5128—2009，条款号 7.3.7

76. 坝体堆石区纵、横向分期填筑高差不应大于 40m，临时边坡不应陡于设计规定值，收坡应采用台阶法施工，台阶宽度不应小于 1.0m。回填接坡，应削坡至合格面后方可铺料。

依据标准名称:《混凝土面板堆石坝施工规范》

依据标准号: DL/T 5128—2009，条款号 7.3.9

77. 坝料填筑、垫层料防护及混凝土面板施工时，不得损伤已安装好的止水及其防护装置。

依据标准名称:《混凝土面板堆石坝施工规范》

依据标准号: DL/T 5128—2009，条款号 7.3.13

78. 雨季施工应缩短上游坡面的整坡、防护周期，并做好岸坡排水。垫层料不得被水流冲刷，否则应进行薄层回填压实，达到设计要求。

依据标准名称:《混凝土面板堆石坝施工规范》

依据标准号: DL/T 5128—2009，条款号 7.4.3

79. 坝体填筑和混凝土面板施工期间，存在反向水压时，应采取措施消除反向水压的不利影响。排水系统设置应便于后期封堵施工。

依据标准名称:《混凝土面板堆石坝施工规范》

依据标准号: DL/T 5128—2009，条款号 7.5.1

80. 砂石骨料应严格控制含泥量，石料中含泥量不应大于 1%，砂料中含泥量不应大于 3%，骨料中不得含有黏土团块。

依据标准名称:《混凝土面板堆石坝施工规范》

依据标准号: DL/T 5128—2009，条款号 8.1.3

81．超过允许间歇时间的混凝土拌和物应按废料处理。

依据标准名称：《混凝土面板堆石坝施工规范》

依据标准号：DL/T 5128—2009，条款号　8.1.8

82．脱模后的混凝土应及时用塑料薄膜等遮盖。混凝土初凝后，应及时铺盖隔热、保温材料，并及时洒水养护。连续养护不得少于 90d，或至水库蓄水。应重视趾板止水连接处等特殊部位的养护。

依据标准名称：《混凝土面板堆石坝施工规范》

依据标准号：DL/T 5128—2009，条款号　8.1.10

83．趾板混凝土在周边缝一侧的表面用 2m 直尺检查，不平整度不应超过 5mm。

依据标准名称：《混凝土面板堆石坝施工规范》

依据标准号：DL/T 5128—2009，条款号　8.2.7

84．混凝土浇筑时，应保证止水片（带）附近混凝土的密实，并避免止水片（带）的变形和变位。

依据标准名称：《混凝土面板堆石坝施工规范》

依据标准号：DL/T 5128—2009，条款号　8.2.8

85．面板施工前，应对垫层坡面布置方格网进行测量与放样。外边线与设计边线偏差应符合设计要求。混凝土浇筑前应对坡面保护进行检查，不得有脱空、坡面局部损坏等现象，否则应及时处理。

依据标准名称：《混凝土面板堆石坝施工规范》

依据标准号：DL/T 5128—2009，条款号　8.3.3

86．止水片周围混凝土应辅以人工布料，不得分离。振捣器不得触及止水片。

依据标准名称：《混凝土面板堆石坝施工规范》

依据标准号：DL/T 5128—2009，条款号　8.3.11

87．质量检验结果不得涂改和自行销毁。

依据标准名称：《混凝土面板堆石坝施工规范》

依据标准号：DL/T 5128—2009，条款号　11.0.6

88．在截流前应将位于分流工程内的临时围堰全部拆除至规定高程，不得欠挖。

依据标准名称：《碾压式土石坝施工规范》

依据标准号：DL/T 5129—2013，条款号　3.3.1

89．坝基与岸坡施工时，应设置可靠的有效拦截、抽排各种地表水流和渗漏水流等排水系统，保证岸坡不被冲刷和作业环境无积水。

依据标准名称:《碾压式土石坝施工规范》

依据标准号: DL/T 5129—2013，条款号 4.1.3

90. 未提前对坝体岸坡上部和坝体轮廓线外影响施工的危石、浮石、卸荷带等不稳定体处理；未对高陡开挖边坡进行必要的变形观测，均不得施工。

依据标准名称:《碾压式土石坝施工规范》

依据标准号: DL/T 5129—2013，条款号 4.1.4

91. 开挖弃渣不应堆置于开挖范围的上侧。在边坡上部临时堆置弃渣时应确保开挖边坡的稳定。未采取防止山洪造成泥石流或引起河道堵塞的有效措施，不得在冲沟内或沿河岸岸边弃渣。

依据标准名称:《碾压式土石坝施工规范》

依据标准号: DL/T 5129—2013，条款号 4.1.7

92. 防渗体和反滤、过渡区坝基和岸坡岩石的处理不得违反设计要求，对于顺水流方向的断层、破碎带等应采取专项措施处理。

依据标准名称:《碾压式土石坝施工规范》

依据标准号: DL/T 5129—2013，条款号 4.3.2

93. 防渗体、反滤体、均质坝体等与岩石岸坡的接合部位应用斜面连接。对局部凹坑、反坡及不平顺岩面等部位的处理不得违反设计要求。非黏性土的坝壳与岸坡接合，不得有反坡。

依据标准名称:《碾压式土石坝施工规范》

依据标准号: DL/T 5129—2013，条款号 4.3.4

94. 基础防渗应在清除砂砾石层灌浆后表层至灌浆合格面后，再与防渗体或截水墙相连接。

依据标准名称:《碾压式土石坝施工规范》

依据标准号: DL/T 5129—2013，条款号 4.4.2

95. 应对不能满足设计要求的天然土层作铺盖地基进行处理。施工期间应保护天然铺盖区域，不得取土和破坏。

依据标准名称:《碾压式土石坝施工规范》

依据标准号: DL/T 5129—2013，条款号 4.4.5

96. 石料场应重点复查坡积物、覆盖层厚度、岩性、不利的结构组合分布范围、强风化厚度及开采运输条件等。

依据标准名称:《碾压式土石坝施工规范》

依据标准号: DL/T 5129—2013，条款号 5.2.6

97. 砂砾料场应重点复查级配、淤泥和细砂夹层、覆盖层厚度、水上与水下可开采厚度等。

依据标准名称:《碾压式土石坝施工规范》

依据标准号: DL/T 5129—2013，条款号　5.2.7

98. 符合设计要求的主体工程开挖料应优先、充分利用。

依据标准名称:《碾压式土石坝施工规范》

依据标准号: DL/T 5129—2013，条款号　5.3.3

99. 淹没区以下的料源应优先利用。

依据标准名称:《碾压式土石坝施工规范》

依据标准号: DL/T 5129—2013，条款号　5.3.4

100. 黏性土、砾质土应优先选用土质均匀、含水率适当的料场，按天然含水率、季节适应性施工。

依据标准名称:《碾压式土石坝施工规范》

依据标准号: DL/T 5129—2013，条款号　5.3.7

101. 岩性单一、剥离工程量较小、开采和运输条件较好、施工干扰少的堆石料场应优先选用。

依据标准名称:《碾压式土石坝施工规范》

依据标准号: DL/T 5129—2013，条款号　5.3.12

102. 运输道路跨越心墙或斜墙等重要区域时，未采取可靠的保护措施，不得施工。

依据标准名称:《碾压式土石坝施工规范》

依据标准号: DL/T 5129—2013，条款号　8.2.3

103. 运输道路规划时，应保证长隧道交通洞通风排烟与照明效果。且不应缺少设置紧急呼叫、火灾报警以及防灾避难等设施。

依据标准名称:《碾压式土石坝施工规范》

依据标准号: DL/T 5129—2013，条款号　8.2.7

104. 对易发生坠石、滚石路段不应缺少防护措施和警示牌；连续长下坡路段应设置避险车道、制动车道或修建刹车冷却池等安全设施。

依据标准名称:《碾压式土石坝施工规范》

依据标准号: DL/T 5129—2013，条款号　8.2.8

105. 坝基、岸坡及隐蔽工程未通过验收合格的，不应进行坝体填筑。

依据标准名称:《碾压式土石坝施工规范》

依据标准号：DL/T 5129—2013，条款号 9.1.1

106．坝面施工应分段流水作业，均衡上升。

依据标准名称：《碾压式土石坝施工规范》

依据标准号：DL/T 5129—2013，条款号 9.1.2

107．斜墙和心墙内不应留有纵向接缝，严禁在反滤层内设置纵缝。

依据标准名称：《碾压式土石坝施工规范》

依据标准号：DL/T 5129—2013，条款号 9.1.5

108．严禁在干燥状态下铺填新土。已填筑的坝壳料必须削坡至合格面。

依据标准名称：《碾压式土石坝施工规范》

依据标准号：DL/T 5129—2013，条款号 9.2.1

109．反滤料的填筑施工，不得违反以下规定：

（1）反滤料的材质、级配、不均匀系数、含泥量及其铺筑位置和有效宽度应符合设计要求。

（2）反滤料加工生产过程中应随机抽检并及时调整其级配，检验合格后方可使用。

（3）地基处理验收合格后，方可回填第一层反滤料。

（4）反滤料铺筑应严格控制铺料厚度。

（5）与反滤料接触的过渡料的级配应符合设计要求，两者交界处超径石应清除。

（6）已碾压合格的反滤层应做好防护，一旦发生土料混杂，应即时清除。

（7）反滤层横向接坡必须清至合格面。

依据标准名称：《碾压式土石坝施工规范》

依据标准号：DL/T 5129—2013，条款号 9.2.2

110．坝壳料填筑不得违反以下规定：

（1）应采用进占法卸料，推土机及时平料，铺料厚度误差不应超过碾压试验确定层厚的 10%。

（2）超径石应在石料场采用机械或爆破解小、填筑面上不应出现块石超径、集中和架空现象。

（3）坝壳料应用振动平碾压实，与岸坡结合处 2.00m 宽范围内应采用垂直坝轴线方向碾压，不易压实的边角部位应减薄铺料厚度，用轻型振动碾压实或用平板振动器或其他压实机械压实。

（4）堆石料应边填筑，边整坡、护坡。

（5）沥青混凝土面板坝上游坡面设置有反滤料、过渡料或垫层料，削坡时应预留坡面碾压沉降量。应及时削坡，碾压并人工整平后及时喷涂乳化沥青或稀释沥青。

依据标准名称：《碾压式土石坝施工规范》

依据标准号：DL/T 5129—2013，条款号 9.2.3

111．黏性土、碎（砾）石土、风化料、掺合料纵、横向接缝的设置不得违反下列要求：

（1）心墙和斜墙内不应留有纵向接缝。

（2）防渗体及均质坝的横向接坡不应陡于1:3；陡接坡时，应论证后实施。

（3）随坝体填筑上升，接缝应陆续削坡至合格面后回填。

（4）防渗体及均质坝的接缝削坡取样检查合格后，应边洒水、边刨毛、边铺料压实，并应控制其含水率为施工含水率的上限。

依据标准名称：《碾压式土石坝施工规范》

依据标准号：DL/T 5129—2013，条款号 9.2.4

112．坝体填筑面不应缺少有效的洒水系统，供水量应满足施工要求。防渗土料结合面应用喷雾洒水。对于软岩坝壳料，应根据碾压试验确定洒水量。

依据标准名称：《碾压式土石坝施工规范》

依据标准号：DL/T 5129—2013，条款号 9.2.8

113．必须重视防渗体与坝基、两岸岸坡、溢洪道边墙、坝基廊道、坝下埋管、混凝土齿墙及复合土工膜等结合部位的填筑。

依据标准名称：《碾压式土石坝施工规范》

依据标准号：DL/T 5129—2013，条款号 9.3.1

114．防渗体与坝基结合部位填筑不得违反下列规定：

（1）黏性土、碎（砾）石土坝基，应将表面含水率调整至施工含水率上限，用凸块振动碾压实，经验收合格后方可填土。

（2）对于无黏性土坝基铺土前，坝基应洒水压实，经验收后应按设计要求回填反滤料和第一层土料。

依据标准名称：《碾压式土石坝施工规范》

依据标准号：DL/T 5129—2013，条款号 9.3.4

115．防渗体与复合土工膜结合部位填筑不得违反下列规定：

（1）复合土工膜施工完成经验收后进行回填。

（2）应使用粒径偏细的防渗土料。

（3）应选择小型运输设备进占法卸料。

（4）复合土工膜上铺土厚度在0.50m～0.60m之内，应分层采用轮胎薄层静碾；厚度达0.50m以上时，应采用选定的压实机具薄层静碾压；0.80m～1.20m以上应采用选定的压实机具和碾压参数正常碾压。

（5）复合土工膜上0.20m～1.20m范围压实标准应按照低于设计标准2%～3%控制。

依据标准名称：《碾压式土石坝施工规范》

依据标准号：DL/T 5129—2013，条款号 9.3.5

116．防渗体与混凝土面或岩石面结合部位填筑不得违反下列规定：

（1）混凝土防渗墙顶部局部范围用高塑性黏土回填，其回填范围、回填土料的物理力学性质、含水率、压实标准应满足设计要求。

（2）防渗体与混凝土齿墙、坝下埋管、坝基廊道、混凝土防渗墙两侧及顶部一定宽度和高度内土料回填宜选用黏性土，且含水率应调整至施工含水率上限，采用轻型碾压机械压实，两侧填土应保持均衡上升。

（3）填土前，混凝土表面乳皮、粉尘及其上附着杂物应清除干净。

（4）在混凝土或岩石面上填土时，应洒水湿润，并边涂刷浓泥浆、边铺土、边夯实，泥浆涂刷高度应与铺土厚度一致，并应与下部涂层衔接，不得在泥浆干涸后铺土和压实。

（5）填土与混凝土表面、岸坡岩面脱开时必须予以清除。

依据标准名称：《碾压式土石坝施工规范》

依据标准号：DL/T 5129—2013，条款号 9.3.6

117．防渗体与岸坡结合部位填筑不得违反下列规定：

（1）防渗体与岸坡结合带的填土应选用黏性土，其含水率应调整至施工含水率上限，选用轻型碾压机具薄层压实，局部碾压不到的边角部位可使用小型机具压实，严禁漏压或欠压。

（2）防渗体结合带填筑施工参数应由碾压试验确定。

（3）防渗体与其岸坡结合带，垂直方向碾压搭接宽度不应小于1.00m。

（4）岸坡过缓时，接合处碾压后土料因侧向位移出现“爬坡、脱空”现象，应将其挖除。

（5）结合带碾压取样合格后方可继续铺填土料。铺料前压实合格面应洒水并刨毛。

依据标准名称：《碾压式土石坝施工规范》

依据标准号：DL/T 5129—2013，条款号 9.3.7

118．沥青混凝土的材料，当采用天然卵石时不应超过总量的一半，采用酸性碎石必须经过论证；细骨料采用天然砂时，其总量不宜超过总量的一半；采用酸性碎石必须经过论证。

依据标准名称：《碾压式土石坝施工规范》

依据标准号：DL/T 5129—2013，条款号 9.5.2

119．心墙和斜墙的填筑面不应向下游倾斜，宽心墙和均质坝填筑面不应违背中央凸起向上下游倾斜的原则。

依据标准名称：《碾压式土石坝施工规范》

依据标准号：DL/T 5129—2013，条款号 9.7.4

120．负温下填筑时，填土中不得夹有冰雪、冻块。

依据标准名称：《碾压式土石坝施工规范》

依据标准号：DL/T 5129—2013，条款号 9.8.7

121. 负温下填筑时，土、砂、砂砾料与堆石料不得加水。必要应减薄层厚、加大压实功能等措施。

依据标准名称:《碾压式土石坝施工规范》

依据标准号: DL/T 5129—2013，条款号 9.8.8

122. 应做好下雨至复工前坝面保护，施工机械和人员不得穿越防渗体和反滤料。

依据标准名称:《碾压式土石坝施工规范》

依据标准号: DL/T 5129—2013，条款号 9.7.7

123. 构筑物混凝土施工与坝体填筑同步时，应避免相互干扰，不得将施工污水引排至心墙区内。

依据标准名称:《碾压式土石坝施工规范》

依据标准号: DL/T 5129—2013，条款号 10.0.3

124. 坝基及岸坡渗水处理后，坝基回填土和基础混凝土非干燥状态下不得继续施工。

依据标准名称:《碾压式土石坝施工规范》

依据标准号: DL/T 5129—2013，条款号 11.2.9

125. 堆石料、砂砾料干密度平均值不应小于设计值，标准差不应大于 $0.10t/m^3$。当样本数小于20组时，检测合格率不应小于90%，不合格数值不得小于设计值的95%。

依据标准名称:《碾压式土石坝施工规范》

依据标准号: DL/T 5129—2013，条款号 11.4.14

126. 防渗土料干密度或压实度合格率不应小于90%，不合格数值不得小于设计值的98%。

依据标准名称:《碾压式土石坝施工规范》

依据标准号: DL/T 5129—2013，条款号 11.4.15

127. 沥青运输、存放、配制、使用全过程和沥青混合料生产、运输、存放、施工等全过程，严禁缺少防火、防水和防污染等有效措施。

依据标准名称:《土石坝浇筑式沥青混凝土施工规程》

依据标准号: DL/T 5258—2010，条款号 4.0.3

128. 浇筑式沥青混凝土施工时，必须对施工全过程进行温度控制。

依据标准名称:《土石坝浇筑式沥青混凝土施工规程》

依据标准号: DL/T 5258—2010，条款号 4.0.4

129. 浇筑式沥青混凝土不宜在夜间施工，必须在夜间施工时，应有足够的照明和质量保证措施，并经试验验证。

依据标准名称：《土石坝浇筑式沥青混凝土施工规程》

依据标准号：DL/T 5258—2010，条款号 4.0.5

130．填料的储存未设防雨、防潮和防止杂物混入的设施不得施工。散装填料应采用筒仓储存；袋装填料应存入库房，堆高不得超过 1.8m，最下层距地面不得小于 30cm。

依据标准名称：《土石坝浇筑式沥青混凝土施工规程》

依据标准号：DL/T 5258—2010，条款号 5.3.4

131．经试验确定的施工配合比不得随意更改。

依据标准名称：《土石坝浇筑式沥青混凝土施工规程》

依据标准号：DL/T 5258—2010，条款号 6.1.5

132．水泥混凝土基础面验收不合格，不得喷涂稀释沥青，待稀释沥青中的油分挥发后，方可进行下一道工序施工。

依据标准名称：《土石坝浇筑式沥青混凝土施工规程》

依据标准号：DL/T 5258—2010，条款号 7.1.2

133．沥青混凝土的层间结合面，未清除灰尘及杂物，结合面不干燥干燥、洁净，不得继续。污染严重的结合面可用红外线加热器进行烘烤，待被污染的沥青混凝土软化后予以铲除。沥青混凝土防渗墙表面因钻取芯样留下的孔洞，应处理干净并烘干后用新拌制的沥青混合料分层回填捣实。

依据标准名称：《土石坝浇筑式沥青混凝土施工规程》

依据标准号：DL/T 5258—2010，条款号 7.1.3

134．沥青混合料的温度超出 140℃～160℃范围，不得入仓施工。

依据标准名称：《土石坝浇筑式沥青混凝土施工规程》

依据标准号：DL/T 5258—2010，条款号 7.5.1

135．浇筑式沥青混凝土施工宜采用水平分层、全轴线一次性铺筑的施工方法，混合料铺筑厚度宜大于分层厚度 2cm 左右。每层浇筑厚度宜不超过 40cm。仓面应均匀布料，下料高度不应大于 1m。应及时平仓，防止沥青混合料离析。

依据标准名称：《土石坝浇筑式沥青混凝土施工规程》

依据标准号：DL/T 5258—2010，条款号 7.5.2

136．沥青混凝土浇筑后严禁承受外来荷载。

依据标准名称：《土石坝浇筑式沥青混凝土施工规程》

依据标准号：DL/T 5258—2010，条款号 7.5.5

137. 低温施工时，沥青混合料入仓温度不应超出150℃～160℃范围。
依据标准名称：《土石坝浇筑式沥青混凝土施工规程》
依据标准号：DL/T 5258—2010，条款号　8.1.5

138. 已浇完的沥青混凝土不得延时覆盖。
依据标准名称：《土石坝浇筑式沥青混凝土施工规程》
依据标准号：DL/T 5258—2010，条款号　8.1.6

139. 当日平均气温低于－15℃或日最低气温低于－20℃时不应进行沥青混凝土防渗墙施工。否则应采取必要的保温措施。
依据标准名称：《土石坝浇筑式沥青混凝土施工规程》
依据标准号：DL/T 5258—2010，条款号　8.1.7

140. 沥青混凝土防渗墙越冬不得缺少保温防冻措施。
依据标准名称：《土石坝浇筑式沥青混凝土施工规程》
依据标准号：DL/T 5258—2010，条款号　8.1.10

141. 当风力大于4级或下大雪时，不得继续施工。
依据标准名称：《土石坝浇筑式沥青混凝土施工规程》
依据标准号：DL/T 5258—2010，条款号　8.2.4

142. 沥青混凝土施工前，应对防渗墙轴线放样，对施工准备情况进行全面检查。防渗墙轴线的偏差不应超过10mm。
依据标准名称：《土石坝浇筑式沥青混凝土施工规程》
依据标准号：DL/T 5258—2010，条款号　9.4.1

143. 防渗墙厚度每层均应检测，沿坝轴线每20m～40m检测不得少于1次，其厚度不应小于设计值。
依据标准名称：《土石坝浇筑式沥青混凝土施工规程》
依据标准号：DL/T 5258—2010，条款号　9.5.1

144. 通过芯样孔隙率试验和无损检测检验沥青混凝土密实度，其孔隙率不应大于3%。
依据标准名称：《土石坝浇筑式沥青混凝土施工规程》
依据标准号：DL/T 5258—2010，条款号　9.5.2

145. 防渗墙高度每上升2m～4m，应沿坝轴线100m～150m布置钻取芯样2组，进行孔隙率、抗渗性及三轴试验。
依据标准名称：《土石坝浇筑式沥青混凝土施工规程》
依据标准号：DL/T 5258—2010，条款号　9.5.5

146. 夜间施工照明应采用低压安全灯。电气设备未设置保护接地，未安装剩余电流动作保护器和避雷设施不得投入。非电气操作及维修人员禁止操作及维修电气设备。

依据标准名称:《土石坝浇筑式沥青混凝土施工规程》

依据标准号: DL/T 5258—2010，条款号　10.1.4

147. 沥青堆放场地、加热场地及拌和厂附近未设有防火、灭火器材，不得施工。在配制与使用稀释沥青时，必须注意防火。

依据标准名称:《土石坝浇筑式沥青混凝土施工规程》

依据标准号: DL/T 5258—2010，条款号　10.1.5

148. 桶装沥青加热过程中，桶盖孔对面禁止站人。

依据标准名称:《土石坝浇筑式沥青混凝土施工规程》

依据标准号: DL/T 5258—2010，条款号　10.1.7

149. 摊铺垫层料时，应注意保护锚筋、拉筋，如造成破坏，应及时修复，未经修复不得加以掩盖。

依据标准名称:《混凝土面板堆石坝翻模固坡施工技术规程》

依据标准号: DL/T 5268—2010，条款号　4.0.7

150. 严禁振动碾滚筒碰撞模板。

依据标准名称:《混凝土面板堆石坝翻模固坡施工技术规程》

依据标准号: DL/T 5268—2010，条款号　6.0.1

151. 在翻模固坡作业面以下的斜坡面未设置可靠固定安全网，模固坡面作业人员不佩戴安全带，不得施工。

依据标准名称:《混凝土面板堆石坝翻模固坡施工技术规程》

依据标准号: DL/T 5268—2010，条款号　6.0.3

152. 工程交接期间，各项观测工作不得中断。

依据标准名称:《水电水利工程砾石土心墙堆石坝施工规范》

依据标准号: DL/T 5269—2010，条款号　1.0.6

153. 严禁机械和人为损坏已埋观测设施、仪器。

依据标准名称:《水电水利工程砾石土心墙堆石坝施工规范》

依据标准号: DL/T 5269—2010，条款号　1.0.9

154. 特殊情况下，采用原河床分期导流时，需在已完成的截水槽或防渗墙上过流的，未采取可靠的保护措施不得过流。采用原河床分期导流时，对可能束窄河床后水流冲刷的护岸、河床和围堰未采取安全保护措施，不得施工。有通航要求时，还应满足航运条件。

依据标准名称：《水电水利工程砾石土心墙堆石坝施工规范》

依据标准号：DL/T 5269—2010，条款号 3.2.2

155．围堰和大坝工程应按施工总进度要求控制工程进度，严禁降低度汛安全标准。

依据标准名称：《水电水利工程砾石土心墙堆石坝施工规范》

依据标准号：DL/T 5269—2010，条款号 3.4.1

156．坝料应在符合设计要求的料场或建筑物开挖区开采，不合格的坝料不得上坝。

依据标准名称：《水电水利工程砾石土心墙堆石坝施工规范》

依据标准号：DL/T 5269—2010，条款号 7.2.1

157．料场开采结束后，未按水土保持和环境保护设计要求施工，未做好危岩处理、弃料场保护、边坡稳定、场地平整和还田造林工作，不得撤离现场。

依据标准名称：《水电水利工程砾石土心墙堆石坝施工规范》

依据标准号：DL/T 5269—2010，条款号 7.2.5

158．坝体各部位的填筑应按设计断面进行，保证心墙料、反滤料的实际宽度不小于设计宽度，过渡料、堆石料设计线外的超宽填筑尺寸不小于允许填筑的最大粒径。

依据标准名称：《水电水利工程砾石土心墙堆石坝施工规范》

依据标准号：DL/T 5269—2010，条款号 8.1.3

159．砾石土料铺料前，压实表土应适当洒水湿润，不得在表土干燥状态下铺填新土；压实表面形成光面时，铺土前不刨毛并洒水湿润不得继续施工。

依据标准名称：《水电水利工程砾石土心墙堆石坝施工规范》

依据标准号：DL/T 5269—2010，条款号 8.2.1

160．砾石土料应采用进占法铺料，沿坝轴线方向进行碾压；特殊部位只能垂直于坝轴线方向碾压时，质检人员应现场监视，检测有无剪切裂缝；不得超厚铺料和欠压遍数，防止漏压。

依据标准名称：《水电水利工程砾石土心墙堆石坝施工规范》

依据标准号：DL/T 5269—2010，条款号 8.2.2

161．砾石土料铺料宜采用定点测量方式，严格控制铺土厚度，不得超厚，并宜采用平地机平整，下层取样检查不合格上层铺料不得继续施工。

依据标准名称：《水电水利工程砾石土心墙堆石坝施工规范》

依据标准号：DL/T 5269—2010，条款号 8.2.3

162．砾石土料铺筑应连续作业。因故需短时间停工时，其表面土层应洒水湿润，保

持含水率在控制范围之内；需长时间停工时，应采取防护措施。复工后按要求进行处理，验收不合格不得继续填筑。

依据标准名称：《水电水利工程砾石土心墙堆石坝施工规范》

依据标准号：DL/T 5269—2010，条款号 8.2.5

163. 过渡料铺筑应避免分离，分离严重部位未挖除，不得继续施工；在靠反滤侧，应清除大于反滤料最大粒径的石料，否则不得继续施工。

依据标准名称：《水电水利工程砾石土心墙堆石坝施工规范》

依据标准号：DL/T 5269—2010，条款号 8.2.15

164. 刷黏土浆的高度应与铺土厚度一致，涂层厚度应为 3mm～5mm，并应与下部涂层衔接；不得在泥浆干涸后铺土。黏土浆的配比以试验确定。

依据标准名称：《水电水利工程砾石土心墙堆石坝施工规范》

依据标准号：DL/T 5269—2010，条款号 8.3.1

165. 雨季施工，应做好坝面保护，禁止车辆通行。

依据标准名称：《水电水利工程砾石土心墙堆石坝施工规范》

依据标准号：DL/T 5269—2010，条款号 8.4.3

166. 各种坝料质量应以料场控制为主，不合格料应在料场处理合格后才能上坝。

依据标准名称：《水电水利工程砾石土心墙堆石坝施工规范》

依据标准号：DL/T 5269—2010，条款号 10.3.1

167. 挤压边墙应采用梯形断面，高度应与垫层料压实厚度一致，迎水面坡度与垫层料上游设计边坡一致，背水面坡比应为 8:1。

依据标准名称：《混凝土面板堆石坝挤压边墙技术规范》

依据标准号：DL/T 5297—2013，条款号 3.0.1

168. 挤压边墙在挤压成型施工过程中，应在混凝土拌和物中添加速凝剂，成型的混凝土应在 3h 内满足垫层料碾压要求，抗压强度不应低于 1MPa。

依据标准名称：《混凝土面板堆石坝挤压边墙技术规范》

依据标准号：DL/T 5297—2013，条款号 3.0.2

169. 挤压边墙采用专用挤压机成型不得施工。

依据标准名称：《混凝土面板堆石坝挤压边墙技术规范》

依据标准号：DL/T 5297—2013，条款号 3.0.3

170. 挤压边墙混凝土配制强度不应高于设计强度，混凝土应低弹模，具有半透水性。

依据标准名称：《混凝土面板堆石坝挤压边墙技术规范》

依据标准号：DL/T 5297—2013，条款号 5.0.2

171. 挤压边墙施工前应将下层挤压边墙顶部浮渣清理干净，挤压机准确就位。挤压边墙施工时，坡面不得缺少必要的防护措施，确保施工安全。

依据标准名称：《混凝土面板堆石坝挤压边墙技术规范》

依据标准号：DL/T 5297—2013，条款号 7.1.3

172. 成型的挤压边墙应及时采取覆盖保湿养护，特殊气候条件下应采取必要的防雨、防晒、防冻等保护措施。

依据标准名称：《混凝土面板堆石坝挤压边墙技术规范》

依据标准号：DL/T 5297—2013，条款号 7.3.7

173. 挤压边墙施工时，不得损伤已安装好的止水及其防护设施。

依据标准名称：《混凝土面板堆石坝挤压边墙技术规范》

依据标准号：DL/T 5297—2013，条款号 7.3.8

174. 垫层料碾压应采用自行式振动平碾，碾压设备总质量不得大于18t，靠近边墙一定范围内采用机械液压平板振动夯或其他夯实机具辅助夯实。

依据标准名称：《混凝土面板堆石坝挤压边墙技术规范》

依据标准号：DL/T 5297—2013，条款号 7.3.11

175. 挤压边墙与垫层料结合部，应采用凿孔、钻孔等方式进行脱空检查。

依据标准名称：《混凝土面板堆石坝挤压边墙技术规范》

依据标准号：DL/T 5297—2013，条款号 8.0.2

176. 挤压边墙混凝土密度应均匀，渗透系数合格率不得低于95%，混凝土强度超强率不应大于20%。

依据标准名称：《混凝土面板堆石坝挤压边墙技术规范》

依据标准号：DL/T 5297—2013，条款号 8.0.4

177. 围堰、大坝及库盆应在汛前达到度汛要求，不得降低度汛安全标准。

依据标准名称：《沥青混凝土面板堆石坝及库盆施工规范》

依据标准号：DL/T 5310—2013，条款号 3.3.1

178. 坝料填筑施工时，不得损坏或扰动附近的止水、监测仪器及其连线。

依据标准名称：《沥青混凝土面板堆石坝及库盆施工规范》

依据标准号：DL/T 5310—2013，条款号 5.3.16

179. 碾压式沥青混凝土应选用水工沥青，同一工程应采用同一厂家、同一标号的沥

青。不同厂家、不同标号的沥青，不得混杂使用。

依据标准名称:《沥青混凝土面板堆石坝及库盆施工规范》

依据标准号: DL/T 5310—2013，条款号 6.2.1

180．经试验确定的施工配合比不得随意更改。沥青或矿料品质发生变化，应重新进行配合比设计与试验，原配合比不得直接继续使用。

依据标准名称:《沥青混凝土面板堆石坝及库盆施工规范》

依据标准号: DL/T 5310—2013，条款号 6.3.6

181．混凝土结构的表面敷设沥青胶时，稀释沥青或乳化沥青未干燥不得继续施工。沥青胶涂层应均匀平整，不得流淌。

依据标准名称:《沥青混凝土面板堆石坝及库盆施工规范》

依据标准号: DL/T 5310—2013，条款号 7.5.5

182．拱坝坝体必须设置横缝。

依据标准名称:《混凝土拱坝设计规范》

依据标准号: DL/T 5346—2006，条款号 12.3.1

183．拱坝坝体横（纵）缝必须进行接缝灌浆。

依据标准名称:《混凝土拱坝设计规范》

依据标准号: DL/T 5346—2006，条款号 12.4.1

184．采用拱坝坝身泄洪时，下泄水流不得危及坝体、两岸山体稳定和其他建筑物的运行安全。

依据标准名称:《混凝土拱坝设计规范》

依据标准号: DL/T 5346—2006，条款号 5.3.4

185．受雾化影响的建筑物、边坡、设备等不得缺少切实可行的防护措施。

依据标准名称:《混凝土拱坝设计规范》

依据标准号: DL/T 5346—2006，条款号 5.4.1

186．表孔溢流堰顶附近堰面压力在设计洪水位闸门全开状况，堰顶附近负压值不得大于 0.03MPa。在校核洪水位闸门全开情况，堰顶附近负压值不得大于 0.06MPa。

依据标准名称:《混凝土拱坝设计规范》

依据标准号: DL/T 5346—2006，条款号 6.2.2

187．泄水建筑物的下游必须采取适当的消能防冲设施。

依据标准名称:《混凝土拱坝设计规范》

依据标准号: DL/T 5346—2006，条款号 6.3.1

188. 当挑流形成的冲坑危及拱坝安全时，未采取有效措施确保拱坝安全，大坝不得继续进行泄流运行。

依据标准名称:《混凝土拱坝设计规范》

依据标准号: DL/T 5346—2006，条款号　6.3.2

189. 抗冻混凝土必须掺加引气剂。其水泥、掺合料、外加剂的品种和数量，水胶比、配合比及含气量未通过实验，不得使用。

依据标准名称:《混凝土拱坝设计规范》

依据标准号: DL/T 5346—2006，条款号　7.4.3

190. 水工沥青及沥青混合料在准备、储存及施工全过程中，严禁缺少防火、防水和防污染措施。

依据标准名称:《水工碾压式沥青混凝土施工规范》

依据标准号: DL/T 5363—2006，条款号　4.0.8

191. 不得选用非专用水工沥青。不同厂家、不同标号的沥青，不得混杂使用。

依据标准名称:《水工碾压式沥青混凝土施工规范》

依据标准号: DL/T 5363—2006，条款号　5.1.1

192. 每批沥青如未出具出厂合格证和品质检验报告，沥青运到工地未进行抽检或抽检不合格不得使用。

依据标准名称:《水工碾压式沥青混凝土施工规范》

依据标准号: DL/T 5363—2006，条款号　5.1.3

193. 凝聚的乳化沥青禁止使用。

依据标准名称:《水工碾压式沥青混凝土施工规范》

依据标准号: DL/T 5363—2006，条款号　5.1.7

194. 填料储存期间严禁淋雨、受潮和杂物混入。

依据标准名称:《水工碾压式沥青混凝土施工规范》

依据标准号: DL/T 5363—2006，条款号　5.3.4

195. 经试验确定的施工配合比不得随意更改。

依据标准名称:《水工碾压式沥青混凝土施工规范》

依据标准号: DL/T 5363—2006，条款号　6.0.5

196. 沥青不应直接加热，应采用导热油间接加热，加热时应控制加热温度。

依据标准名称:《水工碾压式沥青混凝土施工规范》

依据标准号: DL/T 5363—2006，条款号　7.2.2

197．沥青加热罐的容积未留有余地不得进行加热。

依据标准名称：《水工碾压式沥青混凝土施工规范》

依据标准号：DL/T 5363—2006，条款号 7.2.3

198．沥青混合料转运或卸料时，出口处自由落差不得大于 1.5m。

依据标准名称：《水工碾压式沥青混凝土施工规范》

依据标准号：DL/T 5363—2006，条款号 7.5.4

199．基础灌浆必须控制灌浆压力，不得损坏面板与岸坡连接部位。

依据标准名称：《水工碾压式沥青混凝土施工规范》

依据标准号：DL/T 5363—2006，条款号 8.6.9

200．封闭层施工后的表面，严禁人机行走。

依据标准名称：《水工碾压式沥青混凝土施工规范》

依据标准号：DL/T 5363—2006，条款号 8.7.6

201．各种机械不得直接跨越心墙。在心墙两侧 2m 范围内，不得使用 10t 以上的大型机械作业。

依据标准名称：《水工碾压式沥青混凝土施工规范》

依据标准号：DL/T 5363—2006，条款号 9.5.7

202．埋设在沥青混凝土中的仪器、电缆及埋件不得贯穿结构体；其埋入部分不得超过结构体防渗厚度的 1/3。

依据标准名称：《水工碾压式沥青混凝土施工规范》

依据标准号：DL/T 5363—2006，条款号 11.2.2

203．当坝址处存在喀斯特、大断层或软黏土等不良地质条件时，未提前研究避开的可能性及处理措施，不得开始施工。

依据标准名称：《碾压式土石坝设计规范》

依据标准号：DL/T 5395—2007，条款号 5.1.3

204．泄水和引水建筑物进、出口的边坡应是稳定的。其附近的坝坡和岸坡，应有可靠的防护措施。出口不得缺少可靠的消能措施，消能后的水流离开坝脚应有一定距离。

依据标准名称：《碾压式土石坝设计规范》

依据标准号：DL/T 5395—2007，条款号 5.2.3

205．泄水建筑物应布置在岸边岩基上。对高、中坝不得采用布置在软基上的坝下埋管型式。低坝采用软基上埋管时，应进行论证。

依据标准名称：《碾压式土石坝设计规范》

依据标准号：DL/T 5395—2007，条款号　5.2.4

206. 筑坝土石料选择不得违反下列原则：
（1）具有或经加工处理后具有与其使用目的相适应的工程性质，并具有长期稳定性。
（2）因地、就近取材，减少弃料，优先考虑枢纽建筑物开挖料的利用。
（3）便于开采、运输和压实。
（4）对植被破坏和环境影响较小，便于采取措施保护、恢复水土资源。
依据标准名称：《碾压式土石坝设计规范》
依据标准号：DL/T 5395—2007，条款号　6.1.2

207. 防渗土料碾压后不应违反下列要求：
（1）渗透系数：均质坝，不大于 1×10^{-4}cm/s；心墙和斜墙，不大于 1×10^{-5}cm/s。
（2）水溶盐含量（指易溶于盐和中溶盐，按质量计）不大于 3%。
（3）有机质含量（按质量计）：均质坝，不大于 5%；心墙和斜墙，不大于 2%。
（4）有较好的塑性和渗透稳定性。
（5）浸水与失水时体积变化小。
若不满足要求时，可从满足渗流、稳定、变形要求等方面进行专门论证。
依据标准名称：《碾压式土石坝设计规范》
依据标准号：DL/T 5395—2007，条款号　6.1.4

208. 用于填筑防渗体的砾石土（包括人工掺合砾石土），粒径大于 5mm 的颗粒含量不宜超过 50%，最大粒径不宜大于 150 mm 或铺土厚度的 2/3，0.075mm 以下的颗粒含量不应小于 15%，且不大于 0.005mm 的颗粒含量不宜小于 8%。填筑时应避免发生粗料集中架空现象。当不大于 0.005mm 的颗粒含量小于 8%时，应作专门论证。
依据标准名称：《碾压式土石坝设计规范》
依据标准号：DL/T 5395—2007，条款号　6.1.8

209. 反滤料、垫层料和排水体料不得违反下列要求：
（1）对反滤料、垫层料和排水体料等要求质地致密，具有较高的、能满足工程运用条件要求的抗压强度、抗水性和抗风化能力。
（2）满足要求的级配，且粒径小于 0.075mm 的颗粒含量不应超过 5%。
（3）满足要求的透水性。
依据标准名称：《碾压式土石坝设计规范》
依据标准号：DL/T 5395—2007，条款号　6.1.11

210. 当采用风化料或软岩筑坝时，坝体表面应设保护层，保护层的垂直厚度不应小于 1.5m。
依据标准名称：《碾压式土石坝设计规范》
依据标准号：DL/T 5395—2007，条款号　7.1.5

211．土质防渗体断面应自上而下逐渐加厚，顶部的水平宽度应考虑机械化施工的需要，不应小于 3m。其底部厚度：斜墙，不应小于水头的 1/5；心墙，不应小于水头的 1/4。

依据标准名称:《碾压式土石坝设计规范》

依据标准号: DL/T 5395—2007，条款号　7.5.3

212．非常运用条件下，防渗体顶部不应低于非常运用条件的静水位。防渗体顶部应预留竣工后沉降超高。

依据标准名称:《碾压式土石坝设计规范》

依据标准号: DL/T 5395—2007，条款号　7.5.4

213．不满足反滤要求的土质防渗体以及心墙、斜墙、铺盖和截水槽等，与坝壳和坝基透水层之间，以及下游渗流逸出处，不得缺少反滤层设置。

依据标准名称:《碾压式土石坝设计规范》

依据标准号: DL/T 5395—2007，条款号　7.6.3

214．在下列情况下土石坝不同型式的坝体排水设施设置不得违背以下原则:

（1）防止渗流逸出处的渗透破坏。

（2）降低坝体浸润线及孔隙压力，改变渗流方向，增强坝体稳定。

（3）保护坝坡土，防止其冻胀破坏。

依据标准名称:《碾压式土石坝设计规范》

依据标准号: DL/T 5395—2007，条款号　7.7.1

215．反滤层、过渡层应压实。在填筑过程中应与坝体同时上升，且不应有明显的颗粒分离和压碎现象。

依据标准名称:《碾压式土石坝设计规范》

依据标准号: DL/T 5395—2007，条款号　7.6.12

216．护坡的覆盖范围确定不得违反以下要求:

（1）上游面上部应由坝顶算起，如设防浪墙时应与防浪墙连接：下部至死水位以下不应小于 2.50m，最低水位不确定时应至坝脚。

（2）下游面应由坝顶至排水棱体，无排水棱体时应至坝脚。

依据标准名称:《碾压式土石坝设计规范》

依据标准号: DL/T 5395—2007，条款号　7.8.5

217．堆石、砌石护坡与被保护坝料不满足反滤层间关系要求时，护坡下应按反滤层间关系要求设置垫层。

依据标准名称:《碾压式土石坝设计规范》

依据标准号: DL/T 5395—2007，条款号　7.8.6

218. 现浇混凝土或钢筋混凝土、沥青混凝土和浆砌石护坡不得缺少排水孔设置。

依据标准名称:《碾压式土石坝设计规范》

依据标准号: DL/T 5395—2007，条款号 7.8.7

219. 寒冷地区的黏性土坝坡，当因坝坡土冻胀可能引起护坡变形时，应设防冻垫层，其厚度不应小于当地冻结深度。

依据标准名称:《碾压式土石坝设计规范》

依据标准号: DL/T 5395—2007，条款号 7.8.8

220. 除堆石、抛石护坡外，其他各种护坡不得缺少在马道、坝脚和护坡末端设置基座。

依据标准名称:《碾压式土石坝设计规范》

依据标准号: DL/T 5395—2007，条款号 7.8.9

221. 坝面应设置排水，其范围包括坝顶、坝坡、坝端及坝下游等部位的集水、截水和排水设施。

依据标准名称:《碾压式土石坝设计规范》

依据标准号: DL/T 5395—2007，条款号 7.9.1

222. 坝坡与岸坡连接处均不得缺少排水沟设置，其集水面积应包括岸坡集水面积在内。

依据标准名称:《碾压式土石坝设计规范》

依据标准号: DL/T 5395—2007，条款号 7.9.2

223. 与土质防渗体连接的岸坡的开挖不得违反下列要求：

（1）岸坡应大致平顺，不应成台阶状、反坡或突然变坡，岸坡自上而下由缓坡变陡坡时，变换坡度应不大于20°。

（2）岩石岸坡不应陡于1:0.5。陡于此坡度时应有专门论证，并应采取相应工程措施。

（3）土质岸坡不应陡于1:1.5。

（4）岸坡应能保持施工期稳定。

依据标准名称:《碾压式土石坝设计规范》

依据标准号: DL/T 5395—2007，条款号 8.2.4

224. 混凝土防渗墙设计不得违反下列原则：

（1）厚度应根据坝高和施工条件确定。

（2）当混凝土防渗墙与土体为插入式连接方式时，浪凝土防渗墙顶应作成光滑的楔形，插入土质防渗体高度应为1/10坝高，高坝可适当降低。

（3）墙底应嵌入弱风化基岩0.5m～1.0m。对风化较深或断层破碎带应根据其性状及坝高予以适当加深。

（4）高坝坝基深砂砾石层的混凝土防渗墙，应进行应力应变分析，并据此确定混凝土的强度等级。

（5）混凝土防渗墙除应具有所要求的强度外，还应有足够的抗渗性和耐久性。

（6）对高坝深厚覆盖层中的混凝土防渗墙应采用钻孔、压水、物探等方法做强度和渗透性的质量检查。

依据标准名称：《碾压式土石坝设计规范》

依据标准号：DL/T 5395—2007，条款号 8.3.8

225. 铺盖应与下游排水设施联合作用。对高中坝、复杂地层、渗透系数较大和防渗要求较高的工程应慎重选用。

铺盖应采用黏土填筑，对中低坝也可采用土工膜作铺盖。

黏土铺盖设计应确定铺盖的长度、断面和压实标准，使坝基的渗透坡降和渗流量不大于容许值，并保证铺盖本身不发生裂缝和穿洞等问题。为此，不得违反下列原则：

（1）长度和厚度应根据水头、透水层厚度以及铺盖和坝基土的渗透系数通过试验或计算确定。

（2）铺盖应由上游向下游逐渐加厚，铺盖前缘的最小厚度可取0.5m～1.0m，末端与坝身防渗体连接处厚度由渗流计算确定，且应满足构造和施工要求。

（3）铺盖与基土接触面应平整、压实。

（4）铺盖应采用相对不透水土料填筑，其渗透系数应小于坝基砂砾石层的1/100，并应小于1×10^{-5}cm/s，应在等于或略高于最优含水率下压实。

（5）当利用天然土层作铺盖时，应详细查明天然土层及下卧层砂砾石的分布、厚度、级配、渗透系数和允许渗透坡降等情况，论证天然铺盖的有效性，应特别注意层间关系是否满足反滤要求、天然土层有无缺失或过薄地段等问题。

（6）铺盖应进行保护，避免施工和运行期间发生干裂、冰冻和水流淘刷等。

依据标准名称：《碾压式土石坝设计规范》

依据标准号：DL/T 5395—2007，条款号 8.3.13

226. 当岩石坝基有断层破碎带、软弱夹层、风化破碎或有化学溶蚀、基岩有较大的透水性以致地层的渗漏量影响水库效益，影响坝体和坝基的抗滑稳定或渗透稳定时，不进行有针对性的设计处理，不得出图施工。

依据标准名称：《碾压式土石坝设计规范》

依据标准号：DL/T 5395—2007，条款号 8.4.1

227. 有机质土不应作为坝基。如坝基内存在厚度较小且不连续的夹层或透镜体，挖除有困难时，未经过论证并采取有效措施处理，不得出图施工。

依据标准名称：《碾压式土石坝设计规范》

依据标准号：DL/T 5395—2007，条款号 8.5.5

228. 坝体布置应结合枢纽布置全面考虑。泄洪建筑物下泄水流不得冲淘坝基、其他建筑物的基础及岸坡，其流态和冲淤不得影响其他建筑物使用。

依据标准名称:《混凝土重力坝设计规范》

依据标准号: NB/T 35026—2014，条款号　3.0.2

229. 设于坝体内的底孔、缺口、梳齿等施工导流建筑物布置，不得违反下列要求:

（1）宣泄所承担的施工期流量。

（2）结合永久泄水建筑物的布置。

（3）满足施工期通航等要求。

（4）具备通过浮冰或其他漂浮物能力。

（5）泄洪时不致冲坏永久建筑物。

依据标准名称:《混凝土重力坝设计规范》

依据标准号: NB/T 35026—2014，条款号　3.0.9

230. 坝顶宽度应根据设备布置、运行、检修、施工和交通等需要确定；并应满足抗震、特大洪水时抢护等要求。在严寒地区，当冰压力很大时，还应核算断面的强度。

依据标准名称:《混凝土重力坝设计规范》

依据标准号: NB/T 35026—2014，条款号　4.2.2

231. 碾压混凝土重力坝体型不能违背简单，便于施工原则，上游坝坡应结合其防渗结构型式等进行选择；下游坝坡应按常态混凝土重力坝断面原则优选。

依据标准名称:《混凝土重力坝设计规范》

依据标准号: NB/T 35026—2014，条款号　4.2.4

232. 应避免闸门门槽处产生过大负压而引起空蚀破坏。

依据标准名称:《混凝土重力坝设计规范》

依据标准号: NB/T 35026—2014，条款号　4.3.3

233. 闸墩的型式和尺寸应满足结构布置和水流条件的要求。平面闸门闸墩在门槽处应有足够的厚度。

依据标准名称:《混凝土重力坝设计规范》

依据标准号: NB/T 35026—2014，条款号　4.3.5

234. 坝身泄水孔应避免孔内有压流与无压流交替出现。

依据标准名称:《混凝土重力坝设计规范》

依据标准号: NB/T 35026—2014，条款号　4.4.2

235. 对于工作水头较高、流速较大的，有压泄水孔采用突扩门槽弧形工作门布置时，应研究工作门室及其下游出流段水流空化特性，设置掺气减蚀设施。

依据标准名称:《混凝土重力坝设计规范》
依据标准号: NB/T 35026—2014，条款号 4.4.5

236. 坝身泄水孔及导流底孔，应作为坝体的一部分和坝身设计统一考虑。
依据标准名称:《混凝土重力坝设计规范》
依据标准号: NB/T 35026—2014，条款号 4.4.9

237. 当坝身导流底孔必须与上部缺口同时宣泄洪水时，受水舌封堵的不利情况，底孔出口应采取措施不得造成空蚀。
导流底孔进口闸门槽顶部不得进水（气）。
依据标准名称:《混凝土重力坝设计规范》
依据标准号: NB/T 35026—2014，条款号 4.4.10

238. 泄水建筑物的闸门应同步、对称、均匀地启闭，以控制流态稳定，设计应满足运行要求。
依据标准名称:《混凝土重力坝设计规范》
依据标准号: NB/T 35026—2014，条款号 5.1.6

239. 大型工程和高坝的泄洪消能建筑物设计不得缺少经水工模型试验验证环节。
依据标准名称:《混凝土重力坝设计规范》
依据标准号: NB/T 35026—2014，条款号 5.1.7

240. 泄水建筑物的高速水流区，下列部位或区域不得发生空蚀破坏状况:
（1）进出口、闸门槽、弯曲段、水流边界不连续或不规则突变处。
（2）反弧段及其附近。
（3）异形鼻坎、分流墩。
（4）溢流坝面和泄水孔流速大于 20m/s 的区域。
依据标准名称:《混凝土重力坝设计规范》
依据标准号: NB/T 35026—2014，条款号 5.3.1

241. 流速大于 35m/s 的泄水建筑物不得缺少掺气措施，特殊重要的工程应通过减压箱模型试验确定防空蚀措施。
依据标准名称:《混凝土重力坝设计规范》
依据标准号: NB/T 35026—2014，条款号 5.3.4

242. 挑流消能的安全挑距，不得影响坝趾基岩稳定。冲坑最低点距坝趾的距离不得小于 2.5 倍坑深。水舌入水宽度的选择不应影响冲坑两侧岸坡或其他建筑物的稳定。
依据标准名称:《混凝土重力坝设计规范》
依据标准号: NB/T 35026—2014，条款号 5.4.2

243. 坝体及结构的混凝土应按所处环境条件、使用条件、结构部位和结构型式及施工条件，不得违反耐久性规范指标要求。

依据标准名称：《混凝土重力坝设计规范》

依据标准号：NB/T 35026—2014，条款号 6.1.7

244. 重力坝的基坑形状应根据地形地质条件及上部结构要求确定，坝段的基础面上、下游高差不应过大，并应略向上游倾斜。若基础面高差过大或向下游倾斜时，应开挖成带钝角的大台阶状，台阶的高差应与混凝土浇筑块的尺寸和分缝的位置相协调，并和坝趾处的坝体混凝土厚度相适应。对地形高差悬殊部位的坝体应调整坝段的分缝或作必要的处理。

依据标准名称：《混凝土重力坝设计规范》

依据标准号：NB/T 35026—2014，条款号 8.2.2

245. 坝基防渗帷幕不得违反下列要求：

（1）减少坝基和绕坝渗漏量，使坝基面扬压力和坝基渗漏量降至允许值以内。

（2）在帷幕和坝基排水的共同作用下，减小扬压力，防止渗透水流对坝基及两岸边坡稳定产生不利影响。

（3）防止在坝基软弱结构面、断层破碎带、岩体裂隙充填物以及抗渗性能差的岩层中产生渗透破坏。

（4）具有连续性和足够的耐久性。

依据标准名称：《混凝土重力坝设计规范》

依据标准号：NB/T 35026—2014，条款号 8.4.3

246. 帷幕灌浆必须在浇筑一定厚度的坝体混凝土作为盖重后施工。灌浆时不得抬动坝体混凝土和坝基岩体。

依据标准名称：《混凝土重力坝设计规范》

依据标准号：NB/T 35026—2014，条款号 8.4.9

247. 倾角较陡的断层破碎带处理，不得违反下列要求：

（1）坝基范围内单独出露的断层破碎带，其组成主要物质应为坚硬构造岩。

（2）断层破碎带规模不大，但其组成物质以软弱的构造岩为主，且对基础的强度和压缩变形有一定影响时，可用1.0倍～1.5倍断层破碎带的宽度或计算的深度确定混凝土塞加固。

（3）规模较大的断层破碎带或断层交汇带，且其组成物质主要是软弱构造岩，并对基础的强度和压缩变形有较大的影响时，必须进行专门的处理设计。

依据标准名称：《混凝土重力坝设计规范》

依据标准号：NB/T 35026—2014，条款号 8.5.2

248. 地质条件特别复杂或防渗处理工程量较大时，岩溶防渗处理帷幕线需结合坝轴线一起比较确定。

幕线应设在岩溶发育微弱地带，如必须通过岩溶暗河或管道时，幕线应力求与其垂直。

依据标准名称：《混凝土重力坝设计规范》

依据标准号：NB/T 35026—2014，条款号 8.6.2

249．高、中坝内严禁不设基础灌浆廊道。

依据标准名称：《混凝土重力坝设计规范》

依据标准号：NB/T 35026—2014，条款号 9.2.2

250．常态混凝土重力坝在上、下游方向实现通仓长块浇筑，而不设纵缝时，未经论证并采取相应温控防裂措施，不得实施。

依据标准名称：《混凝土重力坝设计规范》

依据标准号：NB/T 35026—2014，条款号 9.3.11

251．横缝止水片必须与坝基岩石妥善连接。必要时应设锚筋，用以保证止水槽混凝土与基岩的结合。

溢流面上的止水需与闸门底坎金属结构埋件相连接以形成封闭。

依据标准名称：《混凝土重力坝设计规范》

依据标准号：NB/T 35026—2014，条款号 9.4.4

252．陡坡段坝体与边坡接触面的基础止水处理，不得违背下列方法：

（1）沿陡坡基岩设置止水埂或止水槽，埋入止水铜片。

（2）埋设灌浆系统或后期钻孔，待基础混凝土充分收缩以后进行接触灌浆。

（3）基础止水片与横缝止水片相交处必须密封。

依据标准名称：《混凝土重力坝设计规范》

依据标准号：NB/T 35026—2014，条款号 9.4.5

253．在坝体上游面防渗层下游应设置铅直的排水管系。排水管施工时，不得被混凝土、杂物等堵塞。

依据标准名称：《混凝土重力坝设计规范》

依据标准号：NB/T 35026—2014，条款号 9.4.6

254．大坝混凝土抗冻等级确定不应违反以下原则：应根据气候分区、冻融循环次数、表面局部小气候条件、水分饱和程度、结构构件重要性和检修难易程度等综合因素确定。

依据标准名称：《混凝土重力坝设计规范》

依据标准号：NB/T 35026—2014，条款号 9.5.5

255．同一浇筑块中混凝土强度等级不应超过两种，等级差不应超过两级。分区厚度尺寸最小为2m～3m。

依据标准名称:《混凝土重力坝设计规范》

依据标准号: NB/T 35026—2014, 条款号 9.5.9

256. 在施工过程中，各坝块应均匀上升，相邻坝块的高差不应超过12m，浇筑时间的间隔宜小于30d，侧向暴露面应保温过冬。

依据标准名称:《混凝土重力坝设计规范》

依据标准号: NB/T 35026—2014, 条款号 10.2.3

257. 混凝土重力坝的温控措施不得违背以下原则:

(1) 常态混凝土、碾压混凝土都应进行坝面、层面、侧面保温和保湿养护。

(2) 孔口、廊道等通风部位应及时保温，防止外界温度骤变的影响。

(3) 寒冷地区尤应重视冬季的表面保温。

依据标准名称:《混凝土重力坝设计规范》

依据标准号: NB/T 35026—2014, 条款号 10.3.6

258. 采用氧化镁等延迟性微膨胀混凝土施工时，不得不进行坝体温度应力补偿设计。

依据标准名称:《混凝土重力坝设计规范》

依据标准号: NB/T 35026—2014, 条款号 10.3.7

259. 不过水围堰顶部高程不得违反下列规定:

(1) 堰顶高程不应低于设计洪水的静水位与波浪高度及堰顶安全超高值之和。

(2) 土石围堰防渗体在设计静水位以上的安全超高值: 斜墙式防渗体为0.6m～0.8m; 心墙式防渗体为0.3m～0.6m。

依据标准名称:《碾压式土石坝施工组织设计规范》

依据标准号: 2014报批稿, 条款号 3.3.4

260. 导流隧洞封堵体的长度应结合地质条件和挡水水头特点，按承载力极限状态法计算确定。对于水头超过 100m 的封堵体还应进行有限元法分析计算。堵头混凝土不得缺少相应的温控标准和措施。

依据标准名称:《碾压式土石坝施工组织设计规范》

依据标准号: 2014报批稿, 条款号 3.4.6

261. 碾压式土石坝坝体填筑分期规划，不得违反以下原则:

(1) 坝体填筑分期规划应与施工导流规划相适应，并满足大坝挡水及度汛安全、下游供水和水库初期蓄水的要求。

(2) 坝体填筑分期应满足坝体结构和已填筑坝体的稳定和施工工艺的要求。

(3) 坝体填筑。沿坝轴线方向的填筑应整体均衡上升。相邻填筑区段的坝面高差及相邻区段填筑的时间差不应过大。

（4）坝体度汛临时断面挡水时应满足整体稳定、坝坡稳定和不发生渗透破坏的要求。

（5）各期上坝强度需与施工道路运输能力、料场开采强度及坝面作业机械设备能力相匹配。

（6）斜墙和心墙坝坝体填筑分期应结合防渗土料、沥青混凝土等坝料季节性施工的特性进行规划。

（7）在每期面板施工前，坝体分期填筑顶面与当期面板浇筑顶面应有一定的超高。

（8）混凝土面板浇筑前，面板所依托部位的坝体应留有较长的自由变形和沉降时间，以避免混凝土面板裂缝的产生。

依据标准名称：《碾压式土石坝施工组织设计规范》

依据标准号：2014 报批稿，条款号　6.3.3

262．坝基、两岸岸坡未处理验收完成，趾板、心墙垫层混凝土未浇筑完成不得进行坝体填筑。对于大坝填筑进度较紧的工程，基坑开挖后，部分坝体填筑也可与河床趾板和心墙基础的开挖及趾板和垫层混凝土浇筑同时进行。对于河床开阔、两岸坝坡较缓的工程，也可在截流前不影响行洪的一岸或两岸先行填筑部分坝体。

依据标准名称：《碾压式土石坝施工组织设计规范》

依据标准号：2014 报批稿，条款号　6.4.1

263．坝壳料填筑纵横向分期填筑高差不应大于 40m，临时边坡不陡于设计规定值，收坡应采用台阶法施工，台阶宽度不应小于 1.0m。

依据标准名称：《碾压式土石坝施工组织设计规范》

依据标准号：2014 报批稿，条款号　6.4.6

264．大坝护坡块石施工前应进行坝坡修整。采用机械或人工选石、堆码、整坡，护坡应尽量与坝体填筑同时施工。

依据标准名称：《碾压式土石坝施工组织设计规范》

依据标准号：2014 报批稿，条款号　6.4.7

265．反滤料和垫层料应与过渡料和部分坝壳料平起填筑时，不得违反以下原则：应先填筑一层坝壳料再填筑两层过渡料、垫层料或反滤料。

依据标准名称：《碾压式土石坝施工组织设计规范》

依据标准号：2014 报批稿，条款号　6.5.1

266．黏土心墙反滤料铺筑不得违反以下原则：

（1）应采用“先砂后土法与”同心墙防渗土料平起填筑。

（2）反滤料、心墙防渗土料接触处采用振动平碾骑缝碾压。

（3）过渡料的铺层厚度应为土料的 2 倍。

依据标准名称：《碾压式土石坝施工组织设计规范》

依据标准号：2014 报批稿，条款号　6.5.4

267. 垫层料水平填筑时不得违反以下原则：

（1）在其上游部位留一定的超填宽度，距上游边坡线 40cm～50cm 范围内的垫层料采用小型平板振动器或小型振动碾碾压。

（2）在垫层料上升 20m～30m 后再进行坡面修整和斜坡碾压。

依据标准名称：《碾压式土石坝施工组织设计规范》

依据标准号：2014 报批稿，条款号　6.5.5

268. 垫层料坡面压实合格后未进行坡面保护，不得继续施工，保护形式有碾压水泥砂浆、喷乳化沥青、喷混凝土等，以起到坡面保护的作用。

依据标准名称：《碾压式土石坝施工组织设计规范》

依据标准号：2014 报批稿，条款号　6.5.6

269. 沥青心墙坝过渡料和沥青混合料心墙平起填筑时不得违反以下原则：铺层厚度均应为 20cm～30cm，应先碾过渡料后碾沥青混合料。

依据标准名称：《碾压式土石坝施工组织设计规范》

依据标准号：2014 报批稿，条款号　6.5.10

270. 防渗土料应尽量避开雨季节施工。如雨季施工时在土料的运输、摊铺、碾压过程中均不得缺少可靠的防雨措施。

依据标准名称：《碾压式土石坝施工组织设计规范》

依据标准号：2014 报批稿，条款号　6.6.1

271. 日平均气温低于－10℃，不得进行土料填筑。否则应进行技术经济论证。

依据标准名称：《碾压式土石坝施工组织设计规范》

依据标准号：2014 报批稿，条款号　6.6.2

272. 防渗土料应与其上下游反滤料、过渡料及部分坝壳料平起施工，跨缝碾压。平起填筑的坝壳料宽度不应少于 20m。

依据标准名称：《碾压式土石坝施工组织设计规范》

依据标准号：2014 报批稿，条款号　6.6.3

273. 防渗土料不应留有纵向接缝，横向接缝不应陡于 1:3.0，接缝削坡不合格，坝体不得继续填筑上升。

依据标准名称：《碾压式土石坝施工组织设计规范》

依据标准号：2014 报批稿，条款号　6.6.5

274. 面板混凝土浇筑应选择气温适宜、湿度较大的有利时机进行，尽量避开高温时段、多雨季节，并加强原材料的控制及混凝土养护，保证混凝土面板质量。必须在特殊气候条件下施工，未采取必要的保护措施，不得继续施工。

依据标准名称:《碾压式土石坝施工组织设计规范》
依据标准号: 2014 报批稿，条款号 6.7.1

275. 面板浇筑所依托部位坝体填筑后预沉降时间应满足设计要求，不得少于3个～6个月。对于1、2级大坝，除考虑预沉降时间外，在施工期还应考虑坝体沉降速率控制指标。

依据标准名称:《碾压式土石坝施工组织设计规范》
依据标准号: 2014 报批稿，条款号 6.7.3

276. 面板混凝土配合比设计中应掺入外加剂、粉煤灰、纤维等以改善面板混凝土的抗渗性、抗裂性及耐久性等指标，不满足溜槽运输和滑模施工的混凝土不得入仓，配合比不得使用。

依据标准名称:《碾压式土石坝施工组织设计规范》
依据标准号: 2014 报批稿，条款号 6.7.6

277. 面板混凝土脱模后应及时保护和养护，养护期不应少于90d。
依据标准名称:《碾压式土石坝施工组织设计规范》
依据标准号: 2014 报批稿，条款号 6.7.7

278. 当运输道路跨越趾板及垫层区时，应有可靠保护措施，不得影响趾板及垫层质量。
依据标准名称:《碾压式土石坝施工组织设计规范》
依据标准号: 2014 报批稿，条款号 6.7.10

279. 面板沥青混凝土施工不得违反下列规定:

（1）沥青混凝土面板铺筑应根据不同的施工条件，选择不同的施工机械。斜坡上的卸料、摊铺、碾压机械应采用移动式卷扬台车牵引。

（2）沥青混凝土面板应按设计的结构分层摊铺，沿垂直坝轴线方向依摊铺宽度划分摊铺条带，由低向高摊铺，摊铺宽度3m～5m。

（3）面板沥青混合料的摊铺厚度应根据设计要求通过现场试验确定。

（4）面板沥青混合料的摊铺应采用专用摊铺机，狭窄部位可采用机械配合人工方法进行摊铺。摊铺速度应满足施工强度和温度控制的要求。

（5）沥青混凝土面板一次铺筑的斜坡长度不应超过120m。超过时，可将面板沿斜坡按不同高程分区，各分区间的横向接缝应处理。

（6）面板沥青混合料应采用专用双钢轮振动碾碾压，分初碾、二次碾压和终碾三次碾压，应先用1t～2t的振动碾进行初次碾压，再用3.0t的振动碾进行二次碾压和终碾。碾压遍数应通过实验确定。

（7）面板沥青混凝土施工时应对施工全过程进行温度控制。沥青混合料初碾温度控制为120℃～150℃，终碾温度控制为80℃～120℃，最佳碾压温度应由试验确定。

依据标准名称:《碾压式土石坝施工组织设计规范》

依据标准号：2014报批稿，条款号　6.8.5

280. 心墙沥青混凝土施工不得违反下列规定：

（1）心墙沥青混合料及过渡料应与坝壳料填筑同步上升，心墙及过渡料与相邻坝壳料的填筑高差应不大于80cm。沥青混凝土心墙应全线平起施工。

（2）心墙沥青混合料应采用专用摊铺机施工，摊铺厚度应为20cm～30cm，摊铺速度应为1.0m/min～3.0m/min。连续铺筑2层及以上时，下层沥青混凝土温度应降至90℃以下方可摊铺上层沥青混合料。沥青混合料入仓温度应控制在140℃～170℃，初碾温度不应低于130℃，终碾温度不应低于110℃。摊铺厚度、速度及碾压温度应通过试验确定。心墙沥青混合料人工摊铺段应采用钢模立模。

（3）沥青混合料应采用小于1.5t专用振动碾，具体碾压遍数应通过试验确定。

（4）浇筑式沥青心墙混凝土施工，应采用便于拆移的钢模板，模板应架设牢固且接缝严密。

（5）浇筑式沥青心墙沥青混合料入仓温度应控制在140℃～160℃，每层浇筑厚度不应超过40cm。

（6）各种机械不得直接跨越心墙。

依据标准名称：《碾压式土石坝施工组织设计规范》

依据标准号：2014报批稿，条款号　6.8.6

281. 土工膜的铺设应在干燥及暖和天气进行。铺放时不应过紧，应留约1.5%的足够余幅。

依据标准名称：《碾压式土石坝施工组织设计规范》

依据标准号：2014报批稿，条款号　6.9.4

第二节　泄洪建筑物

1. 消能防冲的设计洪水标准，不得违反以下规定：

（1）一级建筑物按100年一遇洪水设计；二级建筑物按50年一遇洪水设计；三级建筑物按30年一遇洪水设计。

（2）洪水施工期，应保证工程安全和正常运行。

（3）当危及挡水建筑物安全时，应采用挡水建筑物的校核洪水标准进行校核。

依据标准名称：《溢洪道设计规范》

依据标准号：DL/T 5166—2002，条款号　3.0.2

2. 溢洪道的闸门启闭设备及基础抽排水设备，未设置备用电源，不得出图施工。

依据标准名称：《溢洪道设计规范》

依据标准号：DL/T 5166—2002，条款号　3.0.4

3. 在宣泄设计洪水及常遇洪水时，溢洪道下泄水流的流态、泄洪雾化和河道的冲淤

不得影响其他建筑物的安全和正常运行。

依据标准名称:《溢洪道设计规范》

依据标准号: DL/T 5166—2002, 条款号 5.1.8

4. 当溢洪道靠近坝肩（特别是拱坝坝肩）时，其布置及泄流不得影响坝肩、坝脚及岸坡的稳定。

依据标准名称:《溢洪道设计规范》

依据标准号: DL/T 5166—2002, 条款号 5.1.9

5. 当进水渠的导墙一侧临水库时，墙顶应高于泄洪时的最高库水位。导墙顺水流长度，不得违反以下规定:

（1）应大于渠道最大水深的2倍。

（2）与土石坝连接时，应以挡住大坝上游坡脚为下限。

（3）当有防渗铺盖时，应与大坝防渗设施协调，形成整体防渗系统。

依据标准名称:《溢洪道设计规范》

依据标准号: DL/T 5166—2002, 条款号 5.2.6

6. 当有防洪抢险要求时，溢洪道设计不得违反以下规定:

（1）交通桥与工作桥应分开设置。

（2）桥下应有足够的净空，以满足泄洪、排凌及排漂要求。

依据标准名称:《溢洪道设计规范》

依据标准号: DL/T 5166—2002, 条款号 5.3.5

7. 溢洪道设计，其控制段的顶部高程必须同时满足：在校核洪水时，不得低于校核洪水位加安全超高值；在正常蓄水位时，不得低于正常蓄水位加波浪的计算高度和安全超高值。

依据标准名称:《溢洪道设计规范》

依据标准号: DL/T 5166—2002, 条款号 5.3.6

8. 挑流消能当遇有下列情况时，必须采取妥善措施处理，不得违反以下规定:

（1）地基存在延伸至下游的缓倾角层面及地质构造有可能被冲坑切断，危及建筑物的安全。

（2）岸坡有可能被冲塌，危及坝肩稳定，堵塞出水渠或下游河道。

（3）下游涌浪及回流危及大坝与其他建筑物的安全和正常运行。

依据标准名称:《溢洪道设计规范》

依据标准号: DL/T 5166—2002, 条款号 5.5.3

9. 大型工程和水力条件较复杂的中型工程，水力设计不经水工模型试验验证，不得交图施工。

依据标准名称:《溢洪道设计规范》
依据标准号：DL/T 5166—2002，条款号　6.1.2

10．溢洪道水力设计不应违反下列要求：
（1）泄流能力必须满足设计和校核情况所要求的泄量。
（2）体型合理，水流均匀平稳，并应避免发生空蚀。
依据标准名称:《溢洪道设计规范》
依据标准号：DL/T 5166—2002，条款号　6.1.3

11．溢洪道结构及结构构件设计时，应根据水工建筑物的级别，采用相应的水工建筑物结构安全级别。
依据标准名称:《溢洪道设计规范》
依据标准号：DL/T 5166—2002，条款号　7.1.3

12．溢洪道结构应分别按承载能力极限状态和正常使用极限状态进行计算和验算。
依据标准名称:《溢洪道设计规范》
依据标准号：DL/T 5166—2002，条款号　7.1.4

13．消力池护坦应进行抗浮稳定复核。对设有消力齿、消力墩或尾槛的护坦，不进行抗倾及抗滑稳定复核，不得交图施工。
依据标准名称:《溢洪道设计规范》
依据标准号：DL/T 5166—2002，条款号　7.6.1

14．地基防渗和排水设施不得违反下列要求：
（1）减少堰（闸）基的渗漏和绕渗。
（2）防止在软弱夹层、断层破碎带、裂隙密集带及抗水性能差的岩层中产生渗透破坏。
（3）降低建筑物基底面的扬压力。
（4）具有可靠的连续性和足够的耐久性。
（5）在严寒地区，排水设施应考虑冻害的影响。
依据标准名称:《溢洪道设计规范》
依据标准号：DL/T 5166—2002，条款号　8.4.2

15．溢洪道帷幕灌浆应在有混凝土盖重的条件下进行。灌浆压力在帷幕表层段不应小于0.5MPa，在孔底段不应小于0.8MPa，且不应破坏岩体。
依据标准名称:《溢洪道设计规范》
依据标准号：DL/T 5166—2002，条款号　8.4.7

16．闸址及近闸的岸坡应满足稳定要求，不应有大体积潜在滑坡及不稳定岩体存在。
依据标准名称:《水闸设计规范》

依据标准号：NB/T 35023—2014，条款号 3.0.2

17. 闸址应选择在坚硬、密实、岸坡稳定的天然地基上，不应选用人工处理地基，并应考虑闸基及两岸闸肩的渗漏、稳定、变形条件。

依据标准名称：《水闸设计规范》

依据标准号：NB/T 35023—2014，条款号 3.0.3

18. 闸址选择应考虑过闸下泄水流对下游的影响，须布置合理的闸室下游消能设施，下泄水流不得对两岸边坡的冲刷及建筑物有不利影响。

依据标准名称：《水闸设计规范》

依据标准号：NB/T 35023—2014，条款号 3.0.6

19. 泄洪闸的轴线应与河道中心线正交，其上、下游河道直线段长度不应小于 5 倍闸室进口处水面宽度。位于弯曲河段的泄洪闸，应布置在河道深泓部位。

依据标准名称：《水闸设计规范》

依据标准号：NB/T 35023—2014，条款号 4.1.2

20. 进水闸的中心线与河道中心线的交角（即引水角），在无坝引水时不应超过 30°，其上游引渠长度不应过长；在建拦河闸坝引水时，不得超出 70°～75°范围。

依据标准名称：《水闸设计规范》

依据标准号：NB/T 35023—2014，条款号 4.1.3

21. 水闸混凝土防渗墙最小厚度不应小于 0.6m，水泥砂浆帷幕或高压喷射灌浆帷幕的厚度应根据渗流计算确定。地下垂直防渗土工膜厚度不应小于 0.25mm，重要工程应采用复合土工膜，其厚度不应小于 0.5mm。

钢筋混凝土板桩最小厚度不应小于 0.2m，宽度不应小于 0.4m，板桩之间应采用梯形榫槽连接。

依据标准名称：《水闸设计规范》

依据标准号：NB/T 35023—2014，条款号 4.3.9

22. 下游防冲齿槽的深度应根据河床岩土体条件、护坦（海漫）末端的单宽流量和下游水深等因素综合确定，不应小于护坦（海漫）末端的河床冲刷深度。

依据标准名称：《水闸设计规范》

依据标准号：NB/T 35023—2014，条款号 5.0.12

23. 上游防冲齿槽的深度应根据河床岩土体条件、上游铺盖首端的单宽流量和上游水深等因素综合确定，不应小于上游铺盖首端的河床冲刷深度。

依据标准名称：《水闸设计规范》

依据标准号：NB/T 35023—2014，条款号 5.0.13

24. 水闸各部位的结构混凝土设计，不得违反下列原则及要求：

（1）混凝土的强度等级应根据计算或耐久性要求确定。二、三类环境条件下的混凝土强度等级不应低于 C20；四类环境条件下的混凝土强度等级不应低于 C25；五类环境条件下的混凝土强度等级不应低于 C30。

（2）混凝土的限裂要求应根据所处的环境条件确定。二类环境条件下的混凝土最大裂缝宽度不应超过 0.30mm；三类环境条件下的混凝土最大裂缝宽度不应超过 0.25mm；四类环境条件下的混凝土最大裂缝宽度不应超过 0.20mm；五类环境条件下的混凝土最大裂缝宽度不应超过 0.15mm。

（3）混凝土的抗渗等级应根据所承受的水头、水力梯度、水质条件及渗流水的危害程度情况确定。防渗段水力梯度小于 10 的混凝土抗渗等级不应低于 W4，水力梯度等于或大于 10 的混凝土抗渗等级不应低于 W6；寒冷和严寒地区水闸防渗段水力梯度小于 10 和等于或大于 10 的混凝土抗渗等级应分别不低于 W6 和 W8。

（4）混凝土的抗冻等级应根据气候分区、年冻融循环次数、结构构件的重要性及其检修条件等情况确定。温和地区和长期处于水下的混凝土抗冻等级不应低于 F50；寒冷地区年冻融循环次数少于 100 次和等于或多于 100 次的混凝土抗冻等级分别不应低于 F150 和 F200；严寒地区年冻融循环次数少于 100 次和等于或多于 100 次的混凝土抗冻等级分别不应低于 F250 和 F300。

依据标准名称:《水闸设计规范》

依据标准号: NB/T 35023—2014，条款号 7.1.2

25. 钢筋混凝土铺盖阻滑板，闸室自身的抗滑稳定安全系数不应小于 1.0，阻滑板应满足抗裂要求。

依据标准名称:《水闸设计规范》

依据标准号: NB/T 35023—2014，条款号 7.3.14

26. 不论水闸级别，在基本荷载组合条件下，岩基上导墙的抗倾覆安全系数不应小于 1.50；在特殊荷载组合条件下，岩基上导墙的抗倾覆安全系数不应小于 1.30。

依据标准名称:《水闸设计规范》

依据标准号: NB/T 35023—2014，条款号 7.4.8

第三节 引水发电建筑物

1. 引水渠道及前池的设计，不得留有未处理好防洪、防污、防渗漏、防泥沙以及防冰等方面的问题。

依据标准名称:《水电站引水渠道及前池设计规范》

依据标准号: DL/T 5079—2007，条款号 4.0.2

2. 渠线不得布置在溶洞、滑坡、泥石流以及冻胀性、湿陷性、膨胀性、分散性、松散坡积物、可溶盐土壤等不良地质地段。

依据标准名称：《水电站引水渠道及前池设计规范》

依据标准号：DL/T 5079—2007，条款号 5.1.2

3．引水渠道的弯曲半径，衬砌渠道不应小于渠道水面宽度的2.5倍，不衬砌土渠不应小于水面宽度的5倍。

依据标准名称：《水电站引水渠道及前池设计规范》

依据标准号：DL/T 5079—2007，条款号 5.1.5

4．对傍山渠道的坡面暴雨径流，不得缺少设置合理坡面截（排）水沟，使水流经排洪建筑物泄走。

依据标准名称：《水电站引水渠道及前池设计规范》

依据标准号：DL/T 5079—2007，条款号 5.4.3

5．重要建筑物和难工险段之前，不得缺少退水建筑物等设置，在多泥沙条件下，应与排沙设施相结合。

依据标准名称：《水电站引水渠道及前池设计规范》

依据标准号：DL/T 5079—2007，条款号 5.5.4

6．引水渠道沿线不应缺少必要的安全、交通等设施设置。

依据标准名称：《水电站引水渠道及前池设计规范》

依据标准号：DL/T 5079—2007，条款号 5.5.8

7．引水渠道纵坡选定不得违反下列条件：

（1）中低水头、大流量引水渠道，自动调节渠道，清水渠道及土渠，采用较缓的纵坡。

（2）高水头电站的引水渠道，多泥沙渠道，傍山衬砌渠道，不衬砌的岩石渠道以及输冰运行渠道，采用较陡的纵坡。

（3）当渠线较长时，可根据地形、地质条件分段选用不同纵坡，多泥沙和输冰运行渠道的分段纵坡宜沿程增大。

依据标准名称：《水电站引水渠道及前池设计规范》

依据标准号：DL/T 5079—2007，条款号 6.0.2

8．引水渠道横断面形式选定不得违反下列条件：

（1）地面坡降陡且起伏大、地下水位低的山丘地区，采用窄深式断面。

（2）地势平坦、地下水位高、基土冻胀性较强，以及有综合利用要求的渠道，采用宽浅式断面。

（3）易受洪水、泥石流等危害，以及穿越村镇、工矿区的渠道，采用城门洞形、箱形等暗渠形式的断面。

依据标准名称：《水电站引水渠道及前池设计规范》

依据标准号：DL/T 5079—2007，条款号　6.0.3

9．前池应布置在稳定的地基上，不得布置在滑坡和顺坡裂隙发育地段，前池建成后水文地质条件变化不得对建筑物及高边坡稳定有不利影响，确保前池和下游厂房的安全。

依据标准名称：《水电站引水渠道及前池设计规范》

依据标准号：DL/T 5079—2007，条款号　7.1 3

10．引水渠道与池身间的连接段，在平面上应两边对称扩展，其扩展角不应超过 12°；底部纵坡不应大于 1:5。

依据标准名称：《水电站引水渠道及前池设计规范》

依据标准号：DL/T 5079—2007，条款号　7.1.4

11．调节池应做好防渗设计，并优先选用沥青混凝土、预制混凝土板、现浇钢筋混凝土或适宜的当地材料做表面衬护防渗。

依据标准名称：《水电站引水渠道及前池设计规范》

依据标准号：DL/T 5079—2007，条款号　7.2.4

12．对多泥沙渠道，不得缺少有效防止调节池淤积的泥沙控制措施。

依据标准名称：《水电站引水渠道及前池设计规范》

依据标准号：DL/T 5079—2007，条款号　7.2.5

13．当地基为软岩或存在规模较大、性状差的断层破碎带、软弱夹层、岩溶等不良地质构造时，未进行专门论证，未采取设计处理措施，不得出图施工。

依据标准名称：《水电站引水渠道及前池设计规范》

依据标准号：DL/T 5079—2007，条款号　9.2.2

14．地基的渗流控制应采用防、排并重的设计原则，不得缺少考虑工程地质和水文地质条件，建筑物的重要性和部位，作用水头的大小等因素的应对措施。

依据标准名称：《水电站引水渠道及前池设计规范》

依据标准号：DL/T 5079—2007，条款号　9.2.3

15．不可靠的水文计算基本资料不得使用，重要资料应重点复核。

依据标准名称：《抽水蓄能电站设计导则》

依据标准号：DL/T 5208—2005，条款号　5.1.2

16．地震烈度Ⅶ度及以上地区的大型抽水蓄能电站，不得缺少对潜在震源发震的可能性及其强度分析，鉴定或复核其地震基本烈度和相应概率的动参数。

依据标准名称：《抽水蓄能电站设计导则》

依据标准号：DL/T 5208—2005，条款号　7.1.4

17. 符合下列条件不得缺少对高山动力反应测试：

（1）工程区地震烈度较高（Ⅶ度以上）。

（2）上、下水库高差大于400m，上水库内、外岸坡陡峭，库周山体单薄。

（3）上水库大坝及岸坡地质条件复杂并存在稳定问题。

依据标准名称：《抽水蓄能电站设计导则》

依据标准号：DL/T 5208—2005，条款号　7.1.5

18. 水道系统钢筋混凝土高压岔管布置，围岩不得违反以下条件：

（1）所处位置地质条件良好，围岩以Ⅰ、Ⅱ类为主，并处于地下厂房围岩开挖爆破影响范围以外。

（2）应确认岔管位置处围岩初始最小地应力大于该处管内设计静水压力，并对围岩构造做加固处理。

（3）岔管上部、侧部具有足够能承受内水压力的岩石覆盖，其与相邻洞室的间距应按水力劈裂要求确定。

依据标准名称：《抽水蓄能电站设计导则》

依据标准号：DL/T 5208—2005，条款号　8.1.7

19. 水道系统布置，不得违反以下规定：

（1）水道系统布置除应满足常规水电站的设计要求外，其局部体型（特别是进/出口）应能适应双向水流运动，使得水流平顺；并应兼顾施工条件，合理选择布置施工支洞位置。

（2）水道系统向机组供水采用“一洞一机”或“一洞多机”布置方式，应根据地形地质条件、管径（或洞径）、衬砌型式和材料、电站运行要求等，通过技术经济论证确定。

（3）相邻两洞间的岩体厚度，应根据布置需要、地质条件、围岩受力情况、洞型及衬砌型式、施工方法及运行条件等，综合分析确定。对于采用混凝土或钢筋混凝土衬砌的高压隧洞，应根据内水压力，按洞间岩体水力劈裂要求复核其最小厚度。

依据标准名称：《抽水蓄能电站设计导则》

依据标准号：DL/T 5208—2005，条款号　8.3.2

20. 进/出水口的布置及型式选择不得违反以下原则：

（1）上、下水库的进/出水口，应适应抽水和发电两种工况下的双向水流运动，以及水位升降变化频繁和由此而产生的边界条件的变化。

（2）进/出水口的位置选择，应根据水道系统的位置、走线，结合地形、地质及施工条件等，布置在来流平顺、均匀对称，岸边不易形成有害的回流或环流的地点。

（3）进/出水口型式的选择，应根据电站布置和水道系统布置特点，地形、地质条件及运行要求等因素，经不同布置方案的技术经济比较，因地制宜选择侧式、竖井式或其他型式。

依据标准名称:《抽水蓄能电站设计导则》

依据标准号: DL/T 5208—2005，条款号　8.3.3

21. 常、蓄机组混合的厂房设计，不得违反以下原则：机组在同一厂房内布置时，厂房下部结构不在同一高程。其上部结构应根据运行条件和结构布置确定相应的布置型式，应保持采用共同的安装场和同一起吊设备。

依据标准名称:《抽水蓄能电站设计导则》

依据标准号: DL/T 5208—2005，条款号　8.4.7

22. 进出水口应采取消蜗措施，不得产生贯通式漏斗漩涡。进水口过水边界体形及其尺寸，必要时应通过水工模型试验选择。

依据标准名称:《水电站进水口设计规范》

依据标准号: DL/T 5398—2007，条款号　5.1.2

23. 严寒地区的进水口，不得缺少必要的防冰措施。

依据标准名称:《水电站进水口设计规范》

依据标准号: DL/T 5398—2007，条款号　5.1.6

24. 进水口不得布置在容易聚积污物的回流区，流冰或漂木不得直接撞击。

依据标准名称:《水电站进水口设计规范》

依据标准号: DL/T 5398—2007，条款号　5.3.3

25. 有压式进水口应保证在上游最低运行水位以下有足够的淹没深度。淹没深度的最小取值不应小于1.5m。

进水口底板应高出孔口前缘水库冲淤平衡高程，或设在排沙漏斗范围以内、沉沙高程之上。

依据标准名称:《水电站进水口设计规范》

依据标准号: DL/T 5398—2007，条款号　5.4.2

26. 闸门竖井式进水口、竖井式进/出水口底板高程及闸门井与水库间的流道纵坡的布置应满足闸门井在最低涌浪水位时闸孔顶部最小淹没水深要求，不得小于1.5m。

依据标准名称:《水电站进水口设计规范》

依据标准号: DL/T 5398—2007，条款号　5.4.3

27. 多泥沙河流上的大型或重要工程，进水口防沙方案确定不得缺少通过水工模型或泥沙模型试验论证程序。

依据标准名称:《水电站进水口设计规范》

依据标准号: DL/T 5398—2007，条款号　5.6.8

28． 当设计“进水口为挡水建筑物”时，不得违反以下要求：应进行沿建基面的整体抗滑稳定计算和地基抗压承载力计算；存在深层软弱面的地基，应核算深层抗滑稳定；塔式进水口应进行整体抗倾覆和抗浮稳定计算。

依据标准名称：《水电站进水口设计规范》

依据标准号：DL/T 5398—2007，条款号　7.4.1

29． 抽水蓄能电站进/出水口的拦污栅结构应具有足够的强度、刚度和抗振动能力栅条和栅叶自振频率应高于水流脉动频率，其频率比值不应小于2.5。

依据标准名称：《水电站进水口设计规范》

依据标准号：DL/T 5398—2007，条款号　7.6.8

30． 调压室选型不得违反以下基本原则：

（1）能有效地反射压力水道的水击波。

（2）在无限小负荷变化时，能保持稳定。

（3）大负荷变化时，水面振幅小，波动衰减快。

（4）正常运行时，调压室与压力水道连接处的水头损失较小。

（5）结构简单，经济合理，施工方便。

依据标准名称：《水电站调压室设计规范》

依据标准号：NB/T 35021—2014，条款号　4.2.4

31． 调压室最高涌波水位以上的安全超高：设计工况不应小于1.0m，校核工况不应小于0.5m。

上游调压室和抽水蓄能电站下游调压室的最低涌波水位与调压室处压力水道顶部之间的安全高度：设计工况不应小于3.0m，校核工况不应小于2.0m，调压室底板应留有不小于 1.0m 的安全水深。常规电站下游调压室最低涌波水位与尾水管顶部之间的安全高度：设计工况不应小于2.0m，校核工况不应小于1.0m。

依据标准名称：《水电站调压室设计规范》

依据标准号：NB/T 35021—2014，条款号　5.3.6

32． 需要设置通气孔（或通气洞）的调压室，通气孔面积不应小于10%压力水道的面积。

依据标准名称：《水电站调压室设计规范》

依据标准号：NB/T 35021—2014，条款号　5.3.7

33． 气室底板高程室内最小水深不应小于安全水深。气垫式调压室安全水深不应完全采用常规调压室的安全水深标准。为防止高压气体进入引水道，气垫式调压室设计工况的安全水深不应小于2.0m，校核工况的安全水深不应小于1.5m。

依据标准名称：《水电站调压室设计规范》

依据标准号：NB/T 35021—2014，条款号　7.0.7

34． 调压室位置不得选择在复杂不良的地质条件，减轻电站运行内水外渗对围岩及边坡稳定的不利影响。否则，应采取可靠的工程措施。

依据标准名称：《水电站调压室设计规范》

依据标准号：NB/T 35021—2014，条款号 4.1.3

35． 调压室断面面积应满足稳定要求，高度应满足涌波要求。

依据标准名称：《水电站调压室设计规范》

依据标准号：NB/T 35021—2014，条款号 5.3.1

36． 调压室结构及其附属设备应根据抗震设防要求采取加强其整体性和刚度等抗震措施。

依据标准名称：《水电站调压室设计规范》

依据标准号：NB/T 35021—2014，条款号 6.3.5

37． 调压室内设置快速闸门，不得缺少考虑涌波与闸门的相互不利影响因素及预防措施。

依据标准名称：《水电站调压室设计规范》

依据标准号：NB/T 35021—2014，条款号 6.3.9

38． 围岩闭气和水幕闭气的气室不应在气室洞壁布置对外施工交通洞。

依据标准名称：《水电站调压室设计规范》

依据标准号：NB/T 35021—2014，条款号 7.0.9

39． 调压室涌波水位不得缺少动态监测。

依据标准名称：《水电站调压室设计规范》

依据标准号：NB/T 35021—2014，条款号 8.0.3

40． 位于设计地震烈度Ⅷ度及以上区域的地面式1级调压室，应设地震反应监测。

依据标准名称：《水电站调压室设计规范》

依据标准号：NB/T 35021—2014，条款号 8.0.4

41． 水轮机机坑的布置及结构设计不得违反以下规定：

（1）尺寸应满足机组安装及维修的需要。

（2）机组支撑结构和蜗壳、座环支撑结构必须有足够的强度和刚度。

依据标准名称：《水电站厂房设计规范》

依据标准号：SL 266—2001，条款号 2.3.6

42． 厂房地基经处理后不得违反下列要求：

（1）具有足够的强度以满足承载力的要求。

（2）满足厂房抗滑稳定和变形控制的要求。

（3）满足防渗及渗透稳定性的要求。

（4）防止在水的长期作用下地基岩石土体性质发生恶化。

依据标准名称：《水电站厂房设计规范》

依据标准号：SL 266—2001，条款号　3.4.1

43. 水电站厂房不得建造在半岩半土地基上，否则必须采取可靠工程措施，防止不均匀沉降。

依据标准名称：《水电站厂房设计规范》

依据标准号：SL 266—2001，条款号　3.4.8

44. 深入岩石的止水片必须与基岩妥善连接，埋入基岩内深度不应小于 300mm～500mm。

依据标准名称：《水电站厂房设计规范》

依据标准号：SL 266—2001，条款号　4.5.6

45. 起重机顶与厂房吊顶（或屋架下弦、灯具底）的净距不得小于 200mm～300mm。

依据标准名称：《水电站厂房设计规范》

依据标准号：SL 266—2001，条款号　2.3.4

46. 施工缝应采用错缝，上下层垂直缝不得贯通。错缝水平搭接长度应取浇筑层厚度 1/2～1/3，且不应小于 300mm。

依据标准名称：《水电站厂房设计规范》

依据标准号：SL 266—2001，条款号　4.5.11

47. 地下厂房洞室群各洞室之间的岩体应保持足够的厚度，其厚度应根据地质条件、洞室规模及施工方法等因素综合分析确定，不应小于相邻洞室的平均开挖宽度的 1 倍～1.5 倍，上、下层洞室之间岩石厚度，不应小于小洞室开挖宽度的 1 倍～2 倍。

依据标准名称：《水电站厂房设计规范》

依据标准号：SL 266—2001，条款号　5.1.6

第四节　通航建筑物

1. 升船机总体布置设计必须设置消防及事故情况下能确保人员安全疏散的通道。

依据标准名称：《水电水利工程垂直升船机设计导则》

依据标准号：DL/T 5399—2007，条款号　6.0.5

2. 全平衡式垂直升船机应设置出现不平衡载荷超过主提升设备控制能力时及时锁定承船厢运动的事故保安装置。

依据标准名称：《水电水利工程垂直升船机设计导则》

依据标准号：DL/T 5399—2007，条款号　7.10.2

3. 钢丝绳的直径应按规范规定计算选择，钢丝绳的最大工作静拉力作用下的安全系数应不小于 7。

依据标准名称：《水电水利工程垂直升船机设计导则》

依据标准号：DL/T 5399—2007，条款号　7.4.7

第三章 试验检测勘察

第一节 试 验 检 测

一、电力标准

1．混凝土试验时已称量的骨料在搅拌之前其含水量不得散失。

依据标准名称：《水下不分散混凝土试验规程》

依据标准号：DL/T 5117—2000，条款号 5.0.3

2．实验室水下不分散混凝土拌和物的制备，不得违反下列试验要求：

（1）混凝土搅拌应在温度（20±3）℃、相对湿度 60%以上的实验室中进行。

（2）用搅拌机搅拌，一次拌和量不得小于 20L。

（3）混凝土一次搅拌量应比试验用量多 10L。当用搅拌机拌制混凝土时，混凝土体积应达到搅拌机公称容量的 1/2 以上，且不得少于 20L。拌和量不足时可用人工拌料。

依据标准名称：《水下不分散混凝土试验规程》

依据标准号：DL/T 5117—2000，条款号 5.5.5

3．混凝土立方体试模不得违反以下要求：

（1）试模为 150mm×150mm×150mm 的立方体，模板拼接要牢固，振捣时不得变形。

（2）尺寸精度要求：边长误差不得超过 1/150；边长的角度误差不得超过 1；平整度误差不得超过边长的 0.05%。

依据标准名称：《水下不分散混凝土试验规程》

依据标准号：DL/T 5117—2000，条款号 7.1.2

4．拌制水下不分散混凝土从水面自由落下倒入水中的容器内，使之全部进入水下容器，不得洒漏。

依据标准名称：《水下不分散混凝土试验规程》

依据标准号：DL/T 5117—2000，条款号 8.1.1

5．扩展度试验时不得违反以下实验要求：3s～6s 内，垂直提起流动度筒，同时，操作者站在流动台的前踏脚板上使之稳定，缓慢提起上板，直至达到上止动板。上板不得撞击上止动板，再使其自由下落至下止动板。

依据标准名称:《水下不分散混凝土试验规程》
依据标准号: DL/T 5117—2000，条款号 8.2.2

6. 采用压力机或万能材料试验机抗压强度试验时，试件的预计破坏荷载不应超出试验机全量程的 20%～80%，试验机应定期（一年左右）校正，示值误差不应大于标准值的±2%。
依据标准名称:《水下不分散混凝土试验规程》
依据标准号: DL/T 5117—2000，条款号 9.1.2

7. 抗压强度试验控制加荷速度不应超出 $0.2N/mm^2/s$～$0.3N/mm^2/s$，均匀加荷不得冲击。
依据标准名称:《水下不分散混凝土试验规程》
依据标准号: DL/T 5117—2000，条款号 9.1.3

8. 抗折强度试件不得有明显缺陷。抗折强度试验的加荷速度不应超出 $0.8N/mm^2/s$～$1.0N/mm^2/s$，应连续、均匀加荷载，不得冲击，直到试件破坏，记录破坏荷载。
依据标准名称:《水下不分散混凝土试验规程》
依据标准号: DL/T 5117—2000，条款号 9.2.3

9. 劈裂抗拉强度试件不得有明显缺陷。劈裂抗拉强度试验的加荷速度不应超出 $0.4N/mm^2/s$～$0.5N/mm^2/s$，应均匀加荷，不得冲击，直至试件破坏，记录破坏荷载。
依据标准名称:《水下不分散混凝土试验规程》
依据标准号: DL/T 5117—2000，条款号 9.3.3

10. 黏结劈裂抗拉强度试验，不得违反下列要求:
（1）试模内放置一尺寸为 150mm×150mm×75mm 的老混凝土块，其抗压强度应大于 30.0MPa，被黏结的表面应清洗干净，不得有污物，浇模之前放入水中直立于试模内。不被黏结的混凝土面应紧贴试模壁，脱模剂可用石蜡或专用脱模剂，不得用机油、矿物油，以免玷污黏结面。
（2）测试前将试件表面擦干净，检查外观，不得有明显缺陷。在试件顶面和底面的新老混凝土黏结处划出相互平行的直线准确定出劈裂面的位置。
（3）将试件及垫条安放于试验机上，加压板之间保持平行，加压板与垫条及垫条与试件之间的接触线上不得有缝隙。
（4）开动试验机以每秒 $0.4N/mm^2$～$0.5N/mm^2$ 的速度均匀加荷，不得冲击，直至试件破坏，记录破坏荷载。
依据标准名称:《水下不分散混凝土试验规程》
依据标准号: DL/T 5117—2000，条款号 9.4.3

11. 人工拌和，适用于拌和较少量的混凝土，拌和从加水完毕时算起到拌和完成，

不得超过 10min。机械拌和，一次拌和量不应少于拌和机容量的 20%且不应大于拌和机容量的 80%。

依据标准名称:《水工混凝土试验规程》

依据标准号: DL/T 5150—2001，条款号 3.1.3

12. 混凝土试件成型与养护试验设备不得违反以下要求:

(1) 试模最小边长不应小于最大骨料粒径的 3 倍。试模拼装应牢固，不漏浆，振捣时不得变形。尺寸精度：边长误差不得超过 1/150；角度误差不得超过 0.5。平整度误差不得超过边长的 0.05%。

(2) 养护室：标准养护室温度应控制在 20℃±3℃；相对湿度 95%以上。在没有标准养护室时，试件可在 20℃±3℃的静水中养护，但应在报告中注明。

依据标准名称:《水工混凝土试验规程》

依据标准号: DL/T 5150—2001，条款号 4.1.2

13. 采用捣棒人工插捣成型试件时，每层装料厚度不应大于 100mm。

依据标准名称:《水工混凝土试验规程》

依据标准号: DL/T 5150—2001，条款号 4.1.3

14. 混凝土抗压强度试验设备，不得违反下列要求:

(1) 抗压强度试验应用压力机或万能材料试验机，试件的预计破坏荷载应在试验机全量程的 20%～80%之间，试验机应一年定期校正，示值误差不应大于标准值的±2%。

(2) 钢制垫板：其尺寸比试件承压面积稍大，平整度误差不应大于边长的 0.02%。

依据标准名称:《水工混凝土试验规程》

依据标准号: DL/T 5150—2001，条款号 4.2.2

15. 混凝土抗压强度试件承压面的不平整度误差不得超过边长的 0.05%，承压面与相邻面的不垂直度不应超过±1°。

依据标准名称:《水工混凝土试验规程》

依据标准号: DL/T 5150—2001，条款号 4.2.3

16. 采用电阻应变片测量试件变形时，应配置一台电阻应变计；采用位移传感器测量试件变形时，应配备与其相匹配的放大器和记录仪。应变测量装置的精度不应低于 1×10^{-6}。

依据标准名称:《水工混凝土试验规程》

依据标准号: DL/T 5150—2001，条款号 4.4.2

17. 混凝土轴心抗拉强度和极限拉伸值试验，制作试件的拌和物最大粒径不得超过 30m。当采用电阻应变仪测量变形时，电阻片的长度不应小于骨料最大粒径的 3 倍。从试件取出至试验完毕，不应超过 4h，并试件注意保湿。

依据标准名称:《水工混凝土试验规程》

依据标准号: DL/T 5150—2001，条款号　4.4.3

18. 混凝土弯拉强度试验应采用 150mm×150mm×550mm（或 600mm）小梁作为标准试件。制作标准试件所用混凝土骨料最大粒径不应大于 40mm，必要时应采用 100mm×100mm×400mm（或 515mm）试件，且混凝土中骨料最大粒径不应大于 30mm。

依据标准名称:《水工混凝土试验规程》

依据标准号: DL/T 5150—2001，条款号　4.5.2

19. 混凝土与钢筋握裹力试验，不得违反下列要求：

（1）成型前钢筋应刷净，并用丙酮擦拭，不得有锈屑和油污。

（2）成型试件直至试验龄期，特别在拆模时，不得碰到钢筋，拆模时间应为 2d。拆模时应先取下橡皮固定圈，再将套在钢筋上的试模小心取下。

依据标准名称:《水工混凝土试验规程》

依据标准号: DL/T 5150—2001，条款号　4.8.3

20. 混凝土受压徐变试验仪器设备，不得违反下列要求：

（1）徐变仪：在试验荷载下，丝杆的拉应力不应大于材料屈服点的 30%，弹簧的工作压力不应超过允许极限荷载的 80%，工作时弹簧的压缩变形不得小于 20mm。

（2）加荷设备：测力计的测量精度应达到所加荷的 2%，其量程应能使试验压力值不小于全量程的 20%，且不大于全量程的 80%。

（3）量测仪器：差动式电阻应变计（长度不应小于骨料最大粒径的 3 倍）、水工比例电桥等，精度要求不大于 4×10^{-6}。

依据标准名称:《水工混凝土试验规程》

依据标准号: DL/T 5150—2001，条款号　4.9.2

21. 混凝土受压徐变试验操作步骤，不得违反下列要求：

（1）试验加荷龄期，应为 3d、7d、28d、90d、180d、360d，及根据试验需要确定，每个龄期应制备 3 个徐变试件及 3 个 150mm×150mm×150mm 的立方体抗压试件，同时，一次成型几组试件应制备不少于 2 个测自身体积变形和温度变形的形状和尺寸相同补偿试件。

（2）试件加荷后，由于产生压缩变形会造成应力松弛，当荷载变化大于 2%时，必须进行调荷。加荷后第 1d、7d、30d、90d、180d 各调一次。调荷前后各观测一次。

依据标准名称:《水工混凝土试验规程》

依据标准号: DL/T 5150—2001，条款号　4.9.3

22. 混凝土碳化试验，不得违反下列操作步骤：

（1）将碳化箱关闭密封。密封应采用机械办法或油封，不得采用水封。开动箱内气

体对流调节装置，徐徐充入二氧化碳，并测定箱内的二氧化碳浓度，逐步调节二氧化碳的流量，使箱内的二氧化碳浓度保持在20%±3%。整个试验期间应用去湿装置或放入硅胶，使箱内的相对湿度控制在70%±5%范围内。碳化试验应在20℃±5℃的温度下进行。

（2）碳化至3d、7d、14d、28d时，各取出试件，破型以测定其碳化深度。将棱柱体试件在压力试验机上用劈裂法从一端开始破型。每次切除的厚度约为试件宽度的一半，用石蜡将破型后试件的切断面封好，再放入箱内继续碳化，直到下一个试验期。如采用立方体试件，则在试件中部劈开。立方体试件只作一次检验，不再重复使用。

依据标准名称：《水工混凝土试验规程》

依据标准号：DL/T 5150—2001，条款号 4.28.3

23. 水工混凝土钢筋腐蚀快速试验，模拟海洋环境水工混凝土的试件不得进行碳化。

依据标准名称：《水工混凝土试验规程》

依据标准号：DL/T 5150—2001，条款号 4.30.4

24. 全级配混凝土养护温度应控制在20℃±5℃，相对湿度不应低于90%。

依据标准名称：《水工混凝土试验规程》

依据标准号：DL/T 5150—2001，条款号 5.1.2

25. 超声波检测混凝土内部缺陷，一个构件或一个统计总体，测点数不得少于30个。

依据标准名称：《水工混凝土试验规程》

依据标准号：DL/T 5150—2001，条款号 6.5.3

26. 碳酸盐骨料的碱活性检验不得违反试验步骤。

依据标准名称：《水工混凝土砂石骨料试验规程》

依据标准号：DL/T 5151—2014，条款号 5.3.4

27. 骨料表观密度试验过程中加入水的温差不得超过2℃。

依据标准名称：《水工混凝土砂石骨料试验规程》

依据标准号：DL/T 5151—2014，条款号 3.5.3

28. 岩石抗压强度及软化系数试验的试件试件与压力机接触面应用磨石机磨平，并保证在试样整个高度上直径误差不得超过 0.3mm，两端面的不平行度最大不超过0.05mm，端面应垂直于试样轴线、最大偏差不超过0.25°。

依据标准名称：《水工混凝土砂石骨料试验规程》

依据标准号：DL/T 5151—2014，条款号 4.12.3

29. 采用砂浆棒长度法检验骨料碱活性时，试验精度不得违反以下要求：

（1）膨胀率小于 0.020%时，单个测值与平均值的差值不得大于 0.003%；膨胀率大于0.020%时，单个测值与平均值的差值不得大于平均值的15%。

（2）试验精度超过规定时需查明原因。取其余两个测值的平均值作为该龄期膨胀率的测定值。当一组试件的可取测值少于两个时，该龄期的膨胀率须通过补充试验确定。

依据标准名称：《水工混凝土砂石骨料试验规程》

依据标准号：DL/T 5151—2014，条款号　5.2.4

30. 采用混凝土棱柱体法检验骨料碱活性时，试验精度不得违反以下要求：

（1）当平均膨胀率小于0.020%时，同一组试件中膨胀率的最高值与最低值之差不应超过0.008%；当平均膨胀率大于等于0.020%时，同一组试件中膨胀率的最高值与最低值之差不应超过平均值的40%。

（2）超过上述规定时需查明原因，取相近的两个测值的平均值作为该龄期膨胀率的测定值。

依据标准名称：《水工混凝土砂石骨料试验规程》

依据标准号：DL/T 5151—2014，条款号　5.5.4

31. 水工混凝土水质试验采集的水样必须有代表性，并要求密封良好、编号清晰、送样及时，在运往试验室的途中不得受污染，不变质。

依据标准名称：《水工混凝土水质试验规程》

依据标准号：DL/T 5152—2001，条款号　2.0.2

32. 水工混凝土水质试验从河、湖中采集水样时，每次不得少于6个取样点，且至少在离开岸线不相等的三个地点，每个地点至少在两个不同深度取样。

依据标准名称：《水工混凝土水质试验规程》

依据标准号：DL/T 5152—2001，条款号　2.0.2

33. 水工混凝土水质试验取样时，在水的成分经常变化的水源中，水样应在不同时间从同一地点取几次，使水样能代表水源的状态。

依据标准名称：《水工混凝土水质试验规程》

依据标准号：DL/T 5152—2001，条款号　2.0.2

34. 水工混凝土水质试验的水样不得被外界污染，采集的水样尽可能不与或少与空气接触，以避免水中溶解性气体受到影响。

依据标准名称：《水工混凝土水质试验规程》

依据标准号：DL/T 5152—2001，条款号　2.0.2

35. 水工混凝土水质试验的盛水样容器应采用带塞细口玻璃瓶或聚乙烯塑料瓶。当水样含较多有机物时，应选用玻璃瓶；当水样含较多碱金属或碱土金属时，应用塑料瓶。

依据标准名称：《水工混凝土水质试验规程》

依据标准号：DL/T 5152—2001，条款号　2.0.2

36. 水工混凝土水质试验采集水样时，采集瓶不得有污染。应先将采样瓶洗干净，再用被采集水冲洗三次，然后采集水样。水与瓶塞间应留有5mL～10mL，盖好瓶塞，用石蜡或火漆封口。

依据标准名称:《水工混凝土水质试验规程》

依据标准号：DL/T 5152—2001，条款号 2.0.2

37. 水工混凝土水质试验水样采集后应及时检验，存放和运送时间应尽量缩短。如不能及时进行检验，应密封好，妥善保管和运送，水样瓶应放在不受日光直接照射的阴凉处。

依据标准名称:《水工混凝土水质试验规程》

依据标准号：DL/T 5152—2001，条款号 2.0.2

38. 水工混凝土水质试验的每一份水样应注明取样地点、深度、编号。

依据标准名称:《水工混凝土水质试验规程》

依据标准号：DL/T 5152—2001，条款号 2.0.2

39. 钻孔抽水试验前，应根据试验地段的地质结构和水文地质条件，结合水工建筑物枢纽布置方案，做好钻孔抽水试验设计。不得缺少试验目的、抽水孔和观测孔的布置、造孔要求和钻孔结构、抽水设备的规格及数量、试验设备的安装、现场抽水试验的技术要求、试验记录与校核、渗透性参数计算公式的选择与计算，以及对成果图件的要求等设计内容。

依据标准名称:《水电水利工程钻孔抽水试验规程》

依据标准号：DL/T 5213—2005，条款号 3.0.3

40. 抽水孔过滤器上端的工作管，在松散含水层中不得接出地面。

依据标准名称:《水电水利工程钻孔抽水试验规程》

依据标准号：DL/T 5213—2005，条款号 6.1.9

41. 抽水试验孔段严禁使用泥浆循环钻进或植物胶护壁钻进。

依据标准名称:《水电水利工程钻孔抽水试验规程》

依据标准号：DL/T 5213—2005，条款号 7.1.4

42. 自振法试验时孔内水体振荡段的管径应保持一致，严禁在套管接头处试验。

依据标准名称:《水电水利工程钻孔抽水试验规程》

依据标准号：DL/T 5213—2005，条款号 附录C.2.4

43. 非均质层状含水层单层厚度大于6m时，抽水孔过滤器置于单层的中部，其长度不宜大于1/3单层厚度，且不应小于2m。

依据标准名称:《水电水利工程钻孔抽水试验规程》

依据标准号：DL/T 5213—2005，条款号 5.2.2

44．在河床部位松散含水层抽水试验时，应采用非完整孔，抽水孔过滤器顶端至河底的距离不得小于2m。

依据标准名称：《水电水利工程钻孔抽水试验规程》

依据标准号：DL/T 5213—2005，条款号 5.2.4

45．抽水孔水位最小降深值，单孔抽水试验时不得小于0.5m；多孔抽水试验时最远观测孔的降深值不得小于0.1m，或各相邻观测孔的降深值之差不得小于0.2m。

依据标准名称：《水电水利工程钻孔抽水试验规程》

依据标准号：DL/T 5213—2005，条款号 5.3.3

46．抽水孔水位最大降深值，潜水含水层抽水时，不应大于含水层厚度的0.3倍；承压含水层抽水时，不应降到含水层顶板以下。

依据标准名称：《水电水利工程钻孔抽水试验规程》

依据标准号：DL/T 5213—2005，条款号 5.3.4

47．稳定流抽水试验的各次降深稳定延续时间，不得违反下列规定：

（1）中、强透水性含水层中的单孔抽水试验，稳定延续时间不得小于4h。

（2）多孔抽水试验最远观测孔的动水位波动值的稳定延续时间不得小于8h。

（3）每次降深的稳定延续时间不宜间断。

依据标准名称：《水电水利工程钻孔抽水试验规程》

依据标准号：DL/T 5213—2005，条款号 5.3.5

48．在松散含水层中的试验抽水达到最大降深后的延续时间不应少于2h。

依据标准名称：《水电水利工程钻孔抽水试验规程》

依据标准号：DL/T 5213—2005，条款号 7.3.2

49．抽水稳定延续时间内，动水位稳定标准不得违反下列要求：

（1）采用离心泵、深井泵、潜水泵、拉杆式水泵抽水过程中，抽水孔测压管的水位波动值不得大于3cm；同时内观测孔的水位波动值不得大于1cm。

（2）采用空气压缩机抽水过程中，抽水孔测压管的水位波动值不得大于10cm。

依据标准名称：《水电水利工程钻孔抽水试验规程》

依据标准号：DL/T 5213—2005，条款号 7.4.3

50．水工混凝土缺陷检测单位应具备健全的质量管理体系和计量认证体系，并具有相应的资质，其设备与人员的配备应与所承担的任务相匹配。否则不得承担检测和评估任务。

依据标准名称：《水工混凝土建筑物缺陷检测和评估技术规程》

依据标准号：DL/T 5251—2010，条款号 3.0.1

51. 检测人员资格不得违反以下要求：

（1）检测工作应由持有相应检测资格证书的专业人员进行，每项检测工作由两名或两名以上检测人员承担。

（2）进行水下检测的潜水作业人员，还应满足潜水员资格证、身体健康证明等。

依据标准名称：《水工混凝土建筑物缺陷检测和评估技术规程》

依据标准号：DL/T 5251—2010，条款号 4.1.5

52. 当水工建筑物出现影响安全的较大变形或变位时，应进行专门的研究与评估。

依据标准名称：《水工混凝土建筑物缺陷检测和评估技术规程》

依据标准号：DL/T 5251—2010，条款号 5.1.4

53. 核子密度仪及含水量测试仪每隔12个月或者出现故障后，应由有资质的专门机构进行检定，未检定合格不得使用。

依据标准名称：《核子法密度及含水量测试规程》

依据标准号：DL/T 5270—2012，条款号 1.0.4

54. 未进行标定，核子密度仪及含水量测试仪不得用于现场测试。在连续测量过程中宜每隔3个～6个月进行一次标定，当被测材料有明显改变或仪器出现异常时，应及时进行标定。

依据标准名称：《核子法密度及含水量测试规程》

依据标准号：DL/T 5270—2012，条款号 1.0.5

55. 核子密度及含水量测试仪每次标定前应进行标准计数检验，现场每班测试前应进行标准计数检验，在测试过程中出现异常或对检测数据有疑议时应进行标准计数检验。核子密度仪及含水量测试仪标准计数未检验合格不得使用。

依据标准名称：《核子法密度及含水量测试规程》

依据标准号：DL/T 5270—2012，条款号 1.0.6

56. 在仪器测试过程中，仪器应距其他放射源8m以上，距操作人员2m以上，3m以内不应有其他设施。

依据标准名称：《核子法密度及含水量测试规程》

依据标准号：DL/T 5270—2012，条款号 1.0.7

57. 核子密度仪及含水量测试仪的仪器测量深度应满足施工技术要求。密度测量误差散射型核子密度仪及含水量测试仪不得超出±30kg/m^3，透射型不得超出±20kg/m^3；含水量测量误差不得超出±15kg/m^3。

依据标准名称：《核子法密度及含水量测试规程》

依据标准号：DL/T 5270—2012，条款号　3.0.3

58. 未取得“辐射安全许可证”的单位，未取得“放射工作人员证”的操作人员，严禁使用核子密度仪及含水量测试仪。

依据标准名称：《核子法密度及含水量测试规程》

依据标准号：DL/T 5270—2012，条款号　8.0.1

59. 严禁拆装仪器内放射源。

依据标准名称：《核子法密度及含水量测试规程》

依据标准号：DL/T 5270—2012，条款号　8.0.2

60. 当仪器丢失或放射源损坏时，应立即采取措施，妥善处理，并及时上报有关部门。

依据标准名称：《核子法密度及含水量测试规程》

依据标准号：DL/T 5270—2012，条款号　8.0.8

61. 塑性混凝土拌和物室内拌和不得违反以下基本要求：

（1）在拌和混凝土时，拌和间温度宜保持在20℃±5℃。避免阳光直射及风吹。

（2）用以拌制混凝土的各种材料，其温度应与拌和间温度相同。

（3）粗、细骨料用量均以饱和面干状态下的质量为准，膨润土、黏土以干燥状态为准。黏土成团时应捣碎过4.75mm方孔筛后使用。

（4）一次拌和量控制在搅拌机容量的20%～80%。

（5）材料称量精度：水泥、掺合料、水和外加剂为±0.3%，骨料为±0.5%。

依据标准名称：《水工塑性混凝土试验规程》

依据标准号：DL/T 5303—2013，条款号　2.1.3

62. 塑性混凝土试件的成型与养护不得违反以下要求：

（1）试件应采用捣棒人工捣实成型。每次装料厚度不应大于100mm，插捣应按螺旋方向从边缘向中心均匀进行，插捣底层时，捣棒应达到试模底面，插捣上层时，捣棒应穿至下层20mm～30mm，插捣时捣棒应保持垂直。每层的插捣次数一般每100cm^{2}不少于12次。

（2）试件成型后，在混凝土初凝前1h～2h，需进行抹面，要求沿模口抹平。

（3）成型后的带模试件应用湿布或塑料薄膜覆盖，并在20℃±5℃的室内静置48h～72h。拆模后的试件应立即放入标准养护室中养护，不得用水直接冲淋试件。

依据标准名称：《水工塑性混凝土试验规程》

依据标准号：DL/T 5303—2013，条款号　3.1.3

63. 塑性混凝土试件立方体抗压强度不得违反以下试验步骤：

（1）按规定制作和养护试件。

（2）养护到达试验龄期后，取出试件，并尽快试验。试验前需用湿布覆盖，防止试

件失水。

（3）试验前将试件擦拭干净，测量尺寸，并检查其外观。试件尺寸测量精确至1mm。试件承压面的不平整度误差不得超过边长的0.05%，承压面与相邻面的不垂直度不应超过±1℃。

（4）将试件放在试验机下压板正中间，上下压板与试件之间应垫以垫板，试件的承压面应与成型时的顶面相垂直。试件受压应均匀。

（5）以0.05MPa/s～0.10MPa/s的速度连续、均匀地加载，当试件接近破坏而开始迅速变形时，停止调整油门，直至试件破坏，记录破坏荷载。

依据标准名称：《水工塑性混凝土试验规程》

依据标准号：DL/T 5303—2013，条款号 3.2.3

64. 同一试段不得跨越透水性相差悬殊的两种岩层。相邻试段应互相衔接、少量重叠，不得有漏段。

依据标准名称：《水电水利工程钻孔压水试验规程》

依据标准号：DL/T 5331—2005，条款号 4.1.2

65. 单栓塞试验时，残留岩芯应计入试段长度之内，其长度不应超过0.2m。

依据标准名称：《水电水利工程钻孔压水试验规程》

依据标准号：DL/T 5331—2005，条款号 4.1.3

66. 当逐级升压至最大压力值后，该段的透水率小于1Lu，不应再进行降压阶段的压水试验。

依据标准名称：《水电水利工程钻孔压水试验规程》

依据标准号：DL/T 5331—2005，条款号 4.2.3

67. 压水试验钻孔应采用金刚石钻进或硬质合金钻进，严禁使用泥浆等护壁材料钻进。试验钻孔的套管脚止水必须可靠。

依据标准名称：《水电水利工程钻孔压水试验规程》

依据标准号：DL/T 5331—2005，条款号 4.3.2

68. 止水栓塞不得违反下列要求：

（1）止水可靠，操作方便。

（2）栓塞长度不小于8倍钻孔孔径。

依据标准名称：《水电水利工程钻孔压水试验规程》

依据标准号：DL/T 5331—2005，条款号 5.1.1

69. 吸水笼头至水池底部的距离不应小于0.3m。

依据标准名称：《水电水利工程钻孔压水试验规程》

依据标准号：DL/T 5331—2005，条款号 5.2.2

70．试验仪表应单独保管，不得与钻进共用，并定期进行校正。
依据标准名称：《水电水利工程钻孔压水试验规程》
依据标准号：DL/T 5331—2005，条款号 5.3.5

71．试验工作管不得有破裂、弯曲、堵塞等现象。接头处应可靠密封，不得有渗漏。
依据标准名称：《水电水利工程钻孔压水试验规程》
依据标准号：DL/T 5331—2005，条款号 6.2.3

72．洗孔至孔口回水清洁时即可结束。当孔口无回水时，洗孔时间不得少于15min。
依据标准名称：《水电水利工程钻孔压水试验规程》
依据标准号：DL/T 5331—2005，条款号 6.3.2

73．试验性压水，当栓塞隔离无效时，应采取移动栓塞、起塞检查、更换栓塞或灌制混凝土塞位等措施加以处理。移动栓塞时只能向上移，其范围不得超过上一次试验的塞位。
依据标准名称：《水电水利工程钻孔压水试验规程》
依据标准号：DL/T 5331—2005，条款号 6.6.3

74．水工混凝土断裂试验的每组合格试件数不得少于5个。
依据标准名称：《水工混凝土断裂试验规程》
依据标准号：DL/T 5332—2005，条款号 5.1.1

75．楔入劈拉法测定混凝土断裂韧度试件成型时，在混凝土浇筑前，钢板两面涂上脱模剂，待混凝土初凝后3h内将钢板拔出，即形成一条预制裂缝。拔出钢板时不得损坏试件裂缝尖端部位。
依据标准名称：《水工混凝土断裂试验规程》
依据标准号：DL/T 5332—2005，条款号 5.1.2

76．楔入劈拉法测定混凝土断裂韧度的加荷装置不得违反下列要求：
（1）刚度不得小于100kN/mm。
（2）最低加载速率不大于80N/s，最高加载速率不大于120N/s。
依据标准名称：《水工混凝土断裂试验规程》
依据标准号：DL/T 5332—2005，条款号 5.2.2

77．楔入劈拉法测定混凝土断裂韧度的量测装置不得违反下列要求：
（1）荷载量测装置：采用荷载传感器，最大量程50kN，精度不低于1%。
（2）位移量测装置：宜采用夹式引伸计，精度不低于0.5%。嵌在粘贴于裂缝口两侧的刀口薄钢板间。
（3）数据自动采集。

依据标准名称:《水工混凝土断裂试验规程》
依据标准号: DL/T 5332—2005，条款号 5.2.4

78. 三点弯曲法测定混凝土断裂韧度的传力装置不得违反下列要求:
(1) 加载垫板。宽度为 10m、厚度为 5mm、长度不得小于 120mm 的钢板。
(2) 支座。支座应能稳定地传力，可采用加载装置的滚动支座或另行制作。支座长度不得小于试件长度，高度应满足安装夹式引伸计的要求。
依据标准名称:《水工混凝土断裂试验规程》
依据标准号: DL/T 5332—2005，条款号 6.2.3

79. 钻孔土工试验对象应具有代表性。试验内容、试验布置、试验条件不得违反水电水利工程勘测、设计、施工，以及质量控制、检验的基本要求特性。
依据标准名称:《水电水利工程钻孔土工试验规程》
依据标准号: DL/T 5354—2006，条款号 3.0.2

80. 十字板剪切试验，不得违反下列要求：十字板测头压入钻孔底的深度，不应小于钻孔直径的 3 倍～5 倍，第一个试点距地表不应小于 1m。十字板测头压入土中后，静置时间不应少于 3min。两试验点的间距不应小于十字板高的 5 倍。
依据标准名称:《水电水利工程钻孔土工试验规程》
依据标准号: DL/T 5354—2006，条款号 4.0.3

81. 标准贯入试验应在钻孔孔底进行，试验孔应采用回转钻进，钻孔直径不应小于标准贯入器外径的 2 倍。
依据标准名称:《水电水利工程钻孔土工试验规程》
依据标准号: DL/T 5354—2006，条款号 5.0.3

82. 静力触探试验，深度记录的误差不得大于触探深度的 1%。
依据标准名称:《水电水利工程钻孔土工试验规程》
依据标准号: DL/T 5354—2006，条款号 6.0.3

83. 静力触探试验，当贯入至预定深度或下列情况之一时，不得继续贯入:
(1) 触探主机达到额定贯入力。
(2) 探头阻力达到额定负荷。
(3) 反力装置失效。
(4) 发现探杆弯曲已达到不能容许的程度。
依据标准名称:《水电水利工程钻孔土工试验规程》
依据标准号: DL/T 5354—2006，条款号 6.0.4

84. 轻型动力触探试验，每一试验土层应连续贯入，贯入深度不应大于 4m。

依据标准名称:《水电水利工程钻孔土工试验规程》

依据标准号：DL/T 5354—2006，条款号 7.0.3

85. 重型动力触探试验，不得违反下列步骤进行：

（1）在预定部位进行铅直向钻孔，触探设备安装应稳固，支架不应偏移。将探头和触探杆连接并放入孔内至试验土层。每一触探孔应连续贯入。

（2）锤击时应保持探杆的垂直，锤座距孔口的高度不应超过 1.50m，锤击过程应防止锤击偏小、探杆歪斜和侧向晃动。触探杆连接后最初 5m 最大偏斜度不超过 1%，大于 5m 后最大偏斜度不应超过 2%。每贯入 1m，应将探杆转一周半；贯入深度超过 10m 后，每贯入 0.2m 旋转一次。

（3）触探深度不应超过 15m，超过此深度，应考虑触探杆侧壁摩阻的影响。

（4）当侧击数连续三次每贯入 10cm 大于 50 击时，即可停止试验。如需继续试验，应改用超重型动力触探。

依据标准名称:《水电水利工程钻孔土工试验规程》

依据标准号：DL/T 5354—2006，条款号 7.0.4

86. 超重型动力触探试验时，击锤落高应为 100cm±2cm。触探深度不应超过 20m，超过此深度，应考虑触探杆侧壁摩阻的影响。

依据标准名称:《水电水利工程钻孔土工试验规程》

依据标准号：DL/T 5354—2006，条款号 7.0.5

87. 取过土样或进行过其他孔内试验的部位不得进行旁压试验。预钻式旁压试验钻孔应一次完成。试验应自下而上进行，旁压器应位于同一土层中，两试验点间距不应小于 1m。

依据标准名称:《水电水利工程钻孔土工试验规程》

依据标准号：DL/T 5354—2006，条款号 8.0.3

88. 当出现下列情况之一时，试验应立即停止，不得继续：

（1）当施加的压力达到仪器允许最大压力时。

（2）仪器的扩张体积相当于中腔的初始固有体积时。

（3）加压时压力无法升高或施加的压力有下降趋势时。

依据标准名称:《水电水利工程钻孔土工试验规程》

依据标准号：DL/T 5354—2006，条款号 8.0.4

89. 单孔法波速试验，应根据土层分布布置试验点，两试验点间距不应小于 1m。试验应自下而上逐点进行，最上的试验点距孔口距离不应小于两孔间距的 0.4。每个试验点的试验次数不应少于 3 次。

依据标准名称:《水电水利工程钻孔土工试验规程》

依据标准号：DL/T 5354—2006，条款号 9.0.3

90. 跨孔法波速试验，应根据土层分布布置试验点，两试验点间距不应小于 1m。试验应自下而上逐点进行，最上的试验点距孔口距离不得小于两孔间距的 0.4。每个试验点的试验次数不得少于 3 次。

依据标准名称：《水电水利工程钻孔土工试验规程》

依据标准号：DL/T 5354—2006，条款号 9.0.4

91. 测定润湿土样不同位置处的含水率，不得少于两点。

依据标准名称：《水利水电工程土工试验规程》

依据标准号：DL/T 5355—2006，条款号 5.1.4

92. 原状土试样制备不得违反下列步骤要求：

（1）对密封的原状土样，在试验前不应开启。检验后应立即放置于保温容器中或封好储藏，尽量使土样少受扰动。

（2）开启原状土样时，应按包装上标识方向放置，切土方向与天然层次垂直。

（3）应根据试验要求选用制样器。同一组试样间密度的差值不应大于 $0.03g/cm^3$，含水率差值不应大于 2%。

（4）切削过程中，应细心观察土样的情况，并对原状土的层次、结构、气味、颜色、杂质及土质是否均匀、有无裂缝等进行描述。

（5）切取试样后剩余的原状土样，应包好置于保温器内，以备其他试验用。

（6）应视试样性质和试验要求，决定试样是否饱和，如不立即进行试验或饱和时，则将试样贴上标签暂存于保温器内。

依据标准名称：《水利水电工程土工试验规程》

依据标准号：DL/T 5355—2006，条款号 5.1.5

93. 实测含水率与控制含水率之差不应大于 1%。

依据标准名称：《水电水利工程粗粒土试验规程》

依据标准号：DL/T 5356—2006，条款号 4.0.7

94. 粗粒土的最大干密度和最小干密度试验应进行两次平行试验，两次试验密度的差值不得大于 $0.03g/cm^3$，取其算术平均值。

依据标准名称：《水电水利工程粗粒土试验规程》

依据标准号：DL/T 5356—2006，条款号 5.0.9

95. 粗粒土击实试验时最后一层的顶面不应超过击实筒顶面 15mm。

依据标准名称：《水电水利工程粗粒土试验规程》

依据标准号：DL/T 5356—2006，条款号 6.0.4

96. 粗粒土垂直渗透变形试验，垂直渗透仪，筒身内径与试样最大颗粒粒径比不应小于 5，试样高度不应小于试样直径。

依据标准名称：《水电水利工程粗粒土试验规程》

依据标准号：DL/T 5356—2006，条款号　7.1.2

97． 粗粒土垂直渗透变形试验时，每级水头下，测读次数不应少于 3 次。

依据标准名称：《水电水利工程粗粒土试验规程》

依据标准号：DL/T 5356—2006，条款号　7.1.5

98． 粗粒土水平渗透变形试验，水平管涌仪的宽度和厚度与试样最大颗粒粒径之比不应小于 5，长度不应小于宽度。

依据标准名称：《水电水利工程粗粒土试验规程》

依据标准号：DL/T 5356—2006，条款号　7.2.2

99． 粗粒土固结试验，浮环式固结容器，直径不应小于 300mm，直径与高度之比应为 2.0～2.5，高度与试样最大颗粒粒径之比不应小于 5。

依据标准名称：《水电水利工程粗粒土试验规程》

依据标准号：DL/T 5356—2006，条款号　9.0.2

100． 粗粒土三轴剪切试验，试样直径与试样最大颗粒粒径之比不应小于 5。每组试验的试件不应少于 3 个。

依据标准名称：《水电水利工程粗粒土试验规程》

依据标准号：DL/T 5356—2006，条款号　10.3.1

101． 粗粒土直接剪切试验，剪切盒为圆柱开或方柱形，直径或边长与高度之比不应小于 1，直径或边长与试样中最大颗粒粒径之比不应小于 5，直径或边长不应小于 30cm。

依据标准名称：《水电水利工程粗粒土试验规程》

依据标准号：DL/T 5356—2006，条款号　11.0.2

102． 现场密度试验，灌砂法试坑直径与试样中最大颗粒粒径之比不应小于 5，试坑直径不应小于 20cm。

依据标准名称：《水电水利工程粗粒土试验规程》

依据标准号：DL/T 5356—2006，条款号　12.1.4

103． 风干试样含水率试验，应进行平行试验，平行试验允许误差不应大于 0.2%，取算术平均值。

依据标准名称：《水电水利工程岩土化学分析试验规程》

依据标准号：DL/T 5357—2006，条款号　4.0.5

104． 酸碱度试验，应进行平行试验，平行试验的 pH 差值不得大于 0.1，取算术平均值。

依据标准名称：《水电水利工程岩土化学分析试验规程》

依据标准号：DL/T 5357—2006，条款号 5.0.6

105. 中溶盐（石膏）试验时，每组试验的试样为两个，两个平行试样试验结果误差不得大于0.2%，取算术平均值。

依据标准名称：《水电水利工程岩土化学分析试验规程》

依据标准号：DL/T 5357—2006，条款号 7.0.6

106. 气量法难溶盐（碳酸钙）试验时，每组试验的试样为两个，两个试样试验的差值不得大于05%，取算术平均值。

依据标准名称：《水电水利工程岩土化学分析试验规程》

依据标准号：DL/T 5357—2006，条款号 8.2.6

107. 游离氧化铁试验，每组试验的试样应为两个，两个试样试验结果的差值不得大于0.1%，取算术平均值。

依据标准名称：《水电水利工程岩土化学分析试验规程》

依据标准号：DL/T 5357—2006，条款号 10.0.6

108. 硅的测定，每组试验的试样应为两个，两个试样试验结果的差值不应大于0.40%，取其算术平均值。

依据标准名称：《水电水利工程岩土化学分析试验规程》

依据标准号：DL/T 5357—2006，条款号 12.3.8

109. 铁的测定，每组试验的试样应为两个，两个试样试验结果的差值不得大于0.15%，取其算术平均值。

依据标准名称：《水电水利工程岩土化学分析试验规程》

依据标准号：DL/T 5357—2006，条款号 12.4.7

110. 差碱法铝的测定，每组试验的试样应为两个，两个试样试验结果的差值不得大于0.30%，取其算术平均值。

依据标准名称：《水电水利工程岩土化学分析试验规程》

依据标准号：DL/T 5357—2006，条款号 12.5.6

111. 容量法铝的测定，每组试验的试样应为两个，两个试样试验结果的差值不得大于0.10%，取其算术平均值。

依据标准名称：《水电水利工程岩土化学分析试验规程》

依据标准号：DL/T 5357—2006，条款号 12.6.6

112. 钙镁的测定，每组试验的试样应为两个，两个试样试验结果的差值不得大于

0.15%，取其算术平均值。

依据标准名称：《水电水利工程岩土化学分析试验规程》

依据标准号：DL/T 5357—2006，条款号　12.7.6

113．钾钠的测定，每组试验的试样应为两个，两个试样试验结果的差值不得大于0.05%，取其算术平均值。

依据标准名称：《水电水利工程岩土化学分析试验规程》

依据标准号：DL/T 5357—2006，条款号　12.8.6

114．阳离子交换量试验，每组试验的试样应为两个，两个试样试验结果的差值不得大于0.50cmol/kg，取其算术平均值。

依据标准名称：《水电水利工程岩土化学分析试验规程》

依据标准号：DL/T 5357—2006，条款号　13.0.6

115．减压箱的设计，试验段上游应有可靠的稳水设施和足够长度，模型进口现稳水设施之间距离不应小于5倍模型孔口高度；试验段下游应足够长度，避免水流直接打击箱体或射入下水管中，并保证自由掺入的空气有足够的时间逸出。

依据标准名称：《水电水利工程水流空化模型试验规程》

依据标准号：DL/T 5359—2006，条款号　6.0.2

116．高压箱的设计、施工和运行不得违反下列要求：

（1）箱体内壁应经防锈处理，边壁要平整光滑，箱体自身初生空化数应小于试验体的初生空化数。

（2）箱体密封性能要好，加压之后维持恒定压力的时间应不小于lh，以保持稳定的工作水头。

（3）在20kHz以上频段的环境噪声不应大于70dB。

（4）试验段侧壁须设透明观察窗。

依据标准名称：《水电水利工程水流空化模型试验规程》

依据标准号：DL/T 5359—2006，条款号　6.0.3

117．循环水洞的设计、施工和运行应满足试验段前后应有良好的收缩曲线和扩散曲线，以保证试验段内流速分布均匀。来流水流的紊动度不应大于2的要求。

依据标准名称：《水电水利工程水流空化模型试验规程》

依据标准号：DL/T 5359—2006，条款号　6.0.4

118．减压箱模型下游应留有足够长水平距离，以使水流中掺入的空气能充分逸出。

依据标准名称：《水电水利工程水流空化模型试验规程》

依据标准号：DL/T 5359—2006，条款号　7.0.6

119. 模型加工及安装不得违反下列要求：

（1）过流面曲线段及连接段尺寸精度为±0.2mm。

（2）模型高程及横向尺寸精度为±0.3mm。

（3）模型的纵向尺寸精度控制在±2mm 以内。

依据标准名称：《水电水利工程水流空化模型试验规程》

依据标准号：DL/T 5359—2006，条款号 8.0.2

120. 模型观测不得缺少以下主要内容：

（1）测量气压。

（2）测量水温。

（3）测量动水压力。

（4）测量流量和水位。

（5）根据试验要求计算或测量流速。

（6）观测流态，尤其是空化水流流态。

（7）测量水下噪声。

依据标准名称：《水电水利工程水流空化模型试验规程》

依据标准号：DL/T 5359—2006，条款号 9.0. 2

121. 模拟坝体长河段溃坝洪水模型应采用正态模型，若采用变态模型，其变率不应大于 3。

依据标准名称：《水电水利工程溃坝洪水模拟技术规程》

依据标准号：DL/T 5360—2006，条款号 5.1.2

122. 沥青试样重复加热的次数不得超过两次。

依据标准名称：《水工沥青混凝土试验规程》

依据标准号：DL/T 5362—2006，条款号 4.0.2

123. 沥青从储罐中取样时，对已变成流体的黏稠沥青，应在储罐内的上、中、下层，即自液面以下各 1/3 等分内，但距罐底不得低于总液面高度的 1/6 取样，每次取样后，取样器应尽可能倒净。

依据标准名称：《水工沥青混凝土试验规程》

依据标准号：DL/T 5362—2006，条款号 5.1.3

124. 液体沥青密度试验时，试样过 0.6mm 筛，注入干燥的密度瓶中至满，不得混入气泡；将盛有试样的密度瓶及瓶塞移入恒温水槽，水面应在瓶口下约 40mm，水不得进入瓶内；从水中取出密度瓶时，用干净软布迅速擦去瓶外的水分或黏附的试样，不得再擦拭孔口。

依据标准名称：《水工沥青混凝土试验规程》

依据标准号：DL/T 5362—2006，条款号 5.3.3

125. 沥青针入度试验，恒温水槽，容量不得小于10L，水槽中应设有一个带孔的支架，位于水面下不得少于100mm，距水槽底不得少于50mm。

依据标准名称:《水工沥青混凝土试验规程》

依据标准号: DL/T 5362—2006，条款号 5.4.2

126. 蒸馏法沥青蜡含量试验时，蒸馏后支管中的残留的馏分不得流入接受器中；加热熔化时，加热温度不应太高，避免蒸发损失。

依据标准名称:《水工沥青混凝土试验规程》

依据标准号: DL/T 5362—2006，条款号 5.12.3

127. 沥青混凝土抽提试验时，现场钻取或切割取得的样品，应用电风扇吹风使其完全干燥，置于烘箱内适当加热成松散状态，不得用锤击以防骨料破碎；滤纸不得破损和反复使用，有石粉黏附时应用毛刷清除干净；所有各筛的分计筛余量和盘中剩余量的总和与筛分前试样总质量相比，相差不得超过总质量的1%。

依据标准名称:《水工沥青混凝土试验规程》

依据标准号: DL/T 5362—2006，条款号 9.5.3

128. 重复性试验沥青含量的允许差为0.3%，当大于0.3%但小于0.5%时，应补充平行试验一次，以3次试验的平均值作为试验结果，3次试验的最大值与最小值的差不得大于0.5%。

依据标准名称:《水工沥青混凝土试验规程》

依据标准号: DL/T 5362—2006，条款号 9.5.4

129. 沥青混凝土马歇尔稳定度及流值试验时间，从水槽取出试件至试验结束，不得超过30s。

依据标准名称:《水工沥青混凝土试验规程》

依据标准号: DL/T 5362—2006，条款号 9.6.3

130. 沥青混凝土蠕变试验时，施加荷载前30s开始采集数据，采集频率不应低于2000次/s，加荷5min后可逐步降低采集频率，直至试件破坏或变形稳定为止。

依据标准名称:《水工沥青混凝土试验规程》

依据标准号: DL/T 5362—2006，条款号 9.16.3

131. 浅孔孔壁应变法测试适用于完整和较完整岩体。测试深度不应大于30m。

依据标准名称:《水电水利工程岩体应力测试规程》

依据标准号: DL/T 5367—2007，条款号 4.1.1

132. 浅孔孔壁应变法测试时，在测点的测段内，岩性应均一、完整；同一测段内，有效测点不得少于2个。

依据标准名称:《水电水利工程岩体应力测试规程》

依据标准号：DL/T 5367—2007，条款号 4.1.2

133. 浅孔孔壁应变法测试时，用小孔径钻头钻中心测试孔，深度视应变计要求长度而定。中心测试孔应与解除孔同轴，两孔孔轴偏差不得大于 2mm。

依据标准名称：《水电水利工程岩体应力测试规程》

依据标准号：DL/T 5367—2007，条款号 4.1.5

134. 浅孔孔壁应变计安装时，检查系统绝缘值，不得小于 100MΩ。

依据标准名称：《水电水利工程岩体应力测试规程》

依据标准号：DL/T 5367—2007，条款号 4.1.6

135. 岩心围压试验，不得违反下列要求：

（1）现场测试结束后，应将解除后带有应变计的岩心放入岩心围压率定器中，进行围压试验。其间隔时间，不应超过 24h。

（2）采用大循环加压时，每级压力下应读数一次，两相邻循环最大压力时的读数不超过 5με 时，可终止试验，但大循环的次数不得少于 3 次。

依据标准名称：《水电水利工程岩体应力测试规程》

依据标准号：DL/T 5367—2007，条款号 4.1.9

136. 浅孔孔壁应变法测试时，套钻解除深度应超过孔底应力集中影响区。当解除至一定深度后，应变计读数趋于稳定，可终止钻进。最终解除深度，即应变计中应变丛位置至解除孔孔底深度，不得小于解除岩心外径的 2.0 倍。

依据标准名称：《水电水利工程岩体应力测试规程》

依据标准号：DL/T 5367—2007，条款号 4.2.7

137. 孔底应变法测试及稳定，不得违反下列要求：读取初始读数时，钻孔内冲水时间不应少于 30min；每解除 1cm 读数一次；最终解除深度不得小于解除岩心直径的 0.8 倍。

依据标准名称：《水电水利工程岩体应力测试规程》

依据标准号：DL/T 5367—2007，条款号 5.0.7

138. 水压致裂法测试，不得违反下列要求：

（1）测点的加压段长度应大于测试孔直径的 6.0 倍。

（2）加压段的岩性应均一、完整；加压段与封隔段岩体的透水率不应大于 1Lu；两测点间距不应小于 5m。

依据标准名称：《水电水利工程岩体应力测试规程》

依据标准号：DL/T 5367—2007，条款号 7.0.2

139. 水压致裂法测试，不得违反下列要求：

（1）测试孔应全孔取心，每一回次应进行冲孔，终孔时孔底沉淀不宜超过 0.5m。

（2）应量测岩体内稳定地下水位；对连接管路进行密封性能试验，试验压力不应小于15MPa。

依据标准名称:《水电水利工程岩体应力测试规程》

依据标准号：DL/T 5367—2007，条款号 7.0.5

140．水压致裂法测试及稳定，不得违反下列要求：

（1）对加压段进行充水加压，按预估的压力稳定地升压，加压时间不宜少于1min，同时观察关系曲线的变化。

（2）当压力上升至曲线出现拐点，压力突然下降，流量急剧上升，此时的峰值压力即为岩体的破裂压力。

依据标准名称:《水电水利工程岩体应力测试规程》

依据标准号：DL/T 5367—2007，条款号 7.0.7

141．表面应变法测试，不得违反下列要求：在岩体表面解除岩心直径2.0倍范围内，表层受扰动的岩体应清除干净，表面起伏差不应大于0.5cm。

依据标准名称:《水电水利工程岩体应力测试规程》

依据标准号：DL/T 5367—2007，条款号 8.1.2

142．岩块比重试验应进行两次平行测定，两次测定的差值不得大于0.02，取两次测值的平均值。

依据标准名称:《水电水利工程岩石试验规程》

依据标准号：DL/T 5368—2007，条款号 4.1.6

143．量积法试件不得违反下列要求：

（1）试件尺寸应大于组成岩石最大矿物颗粒直径的10倍。

（2）沿试件高度，直径或边长的误差不应大于0.3mm。

（3）试件两端面不平行度误差不应大于0.05mm。

（4）端面应垂直试件轴线，最大偏差不应大于0.25°。

依据标准名称:《水电水利工程岩石试验规程》

依据标准号：DL/T 5368—2007，条款号 4.2.2

144．测定天然含水率时试样应在现场采取，不得采用爆破和湿钻法。试样在采取、运输、储存和制备过程中，含水率的变化不得大于1%。

依据标准名称:《水电水利工程岩石试验规程》

依据标准号：DL/T 5368—2007，条款号 4.3.2

145．自由膨胀率试验全过程中，应保持水位不变，水温变化不得大于2℃。

依据标准名称:《水电水利工程岩石试验规程》

依据标准号：DL/T 5368—2007，条款号 4.5.6

146. 保持体积不变条件下的膨胀压力试验时应使仪器部位和试件在同一轴线上，不得出现偏心荷载。

依据标准名称：《水电水利工程岩石试验规程》

依据标准号：DL/T 5368—2007，条款号　4.5.8

147. 电阻应变片法试验，各种含水状态的试件，应在贴片位置的表面均匀地涂一层防底潮胶液，厚度不应大于 0.1mm，范围应大于应变片。应变片应牢固地粘贴在试件上，轴向或径向应变片的数量不得少于 2 片，其绝缘电阻值应大于 200MΩ。

依据标准名称：《水电水利工程岩石试验规程》

依据标准号：DL/T 5368—2007，条款号　4.9.5

148. 千分表法试验时，量测轴向或径向变形的测表不得少于 2 只。

依据标准名称：《水电水利工程岩石试验规程》

依据标准号：DL/T 5368—2007，条款号　4.9.6

149. 岩石直剪试验的试件可采用立方体或圆柱体。立方体试件的边长不应小于 150mm，圆柱体试件的直径不应小于 150mm，试件高度不得小于直径。

依据标准名称：《水电水利工程岩石试验规程》

依据标准号：DL/T 5368—2007，条款号　4.13.3

150. 直剪试验中，法向载荷施加时，在每个试件上分别施加不同的法向载荷，所施加的法向应力最大值不应小于预定的法向应力。各试件的法向应力，应等分施加。

依据标准名称：《水电水利工程岩石试验规程》

依据标准号：DL/T 5368—2007，条款号　4.13.11

151. 同一含水状态下和同一加载方向下的岩心试件数量每组不得少于 10 个，方块体或不规则块体试件数量不得少于 20 个。

依据标准名称：《水电水利工程岩石试验规程》

依据标准号：DL/T 5368—2007，条款号　4.14.5

152. 试验加载点距试件自由端的最小距离不应小于加载点间距的 0.5。

依据标准名称：《水电水利工程岩石试验规程》

依据标准号：DL/T 5368—2007，条款号　4.14.8

153. 试点制备不得违反下列要求：

（1）加工的试点面积应大于承压板，承压板面积不应小于 2000cm^2。

（2）试点表面应修凿平整，表面起伏差不应大于承压板直径的 1%。

依据标准名称：《水电水利工程岩石试验规程》

依据标准号：DL/T 5368—2007，条款号　5.1.2

154. 柔性承压板中心孔法采用钻孔轴向位移计进行深部岩体变形量测的试点，孔深不得小于承压板直径的6.0倍。

依据标准名称：《水电水利工程岩石试验规程》

依据标准号：DL/T 5368—2007，条款号 5.1.4

155. 柔性承压板法加压系统安装时，清洗试件岩体表面，铺垫一层水泥浆，水泥浆的厚度不应大于1cm，并应防止水泥浆内有气泡产生。

依据标准名称：《水电水利工程岩石试验规程》

依据标准号：DL/T 5368—2007，条款号 5.1.9

156. 试验最大压力不应小于预定压力的1.2倍。压力应分为5级，按最大压力等分施加。

依据标准名称：《水电水利工程岩石试验规程》

依据标准号：DL/T 5368—2007，条款号 5.1.12

157. 狭缝法试验时，不得违反以下要求：

（1）在预定试验的岩体表面，修凿一平面。在工程岩体实际受力方向上的长度，不应小于狭缝长度的3倍，宽度不应小于狭缝长度的3倍。

（2）试点表面应修凿平整，表面起伏差不应大于狭缝长度的2%。

（3）狭缝内的加压面积不应小于1500cm^2，加压长度不应小于50cm，加压宽度不应小于30cm，宽长比应为0.6～1.0。

依据标准名称：《水电水利工程岩石试验规程》

依据标准号：DL/T 5368—2007，条款号 5.2.2

158. 钻孔径向加压法试验时，两试点加压段边缘之间的距离不得小于1.0倍加压段长；加压段边缘距孔口不得小于1.0倍加压段长；加压段边缘距孔底的距离不得小于加压段长的0.5倍。

依据标准名称：《水电水利工程岩石试验规程》

依据标准号：DL/T 5368—2007，条款号 5.4.2

159. 径向液压枕法试验时，试验洞直径应为2m～3m，混凝土条块厚度不应小于20cm。在试验段长度2.0倍范围内，岩性应均一、不得欠挖，洞壁表层受扰动的岩体应清除干净，洞壁表面应修凿平整，起伏差不应大于5cm，半径向误差不应大于5%。

依据标准名称：《水电水利工程岩石试验规程》

依据标准号：DL/T 5368—2007，条款号 5.5.2

160. 岩体强度试验段的岩性应均一，同一组试验剪切面的岩体性质应相同，剪切面下不得有贯穿性的近于平行剪切面的裂隙通过。

依据标准名称：《水电水利工程岩石试验规程》

依据标准号：DL/T 5368—2007，条款号 6.1.2

161. 在岩体预定部位加工剪切面时，剪切面尺寸应大于混凝土试件尺寸 10cm，实际剪切面面积不得小于 2500cm^2，最小边长不得小于 50cm；各试体间距不应小于试体推力方向的边长。

依据标准名称：《水电水利工程岩石试验规程》

依据标准号：DL/T 5368—2007，条款号 6.1.3

162. 混凝土试体制备时，混凝土试体高度不得小于推力方向边长的 1/2。

依据标准名称：《水电水利工程岩石试验规程》

依据标准号：DL/T 5368—2007，条款号 6.1.4

163. 剪切载荷系统安装时，在试体受力面粘贴垫板时，垫板底部与剪切面之间应预留约 1cm 间隙；平推法剪切载荷作用轴线应平行预定剪切面，轴线与剪切面的距离不应大于剪切方向试体边长的 5%。

依据标准名称：《水电水利工程岩石试验规程》

依据标准号：DL/T 5368—2007，条款号 6.1.12

164. 量测系统安装，在试体的对称部位分别安装剪切和法向位移测表，每种测表的数量不应少于 2 只，量测试体的绝对位移。

依据标准名称：《水电水利工程岩石试验规程》

依据标准号：DL/T 5368—2007，条款号 6.1.13

165. 岩体软弱结构面直剪试验时，试体中软弱结构面面积不得小于 2500cm^2，试体最小边长不得小于 50cm，软弱结构面以上的试体高度不得小于试体推力方向长度的 1/2；各试体间距不应小于试体推力方向的边长。

依据标准名称：《水电水利工程岩石试验规程》

依据标准号：DL/T 5368—2007，条款号 6.2.3

166. 岩体软弱结构面直剪试验，每组试验试体的数量不得少于 5 个。

依据标准名称：《水电水利工程岩石试验规程》

依据标准号：DL/T 5368—2007，条款号 6.2.5

167. 岩体三轴试验时，试件采用方柱形，试体底部与母岩相连，边长不得小于 30cm，高度与边长之比应为 2.0～2.5。

依据标准名称：《水电水利工程岩石试验规程》

依据标准号：DL/T 5368—2007，条款号 6.5.3

168. 岩体声波测试，单孔测试时，源距应为 0.3m～0.5m，换能器每次位移距离不应小于 0.2m。

依据标准名称:《水电水利工程岩石试验规程》

依据标准号: DL/T 5368—2007，条款号　7.2.2

169. 岩体声波测试时，每一对测点读数三次，读数之差不应大于 3%。

依据标准名称:《水电水利工程岩石试验规程》

依据标准号: DL/T 5368—2007，条款号　7.2.8

170. 蜡封法现场密度试验取样地点不得布置在挤压边墙首、尾 5m 的范围内，每块试样在任何方向上的尺寸均不应大于 120mm。试样放在已达到 105℃～110℃温度的烘箱内烘干，烘干时间不少于 8h。

依据标准名称:《混凝土面板堆石坝挤压边墙混凝土试验规程》

依据标准号: DL/T 5422—2009，条款号　6.0.3

171. 挤压边墙混凝土配合比设计不得违反以下基本原则:

（1）应根据工程要求、结构型式、施工条件和原材料状况，配制出满足技术要求、工作性好、经济合理的混凝土。

（2）骨料级配：最大粒径 20mm，＜5mm 的颗粒应为 30%～55%，含泥量＜7%。

（3）应采用强度等级为 32.5 的水泥，水泥用量应为骨料干质量的 3%～7%。

（4）用水量：按轻型击实试验确定。

依据标准名称:《混凝土面板堆石坝挤压边墙混凝土试验规程》

依据标准号: DL/T 5422—2009，条款号　10.0.1

172. 挤压边墙混凝土基本配合比试验，不得违反以下步骤:

（1）采用同一种骨料分别按 3.5%、4.5%、5.5%、6.5%等 4 种比例水泥用量并掺外加剂配制混凝土。

（2）进行轻型击实试验，绘制水泥用量与最优含水率、最大干密度的关系曲线，确定各水泥用量混凝土的最佳含水率。

（3）确定每种水泥用量的基本密度。

（4）对每种水泥用量，按照基本干密度、最优含水率，成型试件，标准养护至规定龄期后进行立方体抗压强度、圆柱体抗压强度、弹性模量、渗透系数等试验。

（5）按各项技术指标满足设计要求的最小水泥用量加 0.5%及最优含水率推荐基本配合比。

依据标准名称:《混凝土面板堆石坝挤压边墙混凝土试验规程》

依据标准号: DL/T 5422—2009，条款号　10.0.3

173. 挤压边墙混凝土配合比现场验证试验，不得违反以下步骤:

（1）按基本配合比制备混凝土。

（2）采用现场施工设备挤压成型 1 段挤压边墙试验段，长度不小于 30m，检测其干

密度，不少于9组；按保证率90%计算干密度代表值。

（3）按检测干密度的代表值制备试件，检测其立方体抗压强度、圆柱体抗压强度、弹性模量、渗透系数等检测项目，直至满足设计要求为止。

依据标准名称：《混凝土面板堆石坝挤压边墙混凝土试验规程》

依据标准号：DL/T 5422—2009，条款号 10.0.4

174. 挤压边墙混凝土施工配合比应以现场试验中各项检测结果满足设计要求的水泥用量值、相应现场检测的干密度代表值通过材料用量计算确定。

依据标准名称：《混凝土面板堆石坝挤压边墙混凝土试验规程》

依据标准号：DL/T 5422—2009，条款号 10.0.5

175. 试验用拌和钢板平面尺寸不应小于1.5m×2.0m，厚度不应小于5m。

依据标准名称：《水工碾压混凝土试验规程》

依据标准号：DL/T 5433—2009，条款号 3.1.2

176. 拌和物工作度试验结果处理时，以两次测值的平均值作为拌和物的*VC*值，在2s～8s、9s～16s、17s～25s范围内，两次测试结果差分别不得超过2s、3s、5s，否则该组试验作废。

依据标准名称：《水工碾压混凝土试验规程》

依据标准号：DL/T 5433—2009，条款号 3.2.4

177. 变态混凝土石室内拌和与成型时，变态浆液所使用的掺合料掺量、水胶比不应大于拟变态的碾压混凝土，均可适当减小。

依据标准名称：《水工碾压混凝土试验规程》

依据标准号：DL/T 5433—2009，条款号 3.6.3

178. 碾压混凝土试模最小边长不得小于最大骨料粒径的3倍，尺寸精度要求，边长误差不得超过1mm，角度误差不得超过0.5°，平整度误差不得超过边长的0.05%。

依据标准名称：《水工碾压混凝土试验规程》

依据标准号：DL/T 5433—2009，条款号 4.1.2

179. 碾压混凝土立方体抗压试件承压面的平整度不应超过边长的0.05%，承压面与相邻面的不垂直度不得超过±1°。

依据标准名称：《水工碾压混凝土试验规程》

依据标准号：DL/T 5433—2009，条款号 4.2.3

180. 劈裂垫板平整度误差不得大于边长的0.02%。

依据标准名称：《水工碾压混凝土试验规程》

依据标准号：DL/T 5433—2009，条款号 4.3.2

181. 轴心抗拉试验试件从取出至试验完毕，不应超过4h并注意试件保温。
依据标准名称:《水工碾压混凝土试验规程》
依据标准号: DL/T 5433—2009，条款号　4.4.3

182. 弯曲试验用的电阻应变片，长度不应小于骨料最大粒径的3倍。
依据标准名称:《水工碾压混凝土试验规程》
依据标准号: DL/T 5433—2009，条款号　4.5.2

183. 受压徐变试验时，在试验荷载下，丝杆的拉应力不应大于材料屈服点30%，弹簧的工作压力不得超过允许极限荷载的80%，工作时弹簧的压缩变形不得小于20mm。
依据标准名称:《水工碾压混凝土试验规程》
依据标准号: DL/T 5433—2009，条款号　4.8.2

184. 受压徐变试验时，差动式电阻应变计，长度应不小于骨料最大粒径的3倍。
依据标准名称:《水工碾压混凝土试验规程》
依据标准号: DL/T 5433—2009，条款号　4.8.2

185. 混凝土渗透系数测定仪，水压稳定系统应具有长期保压功能，动态稳压精度不得大于±5%。
依据标准名称:《水工碾压混凝土试验规程》
依据标准号: DL/T 5433—2009，条款号　4.11.2

186. 抗压强度和劈裂抗拉强度试验芯样试样按高径比1.0的尺寸切割，轴心抗压强度试验芯样按高径比2.0切割，预留磨平尺寸。芯样的直径应为骨料最大粒径的3倍，不应小于2倍。以3个试件为一组。芯样试件内不得含有钢筋。
依据标准名称:《水工碾压混凝土试验规程》
依据标准号: DL/T 5433—2009，条款号　6.4.3

187. 切割后的芯样试样应进行端面磨平或补平处理。水泥浆或砂浆补平，补平厚度不应大于5mm。
依据标准名称:《水工碾压混凝土试验规程》
依据标准号: DL/T 5433—2009，条款号　6.4.3

188. 芯样试件的外观质量不符合要求或尺寸偏差超过以下规定时，不得用于试验。
（1）芯样试件的高径比小于0.95。
（2）沿芯样试件高度的任一直径与平均直径相差大于2mm。
（3）端面不平整度不应大于直径的0.05%。
（4）芯样试件端面与轴线的不垂直度不应超过±1°。
（5）试件四周不得有缩颈、鼓肚、裂缝或其他缺陷。

依据标准名称:《水工碾压混凝土试验规程》
依据标准号: DL/T 5433—2009，条款号 6.4.3

189. 自密实混凝土拌和物性能试验，装料的整个过程应严格控制，不得施以任何捣实或振动。
依据标准名称:《发电工程混凝土试验规程》
依据标准号: 2014 报批稿，条款号 3.3.3

190. 混凝土弯曲性能试验，装置试件的尺寸偏差不得大于 1mm。
依据标准名称:《发电工程混凝土试验规程》
依据标准号: 2014 报批稿，条款号 4.5.3

191. 徐变仪在试验荷载下，丝杆的拉应力不应大于材料屈服点 30%，弹簧的工作压力不应超过允许极限荷载的 80%，且工作时弹簧的压缩变形不得小于 20mm。
依据标准名称:《发电工程混凝土试验规程》
依据标准号: 2014 报批稿，条款号 4.7.2

192. 混凝土干缩试验时，收缩试件成型时不得使用机油等憎水性脱模剂。
依据标准名称:《发电工程混凝土试验规程》
依据标准号: 2014 报批稿，条款号 4.8.3

193. 快速冻融装置运转时冻融箱内防冻液各点温度的极差不得超过 2℃。
依据标准名称:《发电工程混凝土试验规程》
依据标准号: 2014 报批稿，条款号 4.16.12

194. 砂浆棒长度法骨料碱活性检验，结果评定不得违反以下规定：当试件半年膨胀率超过 0.10%，或三个月膨胀率超过 0.05%时，评为具有潜在危害性的活性骨料。低于上述数值，则评为非活性骨料。
依据标准名称:《发电工程混凝土试验规程》
依据标准号: 2014 报批稿，条款号 4.27.2

195. 砂浆棒快速法碱骨料反应抑制措施有效性试验，结果评定不得违反下列规定：
（1）砂浆试件 14d 的膨胀率小于 0.1%，为非活性骨料。
（2）砂浆试件 14d 的膨胀率大于 0.2%，为具有潜在危害性反应的活性骨料。
（3）砂浆试件 14d 的膨胀率在 0.1%～0.2%之间的，对这种骨料应结合现场记录、岩相分析，或开展其他的辅助试验、试件观测的时间延至 28d 后的测试结果等来进行综合评定。
依据标准名称:《发电工程混凝土试验规程》
依据标准号: 2014 报批稿，条款号 4.27.3.4

二、能源标准

1．试验场地不得违反下列要求：

（1）场地应坚实平整，用碾压设备中最大工作质量的振动碾按2km/h～3km/h的速度碾压，直到每碾压2遍后全场平均沉降量不大于2mm。整场高差小于20cm且局部起伏差小于5cm。

（2）两侧边试验单元周边应有足够宽度，可供施工机械与重车行走、回车错道，试验单元边缘应具有足够的侧压力。

依据标准名称:《土石筑坝材料碾压试验规程》

依据标准号：NB/T 35016—2013，条款号　2.0.5

2．堆石料、过渡料填筑碾压试验主要检测设备，不得违反下列要求：

（1）密度套环（带法兰盘）：直径为石料最大粒径的2倍～3倍且不超过200cm，高度20cm，应保证足够的刚度。

（2）塑料薄膜：厚度不宜大于0.04mm且有良好的韧性（拉伸强度不小于20MPa，断裂伸长率不小于660%）。同一工程密度试验所使用的塑料薄膜规格应一致。

依据标准名称:《土石筑坝材料碾压试验规程》

依据标准号：NB/T 35016—2013，条款号　3.1.2

3．堆石料、过渡料铺填试验时，铺填厚度控制误差不得超出±10%。

依据标准名称:《土石筑坝材料碾压试验规程》

依据标准号：NB/T 35016—2013，条款号　3.2.3

4．堆石料、过渡料碾压试验时，划线标识出振动碾行走线和沉降测量点。测点间距应为1.5m～2.0m，且每个试验单元测点数应不少于20个。

依据标准名称:《土石筑坝材料碾压试验规程》

依据标准号：NB/T 35016—2013，条款号　3.2.6

5．堆石料、过渡料碾压试验，不得违反下列要求：

（1）所有试验组合检测完成后，应选出最优试验组合进行复核试验。

（2）每试验组合碾压后应进行不少于5点的碾后密度、颗分、含水率等试验，及不少于3点的渗透试验。

依据标准名称:《土石筑坝材料碾压试验规程》

依据标准号：NB/T 35016—2013，条款号　3.3.5

6．堆石料、过渡料填筑碾压密度试验，不得违反下列要求：

（1）密度采用挖坑灌水法测定，试点宜均布。

（2）将密度套环平稳安置在试验点上，环外缘距试验单元边线不小于0.5m、端线不小于lm。相邻两个试验坑中心间距不小于最大试坑直径的2倍。

（3）人工挖出密度套环内的石料并称量。挖坑深度应为本碾压层厚度。挖坑全过程不得移动密度套环。

（4）应在现场计算堆石体密度，若密度异常且无法找出原因，应补点重测。

（5）每一试验单元碾后干密度有效数据应不少于 3 个，取算术平均值作为试验单元的干密度值。

依据标准名称:《土石筑坝材料碾压试验规程》

依据标准号：NB/T 35016—2013，条款号　3.4.1

7. 堆石料、过渡料填筑碾压原位渗透试验时，每个试验单元内渗透系数有效数据不应少于 2 个。若发现渗透系数测定值异常且无法找出原因，应补点重测。

依据标准名称:《土石筑坝材料碾压试验规程》

依据标准号：NB/T 35016—2013，条款号　3.4.4

8. 垫层料、反滤料铺填试验，不得违反下列规定：

（1）采用后退法铺料，铺填时应防止颗粒离析现象发生。

（2）用推土机平料，铺填推平宜一次到位。

（3）用测量仪器控制铺填厚度，铺填厚度控制误差±5%。

依据标准名称:《土石筑坝材料碾压试验规程》

依据标准号：NB/T 35016—2013，条款号　4.2.5

9. 防渗土料备料场的面积应能满足试验需要。不同类别、不同含水率要求的土料应分别在备料场分区堆存，各区之间应预留足够的间距。

依据标准名称:《土石筑坝材料碾压试验规程》

依据标准号：NB/T 35016—2013，条款号　5.1.3

10. 防渗土料铺料，不得违反下列规定：

（1）标识出试验单元的位置及边界。

（2）将合格的土料采用进占法或后退法卸料，施工机械不得破坏已碾压好的土体。

（3）用推土机平料，铺填推平苴一次到位。

（4）应控制铺填厚度，铺填厚度控制误差±5%。

（5）土料平整后，表层含水率损失较大时，需对表土进行人工表面喷水湿润；下雨时应采取防水措施。

（6）填筑上一层时，应对下一层表面洒水湿润。试验中若存在“弹簧土”，禁止在其上铺填新土。

依据标准名称:《土石筑坝材料碾压试验规程》

依据标准号：NB/T 35016—2013，条款号　5.3.6

11. 防渗土料填筑碾压试验前，应对土料进行含水率试验，并对砾石土进行颗粒分析试验。每个试验单元试验组数不少 3 组。

依据标准名称：《土石筑坝材料碾压试验规程》
依据标准号：NB/T 35016—2013，条款号 5.4.2

12. 碾压堆石体压缩试验最大压力不应小于设计压力的1.2倍。压力分级不应少于5级，按最大压力等分施加。
依据标准名称：《土石筑坝材料碾压试验规程》
依据标准号：NB/T 35016—2013，条款号 6.4.1

13. 碾压体原位直剪试验时，剪切盒：可采用方形或圆形，剪切盒边长或直径与碾压体中的最大粒径之比不宜小于3，并具有足够的强度和刚度。
依据标准名称：《土石筑坝材料碾压试验规程》
依据标准号：NB/T 35016—2013，条款号 9.1.2

14. 碾压体每组原位直剪试验试样数量应为4个～5个。各试样间距不应小于试样边长或直径。同组试验应在同一试验单元内布置。
依据标准名称：《土石筑坝材料碾压试验规程》
依据标准号：NB/T 35016—2013，条款号 9.2.1

15. 碾压体原位试样应制备成方柱体或圆柱体，试样高与边长或直径之比约为1/2。边长或直径不应小于最大粒径的2.5倍，且不小于30cm。
依据标准名称：《土石筑坝材料碾压试验规程》
依据标准号：NB/T 35016—2013，条款号 9.2.3

16. 碾压体原位直剪试验时，应清除试样周围浮渣，将剪切盒套在修整好的试样上，如修样困难可采用预埋剪切盒。剪切盒与试样间的间隙用与试样同性质的细颗粒料填实，或者用水泥砂浆填实。剪切盒底边预留剪切缝，剪切缝高度不小于最大粒径的1/4。
依据标准名称：《土石筑坝材料碾压试验规程》
依据标准号：NB/T 35016—2013，条款号 9.2.4

17. 碾压体原位直剪试验设备安装时，不得违反下列规定：
（1）安装支架钢梁，钢梁固定点应设在试验点影响范围之外。
（2）在试样顶部和推力面对称部位安装垂直位移和水平位移测表，表脚应与垫板接触，测表与钢梁之间用磁性表座连接，垂直和水平位移测表数量各不少于2个。
（3）百分表安装完毕后，轻轻敲动钢梁，观察百分表的回弹情况，检查万分表是否安装正确。
依据标准名称：《土石筑坝材料碾压试验规程》
依据标准号：NB/T 35016—2013，条款号 9.3.4

第二节 勘 察

一、国家标准

1．工程场地地震动参数确定，严禁违反下列规定：

（1）坝高大于200m的工程或库容大于$10\times10^9m^3$的大（1）型工程，以及50年超越概率10%的地震动峰值加速度不应小于0.10*g*地区且坝高大于150m的大（1）型工程，应进行场地地震安全评价工作。

（2）场地地震安全评价应包括工程使用期限内，不同超越概率水平下，工程场地基岩的地震动参数。

依据标准名称：《水利《水电工程地质勘察规范》

依据标准号：GB 50487—2008，条款号 5.2.74

2．可熔岩区水库严重渗漏地段勘察不得漏查下列内容：

（1）可溶岩层、隔水层及相对隔水层的厚度、连续型和空间分布。

（2）主要渗漏地段或主要渗漏通道的位置、形态和规模，喀斯特渗漏的性质，估算渗漏量，提出防渗处理的范围、深度和处理措施的建议。

依据标准名称：《水利水电工程地质勘察规范》

依据标准号：GB 50487—2008，条款号 6.2.2

3. 建筑物淹没区和范围较大的农作物浸没区应建立水下动态观测网；当浸没区地层为双层结构，且上部土层厚度较大时，应分别观测下部含水层和上部土层内的地下水动态参数。

依据标准名称：《水利水电工程地质勘察规范》

依据标准号：GB 50487—2008，条款号 6.2.6

4. 水库库岸滑坡、崩塌和坍岸区的勘察不得缺少下列内容：

（1）查明水库区对工程建筑物、城镇和居民区环境有影响的滑坡、崩塌的分布、范围、规模和地下水动态特征。

（2）查明库岸滑坡、崩塌和坍岸区岩土体物理力学性质，调查岸库水上、水下与水位变动带稳定坡角。

（3）查明坍岸区岸坡结构类型、失稳模式、稳定现状，预测水库蓄水后坍岸范围及危害性。

（4）评价水库蓄水前和蓄水后滑坡、崩塌体的稳定性，估算滑坡、崩塌入库方量、涌浪高度及影响范围，评价其对航运、工程建筑物、城镇和居民区环境的影响。

（5）提出库岸滑坡、崩塌和坍岸的防治措施和长期监测方案建议。

依据标准名称：《水利水电工程地质勘察规范》

依据标准号：GB 50487—2008，条款号 6.2.7

5. 土石坝坝址勘察不得缺少以下内容：查明坝基河床及两岸覆盖的层次、厚度和分布，重点查明软土、粉系砂、湿陷性黄土、架空层、漂孤石层以及基岩中的石膏夹层等工程性质不良土层的情况。

依据标准名称：《水利水电工程地质勘察规范》

依据标准号：GB 50487—2008，条款号 6.3.1

6. 混凝土重力坝（砌石重力坝）坝址勘察应不得缺少下列内容：

（1）查明岩体、层次，易溶岩层、软弱岩层、软弱夹层和蚀变带等的分布、性状、延续性、起伏差、充填物、物理力学性质以及与上下岩层的接触情况。

（2）查明断层、破碎带、断层交汇带何裂隙密集带的具体位置、规模和性状，特别是顺河断层和缓倾角断层的分布和特征。

依据标准名称：《水利水电工程地质勘察规范》

依据标准号：GB 50487—2008，条款号 6.4.1

7. 混凝土拱坝（砌石拱坝）坝址的勘察不得少于下列内容：

（1）查明与拱座岩体有关的岸坡卸荷、岩体风化、断裂、哈斯特洞穴及溶蚀裂隙、软弱层（带）、破碎带的分布与特征，确定拱座利用岩面和开挖深度，评价坝基和拱座岩体质量，提出处理建议。

（2）查明与拱座岩体变形有关的断层、破碎带、软弱层（带）、喀斯特洞穴及溶蚀裂隙、风化、卸荷岩体的分布及工程地质特性，提出处理建议。

（3）查明与拱座抗滑稳定有关的各类结构面，特别是底滑面、侧滑面的分布、性状、连通率，确定拱座抗滑稳定的边界条件，分析岩体变形与抗滑稳定的相互关系，提出处理建议。

依据标准名称：《水利水电工程地质勘察规范》

依据标准号：GB 50487—2008，条款号 6.5.1

8. 地下厂房系统勘察不得缺少以下内容：

（1）查明厂址区水文地质条件，含水层、隔水层、强透水带的分布及特征。

（2）可溶岩区应查明喀斯特水系统分布，预测掘进时发生突水（泥）的可能性，估算最大涌水量和对围岩稳定的影响，提出处理建议。

依据标准名称：《水利水电工程地质勘察规范》

依据标准号：GB 50487—2008，条款号 6.8.1

9. 隧洞勘察不得缺少下列内容：

（1）查明隧洞沿线的地下水位、水温和水化学成分，特别要查明涌水量丰富的含水层、汇水构造、强透水带以及与地表西沟量筒的断层、破碎带、节理裂隙密集带和喀斯特通道，预测掘进时发生突水（泥）的可能性，估算最大涌水量，提出处理建议。提出外水压力析减系数。

（2）提出各类岩体的物理力学参数。结合工程地质条件进行围堰工程地质分类。

（3）查明岩层中有害气体或放射性元素的赋存情况。

依据标准名称:《水利水电工程地质勘察规范》

依据标准号: GB 50487—2008，条款号 6.9.1

10. 移民新址工程地质勘察不得缺少下列内容:

(1) 查明新址区及外围滑坡、崩塌、危岩、冲沟、泥石流、坍岸、喀斯特等不良地质现象的分布范围及规模，分析其对新址区场地稳定性的影响。

(2) 查明生产、生活用水水源、水量、水质及开采条件。

依据标准名称:《水利水电工程地质勘察规范》

依据标准号: GB 50487—2008，条款号 6.19.2

二、电力标准

1. 折射波法数据处理，综合时距曲线的互换时间差不应超过 5ms、追逐时距曲线应平行。

依据标准名称:《水电水利工程物探规程》

依据标准号: DL/T 5010—2005，条款号 5.4.15

2. 弹性波测试，电火花和超磁致震源仪器和设备的防护和使用必须符合高压电器的要求。

依据标准名称:《水电水利工程物探规程》

依据标准号: DL/T 5010—2005，条款号 5.5.3

3. 划分松弛厚度的相对误差不应大于 15%。

依据标准名称:《水电水利工程物探规程》

依据标准号: DL/T 5010—2005，条款号 6.11.4

4. 灌浆效果检测，波速的相对误差不应大于 5%。

依据标准名称:《水电水利工程物探规程》

依据标准号: DL/T 5010—2005，条款号 6.12.4

5. 锚杆质量检测，检测抽样率不宜少于锚杆总数的 10%，且不少于 10 根。若检测不合格的数量超过抽检总数的 20%，应对余下的全部锚杆进行检测。

依据标准名称:《水电水利工程物探规程》

依据标准号: DL/T 5010—2005，条款号 6.19.2

6. 钻场修建不得违反下列要求:

(1) 钻孔孔位定位后不得擅自移位。

(2) 钻孔地基应稳定。填方部位不得大于地基面积的 1/3。

(3) 钻探设备的搬迁、转运，采用人力搬运器材时，进场道路修筑宽度不应小于 2m，并应避免急弯、陡坡。采用架空索道运输时，人行道路宽度不应小于 1.2m。

依据标准名称：《水电水利工程钻探规程》
依据标准号：DL/T 5013—2005，条款号　5.3.1

7．钻探设备的安装、拆卸不得违反下列规定：

（1）立、放钻架应在机长统一指挥下进行。立、放钻架时，左、右两边应设置牵引绷绳以防翻倒，严禁自由摔落放钻架。平坦地区应整体搬迁轻型钻架，并不得在高压电线、光缆下进行。

（2）电气设备安装场所应保持清洁、干燥，电线不得裸露，并应绝缘良好、严禁油水浸入。

（3）拆卸机械时，严禁猛敲乱打。

依据标准名称：《水电水利工程钻探规程》
依据标准号：DL/T 5013—2005，条款号　5.3.2

8．土层、地下水位以上的砂土层的螺旋钻、勺钻钻进回次进尺不得超过钻头带钻叶部分的长度。

依据标准名称：《水电水利工程钻探规程》
依据标准号：DL/T 5013—2005，条款号　6.1.4

9．冲洗管钻取样钻进，抽筒长度不得小于 1.6m，冲程应为 150mm～300mm。

依据标准名称：《水电水利工程钻探规程》
依据标准号：DL/T 5013—2005，条款号　6.2.3

10．泥浆护壁冲抓锥钻进，孔口管内径应大于钻头直径 200mm，长度不得小于 2.0m。

依据标准名称：《水电水利工程钻探规程》
依据标准号：DL/T 5013—2005，条款号　6.2.4

11．土样取样不得违反以下规定：

（1）在地下水位以上应采用干钻法取样，不得注水或使用冲洗液。

（2）在饱和软黏性土、粉土、砂土中取样，应采用泥浆钻进。采用套管护壁时，应先钻进后跟管，套管跟进跟进深度应滞后取样位置 3 倍孔径以上。不得强行打入未曾取样的土层。管内液面应始终高于地下水位。

（3）下入取土器前应先清孔。采用敞口取土器取样时，孔底残留厚度不得超过 50mm。

依据标准名称：《水电水利工程钻探规程》
依据标准号：DL/T 5013—2005，条款号　6.5.1

12．贯入式取土器应平稳下放，取样不得冲击孔底。

依据标准名称：《水电水利工程钻探规程》
依据标准号：DL/T 5013—2005，条款号　6.5.2

13. 硬质合金钻头制作，镶焊针状硬质合金钻头时胎块不得倒镶，焊枪中心火焰不得直接对准胎块。

依据标准名称:《水电水利工程钻探规程》

依据标准号: DL/T 5013—2005，条款号 7.1.2

14. 金刚石钻具使用，严禁用管钳拧卸钻头、扩孔器、卡簧座与内管，应采用多触点钳或摩擦钳。

依据标准名称:《水电水利工程钻探规程》

依据标准号: DL/T 5013—2005，条款号 8.1.3

15. 升降钻具应平稳，钻头下降受阻时，应用钳子回转，严禁冲撞。

依据标准名称:《水电水利工程钻探规程》

依据标准号: DL/T 5013—2005，条款号 8.2.3

16. 金刚石钻进每次下钻，不得将钻具下至孔底。应接上主动钻杆后开泵送水，轻压慢转，扫孔到底。

依据标准名称:《水电水利工程钻探规程》

依据标准号: DL/T 5013—2005，条款号 8.4.2

17. 使用绳索取芯钻具不得违反下列规定:

（1）下打捞器前，应在孔口钻杆上端，拧上护丝。反复捞取内管无效时，不得猛冲硬撞，应提出钻具检查原因。

（2）钻孔为干孔时不得自由投放内管，应用投放器送入孔底或钻杆内迅速泵入冲洗液后立即投入内管。

依据标准名称:《水电水利工程钻探规程》

依据标准号: DL/T 5013—2005，条款号 8.5.4

18. 当孔内坍塌掉块或岩粉过多时，不得使用冲击器钻进。

依据标准名称:《水电水利工程钻探规程》

依据标准号: DL/T 5013—2005，条款号 8.6.5

19. 架设钢丝绳索桥，不得违反下列规定:

（1）所用材料设备应进行检查。严禁使用不合格产品，使用替代产品必须经过原审批程序取得同意。

（2）钢丝绳严禁打扣使用。

（3）风速在 5 级以上或雨、雪、雾天气，严禁架设施工。

依据标准名称:《水电水利工程钻探规程》

依据标准号: DL/T 5013—2005，条款号 9.3.2

20. 冰上钻探必须在封冻期进行施工，冰层厚度不应小于 0.3。
依据标准名称：《水电水利工程钻探规程》
依据标准号：DL/T 5013—2005，条款号　9.5.1

21. 冰上钻探钻场附近不得随便开凿冰洞。应明确标示交通线路范围。
依据标准名称：《水电水利工程钻探规程》
依据标准号：DL/T 5013—2005，条款号　9.5.2

22. 使用水泥护壁堵漏时，不得违反下列规定：灌注水泥浆液时，应用泵入法、灌注器输送法或导管法，非干孔不得从孔口直接倒入，导管距孔底不应大于 1.0m。
依据标准名称：《水电水利工程钻探规程》
依据标准号：DL/T 5013—2005，条款号　11.2.2

23. 套管护壁堵漏施工时，严禁将不合要求的套管下入孔内。
依据标准名称：《水电水利工程钻探规程》
依据标准号：DL/T 5013—2005，条款号　11.2.4

24. 孔内事故的预防不得违反下列规定：
（1）钻杆钻具有裂纹、丝扣严重磨损和明显变形、连接晃动等现象，不得下入孔内。
（2）钻具不得长时间悬空回转。
依据标准名称：《水电水利工程钻探规程》
依据标准号：DL/T 5013—2005，条款号　12.1.1

25. 常规钻进取芯严禁回次进尺超过岩芯管长度。
依据标准名称：《水电水利工程钻探规程》
依据标准号：DL/T 5013—2005，条款号　13.1.7

26. 保管及运输岩芯箱应平稳放置，不得日晒雨淋。
依据标准名称：《水电水利工程钻探规程》
依据标准号：DL/T 5013—2005，条款号　13.1.10

27. 钻孔弯曲的预防，不得违反下列规定：
（1）开孔时应选铅直的主动钻杆，不得使用立轴间隙过大的钻机。
（2）不应轻易换径。换径应使用变径导向钻具，或采用其他导正定位措施。
依据标准名称：《水电水利工程钻探规程》
依据标准号：DL/T 5013—2005，条款号　13.2.2

28. 安装水文地质长期观测装置应按设计要求，选用观测管及过滤网，观测管内径不得小于 20mm。

依据标准名称：《水电水利工程钻探规程》
依据标准号：DL/T 5013—2005，条款号 13.5.4

29．从事钻探工作人员，必须经过安全教育，未通过考试合格不得上岗。
依据标准名称：《水电水利工程钻探规程》
依据标准号：DL/T 5013—2005，条款号 14.2.1

30．不得强行起拔钻具，不得将千斤顶坐落在钻船上。
依据标准名称：《水电水利工程钻探规程》
依据标准号：DL/T 5013—2005，条款号 14.3.6

31．遇重雾视线不清或 5 级以上大风时，严禁抛锚、起锚和移动船只。
依据标准名称：《水电水利工程钻探规程》
依据标准号：DL/T 5013—2005，条款号 14.3.10

32．机械在运转中，不得进行拆卸和修理，发现异常响声时，应及时停机检查。
依据标准名称：《水电水利工程钻探规程》
依据标准号：DL/T 5013—2005，条款号 14.4.1

33．胶管应设防缠装置，钻进中不得用人扶持水龙头及胶管。
依据标准名称：《水电水利工程钻探规程》
依据标准号：DL/T 5013—2005，条款号 14.4.3

34．跑钻时严禁抢插垫叉。
依据标准名称：《水电水利工程钻探规程》
依据标准号：DL/T 5013—2005，条款号 14.5.6

35．提钻后应立即盖好孔口。粗径钻具处于悬吊状态时，不得探视或用手触摸管内岩芯。
依据标准名称：《水电水利工程钻探规程》
依据标准号：DL/T 5013—2005，条款号 14.5.7

36．提升钻具或岩芯遇阻时，严禁强行起吊，应适当与转盘配合，或停机处理后，再行起吊。
依据标准名称：《水电水利工程钻探规程》
依据标准号：DL/T 5013—2005，条款号 14.9.2

37．井下作业不得违反下列安全规定：
（1）井口周围应设防护栏，整齐洁净，不得堆放杂乱物件。
（2）井下作业人员，井口应设专人看守。所用工器具应用绳系或由吊桶运送，严禁直接向井下投放。

依据标准名称:《水电水利工程钻探规程》

依据标准号：DL/T 5013—2005，条款号 14.9.3

38．钻进用冲洗液原材料和处理剂应符合环境保护要求，钻进用冲洗液不得随意流放。

依据标准名称:《水电水利工程钻探规程》

依据标准号：DL/T 5013—2005，条款号 14.10.2

39．油料不得排入江河或农田。

依据标准名称:《水电水利工程钻探规程》

依据标准号：DL/T 5013—2005，条款号 14.10.3

40．坑探施工未制定安全技术措施和安全施工预案，不得施工。

依据标准名称:《水利水电工程坑探规程》

依据标准号：DL/T 5050—2010，条款号 4.0.2

41．电力起爆主线必须与照明及动力线路分两侧架设，严禁线路交叉和混合使用。

依据标准名称:《水利水电工程坑探规程》

依据标准号：DL/T 5050—2010，条款号 5.3.8

42．平洞穿越铁路、公路等已有建筑物时，未征得有关部门同意，严禁施工。

依据标准名称:《水利水电工程坑探规程》

依据标准号：DL/T 5050—2010，条款号 6.1.4

43．机车出渣作业不得违反下列要求：

（1）机车在洞内行驶速度不应超过 10km/h；在调车或人员稠密地段，速度应减至3km/h；通过弯道、岔道或视线不良地段时，速度不得超过 5km/h。

（2）两机车同方向行驶时，间距不应小于 60m，并需减速慢行。

（3）机车倒退行驶时，鸣号间隔时间不应大于 15s。

依据标准名称:《水利水电工程坑探规程》

依据标准号：DL/T 5050—2010，条款号 6.3.3

44．构架支护不得违反下列规定：

（1）支撑木材材质应密实，小头直径不得小于 120mm，不得使用朽、裂木材。

（2）支护前，检查处理松石必须站在安全地点，严禁用短把工具临近松石下方作业。

依据标准名称:《水利水电工程坑探规程》

依据标准号：DL/T 5050—2010，条款号 6.7.3

45．坑探施工过程中，洞内氧气按体积计算不应少于 20%。洞内平均温度不应超过

28℃。

依据标准名称：《水利水电工程坑探规程》

依据标准号：DL/T 5050—2010，条款号 6.8.1

46．坑探工作面附近最小风速不得低于 0.15m/s，最大风速不得超过 4m/s。

依据标准名称：《水利水电工程坑探规程》

依据标准号：DL/T 5050—2010，条款号 6.8.2

47．坑探施工中的有害气体防控，不得违反以下规定：

（1）长期停止施工的洞（井）恢复生产或需要进洞勘察时，必须监测氧气、二氧化碳、瓦斯和其他有害气体的浓度，如不符合规定，必须通风达到标准后方准进洞作业。

（2）在遇有瓦斯和其他有害气体的洞（井）工作面，人均供给新鲜空气量不得低于 $5m^3/min$，通风风速不得低于 0.25m/s。当瓦斯浓度达到 1.0%时，禁止放炮；当瓦斯浓度达到 1.5%时，停止设备运转；当瓦斯浓度达到 2.0%时，工作人员必须撤离。

依据标准名称：《水利水电工程坑探规程》

依据标准号：DL/T 5050—2010，条款号 6.8.3

48．放射性突出地区平洞开挖，严禁违反以下的规定：

（1）新进点工程的井、洞探作业，必须进行射线和放射性气体的测试。

（2）在放射性地区工作，人员受照年剂量当量超过 5mSv（0.5rem）时，必须采取周密防护措施，并经主管安全领导批准，方可进洞工作。

依据标准名称：《水利水电工程坑探规程》

依据标准号：DL/T 5050—2010，条款号 6.8.4

49．用卷扬机出渣运输时，不得违反下列条件：

（1）矿车运行速度不宜超过 2m/s。

（2）轨道斜坡段应设置人行道与安全扶手，人行道边缘与矿车外缘距离不得小于 30cm。

（3）井口设置阻车器、安全防护栏和安全门。矿车下方严禁站人。

依据标准名称：《水利水电工程坑探规程》

依据标准号：DL/T 5050—2010，条款号 7.2.3

50．井筒结构不得违反以下规定：

（1）井深超过 10m 时，必须设置导井。

（2）导井深度应大于沉井深度的 1/20，与井筒间的环状间隙应为 0.3m～0.4m。

依据标准名称：《水利水电工程坑探规程》

依据标准号：DL/T 5050—2010，条款号 7.5.2

51．探槽施工不得违反下列规定：

（1）禁止采用挖空槽壁底部，自由塌落的工作方法。

（2）探槽施工严禁1人单独作业。

（3）雨后作业，应检查探槽稳定情况，遇隐患应及时处理，不得盲目施工。

依据标准名称：《水利水电工程坑探规程》

依据标准号：DL/T 5050—2010，条款号　8.2.2

52. 钻探专业负责人应参加《勘测大纲》中钻探部分与钻探有关的技术方案的编写工作。

依据标准名称：《电力工程地质钻探技术规定》

依据标准号：DL/T 5096—2008，条款号　3.0.6

53. 树立塔架由有经验的专人统一指挥，否则不得进行施工。

依据标准名称：《电力工程地质钻探技术规定》

依据标准号：DL/T 5096—2008，条款号　4.6.1

54. 严禁在高压线下安装钻塔。在高压线附近作业时，钻塔与高压线的水平距离应大于2倍的塔高。

依据标准名称：《电力工程地质钻探技术规定》

依据标准号：DL/T 5096—2008，条款号　4.6.7

55. 夜间或遇五级以上大风、雷雨天、雪雾天时，严禁安装钻塔。

依据标准名称：《电力工程地质钻探技术规定》

依据标准号：DL/T 5096—2008，条款号　4.6.8

56. 井管的安装必须在钻至设计深度后或换浆后立即进行。

依据标准名称：《电力工程地质钻探技术规定》

依据标准号：DL/T 5096—2008，条款号　6.2.1

57. 井管安装回填砾石时，必须均匀连续沿井管周围填入，严禁一个方向填入，或填入速度过快。

依据标准名称：《电力工程地质钻探技术规定》

依据标准号：DL/T 5096—2008，条款号　6.3.2

58. 井管安装回填砾石时，严禁填砾位置超过止水位置。

依据标准名称：《电力工程地质钻探技术规定》

依据标准号：DL/T 5096—2008，条款号　6.3.5

59. 槽孔壁应平整垂直，不应出现梅花孔、小墙等。孔位允许偏差不应大于100mm，孔斜率不应大于0.40%；含孤石、漂石、基岩面倾斜度较大的地层，孔斜率不应大于0.60%；

一、二期槽孔接头及套接孔的孔位中心偏差值，在任一深度内不应大于设计墙厚的1/3。

依据标准名称：《水电水利岩土工程施工及岩体测试造孔规程》

依据标准号：DL/T 5125—2009，条款号 5.1.6

60．钻劈法钻进造槽钻孔不得违反下列规定：

（1）主孔宽度应符合设计要求，副孔搭接处的宽度应大于主孔宽度，主、副孔高差不应小于3m。

（2）在砂卵砾石层中钻进，使用活门抽砂筒捞渣时，每4次捞渣深度不应超过活门抽砂筒高度的1/2。

依据标准名称：《水电水利岩土工程施工及岩体测试造孔规程》

依据标准号：DL/T 5125—2009，条款号 5.2.3

61．岩体测试造孔的钻场应平稳牢固，不得产生沉陷。

依据标准名称：《水电水利岩土工程施工及岩体测试造孔规程》

依据标准号：DL/T 5125—2009，条款号 5.3.1

62．岩体测试造孔的钻头翼片肩高应保持一致，不应偏斜。

依据标准名称：《水电水利岩土工程施工及岩体测试造孔规程》

依据标准号：DL/T 5125—2009，条款号 5.3.3

63．防渗墙造孔时，钻进成孔不得违反下列规定：

（1）终孔时应采用大泵量冲洗钻孔10min～20min，冲孔泥浆比重应大于1.15，黏度大于20s。

（2）孔底沉渣厚度不应大于0.10m。

依据标准名称：《水电水利岩土工程施工及岩体测试造孔规程》

依据标准号：DL/T 5125—2009，条款号 5.3.4

64．孔位偏差不得大于钻孔直径的1/6。

依据标准名称：《水电水利岩土工程施工及岩体测试造孔规程》

依据标准号：DL/T 5125—2009，条款号 5.3.6

65．制泥浆应使用搅拌机，搅拌时间不应少于30min。

依据标准名称：《水电水利岩土工程施工及岩体测试造孔规程》

依据标准号：DL/T 5125—2009，条款号 5.5.7

66．施工现场废浆处理，如达不到国家规定的排放标准，不得经地下水道排放。

依据标准名称：《水电水利岩土工程施工及岩体测试造孔规程》

依据标准号：DL/T 5125—2009，条款号 5.5.11

67. 施工现场泥浆池、沉淀池、废浆池、泥浆循环槽不得渗漏、倒塌，不得修建在新堆积的填土上。

依据标准名称：《水电水利岩土工程施工及岩体测试造孔规程》

依据标准号：DL/T 5125—2009，条款号　5.5.12

68. 冲抓锥钻进应用抓瓣抓取土石成孔，不得用来击碎土石。遇不可抓取的卵石、漂石、探头石，应及时改用冲击钻头破碎钻进。

依据标准名称：《水电水利岩土工程施工及岩体测试造孔规程》

依据标准号：DL/T 5125—2009，条款号　6.3.3

69. 应根据钻孔直径、地层、钻机性能等条件，选择具有足够强度和较大过流断面的钻杆，其外径不应小于89mm。

依据标准名称：《水电水利岩土工程施工及岩体测试造孔规程》

依据标准号：DL/T 5125—2009，条款号　6.4.3

70. 循环回转钻进不得违反下列规定：

（1）正常钻进时，不应随意变动钻进参数。

（2）升降钻具之前，应检查升降机的制动装置、离合器、提引器、天车、滑车等是否安全可靠，操作升降机要平稳，起、下钻时钻具要扶正、对准，不得碰撞孔口护筒管。

依据标准名称：《水电水利岩土工程施工及岩体测试造孔规程》

依据标准号：DL/T 5125—2009，条款号　6.4.6

71. 泵吸反循环钻头上端应设置导正环，导正环与钻头的同轴度要好，不得产生偏心、偏重。

依据标准名称：《水电水利岩土工程施工及岩体测试造孔规程》

依据标准号：DL/T 5125—2009，条款号　6.5.2

72. 砂石泵组启动操作，严禁加入污水、脏水，应保证泵组处于良好状态。

依据标准名称：《水电水利岩土工程施工及岩体测试造孔规程》

依据标准号：DL/T 5125—2009，条款号　6.5.3

73. 潜水电站钻进泥浆性能指标不得违反下列要求：

（1）黏土、黏性土居中，应注入清水，自然造浆护壁排渣。

（2）砂层、砂土层中应配制比重为1.10的优质泥浆。

（3）砂卵砾石层中，孔口排出泥浆比重可增大至1.30～1.50。

依据标准名称：《水电水利岩土工程施工及岩体测试造孔规程》

依据标准号：DL/T 5125—2009，条款号　6.6.3

74. 潜水电钻钻进，不得违反下列规定：

（1）潜水电钻、卷扬机、砂石泵的电缆线均应接入配电箱内，集中控制。通往潜水电钻的电缆线应绝缘良好、不得破损。

（2）钻进中电流应控制在 30A～40A，不得超过 60A（22kW 电动机）。电流突然上升时，应立即将电钻上提，以减小钻头负荷。

依据标准名称：《水电水利岩土工程施工及岩体测试造孔规程》

依据标准号：DL/T 5125—2009，条款号 6.6.4

75．潜水电钻钻进应控制钻进速度，淤泥质土中不应大于 1m/min。其他地层，不应超过钻机负荷，钻机不得跳动。

依据标准名称：《水电水利岩土工程施工及岩体测试造孔规程》

依据标准号：DL/T 5125—2009，条款号 6.6.4

76．螺旋钻钻进不得违反下列规定：

（1）回次钻进深度不得超过螺旋长度。

（2）提钻遇阻时，严禁强行起拔钻具。

（3）进软硬不均地层时，应匀速缓慢钻进，严禁强行加压钻进产生钻孔弯曲。

依据标准名称：《水电水利岩土工程施工及岩体测试造孔规程》

依据标准号：DL/T 5125—2009，条款号 6.7.5

77．钻孔深层搅拌桩施工机械安装时，送粉、送浆、送风管路连接应可靠，不得泄漏，接口处应加保险销。

依据标准名称：《水电水利岩土工程施工及岩体测试造孔规程》

依据标准号：DL/T 5125—2009，条款号 6.10.3

78．钻孔深层搅拌桩成桩施工，不得违反下列规定：

（1）制备好的浆液不得离析，停置时间不得超过 2h。

（2）钻孔搅拌桩的垂直度偏差不得超过 1%，设计要求搭接成墙的桩施工应连续进行，相邻桩施工时间间隔不得超过 24h。

（3）采用湿法施工预搅下沉时不应冲水，当遇到较硬土层下沉太慢时，可适量加水；干法施工时地下水位以上可加水，供水泥水船，但不得过量，以免影响桩身强度。

（4）钻孔搅拌桩的垂直度偏差不得超过 1%，对设计要求搭接成墙的桩旋工应连续进行，相邻桩施工时间间隔不得超过 24h。

依据标准名称：《水电水利岩土工程施工及岩体测试造孔规程》

依据标准号：DL/T 5125—2009，条款号 6.10.4

79．钻具选择应使得孔底沉渣，厚度不得超过 0.10m。

依据标准名称：《水电水利岩土工程施工及岩体测试造孔规程》

依据标准号：DL/T 5125—2009，条款号 6.11.4

80．钻孔树根桩必须与上部结构连成整体，在穿过既有建筑物基础时，应凿开基础，将主钢筋与树根桩主筋焊接牢固，并将基础顶面上的混凝土凿毛，浇注一层大于原基础强度的混凝土。

依据标准名称：《水电水利岩土工程施工及岩体测试造孔规程》

依据标准号：DL/T 5125—2009，条款号 6.11.8

81．干孔作业施工的桩孔，应用掏土方法清除虚土，不得用水或泥浆冲洗。

依据标准名称：《水电水利岩土工程施工及岩体测试造孔规程》

依据标准号：DL/T 5125—2009，条款号 6.12.2

82．帷幕灌浆钻孔机械设备选择与安装，不得违反下列要求：应选用多缸往复式灌浆泵，额定工作压力不应小于最大灌浆压力的 1.5 倍，压力波动范围不应大于灌浆压力的 20%，排量不得低于 100L/min。

依据标准名称：《水电水利岩土工程施工及岩体测试造孔规程》

依据标准号：DL/T 5125—2009，条款号 7.4.1

83．高压喷射注浆造孔施工，不得违反下列规定：

（1）按设计要求钻进造孔，钻孔直径应大于喷射管外径 20mm，岩芯（样）采取率不得低于 90%，做好岩芯（样）的编录工作。

（2）终孔深度应大于设计孔深 0.30m。

（3）孔底沉渣不应大于 0.10m。

（4）防渗工程的钻孔孔斜每 100m 应小于 1°00'。

（5）钻孔经验收合格后，方可进行高压喷射注浆。

依据标准名称：《水电水利岩土工程施工及岩体测试造孔规程》

依据标准号：DL/T 5125—2009，条款号 7.5.5

84．锚杆施工造孔时，钻孔成孔条件困难时，应采用固结灌浆或潜孔锤同步跟管钻进成孔，不得采用泥浆钻进。应采用自钻式注浆锚杆或管式锚杆。

依据标准名称：《水电水利岩土工程施工及岩体测试造孔规程》

依据标准号：DL/T 5125—2009，条款号 8.2.1

85．水泥砂浆锚杆安装后，在水泥砂浆未凝固前不得敲打、碰撞或拉拔锚杆。

依据标准名称：《水电水利岩土工程施工及岩体测试造孔规程》

依据标准号：DL/T 5125—2009，条款号 8.2.2

86．锚索孔的孔深、孔径、倾角、方位角均应符合设计要求。其允许误差不得违反下列规定：

（1）孔深误差不应大于 0.20m。

（2）机械式锚固段孔径不应大于设计孔径的 3%，但不应大于 5mm。

（3）孔斜误差不应大于 3%，特殊情况下不大于 0.8%。

（4）锚索孔方位角偏差不应大于 3°。

依据标准名称：《水电水利岩土工程施工及岩体测试造孔规程》

依据标准号：DL/T 5125—2009，条款号 8.4.1

87．锚索孔施工过程中，钻机的位置不得随意移动，直至锚索孔验收合格为止。

依据标准名称：《水电水利岩土工程施工及岩体测试造孔规程》

依据标准号：DL/T 5125—2009，条款号 8.4.2

88．锚索孔终孔后，应用压缩空气或压力水清洗干净，孔底沉渣不得大于 0.2m。

依据标准名称：《水电水利岩土工程施工及岩体测试造孔规程》

依据标准号：DL/T 5125—2009，条款号 8.4.5

89．排水孔钻进不得违反下列规定：

（1）根据设计和岩石情况确定孔位并做出标记，孔位偏差不得超过 100mm。

（2）钻孔终孔后应清洗干净，测量孔斜。每 100m 孔斜不得大于 2°00'。

依据标准名称：《水电水利岩土工程施工及岩体测试造孔规程》

依据标准号：DL/T 5125—2009，条款号 8.5.2

90．排水管安装时，排水管的规格、型号、材质应符合设计要求，过滤器长度不得小于孔内渗流孔段长度。

依据标准名称：《水电水利岩土工程施工及岩体测试造孔规程》

依据标准号：DL/T 5125—2009，条款号 8.5.3

91．多点位移计钻孔施工不得违反以下规定：钻孔回填后，在水泥浆和水泥砂浆凝固前，不得敲击、碰撞和拉拔电缆等监测仪器的孔外部件。

依据标准名称：《水电水利岩土工程施工及岩体测试造孔规程》

依据标准号：DL/T 5125—2009，条款号 8.6.2

92．潜孔锤同步跟管钻进不得违反以下规定：套管壁厚度不应小于 4mm，其弯曲度不应超过 0.1%，屈服强度应大于 500MPa。套管靴、套管及套管接头不应有损伤或影响强度的缺陷存在。

依据标准名称：《水电水利岩土工程施工及岩体测试造孔规程》

依据标准号：DL/T 5125—2009，条款号 8.7.3

93．跟管钻进至预定深度后，应将跟管钻头、潜孔锤、钻杆提出孔外。在起拔套管前，应先将锚束体下入孔内，在起拔套管过程中不应提动锚束。

依据标准名称：《水电水利岩土工程施工及岩体测试造孔规程》

依据标准号：DL/T 5125—2009，条款号 8.7.5

94. 断取岩芯时不得违反下列规定：

（1）井下吊取岩芯时，严禁在井壁不稳定、照明不佳、排水不正常等情况下进行。

（2）作业时井口应有专人指挥，井口和井下不得同时作业。

（3）井深超过10m时，应监测井内有害气体和氧气含量，必要时应进行通风。

（4）应采用钢丝绳捆绑岩芯，起吊岩芯时应撤离井下人员，严禁作业人员与岩芯同时起吊。

依据标准名称：《水电水利岩土工程施工及岩体测试造孔规程》

依据标准号：DL/T 5125—2009，条款号　9.2.5

95. 升降钻具或起吊岩芯时，操作平稳，不得猛提、猛刹车，应先上人后提物，禁止井下人员和物同时提升。

依据标准名称：《水电水利岩土工程施工及岩体测试造孔规程》

依据标准号：DL/T 5125—2009，条款号　9.5.4

96. 大坝位移观测倒垂孔造孔不得违反下列规定：

（1）钻孔施工放样位置与设计孔位坐标偏差不得大于20mm。

（2）孔口导向管中心与设计坐标偏差不得超过5mm。

（3）倒垂线锚块的埋设应符合设计要求，钢丝垂线与保护管管壁的距离不得小于50mm。

依据标准名称：《水电水利岩土工程施工及岩体测试造孔规程》

依据标准号：DL/T 5125—2009，条款号　10.1.1

97. 大坝位移观测倒垂孔造孔机械设备选择与安装，应根据施工现场条件确定钻塔，其承载力不应小于100kN。

依据标准名称：《水电水利岩土工程施工及岩体测试造孔规程》

依据标准号：DL/T 5125—2009，条款号　10.1.2

98. 空气潜孔锤钻进造孔不得违反下列规定：

（1）钻孔直径应一径到底，采用大直径钻杆，粗径钻具上部每隔3m～5m加一个扶正器。扶正器与孔壁之间的配合间隙不应大于5mm。

（2）正常钻进中不得提动钻具。如发现阻力较大、进尺变慢和憋车时可适当提动钻具，严禁强拉硬提。

（3）遇到孔壁不规则，钻进和起、下钻受阻时，应送风上下串动钻具，利用锤击修平孔壁，严禁开车旋转钻具。

依据标准名称：《水电水利岩土工程施工及岩体测试造孔规程》

依据标准号：DL/T 5125—2009，条款号　10.1.7

99. 预防孔斜时，钻杆、粗径钻具、扶正器相互连接同轴度要好，正常钻进粗径钻具长度不应小于6m。

依据标准名称:《水电水利岩土工程施工及岩体测试造孔规程》

依据标准号: DL/T 5125—2009，条款号 10.1.8

100．倒垂线孔保护管安装不得违反下列规定:

（1）保护管两端连接螺纹加工不应有裂纹、损伤，螺纹部分应涂丝扣油，连接后同轴度要好，不松动、不漏水，保护管内壁应除锈涂防锈漆。

（2）辅助工具材料及机械设备均应检查校对，不符合要求的严禁使用。

依据标准名称:《水电水利岩土工程施工及岩体测试造孔规程》

依据标准号: DL/T 5125—2009，条款号 10.1.11

101．倒垂线锚块埋设应选用水灰比为 0.5:1 的水泥浆，保护管底部注浆量以能将锚块埋入为限，严禁将垂线钢丝埋入水泥浆中。

依据标准名称:《水电水利岩土工程施工及岩体测试造孔规程》

依据标准号: DL/T 5125—2009，条款号 10.1.12

102．浮标组件安装时，浮标复位精度，在 X、Y 轴两方向上均不得超过 0.04mm。油箱加盖后，浮标在油箱内应能自由移动。

依据标准名称:《水电水利岩土工程施工及岩体测试造孔规程》

依据标准号: DL/T 5125—2009，条款号 10.1.13

103．测斜仪位移监测孔造孔不得违反下列规定:

（1）钻孔直径应根据地质条件和设计要求确定，不应小于 130mm，如在一个钻孔内安装两种以上监测仪器时应大于 75mm。钻孔每 100m 孔斜小于 2°00'。

（2）测斜管应选用内径 60mm 以上，内壁开有双向导槽的铝合金管或硬质塑料管。测斜管内壁应平整圆滑，导槽不得有裂纹结瘤，内径公差±0.50mm，椭圆度不大于 0.15mm，弯曲度每 lm 不大于 lmm，内槽安装累计偏斜度每 100m 不得超过 2°00'。

依据标准名称:《水电水利岩土工程施工及岩体测试造孔规程》

依据标准号: DL/T 5125—2009，条款号 10.2.1

104．钻塔型式及高度应根据施工条件确定，其承载能力不应小于 50kN。

依据标准名称:《水电水利岩土工程施工及岩体测试造孔规程》

依据标准号: DL/T 5125—2009，条款号 10.2.2

105．钻进成孔时，钻场冲洗液循环系统不得渗漏，废浆、废水应排出到远离钻场的地方。

依据标准名称:《水电水利岩土工程施工及岩体测试造孔规程》

依据标准号: DL/T 5125—2009，条款号 10.2.4

106．坝基沉陷观测标孔造孔，不得违反下列规定:

（1）观测标钻孔直径宜为 222mm，钻孔孔斜每 100m 不应大于 1°00'。

（2）观测标钻孔施工放样孔位与设计孔位坐标误差不应大于±20mm。钻孔终孔后应复测孔位坐标。

依据标准名称：《水电水利岩土工程施工及岩体测试造孔规程》

依据标准号：DL/T 5125—2009，条款号　10.3.1

107. 大坝变形观测孔质量检查取芯孔造孔钻机安装应与基础锚固螺栓紧固，钻机应水平、稳固，运转中不得产生振动。

依据标准名称：《水电水利岩土工程施工及岩体测试造孔规程》

依据标准号：DL/T 5125—2009，条款号　10.4.2

108. 大坝变形观测造孔取芯措施不得违反下列要求：

（1）钻具提出孔口后应将其缓慢放平，严禁锤击钻具。

（2）在拧卸钻具过程中不得振动，采取岩芯时应轻拿轻放半合管或液压推动退出岩芯，将其放入岩芯箱（槽）中，防止人为损坏岩芯。

依据标准名称：《水电水利岩土工程施工及岩体测试造孔规程》

依据标准号：DL/T 5125—2009，条款号　10.4.6

109. 岩体测试造孔时，钻进套钻应力解除孔和测试小孔时，水泵压力不应大于 0.20MPa。

依据标准名称：《水电水利岩土工程施工及岩体测试造孔规程》

依据标准号：DL/T 5125—2009，条款号　11.1.6

110. 岩体测试造孔时，严禁采用钢丝刷刷洗测试岩面。

依据标准名称：《水电水利岩土工程施工及岩体测试造孔规程》

依据标准号：DL/T 5125—2009，条款号　11.1.7

111. 水压致裂原位应力测试孔造孔，不得违反以下规定：

（1）钻孔顶角允许偏差：每 100m 孔深，直孔不应大于 2°00'，斜孔不应大于 3°00'，水平钻孔应上仰 1°00'～1°30'。

（2）钻孔深度每 100m 误差不应超过 0.20m。

（3）应采用清水钻进，禁止采用乳化液和泥浆。

依据标准名称：《水电水利岩土工程施工及岩体测试造孔规程》

依据标准号：DL/T 5125—2009，条款号　11.2.1

112. 水压致裂原位应力测试孔造孔，应防止钻孔弯曲。粗径钻具长度不得小于 4m，不得采用弯曲、变形、磨损的钻具钻进。

依据标准名称：《水电水利岩土工程施工及岩体测试造孔规程》

依据标准号：DL/T 5125—2009，条款号　11.2.5

113. 特殊岩体渗流测试造孔在平洞中开挖钻场，其尺寸不得小于 4m×4m×6.50m（长×宽×高）。

依据标准名称：《水电水利岩土工程施工及岩体测试造孔规程》

依据标准号：DL/T 5125—2009，条款号 11.3.1

114. 特殊岩体渗流测试造孔，地下洞室造孔应遵守下列规定：

（1）洞内照明应采用 36V 安全电压，工作面照明应采用行灯，其间距不得大于 3m，总功率不应少于 500W。

（2）严禁使用内燃机作动力。

依据标准名称：《水电水利岩土工程施工及岩体测试造孔规程》

依据标准号：DL/T 5125—2009，条款号 11.3.4

115. 特殊岩体渗流测试孔造孔，采用金刚石钻具钻进，全孔采取岩芯，孔深达到设计要求后，冲洗钻孔，孔底残留岩粉厚度不应大于 0.02m。

依据标准名称：《水电水利岩土工程施工及岩体测试造孔规程》

依据标准号：DL/T 5125—2009，条款号 11.3.5

116. 工作人员进入钻场工作时，应穿戴劳动防护用品。

依据标准名称：《水电水利岩土工程施工及岩体测试造孔规程》

依据标准号：DL/T 5125—2009，条款号 13.1.4

117. 操作升降机应与孔口、钻塔上方人员协同配合，并按对方发出的信号进行操作，不得猛刹快放。升降过程中不得用手导扶钢丝绳。

依据标准名称：《水电水利岩土工程施工及岩体测试造孔规程》

依据标准号：DL/T 5125—2009，条款号 13.2.3

118. 抽垫叉应待钻具停止升降时进行，防止砸手。跑钻时严禁抢插垫叉。

依据标准名称：《水电水利岩土工程施工及岩体测试造孔规程》

依据标准号：DL/T 5125—2009，条款号 13.2.4

119. 机上水龙头应设置安全绳，在钻进中严禁用手扶持水龙头及胶管。

依据标准名称：《水电水利岩土工程施工及岩体测试造孔规程》

依据标准号：DL/T 5125—2009，条款号 13.2.6

120. 物资材料应整齐堆放在底板一侧，并采取衬垫等保护措施，严禁存放易燃易爆物品。

依据标准名称：《水电水利岩土工程施工及岩体测试造孔规程》

依据标准号：DL/T 5125—2009，条款号 13.5.3

121．洞、井造孔现场内严禁明火取暖。
依据标准名称:《水电水利岩土工程施工及岩体测试造孔规程》
依据标准号：DL/T 5125—2009，条款号 13.5.8

122．管架、陡坡造孔时，应清除施工区陡坡上方的危石，不得缺少安全护栏等防护设置。
依据标准名称:《水电水利岩土工程施工及岩体测试造孔规程》
依据标准号：DL/T 5125—2009，条款号 13.6.1

123．采用脚手架铺设钻场时，钢管的规格不应小于48mm×3.5mm（直径×壁厚）。
依据标准名称:《水电水利岩土工程施工及岩体测试造孔规程》
依据标准号：DL/T 5125—2009，条款号 13.6.2

124．油料、化学材料应按相关规定处理排放，不得直接排入江河、农田。
依据标准名称:《水电水利岩土工程施工及岩体测试造孔规程》
依据标准号：DL/T 5125—2009，条款号 13.8.3

125．在城市和人口密集的地区施工时，应做好施工区域的安全卫生防护工作，夜间施工应降低噪声，不得扰民。
依据标准名称:《水电水利岩土工程施工及岩体测试造孔规程》
依据标准号：DL/T 5125—2009，条款号 13.8.5

126．GPS网点应远离大功率无线电发射源，距离不得小于200m，且与高压电线距离不得小于50m。GPS网点应选在视野开阔、无障碍物，被测卫星的地平高角度不得小于15°。
依据标准名称:《水电水利工程施工测量规范》
依据标准号：DL/T 5173—2012，条款号 3.2.4

127．地形测量数据处理时不得修改原始测量数据。
依据标准名称:《水电水利工程施工测量规范》
依据标准号：DL/T 5173—2012，条款号 5.5.2

128．工程勘测现场应设专职或兼职安全员；工程施工现场应设专职安全员，特种作业人员未取证严禁上岗。
依据标准名称:《电力工程勘测安全技术规程》
依据标准号：DL/T 5334—2006，条款号 3.0.5

129．初次上岗职工，未进行“三级安全教育”的严禁上岗。
依据标准名称:《电力工程勘测安全技术规程》

依据标准号：DL/T 5334—2006，条款号 3.0.6

130. 在地震活动区，不得缺少对工程场址区的活断层进行监测。

依据标准名称：《水电水利工程区域构造稳定性勘察技术规程》

依据标准号：DL/T 5335—2006，条款号 6.5.1

131. 活断层不得缺少地震监测和变形监测方式，不得违反下列规定：

（1）地震监测，布设能覆盖区内地震活动的观测台网。

（2）变形监测，在允许的情况下，布设横跨活断层的高精度短水准、短基线和三维网。

依据标准名称：《水电水利工程区域构造稳定性勘察技术规程》

依据标准号：DL/T 5335—2006，条款号 6.5.2

132. 区域构造稳定性分级应根据活断层的发育程度、地震活动性、地震危险性分析、区域重磁异常等因素综合分析确定。

依据标准名称：《水电水利工程区域构造稳定性勘察技术规程》

依据标准号：DL/T 5335—2006，条款号 8.2.1

133. 地震网站的布置，不得违反下列原则：

（1）地震台网是主要监测手段，台网的布置应能控制可能发生地震的水库段，尤其是水库诱发地震对工程场址区和城镇居民点可能造成较大影响的库段。

（2）监测台网应由 4 个地震台组成，尽可能设立遥测台网，要求控制地震震级下限 M_L0.5 级。

依据标准名称：《水电水利工程区域构造稳定性勘察技术规程》

依据标准号：DL/T 5335—2006，条款号 9.4.3

134. 水库坍岸专门性勘察，各土层应进行物理力学性质试验，其中颗粒分析、自然休止角和水下休止角试验组数累计不得少于 5 组。

依据标准名称：《水电水利工程水库区工程地质勘察技术规程》

依据标准号：DL/T 5336—2006，条款号 7.2.2

135. 水库浸没专门性勘察，每一可能浸没区主要土层的物理性质和化学成分试验组数累计不应少于 5 组。

依据标准名称：《水电水利工程水库区工程地质勘察技术规程》

依据标准号：DL/T 5336—2006，条款号 8.2.2

136. 每一个工程边坡的勘察不应少于 2 条勘探线。

依据标准名称：《水电水利工程边坡工程地质勘察技术规程》

依据标准号：DL/T 5337—2006，条款号 6.2.1

137. 监测网布设不得违反下列要求：

（1）监测网应能控制工程边坡及其潜在变形边界，并沿可能滑动方向布置重点监测剖面。

（2）边坡监测应采用多种方法多种手段分期进行，地面（外部）监测、地下（内部）监测和地质巡察相结合，各种监测手段应相互配合、相互佐证。

（3）监测项目的选择应突出重点、目的明确，并根据边坡开挖过程中出现的地质异常情况及时调整。

依据标准名称：《水电水利工程边坡工程地质勘察技术规程》

依据标准号：DL/T 5337—2006，条款号 8.0.3

138. 勘探剖面应根据地质条件，建筑物特点和防渗要求布置。

依据标准名称：《水利水电工程喀斯特工程地质勘察技术规程》

依据标准号：DL/T 5338—2006，条款号 6.2.3

139. 在喀斯特岩层修建大坝时，不得缺少分析评价坝基变形、基坑抗滑稳定、坝基渗漏和基坑涌（突）水等工程地质问题。

依据标准名称：《水利水电工程喀斯特工程地质勘察技术规程》

依据标准号：DL/T 5338—2006，条款号 6.3.1

140. 当坝基有大的溶隙或溶蚀带时，应研究压缩变形问题。

依据标准名称：《水利水电工程喀斯特工程地质勘察技术规程》

依据标准号：DL/T 5338—2006，条款号 6.3.5

141. 当坝基面上有松软土填充的溶洞、溶沟、溶槽等时，应研究坝基的不均匀沉陷。

依据标准名称：《水利水电工程喀斯特工程地质勘察技术规程》

依据标准号：DL/T 5338—2006，条款号 6.3.7

142. 一维模型断面间距应根据河道形态等特征确定，断面间距不宜大于3km。

依据标准名称：《水电水利工程溃坝洪水模试验规程》

依据标准号：DL/T 5360—2006，条款号 6.3.1

143. 平面二维模型网格布置不得缺少反映地形地物的变化特征。对重点部位，网格应加密。

依据标准名称：《水电水利工程溃坝洪水模试验规程》

依据标准号：DL/T 5360—2006，条款号 6.3.2

144. 数值模拟不应缺少溃坝（堰）计算研究报告、电子文档等研究成果。

依据标准名称：《水电水利工程溃坝洪水模试验规程》

依据标准号：DL/T 5360—2006，条款号 7.0.2

145. 模型试验报告正文编写不得缺少工程概况、试验目的与主要内容、模型设计与模型制作、量测仪器、模型率定和验证、试验成果与分析、结论与建议等内容。

依据标准名称：《水电水利工程溃坝洪水模试验规程》

依据标准号：DL/T 5360—2006，条款号 7.0.3

146. 报告结论不得缺少以下内容：明确的观点和存在的问题，以及提出进一步研究的建议。

依据标准名称：《水电水利工程溃坝洪水模试验规程》

依据标准号：DL/T 5360—2006，条款号 7.0.5

147. 天然建筑材料勘察大纲不得缺少下列内容：

（1）工程概况、建筑物类型、枢纽布置，设计要求的天然建筑材料的种类及其需要量和质量要求。

（2）勘察阶段、勘察级别和工作条件。

（3）地形地质概况和前阶段的勘察成果。

（4）勘察方法和计划工作量。

（5）计划进度和完成日期。

（6）人员安排和设备。

（7）勘察成果及质量保证措施等。

依据标准名称：《水电水利工程天然建筑材料勘察规程》

依据标准号：DL/T 5388—2007，条款号 4.0.6

148. 天然建筑材料料场选择不得违反下列原则：

（1）按技术可行、经济合理、尽可能减少对环境产生不利影响的原则，先近后远，先水上后水下，大小料场相结合。

（2）不占或少占耕地、林地，确需占用时，应保留还田、还林土层。

（3）应避免因料场的开挖而影响建筑物布置、安全及危及边坡稳定；宜避免与工程施工发生干扰。

（4）应避免因洪水、围堰挡水或初期蓄水而被淹没。

（5）应有较好的开采和运输条件。

（6）应优先利用开挖渣料。

依据标准名称：《水电水利工程天然建筑材料勘察规程》

依据标准号：DL/T 5388—2007，条款号 4.0.7

149. 天然建筑材料详查级别的勘察内容，不得违反下列要求：

（1）查明砂砾料和土料的成因、结构、层次、物质组成、颗粒级配，夹层的空间分布与性质，地下水位，上覆无用层厚度等。

（2）查明石料的岩性、矿物和化学成分、结构特征，夹层的空间分布，风化分带，结构面发育程度及充填物性质，覆盖层厚度，喀斯特发育程度等。

（3）查明各种天然建筑材料的储量、质量，各料场的开采、运输条件，并应考虑开采对环境的不利影响。

（4）各种天然建筑材料详查储量应达到设计需要量的 1.5 倍～2.0 倍，并应满足施工可开采储量的要求。

依据标准名称:《水电水利工程天然建筑材料勘察规程》

依据标准号: DL/T 5388—2007，条款号　4.0.12

150. 天然建筑材料勘察工作的布置，不得违背下列原则：

（1）遵循由面到点，由地面到地下，由近到远的原则，先进行地质调查与测绘，然后再因地制宜地综合利用各种勘探手段。

（2）当采用物探手段时，应根据地形和岩土物性条件选择物探方法。

（3）应根据料场情况、岩土特性和勘察级别，选择勘探方法。对水上砂砾料和土料，宜以坑探、井探为主，钻探为辅；水下砂砾料宜以钻探为主；石料宜以洞探、钻探为主，坑探为辅。

（4）勘探剖面应根据地形地貌和地质条件布置，宜沿岩相和岩性变化大的方向布置。勘探点应采用先疏后密，逐步增加并形成网格状。

（5）取样组数和试验项目应根据天然建筑材料的种类、用途、料场面积、均一性和勘察级别等确定。

依据标准名称:《水电水利工程天然建筑材料勘察规程》

依据标准号: DL/T 5388—2007，条款号　4.0.14

151. 料场勘探不得违反下列规定：

（1）勘探网点布置应应采取逐渐加密的原则；勘探坑、井、孔的深度，应揭穿有用层或至基岩顶板；当水下部分的有用层厚度较大时，则坑、井、孔深度 应达最大开采深度以下 lm 左右，必要时，布设少量控制性钻孔，以揭穿整个有用层厚度。

（2）勘探方法应符合下列规定：勘探方法应按料场特性与勘察级别确定。水上部分，应采用坑槽探、井探、钻探及物探等方法；水下部分，以钻探为主。

（3）勘探钻孔口径不应小于 168mm。

（4）勘探点描述应包括：层位名称，颗粒组成及泥（黏、粉粒）、砂、砾、蛮石的大致含量，砂的矿物成分和砾石的岩石成分、风化程度和形状，密实度，夹层或透镜体特征，胶结程度与厚度；并记录勘探时地下水位及相应的河水位，取样地点、深度与编号等。

依据标准名称:《水电水利工程天然建筑材料勘察规程》

依据标准号: DL/T 5388—2007，条款号　5.0.3

152. 料场试验应按规定进行取样。每单层取样组数，初查不得少于 3 组，详查不得少于 6 组。

依据标准名称:《水电水利工程天然建筑材料勘察规程》

依据标准号: DL/T 5388—2007，条款号　5.0.4

153. 土料勘察时，土料料场试验取样不得违反下列规定：

（1）土样应具代表性。

（2）应采用刻槽法取样。

（3）应分区、分层取样。必要时应分层混合取样。

（4）防渗土料常规试验每组取样数量不应少于 50kg。超重样品应拌匀后用四分法缩取。

（5）天然含水率和天然密度取样试验：初查和详查应布置天然含水率及天然密度取样试验。测试天然含水率的取样坑宜占探坑计划开挖总数的 40%，每个取样坑应每 1m～2m 取一组天然含水率试验样品。测试天然密度的试验坑，应占天然含水率取样坑的 1/4，每个试验坑宜间隔 2m 做一组天然密度试验。应边勘探边进行天然含水率和天然密度取样试验。

依据标准名称：《水电水利工程天然建筑材料勘察规程》

依据标准号：DL/T 5388—2007，条款号 6.1.4

154. 碎（砾）石料料场试验取样不得违反下列规定：

（1）取样组数不得少于规定。

（2）应分层取样。层厚小于 5m，土性变化较大时，应 1m～2m 取样一组；层厚大于 5m，土性较简单时，可 2m～4m 取样一组；必要时应进行上、下层混合取样。

（3）应采用刻槽法或吊筐抽取法。

（4）取样数量应满足试验要求，常规试验取样数量不应少于 300kg。

依据标准名称：《水电水利工程天然建筑材料勘察规程》

依据标准号：DL/T 5388—2007，条款号 6.2.4

155. 风化土料料场试验取样不得违反下列规定：

（1）土样应具代表性。

（2）应在探坑中采用刻槽法取样。

（3）应分区、分层和分层混合分别取样。

（4）取样数量应满足试验要求。常规试验取样数量不应少于150kg。超重样品应拌匀后用四分法缩取。

依据标准名称：《水电水利工程天然建筑材料勘察规程》

依据标准号：DL/T 5388—2007，条款号 6.3.4

156. 堆石料料场试验取样不得违反下列规定：

（1）取样应具有代表性。初查级别各类代表性岩性的试样组数均不应少于 3 组。详查级别应在 1 个～3 个勘察剖面上有用层中按不同岩性、不同风化层分别取样，试样组数均不应少于 5 组；勘探剖面以外所揭露的有用层，均应取 1 组试样。

（2）取样应在钻孔岩心中选取或在平洞、坑槽、竖井内凿取。

（3）取样规格和数量应满足试验要求。

依据标准名称：《水电水利工程天然建筑材料勘察规程》

依据标准号：DL/T 5388—2007，条款号 7.1.4

157. 人工骨料料场勘探不得违反下列规定：

（1）初查级别每条勘探剖面上不应少于2个钻孔；详查级别每条勘探剖面上不应少于3个钻孔。

（2）勘探方法应按料场特性和勘察级别确定。控制性钻孔或平洞应揭穿有用层或拟开采底板线以下5m～10m。

（3）勘探点应描述岩层名称、岩性、产状、无用夹层，断层、裂隙发育及夹泥情况，风化程度、喀斯特及充填物等，并记录地下水位、取样位置和编号、岩心获得率与RQD等。

（4）在喀斯特地区进行人工骨料料场勘探时，应特别重视其喀斯特发育程度和剔除量。

依据标准名称：《水电水利工程天然建筑材料勘察规程》

依据标准号：DL/T 5388—2007，条款号 7.3.3

158. 天然掺合料料场勘探不得违反下列规定：

（1）各勘探点应揭穿有用层以下1.0m。

（2）对厚度大的有用层，应布置部分控制孔。

（3）勘探方法以钻探和洞探为主，辅以坑、槽探。

（4）勘探点应描述下列主要内容：岩层名称、岩性、岩层产状及变化；风化程度及均一性；夹层的性质、厚度及分布规律；无用层厚度线率统计：地质构造发育特征；物理地质现象；地下水类型、性质；泉水类型、流量、性质等；上覆和下伏无用层的地层时代、岩性及接触关系；岩心获得率与RQD；记录地下水水位、取样位置、高程及编号等。

依据标准名称：《水电水利工程天然建筑材料勘察规程》

依据标准号：DL/T 5388—2007，条款号 7.5.3

159. 地下水动态长期观测，观测时间不应少于1个水文年，复杂地区不应少于2个～3个水文年。

依据标准名称：《水电水利工程坝址工程地质勘探技术规程》

依据标准号：DL/T 5414—2009，条款号 6.6.4

160. 坝址边坡稳定性分析不得违反下列要求：

（1）稳定性分析计算应分区（段）进行。

（2）应选择代表性的地质剖面进行分析计算，并应采用不同的计算公式进行校核，综合评价其稳定性。

（3）分析计算中应根据具体情况确定各种荷载组合，包括自重、暴雨、地下水作用力、岩体地应力和工程作用力等。

（4）稳定性分析计算中的岩土体主要物理力学性质参数和滑动面等控制结构面的抗剪强度参数的选取，应根据现场和室内试验成果及工程类比综合分析研究确定。

依据标准名称：《水电水利工程坝址工程地质勘探技术规程》

依据标准号：DL/T 5414—2009，条款号 8.3.6

161. 坝址施工地质工作方法不得违反下列规定：

（1）采用观察、素描、实测、摄影、录像等手段，编录和测绘施工开挖揭露的地质现象。对建筑物区地貌形态，边坡形态，河床深槽、深潭等；建基面（或基坑）全貌；主要断层破碎带、构造交汇带、软弱层带、裂隙和裂隙密集带，以及喀斯特洞穴、溶隙等；因施工开挖引起的岩体松动开裂、变形失稳现象；各种不良地质问题的处理实况；具有代表性的钻孔岩芯等一系列地段和地质现象应拍摄照片或录像。

（2）对建基面岩土体宜进行处理前、后的声波、弹（变）模、渗透性等检测工作。对建筑物地基岩土体的变形、抗滑稳定和渗透变形有影响的软弱岩（土）带、软弱夹层、软弱结构面、构造岩、岩脉、蚀变带、拉裂松弛岩体等，应根据需要，补充必要的勘探工作，进行复核性的物理力学性质试验。

依据标准名称：《水电水利工程坝址工程地质勘探技术规程》

依据标准号：DL/T 5414—2009，条款号 9.2.4

162. 坝址岩基处理的地质工作不得缺少下列内容：

（1）坝基开挖。建基面应根据坝址地质条件、坝基岩体类别、岩体物理力学性质、坝体对地基的要求和地基处理效果等比较后确定。地基经处理后，应满足坝基的强度和稳定要求。施工地质工作中，应结合地质编录，利用检测成果，对建基面的地质条件及其工程特性作出评价。

（2）坝基固结灌浆和接触灌浆。应根据坝型和坝基岩体的完整程度、透水性及可灌性，并结合坝高等因素，参与研究和确定固结灌浆的范围、孔深、孔距、排距和压力。对坝基内薄弱部位，应加强固结灌浆。必要时可进行化学灌浆。对于拱坝的上游坝基接触面、坡度大于 50°的陡壁面和在基岩中开挖的所有槽、井、洞等回填混凝土的顶部，均应进行接触灌浆。灌浆结束后，应根据钻孔地质编录资料、检测和监测成果，参与对处理效果的评价。

（3）坝基防渗和排水。应根据坝址区的工程地质、水文地质条件和灌浆试验资料，并结合水库功能、坝高、坝型参与研究和确定坝基及两岸防渗帷幕的位置、长度、深度和厚度。防渗帷幕下游设置的排水设施，宜根据相对隔水层、承压水及缓倾角结构面的分布情况合理布置。应根据地质编录资料、检测及监测成果，参与坝基防渗和排水处理效果的评价。

（4）地质缺陷的专门处理。对于坝基及抗力体范围内的断层破碎带、软弱夹层、岩脉及蚀变带、拉裂松弛岩体、喀斯特洞穴、矿洞等，应根据其所在部位、产状、宽度、组成物质及有关试验资料，分析研究其对坝体和地基应力、变形、稳定、渗漏的影响，并结合施工条件，参与研究和确定专门处理的方法及处理效果的评价。

依据标准名称：《水电水利工程坝址工程地质勘探技术规程》

依据标准号：DL/T 5414—2009，条款号 9.3.2

163. 坝址土基处理地质工作不得缺少下列内容：

（1）清基。应根据坝基河床覆盖层的厚度、不良土层的分布和坝型、坝高等，参与研究确定覆盖层的开挖深度，以满足坝基变形和稳定的要求。

（2）坝基渗流控制。应根据坝基的地质条件，并结合坝型、坝高等，参与研究确定渗流控制的形式、范围。坝基渗透控制工程主要有垂直防渗、水平防渗、水平与垂直防渗相结合的形式，并应根据检测和监测成果，参与处理效果的评价。

（3）软土地基的处理。软土不宜作坝基，应予以挖除。地质工作应根据软土的分布、位置及性状，参与研究确定处理措施及效果评价。

（4）可能液化土层的处理。判定为可能发生地震液化的土层，不得作为坝基，应予以挖除。

依据标准名称:《水电水利工程坝址工程地质勘探技术规程》

依据标准号: DL/T 5414—2009，条款号　9.3.3

164. 物理地质现象勘察不得缺少下列内容:

（1）岩体风化程度及深度，各风化带在洞室进、出口及浅埋洞段的分布、厚度及其特征，以及不同风化带岩石的强度特征和岩体的完整程度，分析其对洞口边坡及围岩稳定性的影响。

（2）岩体卸荷带特征及分布深度。

（3）边坡崩塌、滑坡、蠕变等变形破坏类型、特征、变形破坏机制及其对洞口边坡与浅埋洞段稳定性的影响。

（4）泥石流的分布与类型、规模、流域特征、形成条件，研究泥石流的发育历史，预测发展趋势，分析对进、出口的影响。

（5）采空区的分布、形态、规模、地面和地下变形破坏特征，分析其对隧洞围岩稳定性的影响。

（6）在严寒地区和部分高原地区还应勘察冻融岩屑流、冻融泥石流等的分布、规模、特征，分析其对隧洞进、出口段和浅埋洞段的影响。

依据标准名称:《水电水利工程地下建筑物工程地质勘察技术规程》

依据标准号: DL/T 5415—2009，条款号　5.1.5

165. 水文地质条件勘察不得缺少下列内容:

（1）地下建筑物区地下水的基本类型、水位、水压、水量、水温和水化学成分，岩体的含水性和透水性，划分含水层与相对隔水层，并结合地下水的露头（泉），分析各含水层的补给、径流与排泄条件，划分水文地质单元。

（2）重点勘察洞室可能通过的向斜轴部、断层破碎带及其交汇部位、节理裂隙密集带、浅埋段、过沟段等部位的汇水条件。

（3）地下水、地表水的物理性质和化学成分，评价其腐蚀性。

（4）进行地下水位、水量、水温及水质等的长期观测。

依据标准名称:《水电水利工程地下建筑物工程地质勘察技术规程》

依据标准号: DL/T 5415—2009，条款号　5.1.7

166. 岩体地应力状态勘察不得缺少下列内容:

（1）地下建筑物区岩体地应力量级、方向，并进行岸坡及谷底岩体地应力状态的分

带（区）。

（2）高地应力引起的岩芯饼化和洞壁岩爆现象，进行岩体地应力分级和岩爆的判别。

依据标准名称:《水电水利工程地下建筑物工程地质勘察技术规程》

依据标准号: DL/T 5415—2009，条款号 5.2.2

167. 有害气体及放射性物源赋存岩类勘察不得缺少下列内容:

（1）可能产气、储气岩层的分布，有害气体的运移、聚集条件、封闭条件等，进行有害气体的测试。

（2）收集有关放射性物源的区域地质资料，利用勘探平洞、钻孔、施工支洞及溶出的地下水，测定氡及子体平衡当量浓度和环境放射性辐射量等。

依据标准名称:《水电水利工程地下建筑物工程地质勘察技术规程》

依据标准号: DL/T 5415—2009，条款号 5.2.4

168. 针对不同类型岩体重点勘察不得缺少内容:

（1）对坚硬完整岩体，应重点测试研究岩体地应力状态、岩石与岩体的强度，分析高地应力岩体对开挖洞室围岩的影响。

（2）对裂隙块状岩体，应重点勘查各种结构面的发育情况、组合状态，测试物理力学特征，分析其组合块体对围岩的稳定性影响。

（3）对层状岩体，应重点调查层面构造，测试力学性质的各项异性特征，分析对围岩稳定性的影响。

（4）对软弱岩体，应重点测试黏土矿物成分、物理水理力学性质及流变特征等，分析其对成洞的不利影响。

依据标准名称:《水电水利工程地下建筑物工程地质勘察技术规程》

依据标准号: DL/T 5415—2009，条款号 5.2.5

169. 对隧洞进出口、过沟段、浅埋段，以及可能存在重大工程地质问题的地段应进行重点勘探。

依据标准名称:《水电水利工程地下建筑物工程地质勘察技术规程》

依据标准号: DL/T 5415—2009，条款号 6.1.2

170. 水文地质试验时，对高压管道、岔管、气垫式调压室等布置地段，应进行钻孔高压压水试验，其最大试验压力值不小于设计最大水头值的 1.2 倍。

依据标准名称:《水电水利工程地下建筑物工程地质勘察技术规程》

依据标准号: DL/T 5415—2009，条款号 6.2.4

171. 岩爆发生的地质因素应从岩性及岩体强度、岩体结构特征及完整性、地应力量级及方向、地下水活动状态等方面研究。

依据标准名称:《水电水利工程地下建筑物工程地质勘察技术规程》

依据标准号：DL/T 5415—2009，条款号　7.3.1

172. 有害气体及放射性预测不得违反下列要求：

（1）应在收集区域地质资料的基础上，分析有害气体生成的地质环境，利用探洞、钻孔进行有害气体含量测试，按照国家颁布的有关标准，评价和预测其危害程度，提出防护措施的建议。

（2）当地下建筑物通过含煤、含油、含气等地层时，或邻近地区存在该类地层，应在分析其产出状态和瓦斯生成环境、运移及聚集条件的基础上，利用探洞、钻孔探测瓦斯含量、压力、涌出量等，按照国家和行业颁布的有关标准进行评价和预测其危害程度，提出防护措施的建议。

（3）当地下洞室通过放射性物源地层和洞室深埋时，或邻近地区存在该类放射性物源，应在调查洞室区地层岩性、地质构造条件的基础上，分析放射性物质储存地质条件，探测和预测洞室区潜在的放射性成分和放射性危害，提出防护措施的建议。

依据标准名称：《水电水利工程地下建筑物工程地质勘察技术规程》

依据标准号：DL/T 5415—2009，条款号　7.5.2

173. 开挖期的施工地质工作不得缺少下列内容：

（1）编录施工开挖揭露的各种地质现象。

（2）随着施工开挖巡视记录施工情况。

（3）预测预报可能出现的地质问题。

（4）修正、复核围岩工程地质分类及分段。

依据标准名称：《水电水利工程地下建筑物工程地质勘察技术规程》

依据标准号：DL/T 5415—2009，条款号　8.2.2

174. 最终断面形成后的施工地质工作不得缺少下列内容：

（1）进行围岩工程地质测绘。

（2）核定围岩工程地质分类及物理力学性质参数。

（3）编写围岩工程地质说明书。

（4）参与围岩验收。

依据标准名称：《水电水利工程地下建筑物工程地质勘察技术规程》

依据标准号：DL/T 5415—2009，条款号　8.2.3

175. 施工开挖期应根据围岩监测资料，获得有关围岩稳定性及支护效果方面的动态信息，评价洞室围岩稳定性，提出支护设计优化的建议。

依据标准名称：《水电水利工程地下建筑物工程地质勘察技术规程》

依据标准号：DL/T 5415—2009，条款号　8.4.3

三、能源标准

1. 地质预报应采用书面形式向有关部门提出：紧急情况时可先口头预报，应再以书

面形式进行确认。

依据标准名称：《水电工程施工地质规程》

依据标准号：NB/T 35007—2013，条款号 3.0.10

2．遇下列情况时，应进行地质预报：

（1）出现与设计所依据的地质资料和结论有较大出入的工程地质条件和问题。

（2）建筑物区岩土体出现异常变化，导致失稳破坏，需要采取加固与处理措施。

（3）基坑出现管涌、流土或大量涌水现象。

（4）其他影响施工安全的地质问题。

依据标准名称：《水电工程施工地质规程》

依据标准号：NB/T 35007—2013，条款号 4.4.1

3．遇下列现象时，应对其产生原因、性质和可能的危害做出分析判断，及时预报，否则不得继续施工作业：

（1）围岩不断掉块、洞内灰尘突然增多、支撑变形或发出异常响声、喷层表面开裂。

（2）围岩顺裂缝错位、裂缝加宽、位移速率加快。

（3）出现片帮、岩爆或严重鼓涨变形。

（4）出现涌水、涌沙、涌水量增大、涌水突然变浑浊现象，地下水化学成分产生明显变化。

（5）干燥岩质洞断突然出现冷空气对流。

（6）地温突然发生变化，洞内突然出现冷空气对流。

（7）造孔时，钻进速度突然加快、钻孔回水消失、发生卡钻、塌孔。

依据标准名称：《水电工程施工地质规程》

依据标准号：NB/T 35007—2013，条款号 5.4.2

4．大、中型水电工程和抽水蓄能电站的测绘工作不应违反以下要求：

（1）作业前应搜集分析相关资料、进行现场查勘、编写技术设计书；作业过程中应进行质量控制；作业完成后应编写技术总结报告。

（2）重大项目的技术设计方案应通过设计论证、成果应通过审查。

依据标准名称：《水电工程测量规范》

依据标准号：NB/T 35029—2014，条款号 1.0.3

5．测绘仪器和相关设备未及时检验、校正、维护、保养，应用的软件未通过鉴定或审查，均不得使用。

依据标准名称：《水电工程测量规范》

依据标准号：NB/T 35029—2014，条款号 1.0.4

6．大型水库应在预可行性研究和可行性研究阶段进行专门的水库诱发地震预测评价。坝高 100m 以上，库容 5 亿 m^3 以上，且预测可能诱发地震的新建、扩建大型水库不得缺少水库诱发地震观测。

依据标准名称：《水电工程地质观测规程》

依据标准号：NB/T 35039—2014，条款号 5.1.1

7．对于重要的危岩体，应在勘察期间布设监测点、线或网进行动态观测。

依据标准名称：《水电工程地质观测规程》

依据标准号：NB/T 35039—2014，条款号 8.1.5

8．危岩体变形观测的同时，应开展地表水、地下水观测，必要时开展降水量、地应力、地震观测。

依据标准名称：《水电工程地质观测规程》

依据标准号：NB/T 35039—2014，条款号 8.1.6

9．对危害性大的泥石流，应布设监测点进行动态观测。

依据标准名称：《水电工程地质观测规程》

依据标准号：NB/T 35039—2014，条款号 9.1.4

10．地下洞室观测围岩收敛变形、位移、松弛圈、水压力和地温、有害气体、放射性测试不得由非专业单位进行观测。

依据标准名称：《水电工程地质观测规程》

依据标准号：NB/T 35039—2014，条款号 11.2.3

四、水利标准

1．用于测流的水工建筑物，遇有淹没出流时，建筑物上下游的水头差不应小于0.05m。

依据标准名称：《水工建筑物与堰槽测流规范》

依据标准号：SL 537—2011，条款号 3.1.2

2．每孔闸门上，应安装直接测读闸门开启高度的标尺、自动闸位计；闸位测量误差不应大于10mm（10m变幅）。

依据标准名称：《水工建筑物与堰槽测流规范》

依据标准号：SL 537—2011，条款号 3.2.2

第四章　验　收　评　定

第一节　工程验收评定

一、国家标准

1. 砖和砂浆的强度等级不符合设计要求，严禁使用。
依据标准名称:《砌体结构工程施工质量验收规范》
依据标准号: GB 50203—2011，条款号　5.2.1

2. 砖砌体的转角处和交接处应同时砌筑，严禁无可靠措施的内外墙分砌施工；在抗震设防烈度为 8 度及 8 度以上地区，对不能同时砌筑而又必须留置的临时间断处应砌成斜槎，普通砖砌体斜槎水平投影长度不应小于高度的 2/3，多孔砖砌体的斜槎长高比不应小于 1/2；斜槎高度不得超过一步脚手架的高度。
依据标准名称:《砌体结构工程施工质量验收规范》
依据标准号: GB 50203—2011，条款号　5.2.3

3. 承重墙体严禁使用不完整、已破损、有裂缝的小砌块。
依据标准名称:《砌体结构工程施工质量验收规范》
依据标准号: GB 50203—2011，条款号　6.1.8

4. 小砌块应将生产时的底面朝上反砌在墙上。
依据标准名称:《砌体结构工程施工质量验收规范》
依据标准号: GB 50203—2011，条款号　6.1.10

5. 小砌块和芯柱混凝土、砌筑砂浆的强度等级不符合设计要求，严禁通过验收。
依据标准名称:《砌体结构工程施工质量验收规范》
依据标准号: GB 50203—2011，条款号　6.2.1

6. 墙体转角处和纵横墙交接处应同时砌筑。临时间隔处应砌成斜槎，斜槎水平投影长度不应小于斜槎高度。施工洞口可预留直槎，但在洞口砌筑和补砌时，应在直槎上下搭砌小砌块孔洞内用强度等级不低于 C20（或 Cb20）的混凝土灌实。
依据标准名称:《砌体结构工程施工质量验收规范》

依据标准号：GB 50203—2011，条款号　6.2.3

7．挡土墙的泄水孔当设计无规定时，施工不得违反下列规定：
（1）泄水孔应均匀设置，在每米高度上间隔 2m 左右设置一个泄水孔；
（2）泄水孔与土体间铺设长宽各为 300mm、厚 200mm 的卵石或碎石作疏水孔。
依据标准名称：《砌体结构工程施工质量验收规范》
依据标准号：GB 50203—2011，条款号　7.1.10

8．石材及砂浆强度等级不符合设计要求，严禁通过验收。
依据标准名称：《砌体结构工程施工质量验收规范》
依据标准号：GB 50203—2011，条款号　7.2.1

9．钢筋的品种、规格、数量和设置部位不符合设计要求，严禁通过验收。
依据标准名称：《砌体结构工程施工质量验收规范》
依据标准号：GB 50203—2011，条款号　8.2.1

10．构造柱、芯柱、组合砌体构件、配筋砌体剪力墙构件的混凝土及砂浆的强度等级不符合设计要求，严禁通过验收。
依据标准名称：《砌体结构工程施工质量验收规范》
依据标准号：GB 50203—2011，条款号　8.2.2

11．冬期施工所用材料严禁违反下列规定：
（1）石灰膏、电石膏等应防止受冻，如遭冻结，应经融化后使用。
（2）拌制砂浆用砂，不得含有冰块和大于 10mm 的冻结块。
（3）砌体用块体不得遭水浸冻。
依据标准名称：《砌体结构工程施工质量验收规范》
依据标准号：GB 50203—2011，条款号　10.3.4

二、电力标准

1．地基保护层的厚度应由爆破试验确定，未经试验和专门论证，不得减小或不留保护层。

依据标准名称：《水电水利基本建设工程单元工程质量等级评定标准　第 1 部分：土建工程》

依据标准号：DL/T 5113.1—2005，条款号　5.1.4

2．开挖爆破不得损害岩体的完整性，基础面不得有明显爆破裂隙，必要时用声波检测。

依据标准名称：《水电水利基本建设工程单元工程质量等级评定标准　第 1 部分：土建工程》

依据标准号：DL/T 5113.1—2005，条款号　5.1.5

3．疏浚工程施工原则和要求不得违反下列规定：

（1）应根据设计规定的尺度进行施工，原则上不应有欠挖。

（2）开挖超深、超宽不得危及堤防、护岸及岸边建筑物的安全。

（3）疏浚弃土在输送到指定地点过程中不应造成环境污染。

（4）弃土区余水排放应符合设计和当地环保部门的要求。

（5）由于设备性能所限，边坡如按台阶形分层开挖时，可允许下超上欠，其断面超、欠面积比应控制在 1～1.5 之间。

（6）对于回淤比较严重的河道或感潮河段应根据设计要求和机械作业性能制定专门的质量评定标准。

（7）施工时应控制最大允许超宽、超深。

依据标准名称：《水电水利基本建设工程单元工程质量等级评定标准　第 1 部分：土建工程》

依据标准号：DL/T 5113.1—2005，条款号　8.1.2

4．检测疏浚横断面时，横断面间距不得大于 50m，弯道处应适当加密间距；边坡处检测点间距应为 2m，底平面应为 5m。

依据标准名称：《水电水利基本建设工程单元工程质量等级评定标准　第 1 部分：土建工程》

依据标准号：DL/T 5113.1—2005，条款号　8.3.1

5．造孔质量检查应逐孔进行，孔斜检查在垂直方向的测点间距不得大于 5m。

依据标准名称：《水电水利基本建设工程单元工程质量等级评定标准　第 1 部分：土建工程》

依据标准号：DL/T 5113.1—2005，条款号　15.3.1

6．钢筋的材质、数量、规格尺寸、安装位置不符合质量标准和设计的要求，严禁通过验收。

依据标准名称：《水电水利基本建设工程单元工程质量等级评定标准　第 1 部分：土建工程》

依据标准号：DL/T 5113.1—2005，条款号　18.4.1

7．预埋件的结构型式、位置、尺寸及材料的品种、规格、性能等不符合设计要求和有关标准，不得通过验收。

依据标准名称：《水电水利基本建设工程单元工程质量等级评定标准　第 1 部分：土建工程》

依据标准号：DL/T 5113.1—2005，条款号　18.5.1

8．单元工程中对所有预埋件必须全部检查，且对止水片（带）、伸缩缝材料、坝体排水设施、冷却及接缝灌浆管路、铁件、内部观测仪器等每一单项的检查中，主控项目必须全面检查，一般项目的检查点数不应小于 10 个。

依据标准名称：《水电水利基本建设工程单元工程质量等级评定标准　第 1 部分：土建工程》

依据标准号：DL/T 5113.1—2005，条款号　18.5.3

9．钢筋混凝土预制构件质量必须满足设计要求和混凝土预制构件制作质量标准；预制构件的型号、尺寸、预埋件位置和接缝、接头不符合设计要求，不得通过验收。

依据标准名称：《水电水利基本建设工程单元工程质量等级评定标准　第 1 部分：土建工程》

依据标准号：DL/T 5113.1—2005，条款号　19.1.2

10．砂石骨料的料源、质量，施工前必须进行料场勘探和骨料品质论证，当骨料中含碱活性骨料、黄锈等有害成分时，未通过专门试验论证不得使用。

依据标准名称：《水电水利基本建设工程单元工程质量等级评定标准　第 1 部分：土建工程》

依据标准号：DL/T 5113.1—2005，条款号　B.1.1

11．拌制混凝土时，必须按试验室签发的配料单进行称量配料，严禁擅自更改。

依据标准名称：《水电水利基本建设工程单元工程质量等级评定标准　第 1 部分：土建工程》

依据标准号：DL/T 5113.1—2005，条款号　B.2.1.2

12．钢筋检测数量：一般项目在逐件观察的基础上抽查 5%，大型构件抽查 10%，但均不应少于 3 件。

依据标准名称：《水电水利基本建设工程单元工程质量等级评定标准　第 1 部分：土建工程》

依据标准号：DL/T 5113.1—2005，条款号　B.3.3.3

13．严禁不具备国家认证资格的单位进行构件结构性能检测。

依据标准名称：《水电水利基本建设工程单元工程质量等级评定标准　第 1 部分：土建工程》

依据标准号：DL/T 5113.1—2005，条款号　B.3.7.2

14．帷幕灌浆和固结灌浆孔深不得小于设计孔深。

依据标准名称：《水电水利基本建设工程单元工程质量等级评定标准　第 1 部分：土建工程》

依据标准号：DL/T 5113.1—2005，条款号　表 9.2.1

15. 槽孔孔深不得小于设计孔深。

依据标准名称:《水电水利基本建设工程单元工程质量等级评定标准 第1部分:土建工程》

依据标准号:DL/T 5113.1—2005,条款号 表15.1.2

16. 焊接质量不允许有裂缝、脱焊点和漏焊点,钢筋不得有明显烧伤。

依据标准名称:《水电水利基本建设工程单元工程质量等级评定标准 第1部分:土建工程》

依据标准号:DL/T 5113.1—2005,条款号 表18.4.2

17. 钢筋套筒的质量,外观不得有裂纹或缺陷,挤压以后不得有裂纹。

依据标准名称:《水电水利基本建设工程单元工程质量等级评定标准 第1部分:土建工程》

依据标准号:DL/T 5113.1—2005,条款号 表18.4.2

18. 伸缩缝材料质量检查时,伸缩缝缝面应平整、洁净、干燥,不得有外露铁件,其高度不得低于混凝土收仓高度。

依据标准名称:《水电水利基本建设工程单元工程质量等级评定标准 第1部分:土建工程》

依据标准号:DL/T 5113.1—2005,条款号 表18.5.2

19. 排水设施中,孔口装置不得有渗水、漏水现象。

依据标准名称:《水电水利基本建设工程单元工程质量等级评定标准 第1部分:土建工程》

依据标准号:DL/T 5113.1—2005,条款号 表18.5.2

20. 吊装后的钢筋混凝土预制构件,不得出现扭曲、损坏现象。

依据标准名称:《水电水利基本建设工程单元工程质量等级评定标准 第1部分:土建工程》

依据标准号:DL/T 5113.1—2005,条款号 表19.2.1

21. 钢筋混凝土预制构件吊装时的混凝土强度设计无规定时,不得低于设计强度标准值的70%;预应力构件孔道灌浆的强度未达到设计要求,不得进行下一道施工工序。

依据标准名称:《水电水利基本建设工程单元工程质量等级评定标准 第1部分:土建工程》

依据标准号:DL/T 5113.1—2005,条款号 表19.2.1

22. 钢筋不得弯曲,表面不得有裂纹、油污和片状锈斑。

依据标准名称:《水电水利基本建设工程单元工程质量等级评定标准 第1部分:土

建工程》

依据标准号：DL/T 5113.1—2005，条款号　表 B.7

23．张拉或放张时的混凝土强度，当设计无具体要求时，不得低于设计混凝土强度的 75%。

依据标准名称：《水电水利基本建设工程单元工程质量等级评定标准　第 1 部分：土建工程》

依据标准号：DL/T 5113.1—2005，条款号　表 B.8

24．坝基处理单元工程：坝基清理、坝基不良地质处理、渗水处理不达到优良质量标准，该单元工程不得评为优良。

依据标准名称：《水电水利基本建设工程单元工程质量等级评定标准　第 7 部分：碾压式土石坝工程》

依据标准号：DL/T 5113.7—2012，条款号　2.6.1

25．砾石土心墙单元工程：卸料及铺筑和压实工序质量评定达不到优良标准，该单元工程不得评为优良。

依据标准名称：《水电水利基本建设工程单元工程质量等级评定标准》第 7 部分：碾压式土石坝工程》

依据标准号：DL/T 5113.7—2012，条款号　4.2.5

26．土工膜心墙单元工程：铺设及锚固与拼接两项工序质量评定达不到优良，该单元工程不得评为优良。

依据标准名称：《水电水利基本建设工程单元工程质量等级评定标准　第 7 部分：碾压式土石坝工程》

依据标准号：DL/T 5113.7—2012，条款号　4.4.5

27．黏土心墙结合面处理时，黏土料与反滤料等土砂料不得混合，墙体不应有纵向接缝，横向结合及墙体与地基和构筑物的结合不满足设计要求，不得继续施工。

依据标准名称：《水电水利基本建设工程单元工程质量等级评定标准　第 7 部分：碾压式土石坝工程》

依据标准号：DL/T 5113.7—2012，条款号　4.3.1

28．土工膜心墙单元工程：铺设及锚固与拼接两项工序质量评定达不到优良，该单元工程不得评为优良。

依据标准名称：《水电水利基本建设工程单元工程质量等级评定标准　第 7 部分：碾压式土石坝工程》

依据标准号：DL/T 5113.7—2012，条款号　4.4.5

29．斜层摊铺，层面不得倾向下游，坡度不得陡于 1:10，避免坡脚部位形成薄层尖角。

依据标准名称：《水电水利基本建设工程单元工程质量等级评定标准 第 8 部分：水工碾压混凝土工程》

依据标准号：DL/T 5113.8—2012，条款号 3.4.1

30．坝体碾压混凝土铺筑单元工程质量评定，不得违反以下规定：

（1）合格：砂浆与灰浆、混凝土拌和、混凝土运输与铺筑、层间及缝面处理与防护、变态混凝土浇筑 5 个工序质量合格。

（2）优良：混凝土拌和、混凝土运输与铺筑、层间及缝面处理与防护、变态混凝土浇筑达到优良，砂浆与灰浆质量合格。

依据标准名称：《水电水利基本建设工程单元工程质量等级评定标准 第 8 部分：水工碾压混凝土工程》

依据标准号：DL/T 5113.8—2012，条款号 3.7.1

31．碾压混凝土质量按混凝土机口及现场取样质量、芯样质量、混凝土外观质量三项进行评定：

（1）合格：三项都达到合格标准。

（2）优良：三项都达到优良标准。

依据标准名称：《水电水利基本建设工程单元工程质量等级评定标准 第 8 部分：水工碾压混凝土工程》

依据标准号：DL/T 5113.8—2012，条款号 4.5.1

32．沥青混凝凝土原材料的检测频率不得违反规范要求。

依据标准名称：《水电水利基本建设工程单元工程质量等级评定标准 第 10 部分：沥青混凝土工程》

依据标准号：DL/T 5113.10—2012，条款号 2.1.4

33．沥青混凝土心墙单元划分应按每个连续铺筑施工区域为一个单元，也可按每个铺筑层为一个单元；当一个铺筑层施工发生中断停歇，应进行接缝处理，继续施工时应按重新铺筑划分为不同的单元。

依据标准名称：《水电水利基本建设工程单元工程质量等级评定标准 第 10 部分：沥青混凝土工程》

依据标准号：DL/T 5113.10—2012，条款号 4.1.2

34．水电工程必须及时进行验收，工程进度和质量检查，协调建设中存在的问题，以确保工程安全度汛和正常安全运行，发挥工程效益。

依据标准名称：《水电水利基本建设工程单元工程质量等级评定标准 第 10 部分：沥青混凝土工程》

依据标准号：DL/T 5123—2000，条款号 3.1.2

35. 未达到以下条件，不得进行截流验收：

（1）导流工程已基本建成（包括导流隧洞、导流明渠等建筑物），质量符合设计要求和合同文件规定的标准，过水后不影响未完工程的继续施工。

（2）主体工程中与截流有关部分的水下隐蔽工程已完成。

（3）已按审定的截流设计做好各项准备工作，包括组织、人员、机械、道路、备料和应急措施等。

（4）安全度汛方案已经审定，措施基本落实，上游报汛工作已有安排，能满足安全度汛要求。

（5）截流后雍高水位以下的库区移民搬迁已完成；施工度汛标准洪水位以下的库区工程和移民安置计划正在实施，所需资金基本落实，且能在汛前完成。

（6）通航河流的临时过船、漂木问题已基本解决，或已与有关部门达成协议。

依据标准名称：《水电站基本建设工程验收规程》

依据标准号：DL/T 5123—2000，条款号 4.1.1～4.1.6

36. 未达到以下条件，不得进行蓄水验收：

（1）大坝基础和防渗工程、大坝及其他挡水建筑物的高程、坝体接缝灌浆等形象面貌已能满足水库初期蓄水的要求，工程质量符合合同文件规定的标准，且水库蓄水后不会影响工程的继续施工及安全度汛。

（2）工程安全鉴定单位已提交工程蓄水安全鉴定报告，并有可以下闸蓄水的明确结论。库区移民初步验收单位已提交工程蓄水库区移民初步验收报告，并有库区移民不影响工程蓄水的明确结论。

（3）引水建筑物的进口已经完成，拦污栅已就位，可以挡水。

（4）水库蓄水后需要投入运行的泄水建筑物已基本建成，蓄水、泄水所需的闸门、启闭机已安装完毕，电源可靠，可正常运行，控制泄水，调节库水位。

（5）各建筑物的内外观测仪器、设备已按设计要求埋设和调试，并已测得初始值。

（6）导流建筑物的封堵门、门槽及其启闭设备，经检查正常完好，可满足下闸封堵要求。

（7）初期蓄水位以下的库区工程和移民已基本完成，库区清理完毕；库区文物古迹保护已得到妥善解决；近坝区的地形测量已经完成；蓄水后影响工程安全运行的渗漏、浸没、滑坡、塌方等已按设计要求进行处理。

（8）已编制下闸蓄水施工组织设计，并做好各项准备工作，包括组织、人员、道路、通信、堵漏和应急措施。

（9）为保证初期运行的安全，已制订水库调度和度汛规划，水情测报系统已能满足初期蓄水要求，可以投入运用；水库蓄水期间的通航及下游因断流或流量减少而产生的问题，已得到妥善解决。

（10）生产单位的准备工作已就绪，已配备合格的操作运行人员和制订各项控制设备的操作规程，生产、生活建筑设施已能满足初期运行的要求。

依据标准名称：《水电站基本建设工程验收规程》

依据标准号：DL/T 5123—2000，条款号 5.1.1～5.1.10

37. 未达到以下条件，不得进行机组启动验收：

（1）大坝及其他挡水建筑物和引水、尾水系统已按设计文件基本建成，或挡水建筑物的形象面貌已能满足初期发电的要求，质量符合合同文件规定的标准，且库水位已蓄至最低发电水位以上。待验机组进水口闸门及其启闭设备已安装完毕，经调试可满足启闭要求。

（2）尾水闸门及其启闭设备已安装完毕，经调试可满足启闭要求；其他未安装机组的尾水已用闸门或闷头可靠封堵；尾水围堰和下游集渣已按设计要求清除干净。

（3）厂房内土建工程已按合同文件、设计图纸要求基本建成，待验机组段已做好围栏隔离，各层交通通道和厂内照明已经形成，能满足在建工程的安全施工和待验机组的安全试运行；厂内排水系统已安装完毕，经调试，能可靠正常运行；厂区防洪排水设施已作安排，能保证汛期运行安全。

（4）待验机组及相应附属设备，包括风、水、油系统已全部安装完毕，并经调试和分部试运转，质量符合规定标准；全厂共用系统和自动化系统已经投入，能满足待验机组试运行的需要。

（5）待验机组相应的电气一次、二次设备经检查试验合格，动作准确、可靠，能满足升压、变电、送电和测量、控制、保护等要求，全厂接地系统接地电阻符合设计规定。机组计算机现地控制单元 LCU；已安装调试完毕，具备投入及与全厂计算机监控系统通信的条件。

（6）升压站、开关站、出线站等部位的土建工程已按设计要求基本建成，能满足高压电气设备的安全送电；对外必需的输电线路已经架设完成，并经系统调试合格。

（7）厂区通信系统和对外通信系统已按设计建成，通信可靠。

（8）消防设施满足防火要求。

（9）负责电站运行的生产单位已组织就绪，生产运行人员的配备能适应机组初期商业运行的需要，运行操作规程已制定，配备的有关仪器、设备能满足机组试运行和初期商业运行的需要。

依据标准名称：《水电站基本建设工程验收规程》

依据标准号：DL/T 5123—2000，条款号 6.1.1～6.1.9

38. 未达到以下条件，不得进行单项工程竣工验收：

（1）工程已按合同文件、设计图纸的要求基本完成，质量符合合同文件规定的标准，施工现场已清理。

（2）设备的制作与安装经调试、试运行检验，安全可靠，达到合同文件和设计要求。

（3）观测仪器、设备已按设计要求埋设，并已测得初始值。

（4）工程质量事故已妥善处理，缺陷处理也已基本完成，能保证工程安全运行；剩余尾工和缺陷处理工作已明确由施工单位在质量保证期内完成。

（5）施工原始资料和竣工图纸齐全，并已整编，满足归档要求。

（6）生产使用单位已做好接收、运行准备工作。

依据标准名称：《水电站基本建设工程验收规程》

依据标准号：DL/T 5123—2000，条款号　7.1.1～7.1.6

39．未达到以下条件，不得进行枢纽工程专项竣工验收：

（1）枢纽工程已按批准的设计规模、设计标准全部建成，质量符合合同文件规定的标准。

（2）施工单位在质量保证期内已及时完成剩余尾工和质量缺陷处理工作。

（3）工程运行已经过至少一个洪水期的考验，最高库水位已经达到或基本达到正常高水位，水轮发电机组已能按额定出力正常运行，各单项工程运行正常。

（4）工程安全鉴定单位已提出工程竣工安全鉴定报告，并有可以安全运行的结论意见。

依据标准名称：《水电站基本建设工程验收规程》

依据标准号：DL/T 5123—2000，条款号　8.1.3

40．机组启动阶段初验不得缺少以下条件：

（1）与机组启动试运行相关的建筑、安装工程施工质量验收工作均已完成。

（2）验收范围内影响安全稳定运行的问题均已解决。

（3）机组无水调试完成。

（4）已通过阶段性质量监督检查。

（5）安全设施、消防设施及配套的环保工程等满足机组启动试运行有关规定。

（6）本阶段项目文件齐全、完整、准确。

依据标准名称：《水电工程达标投产验收规程》

依据标准号：DL 5278—2012，条款号　5.0.3

41．未通过初验的机组不得进入整套启动试运。

依据标准名称：《水电工程达标投产验收规程》

依据标准号：DL 5278—2012，条款号　5.0.10

42．通过达标投产复验，不得违反下列条件规定：

（1）工程建设符合国家现行有关法律、法规及标准的规定。

（2）工程质量无违反工程建设标准强制性条文的事实。

（3）未使用国家明令禁止的技术、材料和设备。

（4）工程（机组）在建设期及考核期内，未发生较大及以上安全、环境、质量责任事故和重大社会影响事件。

（5）“达标投产检查验收内容”7个部分的检查验收表中“验收结果”不得存在“不符合”。

（6）“达标投产检查验收内容”7个部分的检查验收表中，性质为“主控”的“验收结果”，“基本符合”率不应大于5%。

（7）“达标投产检查验收内容”7 个部分的检查验收表中，性质为“一般”的“验收结果”，“基本符合”率不应大于 10%。

依据标准名称：《水电工程达标投产验收规程》

依据标准号：DL 5278—2012，条款号 6.0.5

三、能源标准

1. 水电工程安全验收评价程序应符合 AQ 8003 的规定，不得缺少以下主要程序内容：前期准备；辨识与分析危险、有害因素；划分评价单元；定性、定量评价；提出安全对策措施建议；给出评价结论；编制安全验收评价报告。

依据标准名称：《水电工程安全验收评价报告编制规程》

依据标准号：NB/T 35014—2013，条款号 3.0.2

2. 根据试生产情况、现场安全检查和评价的结果，对不满足安全生产法律法规、标准和规范规定，不符合安全预评价及安全专项要求的安全设施、设备、装置等，不得缺少明确的改进意见。

依据标准名称：《水电工程安全验收评价报告编制规程》

依据标准号：NB/T 35014—2013，条款号 4.6.3

3. 对于控制与防范存在的不足或缺陷、可能导致重大事故发生的危险有害因素，不得缺少针对性的安全技术措施及建议。

依据标准名称：《水电工程安全验收评价报告编制规程》

依据标准号：NB/T 35014—2013，条款号 4.6.5

4. 工程是否具备安全验收的条件，对达不到安全验收要求的，不得缺少整改措施具体建议。

依据标准名称：《水电工程安全验收评价报告编制规程》

依据标准号：NB/T 35014—2013，条款号 4.7.2

5. 水位长期观测管下管之前应充分冲洗钻孔，洗孔至回水变清方可停止；孔口无回水时应采用抽水法洗孔，抽水量不得低于孔内地下水位以下钻孔容积的 2 倍。

水位长期观测设施的观测管内径不得小于 20mm，观测管、过滤网应满足设计要求；覆盖层中安装长观管应根据含水层颗粒级配选择充填砾料，充填砾料环状厚度不得小于 20mm。

依据标准名称：《水电工程勘探验收规程》

依据标准号：NB/T 35028—2014，条款号 4.1.6

6. 岩芯箱应采用铁质或塑料岩芯箱，使用年限不得低于 5 年。岩芯应按顺序摆放，不得颠倒顺序。岩芯入库前应与钻探班报表进行核对，未经检查核对不得入库。

依据标准名称：《水电工程勘探验收规程》

依据标准号：NB/T 35028—2014，条款号　4.1.11

7. 平洞底板坡度不应大于 1%，其坡度向洞内不得为水平或倒坡，无低洼积水现象；竖（斜）井应有排水备用设施，确保排水不间断，井底不积水。

依据标准名称：《水电工程勘探验收规程》

依据标准号：NB/T 35028—2014，条款号　5.1.6

四、水利标准

1. 施工质量不符合合格标准要求的单元工程，不应通过验收。

依据标准名称：《水利水电工程单元工程施工质量验收评定标准　土石方工程》

依据标准号：SL 631—2012，条款号　1.0.3

2. 明挖工程施工应自上而下进行，并分层检查和检测，且不得缺少施工记录。

依据标准名称：《水利水电工程单元工程施工质量验收评定标准　土石方工程》

依据标准号：SL 631—2012，条款号　4.1.1

3. 开挖边坡面应稳定，无松动，且不得陡于设计坡度。

依据标准名称：《水利水电工程单元工程施工质量验收评定标准　土石方工程》

依据标准号：SL 631—2012，条款号　4.1.3

4. 砌石工程施工应自下而上分层进行，分层检查和检测，且不得缺少施工记录。

依据标准名称：《水利水电工程单元工程施工质量验收评定标准　土石方工程》

依据标准号：SL 631—2012，条款号　7.1.1

5. 勾缝采用的水泥砂浆不应与砌筑砂浆混合拌制、混用。

依据标准名称：《水利水电工程单元工程施工质量验收评定标准　土石方工程》

依据标准号：SL 631—2012，条款号　7.5.3

6. 土工合成材料铺设基面未经验收合格的，不得铺设土工合成材料。

依据标准名称：《水利水电工程单元工程施工质量验收评定标准　土石方工程》

依据标准号：SL 631—2012，条款号　8.1.2

7. 不划分工序的单元工程等级评定时，主控项目不得有不符合项；一般项目，逐项应有 70%及以上的检查点合格，且不合格点不应集中；各项报验资料不能缺失或不符合要求。

依据标准名称：《水利水电工程单元工程施工质量验收评定标准　混凝土工程》

依据标准号：SL 632—2012，条款号　3.3.5

8. 水泥、钢筋、掺合料、外加剂、止水片（带）等原材料质量应按有关规范要求进

行全面检验，进场检验结果不满足相关产品标准的不得使用。

依据标准名称：《水利水电工程单元工程施工质量验收评定标准　混凝土工程》

依据标准号：SL 632—2012，条款号　4.1.3

9. 钢筋进场时应逐批（炉号）进行检验，不符合标准规定的不得使用。

依据标准名称：《水利水电工程单元工程施工质量验收评定标准　混凝土工程》

依据标准号：SL 632—2012，条款号　4.4.1

第二节　其他项目验收

1. 水电工程建设征地移民安置未经验收或者验收不合格的，不得进行验收。

依据标准名称：《水电工程建设征地移民安置验收规程》

依据标准号：NB/T 35013—2013，条款号　1.0.3

2. 水电工程建设征地移民安置验收时，不得缺少以下文件：

（1）水电工程竣工（截流、蓄水）建设征地移民安置验收报告。

（2）水电工程竣工（截流、蓄水）建设征地移民安置验收专家组意见（成立专家组的）。

依据标准名称：《水电工程建设征地移民安置验收规程》

依据标准号：NB/T 35013—2013，条款号　7.0.1

3. 未具备下列条件的，不得进行劳动安全与工业卫生专项竣工验收：

（1）验收范围内的土建和金属结构工程及安全监测系统等已按批准的文件全部建成投入使用，全部机电设备投入运行半年以上，并完成了工程安全鉴定。

（2）已通过枢纽工程专项验收和消防专项验收；当工程分期建设时，每期工程建成并分别通过枢纽工程专项验收和消防专项验收。

（3）具有相应资质的安全评价机构已完成安全验收评价报告并有具备验收条件的明确结论。

（4）有关验收的文件、资料齐全。

依据标准名称：《水电工程劳动安全与工业卫生验收规程》

依据标准号：NB T 35025—2014，条款号　3.0.1～3.0.4

附 录

引用标准名录

类别	序号	标 准 名 称	标准号
一、国家标准	1	通用硅酸盐水泥	GB 175—2007
	2	大坝安全监测系统验收规范	GB/T 22385—2008
	3	混凝土质量控制标准	GB 50164—2011
	4	砌体结构工程施工质量验收规范	GB 50203—2011
	5	水利水电工程地质勘察规范	GB 50487—2008
	6	建筑基坑工程监测技术规范	GB 50497—2009
	7	建筑工程绿色施工评价标准	GB/T 50640—2010
	8	预防混凝土碱骨料技术规范	GB/T 50733—2011
二、能源、电力行业标准	1	水电工程水情自动测报系统技术规范	NB/T 35003—2013
	2	水电工程混凝土生产系统设计规范	NB/T 35005—2013
	3	水电工程围堰设计导则	NB/T 35006－2013
	4	水电工程施工地质规程	NB/T 35007—2013
	5	水电工程建设征地移民安置验收规程	NB/T 35013—2013
	6	水电工程安全验收评价报告编制规程	NB/T 35014—2013
	7	土石筑坝材料碾压试验规程	NB/T 35016—2013
	8	水电站调压室设计规范	NB/T 35021—2014
	9	水闸设计规范	NB/T 35023—2014
	10	水工建筑物抗冰冻设计规范	NB/T 35024—2014
	11	水电工程劳动安全与工业卫生验收规程	NB/T 35025—2014
	12	混凝土重力坝设计规范	NB/T 35026—2014
	13	水电工程土工膜防渗技术规范	NB/T 35027—2014
	14	水电工程勘探验收规程	NB/T 35028—2014
	15	水电工程测量规范	NB/T 35029—2014
	16	水电工程地质观测规程	NB 35039—2014
	17	水电工程施工导流设计规范	NB/T 35041—2014
	18	水工建筑物塑性嵌缝密封材料技术标准	DL/T 949—2005
	19	大坝安全监测数据自动采集装置	DL/T 1134—2009
	20	水电水利工程岩体观测规程	DL/T 5006—2007
	21	水电水利工程物探规程	DL/T 5010—2005

续表

类别	序号	标　准　名　称	标准号
二、能源、电力行业标准	22	水电水利工程钻探规程	DL/T 5013—2005
	23	混凝土面板堆石坝设计规范	DL/T 5016—2011
	24	电力工程地基处理技术规程	DL/T 5024—2005
	25	水利水电工程坑探规程	DL/T 5050—2010
	26	水工混凝土掺用粉煤灰技术规范	DL/T 5055—2007
	27	水工混凝土结构设计规范	DL/T 5057—2009
	28	水工建筑物抗震设计规范	DL 5073—2000
	29	水电站引水渠道及前池设计规范	DL/T 5079—2007
	30	水电水利工程预应力锚索施工规范	DL/T 5083—2010
	31	电力工程地质钻探技术规定	DL/T 5096—2008
	32	水电水利工程砂石加工系统设计规范	DL/T 5098—2010
	33	水工建筑物地下工程开挖施工技术规范	DL/T 5099—2011
	34	水工混凝土外加剂技术规程	DL/T 5100—2014
	35	水电水利工程模板施工规范	DL/T 5110—2013
	36	水电水利工程施工监理规范	DL/T 5111—2012
	37	水工碾压混凝土施工规范	DL/T 5112—2009
	38	水电水利基本建设工程单元工程质量等级评定标准 第1部分：土建工程	DL/T 5113.1—2005
	39	水电水利基本建设工程单元工程质量等级评定标准 第7部分：碾压式土石坝工程	DL/T 5113.7—2012
	40	水电水利基本建设工程单元工程质量等级评定标准 第8部分：水工碾压混凝土工程	DL/T 5113.8—2012
	41	水电水利基本建设工程单元工程质量等级评定标准 第10部分：沥青混凝土工程	DL/T 5113.10—2012
	42	混凝土面板堆石坝接缝止水技术规范	DL/T 5115—2008
	43	水下不分散混凝土试验规程	DL/T 5117—2000
	44	水电站基本建设工程验收规程	DL/T 5123—2000
	45	水电水利工程施工压缩空气、供水、供电系统设计导则	DL/T 5124—2001
	46	水电水利岩土工程施工及岩体测试造孔规程	DL/T 5125—2009
	47	混凝土面板堆石坝施工规范	DL/T 5128—2009
	48	碾压式土石坝施工规范	DL/T 5129—2013
	49	水利水电工程爆破施工技术规范	DL/T 5135—2013
	50	水工混凝土施工规范	DL/T 5144—2014
	51	水工建筑物水泥灌浆施工技术规范	DL/T 5148—2012
	52	水工混凝土试验规程	DL/T 5150—2001

续表

类别	序号	标 准 名 称	标准号
二、能源、电力行业标准	53	水工混凝土砂石骨料试验规程	DL/T 5151—2014
	54	水工混凝土水质试验规程	DL/T 5152—2001
	55	水电水利工程施工安全防护设施技术规范	DL 5162—2013
	56	溢洪道设计规范	DL/T 5166—2002
	57	水工混凝土钢筋施工规范	DL/T 5169—2013
	58	水电水利工程施工测量规范	DL/T 5173—2012
	59	水电工程预应力锚固设计规范	DL/T 5176—2003
	60	混凝土坝安全监测技术规范	DL/T 5178—2003
	61	水电水利工程锚喷支护施工规范	DL/T 5181—2003
	62	水电水利工程施工总布置设计导则	DL/T 5192—2004
	63	环氧树脂砂浆技术规程	DL/T 5193—2004
	64	水工隧洞设计规范	DL/T 5195—2004
	65	水电水利工程岩壁梁施工规程	DL/T 5198—2013
	66	水电水利工程混凝土防渗墙施工规范	DL/T 5199—2004
	67	水利水电工程高压喷射灌浆技术规范	DL/T 5200—2004
	68	水电水利工程地下工程施工组织设计导则	DL/T 5201—2004
	69	水工建筑物抗冲磨防空蚀混凝土技术规范	DL/T 5207—2005
	70	抽水蓄能电站设计导则	DL/T 5208—2005
	71	混凝土坝安全监测资料整编规程	DL/T 5209—2005
	72	大坝安全监测自动化技术规范	DL/T 5211—2005
	73	水电水利工程钻孔抽水试验规程	DL/T 5213—2005
	74	水电水利工程振冲法地基处理技术规范	DL/T 5214—2005
	75	水工建筑物止水带技术规范	DL/T 5215—2005
	76	灌浆记录仪技术导则	DL/T 5237—2010
	77	土坝灌浆技术规范	DL/T 5238—2010
	78	水工混凝土耐久性技术规范	DL/T 5241—2010
	79	水利水电工程场内施工道路技术规范	DL/T 5243—2010
	80	水工混凝土建筑物缺陷检测和评估技术规程	DL/T 5251—2010
	81	水电水利工程边坡施工技术规范	DL/T 5255—2010
	82	土石坝浇筑式沥青混凝土施工规程	DL/T 5258—2010
	83	土石坝安全监测技术规范	DL/T 5259—2010
	84	水电水利工程施工环境保护技术规程	DL/T 5260—2010
	85	贫胶渣砾料碾压混凝土施工导则	DL/T 5264—2011
	86	水电水利工程覆盖层灌浆施工技术规范	DL/T 5267—2012

续表

类别	序号	标 准 名 称	标准号
二、能源、电力行业标准	87	混凝土面板堆石坝翻模固坡施工技术规程	DL/T 5268—2012
	88	水电水利工程砾石土心墙堆石坝施工规范	DL/T 5269—2012
	89	核子法密度及含水量测试规程	DL/T 5270—2012
	90	水电水利工程砂石加工系统施工技术规程	DL/T 5271—2012
	91	大坝安全监测自动化系统实用化要求及验收规程	DL/T 5272—2012
	92	水工混凝土掺用天然火山灰质材料技术规范	DL/T 5273—2012
	93	水电水利工程施工重大危险源辨识及评价导则	DL/T 5274—2012
	94	水电工程达标投产验收规程	DL 5278—2012
	95	水工混凝土掺用氧化镁技术规范	DL/T 5296—2013
	96	混凝土面板堆石坝挤压边墙技术规范	DL/T 5297—2013
	97	水工混凝土抑制碱—骨料反应技术规范	DL/T 5298—2013
	98	水工塑性混凝土试验规程	DL/T 5303—2013
	99	水工混凝土掺用石灰石粉技术规范	DL/T 5304—2013
	100	水电水利工程清水混凝土施工规范	DL/T 5306—2013
	101	水电水利工程施工度汛风险评估规程	DL/T 5307—2013
	102	水利水电工程施工安全监测技术规范	DL/T 5308—2013
	103	水电水利工程水下混凝土施工规范	DL/T 5309—2013
	104	沥青混凝土面板堆石坝及库盆施工规范	DL/T 5310—2013
	105	水电水利工程砂石开采及加工系统运行技术规范	DL/T 5311—2013
	106	水电水利工程施工安全生产应急能力评估导则	DL/T 5314—2014
	107	水工混凝土建筑物修补加固技术规程	DL/T 5315—2014
	108	水电水利工程软土地基施工监测技术规范	DL/T 5316—2014
	109	水电水利工程聚脲涂层施工技术规程	DL/T 5317—2014
	110	水工混凝土配合比设计规程	DL/T 5330—2005
	111	水电水利工程钻孔压水试验规程	DL/T 5331—2005
	112	水工混凝土断裂试验规程	DL/T 5332—2005
	113	水电水利爆破安全监测规程	DL/T 5333—2005
	114	电力工程勘测安全技术规程	DL/T 5334—2006
	115	水电水利工程区域构造稳定性勘察技术规程	DL/T 5335—2006
	116	水电水利工程水库区工程地质勘察技术规程	DL/T 5336—2006
	117	水电水利工程边坡工程地质勘察技术规程	DL/T 5337—2006
	118	水利水电工程喀斯特工程地质勘察技术规程	DL/T 5338—2006
	119	混凝土拱坝设计规范	DL/T 5346—2006
	120	水电水利工程边坡设计规范	DL/T 5353—2006

续表

类别	序号	标准名称	标准号
二、能源、电力行业标准	121	水电水利工程钻孔土工试验规程	DL/T 5354—2006
	122	水利水电工程土工试验规程	DL/T 5355—2006
	123	水电水利工程粗粒土试验规程	DL/T 5356—2006
	124	水电水利工程岩土化学分析试验规程	DL/T 5357—2006
	125	水电水利工程水流空化模型试验规程	DL/T 5359—2006
	126	水电水利工程溃坝洪水模试验规程	DL/T 5360—2006
	127	水电水利工程施工导截流模型试验规程	DL/T 5361—2006
	128	水工沥青混凝土试验规程	DL/T 5362—2006
	129	水工碾压式沥青混凝土施工规范	DL/T 5363—2006
	130	水电水利工程岩体应力测试规程	DL/T 5367—2007
	131	水电水利工程岩石试验规程	DL/T 5368—2007
	132	水电水利工程施工通用安全技术规程	DL/T 5370—2007
	133	水电水利工程土建施工安全技术规程	DL/T 5371—2007
	134	水电水利工程施工作业人员安全技术操作规程	DL/T 5373—2007
	135	水电工程水库库底清理设计规范	DL/T 5381—2007
	136	大坝安全监测系统施工监理规范	DL/T 5385—2007
	137	水电水利工程混凝土预冷系统设计导则	DL/T 5386—2007
	138	水工混凝土掺用磷渣粉技术规范	DL/T 5387—2007
	139	水电水利工程天然建筑材料勘察规程	DL/T 5388—2007
	140	水工建筑物岩石基础开挖工程施工技术规范	DL/T 5389—2007
	141	碾压式土石坝设计规范	DL/T 5395—2007
	142	水电工程施工组织设计规范	DL/T 5397—2007
	143	水电站进水口设计规范	DL/T 5398—2007
	144	水电水利工程垂直升船机设计导则	DL/T 5399—2007
	145	水工建筑物滑动模板施工技术规范	DL/T 5400—2007
	146	水电水利工程环境保护设计规范	DL/T 5402—2007
	147	水工建筑物化学灌浆施工规范	DL/T 5406—2010
	148	水电水利工程斜井施工规范	DL/T 5407—2009
	149	土石坝沥青混凝土面板和心墙设计规范	DL/T 5411—2009
	150	水力发电厂火灾自动报警系统设计规范	DL/T 5412—2009
	151	水电水利工程坝址工程地质勘探技术规程	DL/T 5414—2009
	152	水电水利工程地下建筑物工程地质勘察技术规程	DL/T 5415—2009
	153	水工建筑物强震动安全监测技术规范	DL/T 5416—2009
	154	水电建设项目水土保持方案技术规范	DL/T 5419—2009

续表

类别	序号	标　准　名　称	标准号
二、能源、电力行业标准	155	混凝土面板堆石坝挤压边墙混凝土试验规程	DL/T 5422—2009
	156	水电水利工程锚杆无损检测规程	DL/T 5424—2009
	157	深层搅拌法技术规范	DL/T 5425—2009
	158	水工碾压混凝土试验规程	DL/T 5433—2009
	159	水电水利工程沉井施工技术规程	DL/T 5702—2014
	160	水电水利工程预应力锚杆用水泥锚固剂技术规程	DL/T 5703—2014
	161	水电水利工程接缝灌浆施工技术规范	DL/T 5712—2014
	162	碾压式土石坝施工组织设计规范	2014 报批稿
	163	水电水利工程项目建设管理规范	2014 报批稿
	164	水电工程砂石系统废水处理技术规范	2014 报批稿
	165	水电水利工程施工基坑排水技术规范	2014 报批稿
	166	水电水利工程土工织物施工规范	2014 报批稿
	167	发电工程混凝土试验规程	2014 报批稿
三、其他相关行业标准	1	水电站厂房设计规范	SL 266—2001
	2	碾压混凝土坝设计规范	SL 314—2004
	3	水工挡土墙设计规范	SL 379—2007
	4	水利水电工程施工机械设备选择设计导则	SL/T 484—2010
	5	水工建筑物与堰槽测流规范	SL 537—2011
	6	水利水电工程水土保持技术规范	SL 575—2012
	7	水利水电工程单元工程施工质量验收评定标准　土石方工程	SL 631—2012
	8	水利水电工程单元工程施工质量验收评定标准　混凝土工程	SL 632—2012